Margaret Wertheim
Die Hosen des Pythagoras

Zu diesem Buch

Warum gibt es so wenige Physikerinnen? In fast allen Bereichen
der Wissenschaft haben Frauen sich durchgesetzt, nur in die
Männerdomäne Physik konnten sie bisher kaum eindringen.
Margaret Wertheim geht dieser Frage nach und kommt zu einem
überraschenden Schluß: Der jahrhundertealte Alleinanspruch
der Männer hat Frauen nicht nur von kirchlichen Ämtern fern-
gehalten, sondern ihnen auch in der Physik keinen Raum gelassen, ihnen Forschung und Erkenntnis verwehrt. So mußten viele
später berühmt gewordene Physikerinnen wie Hypatia, Maria
Winkelmann, Marie Curie, Lise Meitner oder Chien-Shung Wu
heimlich im Keller arbeiten, durften den männlichen Kollegen
nicht unter die Augen treten oder erhielten keine Bezahlung.
Spannend und intelligent zeichnet Margaret Wertheim die Geschichte der Physik von Pythagoras und Hypatia bis Stephen
Hawking und Lise Meitner nach. Profund untermauert sie ihre
provokante und hellsichtige These.

Margaret Wertheim, geboren 1960 in Australien, lebt heute in
Berkeley/Kalifornien. Sie hat Physik, Mathematik und Informatik studiert und arbeitet als freiberufliche Wissenschaftsjour-
nalistin für Zeitschriften, Radio und Fernsehen.

INHALT

Dieses Buch wurde für meine Freunde geschrieben,
und ich widme es meinem besten Freund,
Cameron Allan

Zur Terminologie

In diesem Buch verwende ich den Begriff »Physik« in einem weiteren Sinne, als manche Fachleute gutheißen werden. Der Begriff umfaßt hier zwei häufig als getrennt betrachtete wissenschaftliche Disziplinen: Physik und Astronomie. Der Grund für diese Begriffserweiterung ist, daß ich in diesem Buch den Versuch der westlichen Kultur, die Welt in mathematischen Begriffen zu beschreiben, nachzeichnen werde – ein Bestreben, das seit dem 17. Jahrhundert die als »Physik« bezeichnete Wissenschaft kennzeichnet. Historisch gesehen war der Himmel der erste Teil der Welt, der mathematisch untersucht wurde, und erst seit der wissenschaftlichen Revolution wird die mathematische Methode auch auf den irdischen Bereich angewandt. Davor hatte die Wissenschaft »Physik« nichts mit Mathematik zu tun, sondern gründete auf dem aristotelischen Denken. Zwar sind Physik und Astronomie heute an den meisten Universitäten getrennte Fachbereiche, doch wir müssen berücksichtigen, daß die Kosmologie seit Newton weitgehend in den Händen der Physiker liegt. Angesichts des inoffiziellen Ziels der heutigen Physik, die universelle Reihe von Gleichungen zu entdecken, mit der eine Einheit von kosmischer und subatomarer Welt herzustellen wäre, ist es meiner Auffassung nach im Rahmen dieses Buches legitim, Astronomie als besonderen Zweig der umfassenderen Praxis darzustellen, die wir heute als »Physik« bezeichnen.

Einleitung

Mit zehn Jahren hatte ich in einer Mathestunde ein Erlebnis, das ich nur als mystische Erfahrung beschreiben kann. Wir behandelten den Kreis, und unser Lehrer, Mr. Marshall, dem ich noch heute dankbar bin, gab uns Gelegenheit, das Geheimnis dieser einzigartigen Form selbst zu ergründen: die Zahl Pi. Fast alles, was es über Kreise zu sagen gibt, kann man mit Hilfe von Pi beschreiben, und in meiner kindlichen Naivität hatte ich das Gefühl, gerade ein großes Geheimnis des Universums entschlüsselt zu haben. Wohin ich auch blickte, überall entdeckte ich Kreise, und sie alle ließen sich letztendlich auf diese eine geheimnisvolle Zahl zurückführen. Pi steckte in der Form der Sonne, des Mondes und der Erde; in Champignons, Sonnenblumen, Orangen und Perlen; in Rädern, Zifferblättern, Tellern und der Wählscheibe des Telefons. Pi faßte all diese Dinge zusammen und ging gleichzeitig über sie alle hinaus. Ich war wie verzaubert, als ob jemand einen Schleier gelüftet und mir den Blick geöffnet hätte auf ein wunderbares Reich jenseits der wahrnehmbaren Dinge. Seit diesem Tag möchte ich mehr wissen über die mathematischen Geheimnisse der Welt.

Und mit diesem Wunsch bin ich nicht allein. In den letzten vier Jahrhunderten haben Physiker intensiv nach mathematischen Beziehungen in unserer Welt gesucht. Durch ihre einzigartigen Bemühungen hat die westliche Kultur ein noch nie dagewesenes Wissen und eine daraus resultierende Macht über die Dinge erlangt. Doch gleichzeitig hat uns die moderne Wissenschaft an den Rand einer globalen Katastrophe geführt. Die moderne, auf der Mathematik aufbauende Physik hat unzählige Technologien hervorgebracht, die das Alltagsleben der Menschen und der Gesellschaft vollkommen und unwiderruflich verändert haben.

Elektrizität, Radio und Fernsehen, Verbrennungsmotoren, Flugzeuge, Telefon, Mikrochips, Laser und Glasfaserkabel sind nur einige Nebenprodukte der Naturwissenschaften. Im letzten Jahrhundert haben diese auf physikalischen Gesetzen basierenden Technologien unsere Lebenswirklichkeit, die Art, wie wir arbeiten, spielen, uns unterhalten und miteinander kommunizieren, ganz neu gestaltet. Gleichzeitig haben wir durch diese Technologien ein ungeheures Zerstörungspotential geschaffen: Laserwaffen, Lenkraketen, Überschallflugzeuge, Atom-U-Boote und Atombomben. Die Erfindungen von Physikern haben unser Leben mindestens ebenso stark beeinflußt wie politische, wirtschaftliche oder religiöse Entwicklungen. Zusammen mit dem allgemeinen Wahlrecht und der parlamentarischen Demokratie gehört die »Physik« zu den bedeutendsten Kräften, die die moderne westliche Zivilisation geformt haben.

Doch vor allem hat die Wissenschaft Physik ein neues Bild der Wirklichkeit hervorgebracht. Heute wissen wir, daß wir den dritten Planeten eines mittelalten Sterns im äußeren Bereich eines spiralförmigen Sternsystems bewohnen, ein System unter Millionen von Galaxien in einem riesigen und möglicherweise unendlichen Universum. Wir glauben, daß dieses Universum vor etwa 15 Milliarden Jahren in einer kataklystischen Explosion entstanden ist, die wir den Urknall oder *Big Bang* nennen, und daß es möglicherweise eines Tages in einem umgekehrten Urknall, dem *Big Crunch*, implodieren wird. Zudem hat uns die moderne Physik »erklärt«, daß alles im Universum aus kleinen Teilchen, aus Protonen, Elektronen und Neutronen besteht – Einheiten, deren Existenz mathematisch abstrakt definiert wird. Diese mathematisch-materiellen Teilchen, so behaupten die Physiker heute, seien die Grundlage allen Lebens, auch des menschlichen Lebens. So sind in der modernen westlichen Welt Materie, Raum und Zeit durch rein mathematische Begriffe definiert, und innerhalb dieses Rahmens haben wir unseren Platz festgelegt. Atome, Sterne und physikalische Gesetze sind an die Stelle der mythischen Helden, Götter und religiösen Regeln getreten, die das Leben unserer Vorfahren geprägt haben.

Keineswegs jedoch verstehen wir alle das mathematische Weltbild der Physiker. Davon sind wir weit entfernt. Doch selbst wenn, wie Untersuchungen immer wieder zeigen, ein bedeutender Prozentsatz der Amerikaner noch immer der Meinung ist, die Erde sei eine Scheibe, so sind wir doch *alle* stark beeinflußt von diesem Weltbild. Denn unabhängig davon, welche Überzeugungen einzelne Menschen auch vertreten – *dieses* mathematische Weltbild wird in unseren Schulen und Universitäten gelehrt und in Enzyklopädien, Atlanten, Wissenschaftsmagazinen, Fernsehsendungen und Zeitungen verbreitet. Kurz gesagt: Es wird von den öffentlichen Institutionen unserer Gesellschaft anerkannt und gestützt. Darüber hinaus versuchen nicht nur die Naturwissenschaftler, sondern verstärkt auch die Sozialwissenschaftler des späten 20. Jahrhunderts, die Welt in der Sprache der Mathematik zu beschreiben. Welchen Kosmologien wir privat auch immer anhängen mögen, offiziell wird die Erkenntnistheorie von der Mathematik beherrscht.

Sogar unsere Hoffnungen, Wünsche und Erwartungen werden von der naturwissenschaftlichen Konzeption der Wirklichkeit bestimmt. Immer mehr Menschen träumen von humanoiden Robotern, Kommunikationssystemen für die Westentasche mit unzähligen Funktionen, Kernfusionskraftwerken und Kontakten zu Außerirdischen aus weit entfernten Galaxien. In mehreren Staaten der Erde arbeiten Physiker daran, die physikalischen Verhältnisse auf der Sonne nachzubilden, und träumen vom Tag, an dem die Menschheit Energie von den Sternen holen kann. Die NASA führt eine viele Millionen Dollar teure Suche nach »intelligenten« Signalen aus dem All durch. Die moderne Physik behauptet, daß dies eines Tages erfolgreich sein wird; die mathematischen »Naturgesetze« *lassen* es *zu*. Gleichzeitig haben uns die Physiker erklärt, unsere Vorstellungen von körperlosen Seelen und lebenspendendem Geist seien falsch. Ebensowenig könne jemand Menschen heilen, indem er den Energiefluß in ihrem Körper in die richtigen Bahnen lenke, und niemand könne mit toten Ahnen kommunizieren. Diese Dinge, in anderen Kulturen von großer Bedeutung, sind in unserem von Physikern entworfenen Bild der Wirklichkeit *unmöglich*. Bei uns sind Außerirdische, Roboter und Raketen in Mode, während Ahnen, Seelen und Energiebahnen ganz offiziell für altmodisch erklärt wurden. Die Physik westlicher Prägung hat neue Horizonte eröffnet, aber auch viele alte Kosmologien zerstört. Unsere Konzeption des Universums und der Rolle des Menschen wird durch den Rahmen dieser einflußreichen Wissenschaft begrenzt. Denn die Physik wirkt sich nicht nur auf die materiellen Grundlagen unseres Lebens aus, sie bestimmt auch den gesellschaftlich akzeptablen Spielraum der Phantasie in der modernen Welt.

Doch vor vierhundert Jahren gab es diese Wissenschaft noch gar nicht. Bis ins 17. Jahrhundert hinein bestimmte die Religion und nicht die Naturwissenschaft das westliche Weltbild. Nicht mathematische Physiker, sondern christliche Theologen waren die Autoritäten. Und das christliche Universum sah ganz anders aus als das Universum der modernen Physik. Im Vergleich zu den quasi unendlichen Tiefen des Raums, von denen wir heute ausgehen, war das Weltall unserer Vorfahren klein. In seiner Mitte ruhte die Erde, und um sie herum drehte sich eine Reihe von himmlisch kristallinen Sphären, die Sonne, Mond, Planeten und Sterne trugen. Diesen Sphären zugeordnet waren himmlische Wesen verschiedener Ränge – Engel, Erzengel und Cherubim –, und jenseits dieses hermetisch abgeschlossenen, von Engeln bevölkerten Kosmos wölbte sich der lichtstrahlende Himmel Gottes. Doch die Physiker des 17. Jahrhunderts demontierten dieses beseelte christliche Universum voll lebenspendender Geister und setzten an seine Stelle den Kosmos Newtons, den wir heute noch bewohnen.

Die modernen Naturwissenschaften haben ein Ziel mit dem Christentum gemeinsam: den Versuch, den Platz des Menschen in einem größeren kosmischen System zu bestimmen. Doch es existieren unterschiedliche Vorstellungen von diesem System. Im Christentum des Mittelalters war das kosmische System in erster Linie ein geistiger Rahmen; in der modernen Physik entwickelte es sich zu einer rein materiellen Gegebenheit. Dieser Übergang von einer *geistigen* zu einer *materiellen* Kosmologie ist nicht einfach eine Frage der Logik, vielmehr repräsentiert er eine enorme Veränderung im Unterbewußtsein der Menschen der westlichen Welt.

Daher stellt sich die Frage: Wie kam es zu dieser Veränderung? Und warum entwickelte gerade die westliche Kultur des 17. Jahrhunderts ein ganz neues Weltbild? Das eben beschriebene christliche Weltbild hatte etwa tausend Jahre Bestand. Im 17. Jahrhundert verlor es seine Glaubwürdigkeit und brach in sich zusammen. Nicht das Universum selbst hatte sich geändert, sondern die *Menschen;* die alten Erklärungen, die bisher akzeptiert worden waren, stellten sie nicht mehr zufrieden.

Doch warum nicht? Warum wählten die Menschen im Westen eine neue Richtung, um die Welt um sich herum zu begreifen? Und warum konnte gerade eine Wissenschaft, die auf der *Mathematik* gründete, die Religion als Ursprung unseres Weltbildes ersetzen? Um die Frage anders zu stellen: Warum nahmen gerade die *Physiker* den Platz der Theologen an der Spitze der Erkenntnistheorie ein? Es verwundert, daß gerade die Mathematik die Basis eines neuen Weltbildes geschaffen hat, denn auch die alten Ägypter und Babylonier, die Araber, Inder und Chinesen entwickelten eine mathematische Wissenschaft, aber sie diente ihnen nicht als Grundlage ihres Weltbildes. Welche Besonderheiten der westlichen Kultur führten zu dieser erstaunlichen Entwicklung?

In diesem Buch versuche ich zu zeigen, daß die Antworten auf diese Fragen zu einem großen Teil in den religiösen Ursprüngen und Assoziationen der Physik selbst zu finden sind. Um den Historiker David Noble zu zitieren: »Auch wenn einige Historiker die westliche Wissenschaft in der Rückschau als ein weltliches Unternehmen charakterisieren, so war sie im Grunde doch eine religiöse Suche.« Auf keine Wissenschaft trifft dies stärker zu als auf die Physik. Mein Ziel ist es, den Aufstieg der Physik in der Kultur des Westens als einen religiös inspirierten Vorgang nachzuzeichnen. Trotz des Falles Galileo Galilei ist es nicht richtig, daß Physiker und Theologen im 17. Jahrhundert gegeneinander Krieg führten. Vom 13. bis ins 18. Jahrhundert hinein richteten sich die führenden Köpfe der mathematischen Physik *bewußt* an den Lehren der christlichen Kirchen aus. Auch Galileo wollte sich nicht von der Kirche lossagen. Sein größter Wunsch war, die Unterstützung des Papstes zu gewinnen. Wie Historiker aufgezeigt haben, ist die Vorstellung von einem langen Krieg zwischen Naturwissenschaften und Religion eine Fiktion der Geschichtsschreibung aus dem späten 19. Jahrhundert.

Um den religiösen Wurzeln der modernen Physik nachzuspüren, müssen wir weiter zurückgehen als in das gefeierte 17. Jahrhundert, zurück in eine Zeit lange vor der Geburt Galileos. Erstmals im alten Griechenland und dann wieder im mittelalterlichen Europa entstand aus einer Tradition, die Zahlen mit dem göttlichen Willen in Verbindung brachte und mathematische Beziehungen in der Natur als Ausdruck des »Göttlichen« betrachtete, eine auf der Mathematik basierende Wissenschaft. Fünfhundert Jahre lang, von 1200 bis 1700 n. Chr., wurde diese Tradition vom Christentum unterstützt, zuerst von den Katholiken, später von den Protestanten. Und obwohl die meisten Physiker heute ausdrücklich keinen religiösen Hintergrund mehr haben, bleibt die Vorstellung, die mathematische Erforschung des Universums sei ein »göttliches« Streben, in unserer Kultur weiterhin gültig. Genau diese Sichtweise liegt auch den Äußerungen Stephen Hawkings über den »Plan Gottes« zugrunde und zeigt sich in der Flut von Büchern über Physik, die den Begriff »Gott« schon im Titel tragen: *Der Plan Gottes, Gott und die moderne Physik, Spielt Gott Roulette?* Trotz des angeblich so rationalen Klimas in den modernen Naturwissenschaften bleibt die Physik von einer tiefgreifenden Strömung quasi religiöser Empfindungen geprägt.

Wenn Physiker selbst über ihre Wissenschaft schreiben, präsentieren sie die in der Regel als einen ständigen objektiven und kulturell neutralen Zugewinn an Wahrheit. Doch Wissenschaftshistoriker, -philosophen und -soziologen haben in den letzten Jahrzehnten herausgearbeitet, daß auch die Naturwissenschaften, wie alle menschlichen Aktivitäten, durch gesellschaftliche und kulturelle Einflüsse geformt werden. Die Entwicklung der Physik ist weder geradlinig noch autonom, sondern hängt von kulturell bedingten Faktoren und menschlichen Entscheidungen ab. Dies wird mit Hilfe einer Personifikation deutlich. In der Renaissance wurde die »Vernunft« in der Person der Minerva dargestellt, wir dagegen werden uns die Physik in der Gestalt des »Mathematischen Mannes« vor Augen führen. Mein Ziel ist es, die Geschichte des Mathematischen Mannes als eines religiösen Wesens nachzuzeichnen.

Diese »Figur« wurde im sechsten Jahrhundert v. Chr. geboren und bemüht sich seitdem, unsere Welt in mathematischen Begriffen und Formeln zu beschreiben. In der Moderne hat der Mathematische Mann die Bezeichnung »Physiker« angenommen. Wir werden seiner Entwicklung folgen, von seiner »Kindheit« im alten Griechenland über seine »Jugend« im Mittelalter und sein »Erwachsenwerden« mit der wissenschaftlichen Revolution im 17. Jahrhundert bis in unser eigenes Jahrhundert hinein, in dem er gerade eine »Midlife-crisis« durchmacht. Wie jeder Mann aus Fleisch und Blut hat sich auch der Mathematische

Mann in einem politischen und gesellschaftlichen Umfeld entwickelt, er wird von ihm geformt und gestaltet es mit. Doch wie bei jedem Mann aus Fleisch und Blut wurde seine Entwicklung auch durch die *eigenen* Entscheidungen beeinflußt, denn wie jeder von uns ist er verantwortlich für den Weg, den er einschlägt.

Doch wie steht es mit der Mathematischen Frau? Warum personifiziert man die Physik nicht als Frau? Wenn ich von einem Mathematischen Mann spreche, heißt das nicht, daß die Physik in irgendeiner Weise ein von Natur aus männliches Tätigkeitsfeld ist (das ist sie ganz sicher nicht); ich will nur die historische Tatsache zum Ausdruck bringen, daß bis ins späte 19. Jahrhundert hinein die Physiker bis auf sehr seltene Ausnahmen Männer waren. Frauen fehlten in den mathematisch ausgerichteten Wissenschaften fast völlig, und selbst heute ist die Physik ein überwiegend männlich geprägtes Terrain. Nach neuen Untersuchungen des *American Institute of Physics* sind nur neun Prozent aller im Bereich Physik Beschäftigten Frauen, und sie besetzen nur drei Prozent der Professorenstellen. Als Vergleich dazu stellten Frauen nach den *Bureau of Labor Statistics* im Jahr 1990 in den Vereinigten Staaten 41 Prozent der Beschäftigten im Bereich Biologie, 27 Prozent in der Chemie und 36 Prozent in den Bereichen Mathematik, Statistik und Informatik. In den letzten fünfzig Jahren haben die Frauen in den Sozial- und Biowissenschaften und auch in der Chemie und der Mathematik enorme Fortschritte gemacht, doch in der Physik bleiben sie chronisch unterrepräsentiert.

Einen wichtigen Grund für dieses Ungleichgewicht vermute ich in den religiösen Ursprüngen und den auch heute noch vorhandenen religiösen Strömungen in der Physik. So wie die Frauen darum kämpften, zu geistlichen Berufen zugelassen zu werden, so bemühten sie sich auch um ihren Zugang zu den Naturwissenschaften. Frauen mußten nicht nur für ihr Recht kämpfen, die Heilige Schrift auszulegen, sondern auch für das

Recht, das zu untersuchen, was traditionell als Gottes »anderes Buch« betrachtet wurde: die Natur. Und genau wie heute Frauen in den meisten geistlichen Berufen der christlichen Konfessionen mit Ausnahme der römisch-katholischen Kirche vertreten sind, so steigt ihr Anteil auch in den Naturwissenschaften, mit Ausnahme der Physik. Die Physik ist in dieser Hinsicht die katholische Kirche der Wissenschaft. Diese Analogie ist mehr als nur eine ausdrucksvolle Metapher, denn die Physik ist die Wissenschaft, die in der Religion ihre Wurzeln hat. Als die »orthodoxeste Konfession« der Naturwissenschaften wird sie sich als letzte den Frauen öffnen.

Die Ursprünge der Verbindung von Religion und mathematisch ausgerichteten Wissenschaften gehen zurück bis in die frühesten Anfänge der westlichen Kultur im Griechenland des 6. Jahrhunderts v. Chr. In dieser Zeit des Wandels, in der sich die Griechen von dem mythischen Weltbild lösten, das Homer und Hesiod unsterblich gemacht haben, entwickelte der ionische Philosoph Pythagoras von Samos als erster eine Weltsicht, in der die Mathematik den Schlüssel zur Wirklichkeit darstellte. An Stelle des mythischen Schauspiels der olympischen Götter entwarf Pythagoras ein von göttlichen mathematischen Harmonien erfülltes Bild des Universums. Immer wieder fühlten sich Mystiker, Theologen und Physiker von dieser Vision inspiriert. So auch Albert Einstein, er schrieb: »Die Sehnsucht nach Harmonie ist die Quelle der unerschöpflichen Geduld und Beharrlichkeit, mit der [der Physiker] sich einsetzt.« Doch für Pythagoras und seine Anhänger war die Mathematik nicht nur der Schlüssel zur materiellen, sondern vor allem zur geistigen Welt: Sie glaubten, Zahlen seien Götter. Indem sie über die Zahlen und ihre Beziehungen zueinander nachdachten, suchten die Pythagoreer die Einheit mit dem »Göttlichen«. In ihren Augen war die Mathematik zuerst und vor allem ein religiöses Betätigungsfeld.

Der Pythagoreismus bestand als mystischer Kult über tausend

Jahre lang in der antiken Welt, bis er wie alle griechischen Glaubensrichtungen schließlich vom Christentum verdrängt wurde. Doch im Kontext des Christentums wurde der pythagoreische Geist erneut bedeutend. Seit dem späten Mittelalter, als die Europäer das Wissen der Griechen wiederentdeckten, gab es unzählige Verfechter einer Naturwissenschaft auf mathematischer Grundlage, unter ihnen auch Robert Grosseteste (Bischof von Lincoln), Roger Bacon (ein Franziskaner) und der Kardinal Nikolaus von Kues. Lange vor der intellektuellen Revolution des 17. Jahrhunderts sicherten diese Geistlichen der quantitativen Wissenschaft einen zentralen Platz in der christlichen Kultur, indem sie den jüdisch-christlichen Gott als einen göttlichen Mathematiker begriffen. Gemeinsam schufen sie einen pythagoreischen Zweig des Christentums und verwandelten die antike Vorstellung der Zahlen als Götter in das Bild einer biblischen Gottheit, die sich als mathematisch denkender Schöpfer betätigt. Aus diesem christlichen Pythagoreismus entwickelte sich im Zeitalter Galileos und Newtons die Wissenschaft, die wir heute als Physik bezeichnen. Obwohl viele moderne Physiker die Kirche als ihren historischen Feind bezeichnen, sind sie ihr tatsächlich zu großem Dank verpflichtet.

Doch diese Entwicklung war auch für den Ausschluß der Frauen aus der Wissenschaft verantwortlich. Die große Wiedergeburt des antiken Wissens im späten Mittelalter war Teil eines kirchlichen Reformprogramms. Als Folge dieser Umgestaltung kamen nur noch Männer, die Kleriker werden wollten, in den Genuß einer höheren Bildung. Die mittelalterlichen Universitäten hatten in erster Linie die Aufgabe, dem Klerus die notwendige Bildung zu vermitteln. Frauen, zu dieser Laufbahn nicht zugelassen, wurden auch aus dem akademischen Leben ausgeschlossen und spielten deshalb keine Rolle bei der christlichen Wiedergeburt der mathematischen Wissenschaften, denn es gab außerhalb der Universitäten *keine* Möglichkeit, sich mit Mathematik zu beschäftigen. Als die neuen Physiker im

17. Jahrhundert ihre Kunst endgültig als Wissenschaft etablierten, zeigten sie keine größere Bereitschaft als ihre mittelalterlichen Vorgänger, Frauen in die höhere Bildung einzubeziehen. Und so behielten sich die Männer das Recht auf die Deutung der Natur vor.

Heute behaupten Physiker häufig, das Fehlen von ausgebildeten Frauen in der Blütezeit des 17. Jahrhunderts sei einfach auf den damals herrschenden Sexismus zurückzuführen. Diese Behauptung wird jedoch von der historischen Forschung nicht gestützt. Wie die Historikerin Constance Jordan und andere festgestellt haben, entwickelte sich in der Renaissance ein neues feministisches Bewußtsein, und im 17. Jahrhundert lag die Idee, den Frauen mehr Möglichkeiten – auch in bezug auf Bildung – einzuräumen, durchaus in der Luft. Doch weder die Kirchen noch die traditionell mächtigen aristokratischen Schichten ließen eine solche Veränderung im sozialen Gefüge zu, und in den allermeisten Fällen stimmten die neuen Wissenschaftler mit diesen Institutionen überein, *gegen* liberalere Ansätze, die den Frauen eine wichtigere Rolle in der Gesellschaft zukommen lassen wollten. Der Mathematische Mann der Moderne ist kein passiver Beobachter dieser Ungleichheit gewesen, sondern hat oft aktiv dazu beigetragen, sie fortzuschreiben.

Und so hat sich diese Ungleichheit bis zum heutigen Tage fortgesetzt. Um es mit den Worten der Philosophin Sandra Harding zu sagen: »Von keiner anderen gesellschaftlichen Tätigkeit – den Fronteinsatz im Krieg vielleicht ausgenommen – sind Frauen systematischer ausgeschlossen worden als von naturwissenschaftlicher Forschung.« Und für keine Wissenschaft ist diese Aussage zutreffender als für die Physik. Vom 17. bis in die Mitte des 20. Jahrhunderts mußten Frauen wie Émilie du Châtelet, Laura Bassi, Mary Somerville, Marie Curie, Lise Meitner und Chien-Shiung Wu darum kämpfen, sich überhaupt mit Physik beschäftigen zu dürfen. Die längste Zeit unserer modernen Geschichte war den Frauen nicht nur der Zugang zu den Universitäten verschlossen, sie durften auch nicht den wissenschaftlichen Akademien beitreten, in denen die neuesten Forschungen diskutiert und honoriert wurden. Wenn die Gesellschaft es den Frauen schon unzweifelhaft schwermachte, sich mit Physik zu beschäftigen, so machten es ihnen die männlichen Physiker, die alle Fäden in der Hand hielten, oft nahezu unmöglich. Wenn wir also den Erfolg des Mathematischen Mannes nachzeichnen, sollten wir auch den Kampf der Mathematischen Frau nicht vergessen. Dabei werden wir sehen, daß es immer einzelne Männer gegeben hat, die sich über die gesellschaftliche Diskriminierung hinwegsetzten und Frauen aktiv förderten; Männer wie Pierre Curie, David Hilbert, Gottfried Leibniz, Theon von Alexandria und Pythagoras selbst.

Seit dem frühen 18. Jahrhundert, mit dem Beginn der Aufklärung, wurde die Wissenschaft zunehmend von der Religion getrennt. Im Westen begann ein Zeitalter des Dualismus, in dem Materielles und Geistiges immer mehr auseinanderdrifteten. Doch trotz der eigentlich sehr weltlichen Erscheinung der modernen Wissenschaften hatten die Physiker auch *weiterhin* eine quasi religiöse Einstellung zu ihrem Fach. Sie verhalten sich auch heute noch wie eine wissenschaftliche Priesterkaste und präsentieren sich der Öffentlichkeit in diesem Licht. Einstein drückte es so aus: »Ein Zeitgenosse hat nicht zu unrecht gesagt, daß die ernsthaften Forscher in unserer im allgemeinen materialistisch eingestellten Zeit die einzigen tief religiösen Menschen seien.«

Die theologischen Ansprüche der aufgeklärten Physiker gründen nicht in der traditionellen Vorstellung von Gott als dem spirituellen Erlöser der Menschheit, sondern in der Konzeption von Gott als dem Schöpfer der stofflichen Welt. Physiker wie Einstein und Hawking haben ihre Arbeit als einen Versuch gesehen, den mathematischen Plan der Schöpfung zu erhellen – ihrer Vermutung nach ein Plan göttlichen Ursprungs.

Ich bin allerdings der Meinung, daß die religiöse Vorstellung der Physiker weiterhin dazu dient, Frauen Hindernisse in den Weg zu legen und den überlieferten Glauben zu nähren, die mathematisch ausgerichteten Wissenschaften seien Männersache. In einem Zeitalter, in dem Frauen große Fortschritte in so vielen anderen Wissenschaften gemacht haben, ist eine Erklärung, warum sie in der Physik so unterrepräsentiert sind, dringend erforderlich. Die Beseitigung dieses Ungleichgewichts setzt voraus, daß wir die tieferen Gründe dafür kennen. Ein erklärtes Ziel meiner Aufarbeitung der religiösen Grundlagen der Physik besteht also darin, das Problem des Ungleichgewichts in diesem Fach zu erhellen. In Anbetracht der immensen Macht, die mit dieser Wissenschaft verbunden ist, sollten wir das Fehlen von Physikerinnen nicht einfach ignorieren. Die meisten Menschen wissen heute, wie wichtig es ist, daß Frauen sich politisch betätigen; sehr viel weniger wissen jedoch, wie unerläßlich es ist, daß sie auch in den Naturwissenschaften, besonders in der Physik, eine größere Rolle spielen.

Wichtig ist dieses stärkere weibliche Engagement in zweifacher Hinsicht. Erstens können die Frauen, solange sie in der Physik an den Rand gedrängt werden, keine bedeutende Rolle bei der Entwicklung von Technologien spielen, die auf dieser Wissenschaft basieren. Daher können sie nicht darüber entscheiden, wie diese Technologien eingesetzt werden. Die großen Bereiche der Computerchip-Produktion, der Telekommunikation, der Stromerzeugung, des Transports, des Bergbaus und der Luft- und Raumfahrt basieren auf physikalischen Technologien. Da Frauen kaum in die Entwicklung und Anwendung dieser Technologien einbezogen sind, überlassen sie den Männern letztlich ein riesiges Feld gesellschaftlicher Macht und Verantwortlichkeit. Und so können die Frauen nicht mitreden, wenn sich die Physik ihre Ziele setzt.

Zweitens können Frauen die Richtung und das Ziel der

Wissenschaft kaum beeinflussen, solange sie nicht stärker vertreten sind. Dieser Punkt ist besonders wichtig, denn in den letzten Jahrzehnten hat sich die Gemeinschaft der Physiker geradezu fanatisch mit einem Ziel beschäftigt, das meiner Ansicht nach unserer Gesellschaft nur sehr wenige Vorteile bringen kann: der Traum, eine <u>einheitliche Theorie aller Teilchen und Kräfte</u> in der Natur zu finden – eine Reihe mathematischer Gleichungen, die nicht nur Materie und Kraft, sondern auch Raum und Zeit zueinander in Beziehung setzen. In einer solchen Synthese wäre vermutlich alles, was ist, als <u>komplexe Vibration in einem allumfassenden Kraftfeld</u> zu verstehen. Protonen, Pulsaren, Petunien und Personen, alle wären sie eingeschlossen in eine mathematische »Symmetrie«, in der das ganze Universum in mathematischer Form definiert würde. Das haben Physiker vor Augen, wenn sie über die *theory of everything* (TOE), die »Theorie von allem«, sprechen.

Eine solche Theorie ist in Wirklichkeit eher ein quasi religiöses als ein wissenschaftliches Ziel. Stephen Hawking hat sie mit dem »Plan Gottes« in Verbindung gebracht, und sie war der wichtigste Auslöser für die Welle theologischer Schriften von Physikern, die heute auf uns einstürzt. Selbst die glühendsten Verfechter der TOE geben zu, daß diese theoretische Synthese wahrscheinlich *überhaupt keine* Anwendung im täglichen Leben finden wird – nicht einmal für militärische Zwecke. Die Physiker suchen nach dem Wissen, nicht, weil es das Potential hat, die Situation der Menschen konkret zu verbessern, sondern einfach, weil sie darauf brennen, den mathematischen Plan zu erkennen, der, wie sie glauben, der *Schöpfung* zugrunde liegt. Das Problem ist jedoch, daß eine solche Theorie nicht einfach auf dem Papier entwickelt werden kann. Für die Erforschung mußten die TOE-Physiker während der letzten zwei Jahrzehnte immer kostspieligere Teilchenbeschleuniger bauen. Der Wunsch, eine TOE zu finden, brachte die amerikanischen Physiker dazu, den Bau eines mehr als 10 Milliarden Dollar teuren

Supraleitenden Supercollider vorzuschlagen. Allein die ungeheuren Investitionen für dieses Ziel haben es also zu einem Thema gemacht, das in der ganzen Gesellschaft diskutiert wird – denn es sind unsere Steuergelder, mit denen dieser Teilchenbeschleuniger bezahlt wird. Natürlich versuchen die TOE-Physiker uns davon zu überzeugen, daß dieses Ziel die riesigen Ausgaben wert sei, und dabei rücken sie die Verbindung zwischen der TOE und Gott immer stärker in den Vordergrund. Der Nobelpreisträger Leon Lederman (einer der wichtigsten Fürsprecher des Supercollider) vergleicht in seinem 1993 erschienenen Buch *Das schöpferische Teilchen* die Teilchenbeschleuniger mit Kathedralen und weist darauf hin, daß sich die Gottheit am Ende eines Protonenstrahls verstecke.

Meiner Meinung nach ist der Aufwand, den die Physiker heute treiben, um eine TOE zu finden, gesellschaftlich nicht zu verantworten. Die TOE-Physiker, die von der Gesellschaft erwarten, sie mit Milliarden von Dollar zu unterstützen, ähneln einer dekadenten Priesterschaft, die die Bevölkerung unter Druck setzt, ihnen immer kunstvollere Kathedralen zu erbauen, mit Türmen, die immer mehr ihrer Vorstellung vom Himmel gleichen. Da eine TOE nicht nur völlig unerheblich für das tägliche Leben und seine Belange ist, sondern darüber hinaus auch noch unverständlich für den größten Teil der Bevölkerung, kann man die TOE-Physiker mit den Scholastikern des Spätmittelalters vergleichen. Die Fragen, mit denen sie sich heute beschäftigen, sind etwa genauso wichtig wie die Frage, wie viele Engel auf der Spitze einer Nadel tanzen können.

Meiner Meinung nach brauchen wir eine neue *Kultur* der Physik, die weniger Wert auf quasi religiöse, hochabstrakte Ziele legt, eine Kultur, die sich weniger mit Teilchen und Kräften beschäftigt und mehr mit den Menschen und ihren Bedürfnissen. Eine wichtige Aufgabe, die Frauen meiner Ansicht nach in der Physik übernehmen könnten, wäre, eine Abkehr von den derzeitigen Betätigungsfeldern anzuregen. Ich will damit nicht sagen, daß Frauen sich von Natur aus nicht für Theorien über Teilchen und Kräfte interessieren oder daß Physiker grundsätzlich andere Interessen haben als Physikerinnen, sondern vielmehr, daß sich die moderne Physik in eine bestimmte Richtung entwickelt hat, so daß sie nun beinahe nur noch Menschen anzieht, die ganz besondere Vorlieben und Interessen haben. Ich möchte für eine Kultur der Physik eintreten, die sowohl Männer als auch Frauen darin bestärkt, anderen Zielen und Idealen zu folgen.

Die fast menschenverachtende Zielrichtung dieser Wissenschaft ist ein Grund, daß heute nicht mehr Frauen in die Physik gehen. Viele Männer fühlen ebenso. Nach sechs Jahren Mathematik- und Physikstudium an der Universität wurde es mir unmöglich, weiter in dieser intellektuellen Umgebung zu arbeiten, obwohl ich die Fächer selbst liebte. Ich hatte durchaus nicht den Glauben an den Wert der Physik verloren, aber ich fühlte mich abgestoßen von der Atmosphäre, in der man sich mit ihr beschäftigte. Seit jener Zeit träume ich von einer Umgebung, in der man die Suche nach den mathematischen Beziehungen in unserer Welt stärker auf den Menschen ausrichten kann.

Ich möchte aber betonen, daß das Problem nicht darin liegt, *daß* die Physiker die Mathematik benutzen, um die Welt zu erklären, sondern vielmehr darin, *wie* und *zu welchem Ziel* sie sie benutzen. Ein mathematischer Zugang zur Natur erfordert nicht unbedingt eine Konzentration auf Teilchen und Kräfte oder auf geheimnisvolle abstrakte Gesetzmäßigkeiten. Da Wissenschaft immer auch eine kulturell gesteuerte Angelegenheit ist, gibt es keinen Grund, warum sich eine mathematisch ausgerichtete Wissenschaft nicht mit unterschiedlichen Zielen und Träumen beschäftigen sollte. Eine solche Wissenschaft wäre nicht nur Sache der Frauen, sondern auch der Männer. Tatsächlich haben sich ja einige männliche Physiker entschieden gegen die Suche nach einer TOE ausgesprochen. Entscheidend ist also nicht, so möchte ich noch einmal betonen, daß die Physik von Männern betrieben wird, sondern vielmehr, daß sie von einer bestimmten *Art* von Männern dominiert wird. Das Problem des Mathematischen Mannes ist weder seine Mathematik noch seine Männlichkeit an sich, sondern das Selbstbild und die pseudoreligiösen Ideale, von denen er sich so leicht einnehmen läßt. Er braucht keine Geschlechtsumwandlung, sondern einfach eine neue persönliche Ausrichtung.

Ein Grund dafür, daß der Mathematische Mann diese Rolle des »dekadenten Priesters« entwickelt hat, ist, wie ich meine, daß er die längste Zeit ohne weibliche Gesellschaft zugebracht hat. Damit will ich nicht sagen, daß eine stärkere Präsenz von Frauen die Physik plötzlich in eine ideale Wissenschaft verwandeln würde, sondern nur, daß Frauen einen ausgleichenden Einfluß auf diese Disziplin und ihre Anwendung haben könnten – wie in allen Bereichen der Gesellschaft. Die Wissenschaftshistorikerin Elizabeth Fee hat einmal angemerkt, daß der Versuch, sich eine wirklich gleichberechtigte, auch von Frauen mitgetragene Wissenschaft vorzustellen, ähnlich utopisch sei, »als ob man einen Bauern des Mittelalters bitte, sich in die Theorie der Genetik oder in die Herstellung einer Raumkapsel hineinzudenken«. Fee und andere haben eine Zeit vor Augen, in der Frauen nicht nur gleichberechtigt an der Forschung beteiligt sind, sondern auch an der Definition der Wissenschaft, ihrer Ideale und Ziele und ihrer nutzbringenden Anwendung im Alltag. In keiner anderen Wissenschaft scheint eine solche Umorientierung so schwierig und so folgenreich wie in der Physik. Im Schlußkapitel werden wir uns die Frage stellen, was die Frau in die Physik einbringen kann und wie ihr Einsatz gemeinsam mit den Männern zu einer anderen Wissenschaftskultur führen könnte. Mit anderen Worten, wir werden überlegen, was der Mathematische Mann und die Mathematische Frau *gemeinsam* erreichen können.

Pythagoras. Relief von Luca Della Robbia am Dom zu Florenz
(ca. 1437–39)

I
ALLES IST ZAHL

Das 6. Jahrhundert v. Chr. markiert in ganz Eurasien einen Wendepunkt für die Menschheit. In diesem Jahrhundert lebten und lehrten Konfuzius und Lao-Tse in China, Buddha in Indien, Zarathustra in Persien, die ionischen Philosophen und Pythagoras in Griechenland. In diesem Jahrhundert entstanden die großen chinesischen und indischen »Wege der Befreiung«, der Taoismus und der Buddhismus. Und Konfuzius formulierte jene Verhaltensgrundsätze, die noch heute die psychische Grundhaltung seiner Nation beeinflussen. In diesem Zeitalter entwickelte sich durch Veränderungen im Bewußtsein der Menschen eine große spirituelle Blüte im ganzen östlichen Kulturkreis. Im Westen fand gleichzeitig eine ganz andere Revolution statt: Die Griechen wandten sich von den mythischen Erklärungen der Natur ab und begannen statt dessen, nach physikalischen Ursachen zu suchen.

Bis in jenes 6. Jahrhundert v. Chr. hatten sie die Natur als ein Schauspiel der Götter betrachtet: Daß die Sonne aufging, der Regen fiel, die Jahreszeiten sich abwechselten und die Ernte gedieh, verdankten sie der routinierten Pflichterfüllung oder der Launenhaftigkeit übernatürlicher Wesen. Apollo, der Sonnengott, lenkte jeden Tag seinen Feuerwagen über den Himmel; Poseidon, der Meeresgott, beschwor Stürme herauf, um die Seeleute ins Verderben zu stürzen; und die Bauern brachten Demeter, der Göttin des Landbaus, Opfer für eine reiche Ernte dar. Die Welt war voll von den Kräften und Erscheinungsformen unzähliger Götter und Göttinnen, Parzen und Furien, Dämonen, Nymphen, Titanen und anderer übermenschlicher Wesen. In dieser von Mythologie bestimmten Lebenswelt konnte man die Götter zwar gnädig stimmen, doch man konnte nie vorhersagen, was sie tun würden. Doch um 600 v. Chr. setzte sich die Vorstellung durch, daß nicht die Götter die Ursache für Naturphänomene sind, sondern daß der Natur Ursachen mit nachvollziehbaren und vorhersagbaren Abläufen eigen sind. Ein mechanistisches Denken begann die dicken Schichten des Mythos zu durchdringen. Die Menschen wandten sich der Natur selbst zu und stellten ihr Fragen.

Das Zentrum dieser intellektuellen Revolution waren die Städte Kleinasiens an der Küste der Ägäis in der heutigen Türkei. Hier bemühten sich die ionischen Philosophen, die Mechanik hinter den Vorgängen in der Natur zu entdecken. Im Gegensatz zu den griechischen Mythen, in denen alles Geschehen in der Welt auf *psychologische* Kräfte, verkörpert durch die verschiedenen Götter, zurückgeführt worden war, versuchten die Ionier nun, die Welt mit Hilfe von *physikalischen* Kräften und Prozessen zu erklären. Sie wandten sich ab vom oft nur allzumenschlichen Schauspiel der olympischen Gottheiten und suchten andere Erklärungen. Sie glaubten, die Welt sei ein rationales System, das die Menschen mit Hilfe ihres Verstandes ergründen könnten. Thales sah die Erde als eine riesige Scheibe auf einem unendlichen Ozean, während Anaximander sie als einen großen Zylinder beschrieb, der in der Luft schwebte. Ebenso stellte er sich auch die Sonne als ein gigantisches Rad mit offenen Speichen vor, das mit Feuer angefüllt war und sich um die Erde drehte. Obwohl die Visionen der Ionier auf uns heute wie surreale Träume wirken, waren es doch die ersten Versuche, Naturphänomene zu erklären, ohne auf übernatürliche Kräfte zurückzugreifen. Die Ideen der einzelnen ionischen Naturphilosophen sind größtenteils in Vergessenheit geraten. Aber aus dem Naturalismus, den sie alle vertraten, entstanden die ersten Ansätze dessen, was wir heute als Naturwissenschaft bezeichnen.

Besonders ein Ionier hat das Denken der Menschen bis heute

beeinflußt. Im Gegensatz zu den anderen Philosophen seiner Zeit, die sich darauf konzentrierten, die Welt mit Hilfe stofflicher Elemente wie Erde, Luft, Feuer und Wasser zu erklären, sah Pythagoras von Samos die Wirklichkeit in der immateriellen Magie der Zahlen verkörpert. Er glaubte, das Universum durch die Eigenarten der Zahlen und die Beziehungen zwischen ihnen erklären zu können. Er entwickelte eine Philosophie, die er mit seinem Ausspruch »Alles ist Zahl« auf den Punkt zu bringen suchte. Zugleich war Pythagoras ein zutiefst religiöser Mensch. Statt die traditionellen Götter abzuschaffen, baute er sie in sein mathematisches Weltbild ein. Als Mystiker, Mathematiker und Philosoph verschmolz Pythagoras den Rationalismus des Westens mit einer aus dem Osten übernommenen Mystik und schuf eine einzigartige Philosophie, in der sich Wissenschaft und Religion miteinander verbanden. Aus seiner außergewöhnlichen Vision entstand später die moderne Physik als Wissenschaft.

Pythagoras war schon zu Lebzeiten eine Legende. Es ging die Sage, er sei ein Sohn Apolls, den seine Mutter Pythais als Jungfrau zur Welt gebracht habe. Er habe Wunder gewirkt, mit Dämonen gesprochen und die »Musik« der Sterne gehört. Seine Anhänger hielten ihn für einen Halbgott, und man sagte, daß »von den vernunftbegabten Wesen ... das eine Gott [sei], das andere der Mensch und das dritte wie Pythagoras«. In den Berichten über sein Leben mischen sich untrennbar Tatsachen und Anekdoten, denn er lebte in jener strahlenden, wenn auch in gewisser Weise unklaren Welt, in der Mythos und Geschichte aufeinanderprallen. Keine seiner Schriften hat überdauert, aber antike Quellen bieten zahlreiche Hinweise auf ihn. Sogar in den Werken des besten Logikers unter den antiken Philosophen, des Aristoteles, finden wir Berichte über Pythagoras, in denen sich Wundergeschichten mit Erörterungen seiner Mathematik und Kosmologie vermischen. Pythagoras' Philosophie spiegelt das Zeitalter des Übergangs, in dem er lebte, denn sie liefert einerseits die ersten Keime einer mathematischen Wissenschaft, läßt aber andererseits auch Raum für das Pantheon der griechischen Gottheiten. In seinem Denken wie in seinem Leben schlug dieser samische Weise eine Brücke zwischen zwei Welten.

In vielerlei Hinsicht weist die mythisch-religiöse Dimension im Leben des Pythagoras eine geradezu unheimliche Ähnlichkeit mit dem Leben Christi auf, wie es im Neuen Testament dargestellt wird. Beide Männer sollen Söhne eines Gottes und einer Jungfrau sein. In beiden Fällen erhielten die Väter eine Botschaft, daß ihre Ehefrauen ein außergewöhnliches Kind zur Welt bringen würden. – Josef erschien ein Engel im Traum, Pythagoras' Vater Mnesarchos erhielt die frohe Botschaft durch das Orakel von Delphi. Beide, Christus wie Pythagoras, verbrachten eine Zeit der Kontemplation in der Einsamkeit eines heiligen Berges, und beide sollen nach ihrem Tod leiblich in den Himmel aufgefahren sein. Außerdem verbreiteten sie ihre Lehren in Form von Parabeln, von den Pythagoreern *akousmata* genannt, und eine Reihe von Gleichnissen des Neuen Testaments sind offensichtlich Versionen früherer pythagoreischer *akousmata*. Isidore Lévy hat vermutet, daß die frühen Christen Elemente des pythagoreischen Mythos übernahmen und sie ihrem eigenen Messias zuschrieben, denn in der antiken Welt war Pythagoras zuerst und vor allem als religiöse Gestalt bekannt. Während der folgenden Jahrhunderte, in denen das Christentum ein Kult unter vielen war, die um die religiöse Vorherrschaft im Römischen Reich kämpften, wurde der Pythagoreismus wiederentdeckt. Die Anhänger des »Meisters« sahen in ihm eine hellenistische Alternative zum »König der Juden«. Wie Christus hatte auch der samische Weise eine mystische Vereinigung mit dem Göttlichen versprochen, und seinen römischen Anhängern boten Pythagoras' Lehren eine rational nachvollziehbare spirituelle Alternative zum immer stärker werdenden Christentum.

Pythagoras wurde um 560 v. Chr. auf Samos geboren, einer

fruchtbaren Ägäisinsel vor der kleinasiatischen Küste. Samos war nicht nur ein wichtiges Tor zu den Städten des Festlands, sondern hatte durch den Tempel der Hera auch eine große religiöse Bedeutung. Auf dieser Insel blieb Pythagoras immer ein Außenseiter, denn offenbar war nur seine Mutter eine Einheimische. Sein Vater war Ausländer, wahrscheinlich ein Phönizier, der zum Ehrenbürger ernannt worden war, weil er den Samiern in einer Dürre Korn geliefert hatte. Pythagoras galt seiner Herkunft wegen nicht als echter Grieche, und darüber hinaus wurde er durch seine mystischen Neigungen schnell zum Außenseiter. Später wandte er sich von der ionischen Kultur ab und identifizierte sich stark mit dem Osten – eine Verbundenheit, die er auch dadurch zum Ausdruck brachte, daß er die langen Gewänder der Griechen ablehnte und statt dessen Hosen nach persischem Brauch trug.

Mnesarchos konnte es sich als reicher Kaufmann leisten, seinen Sohn gut ausbilden zu lassen, und so wurde der junge Samier in dieser Zeit des Wandels von einigen der größten neuen ionischen Denker unterrichtet. Anaximander, Pherekydes und Thales, einer der legendären Sieben Weisen und der erste wahre Philosoph, gehörten zu seinen Lehrern. Doch obwohl Pythagoras von den besten Gelehrten seiner Zeit unterrichtet wurde, wollte er mehr, und nachdem er alles in sich aufgesogen hatte, was ihm der Westen zu bieten hatte, machte er sich auf in den Osten – zuerst nach Ägypten, später nach Babylon. (Thales hatte ihm empfohlen, er solle, wenn er den größten lebenden Weisen sehen wolle, in das Land der Pharaonen gehen, wo die Geometrie entdeckt worden war.) Die Historiker streiten sich darüber, ob Pythagoras wirklich eine Reise nach Ägypten und Babylon unternommen hat oder ob sie eine spätere Erfindung seiner Schüler ist. Wie auch immer, der Historiker David Lindberg zeigt auf, daß diese Geschichte eine grundlegende historische Wahrheit in sich bergen muß: Die Griechen übernahmen die Mathematik von den Ägyptern und Babyloniern, und Pythagoras gilt als derjenige, der den Westen mit diesem Wissen bekanntmachte. Und da er zweifellos der erste große griechische Mathematiker war, können wir wie die Menschen in der Antike davon ausgehen, daß diese Reise tatsächlich stattgefunden hat.

Nach der Darstellung des Iamblichos, seines römischen Biographen, der um die Wende vom 3. zum 4. Jahrhundert n. Chr. lebte, reiste Pythagoras über die Levante, die östlichen Mittelmeerländer, nach Ägypten. Er wollte die heiligen Riten und Geheimnisse der religiösen Sekten dieser Region kennenlernen. Manche Menschen sammeln Briefmarken, andere Münzen; Pythagoras sammelte Religionen, und er setzte alles daran, in so viele wie nur möglich eingeführt zu werden. Einige seiner Kritiker in der Antike haben ihm deshalb zynische Motive unterstellt, und selbst seine Anhänger gaben zu, daß diese Anschuldigung nicht ganz unberechtigt war. Als junger Mann hatte Pythagoras sicherlich eine Laufbahn als Rhetor angestrebt, und er hatte ganz offensichtlich eine Nase für die Werbewirksamkeit exotischer mystischer Erfahrungen. Doch trotz alledem war er auch ein zutiefst religiöser Mensch.

Im Land der Pharaonen liefen die Dinge für Pythagoras zunächst nicht so, wie er es sich vorgestellt hatte: Porphyrios, ein anderer, griechischer, Biograph, berichtet, daß er von den Priestern der Tempel in Heliopolis und Memphis abgewiesen wurde. Doch schließlich wurde er in Diospolis angenommen und studierte dort einige Jahre. Die antiken Quellen sind uneins darüber, wie lange Pythagoras in Ägypten blieb, aber es waren anscheinend mindestens zehn Jahre. Porphyrios berichtet, daß die Priester dem ausländischen Schüler schwere Prüfungen auferlegten, aber was er von ihnen lernte, wird für immer ein Geheimnis bleiben. Pythagoras achtete ihre fanatische Geheimhaltung sein Leben lang und machte sie später zu einem Eckstein seiner eigenen religiösen Gemeinschaft.

Pythagoras' Aufenthalt in Ägypten endete abrupt im Jahr

525 v. Chr., als die Perser dort einfielen und ihn als Gefangenen nach Babylon verschleppten. In dieser sagenhaften Stadt mit ihren hängenden Gärten und dem gewaltigen Turm machte er sich mit der Weisheit dieses Volkes vertraut. Nach dem Bericht des Porphyrios studierte er bei dem Weisen Zaratas Astrologie und die Anwendung von Kräutern zur Reinigung von Geist und Körper. Außerdem wurde er in die Mysterien des Zarathustra mit ihren einander bekämpfenden kosmischen Kräften des Guten und des Bösen eingeführt. Dieser Dualismus beeinflußte sein Denken nachhaltig und wurde schließlich zum Bestandteil seiner mathematisch-mystischen Philosophie. Die Babylonier waren nicht nur Astrologen, sondern auch gute Astronomen und Mathematiker. Lindberg stellt fest, daß die Errungenschaften ihrer Mathematik »denen der Ägypter um ein Vielfaches überlegen« gewesen seien. Von ihnen hat Pythagoras vielleicht das Theorem gelernt, für das er noch heute berühmt ist: In einem rechtwinkligen Dreieck ist das Quadrat über der Hypotenuse genauso groß wie die Summe der Quadrate über den beiden Katheten. Obwohl wir diese Gleichung in der Schule als den Satz des Pythagoras gelernt haben, gehen die Mathematikhistoriker davon aus, daß diese den Babyloniern schon vorher bekannt war.

Wenn Pythagoras bereits vor seiner Reise in den Osten auf Samos als komischer Kauz galt, so wurde er nach seiner Rückkehr sicherlich noch viel mehr zum Außenseiter. Die zwanzig Jahre, die er mit ausländischen Priestern und Weisen verbracht hatte, müssen ihn stark geprägt haben: Er trug jetzt nicht nur Hosen, sondern er weigerte sich auch, das Haar oder den Bart zu schneiden – eine Angewohnheit, die später zum Markenzeichen der Pythagoreer werden sollte. Er begann auf Samos Philosophie und Mathematik zu lehren und hielt Vorlesungen unter freiem Himmel. Doch bald wurde klar, daß seine mystischen Lehren die Samier nicht begeistern konnten, und so verließ er seine Heimat wieder, diesmal für immer. Pythagoras wollte eine Gemeinschaft zu gründen, in der erklärte Anhänger seiner Lehre sich einem Leben in religiöser Kontemplation und der Erforschung des »Göttlichen« widmen konnten. Als geeigneten Ort für seine utopische Gemeinschaft wählte er die Stadt Kroton in Süditalien, am äußersten Ende der griechischen Welt.

Die pythagoreische Gemeinschaft verpflichtete sich zu einer strikten Geheimhaltung aller Lehren, und so ist auch kein Werk von ihnen und kein Bericht über sie erhalten. Es gibt wenig genaue Informationen, alles was wir wissen ist, daß die Pythagoreer in ihrem Leben Elemente griechischer Religionsausübung mit ägyptisch inspirierten Ritualen verbanden. Außerdem war die Gemeinschaft eine philosophische und mathematische Schule. Es gab zwei Arten von Mitgliedern: die *akousmatikoi* und die *mathematikoi*. Erstere lebten außerhalb der Gemeinschaft und besuchten sie nur, um Unterricht und geistige Richtlinien zu erhalten. Sie studierten weder Mathematik noch Philosophie, sondern lernten durch *akousmata*, in denen die Pythagoreer ein einfaches, gewaltfreies Leben propagierten. Für die *akousmatikoi* war der Pythagoreismus im wesentlichen ein ethisches System mit mystischen Anklängen, Pythagoras war ihr geistiger Führer.

Die *mathematikoi* dagegen lebten in der Gemeinschaft und widmeten sich ganz einem pythagoreischen Leben. Sie hatten kommunistische Grundsätze in dem Sinn, daß jedes aufgenommene Mitglied sein Eigentum der Gemeinschaft überlassen mußte und keinen persönlichen Besitz erwerben durfte. Pythagoras hielt dies für notwendig, um die Seele von allen äußeren Sorgen zu befreien. Beeinflußt durch sein Leben unter ägyptischen Priestern legte er außerdem großen Wert darauf, daß der Körper nicht durch »unreine« Speisen und Kleidungsstücke beschmutzt wurde, und so durften die *mathematikoi* kein Fleisch und keinen Fisch essen und keine Kleidung aus Wolle oder Leder tragen. Antike Quellen berichten, daß Kandidaten eine

Probezeit von bis zu fünf Jahren zu durchlaufen hatten, die sie schweigend verbringen mußten, um ihre Selbstbeherrschung zu beweisen. Sicher herrschte kein ständiges Schweigen in der Gemeinschaft, aber offensichtlich schafften es nur wenige wirklich engagierte Mitglieder, in den von Pythagoras handverlesenen inneren Kreis aufgenommen zu werden und dort die geheimsten Lehren des Meisters zu hören und die Mathematik zu erlernen. Nach dem Vorbild der ägyptischen Mysterien blieb alles Wissen geheim und wurde nur innerhalb der Gemeinschaft verbreitet. Wir wissen von einem Pythagoreer, der ausgestoßen wurde, nachdem er die mathematischen Eigenschaften des Dodekaeders verraten hatte, eines geometrischen Körpers aus zwölf Fünfecken, der zu den fünf »vollkommenen Körpern« zählte. Pythagoras war der Überzeugung, daß mathematisches wie göttliches Wissen nur denjenigen enthüllt werden dürfte, die an Körper und Geist vollständig geläutert waren, und die *mathematikoi* näherten sich ihrer Wissenschaft mit der Haltung einer Priesterschaft.

Die pythagoreische Gemeinschaft in Kroton wird oft fälschlich als Bruderschaft bezeichnet, obwohl sie auch Frauen einschloß. Pythagoras selbst war verheiratet und hatte mehrere Kinder, seine Frau Theano unterrichtete als aktives Mitglied in der Gemeinschaft. Frauen wurden also mit Sicherheit in die Gruppe aufgenommen, unklar ist jedoch, ob sie *mathematikoi* werden durften, Philosophinnen-Mathematikerinnen, oder nur *akousmatikoi*. Weil es keine Berichte aus der Gemeinschaft selbst gibt, ist es schwierig, diese Frage zu klären, doch finden sich in den Schriften einiger antiker Kommentatoren Hinweise darauf, daß auch Frauen zu den *mathematikoi* zählten. Theano zum Beispiel soll Abhandlungen über Mathematik und Kosmologie verfaßt haben. Die Annahme, daß auch Frauen Zutritt zu dem engeren Kreis um Pythagoras hatten, wird vor allem durch die Tatsache gestützt, daß die späteren pythagoreischen Gemeinschaften des 5. Jahrhunderts v. Chr. auch Frauen aufnahmen:

Phintys, Melissa und Tymicha sind die drei, deren Namen uns überliefert sind. Und schließlich ist auch Platon, der stark von pythagoreischen Lehren beeinflußt wurde, als einziger der großen attischen Philosophen für eine Ausbildung der Frauen eingetreten. Anders als Aristoteles gewährte Platon auch Frauen Zutritt zu seiner berühmten Akademie, in der Mathematik gelehrt wurde. Man kann also annehmen, daß auch in der ursprünglichen pythagoreischen Schule Frauen *tatsächlich* an den mathematischen Studien teilnahmen. In Anbetracht der griechischen Sozialstruktur dieser Zeit ist es zwar höchst unwahrscheinlich, daß sich unter den *mathematikoi* ebenso viele Frauen wie Männer befanden, aber wenn man bedenkt, wie frauenfeindlich sich die Griechen kurze Zeit später gebärdeten, muß man die Gemeinschaft in Kroton wohl als einen der Zufluchtsorte in der griechischen Welt sehen, an denen die Gleichheit der Geschlechter zumindest in Ansätzen verwirklicht wurde.

Über die letzten Jahre im Leben des Pythagoras wird wenig berichtet. Zwischen 510 und 500 v. Chr. zettelte Kylon, ein Adliger aus Kroton, einen Aufstand gegen die Pythagoreer an, der das Ende der Gemeinschaft bedeutete. Dieser Vorfall wurde verschiedentlich als religiöse Verfolgung oder als eine demokratische Revolte gegen eine aristokratische Sekte beschrieben. Antike Verteidiger des Pythagoras charakterisieren Kylon als einen tyrannischen Mann, der sich an den Pythagoreern rächen wollte, nachdem sie ihn zurückgewiesen hatten, doch einige moderne Historiker führen den Schlag gegen die Gemeinschaft auf ihr elitäres und geheimnisvolles Auftreten zurück. Pythagoras floh während des Aufstands und verbrachte den Rest seines langen Lebens vermutlich auf der Wanderschaft in Italien, wo er seine Lehren zu verbreiten suchte. Die Legende sagt, er sei nach seinem Tod von einem Tempel der Musen aus direkt in den Himmel aufgefahren.

Weil die ursprüngliche pythagoreische Gemeinschaft eine so strenge Geheimhaltung bewahrte, kann man unmöglich feststellen, welche Ideen der Meister selbst entwickelte und welche seine Schüler beisteuerten; die Überlieferung schrieb sie alle Pythagoras selbst zu. Das Herzstück des pythagoreischen Denkens bildeten die ganzen Zahlen 1, 2, 3, 4, 5 und so weiter. (Die griechischen Mathematiker hatten die Null nicht in ihr System aufgenommen.) Die Zahlen von 1 bis 10, die *dekade*, galten als besonders heilig. Pythagoras hielt Zahlen für göttlich, er setzte sie mit den Göttern gleich. Damit entwarf er das traditionelle griechische Pantheon völlig neu. Die Gottheiten waren nicht länger anthropomorphe Gestalten, die ein von großen Gefühlen bestimmtes Schauspiel inszenierten, sie wurden nun zu abstrakten mathematischen Wesen. Das pythagoreische Weltbild war nicht das kosmische Theater eines Homer oder Hesiod, sondern ein metaphysischer Tanz der Zahlen.

Dennoch war dieses Zahlen-Universum bunter, als es sich der moderne Mensch heute vorstellen kann, denn die Pythagoreer verbanden mit Zahlen bestimmte ethische und moralische Eigenschaften. Und damit behielt ihre Kosmologie ebenso wie die frühere griechische Mythologie eine *psychologische* Dimension. Für uns heute ist die 4 einfach eine Menge, die uns erlaubt, von den vier Jahreszeiten oder den vier Seiten eines Quadrats zu sprechen. Für die Pythagoreer war eine 4 viel mehr als das – zum Beispiel war es die Zahl der Gerechtigkeit. 4 ist 2 mal 2, also in ihren Augen eine ausgewogene Größe. Die 6 war die Zahl der Ehe, weil die 2 als weibliche und die 3 als männliche Zahl galt und die 6 das erste männlich-weibliche Produkt darstellte. Die Vorstellung, daß Zahlen mehr als quantitative Eigenschaften besaßen, hatte Pythagoras sehr wahrscheinlich ebenfalls aus Ägypten in seine Heimat gebracht, denn dort war dies ein Grundzug der Zahlenmystik.

Dem Pythagoreer dienten die Zahlen aufgrund ihrer ethischen und moralischen Eigenschaften auch als ethische Archetypen, und die Beschäftigung mit der Mathematik lieferte daher auch Einsicht in das menschliche Verhalten. Da die ungeraden

Zahlen als männlich und die geraden als weiblich galten, hatten besonders die spezifischen Eigenschaften von gerade und ungerade moralische Implikationen für die Geschlechter. Vor allem die pythagoreische Auffassung, daß ungerade Zahlen gut und gerade schlecht seien, ordnete die Frauen definitiv der Seite des Bösen zu. Hier sehen wir die Ursprünge des pythagoreischen Dualismus: Auf der einen Seite stehen die Eigenschaften gut, ungerade und männlich, auf der anderen die Charakteristika böse, gerade und weiblich. Grundsätzlich wurden die höher oder besser bewerteten Eigenschaften der männlichen Seite zugeschlagen, die niedrigeren oder schlechteren der weiblichen Seite. Allgemein kann man sagen, daß es Aufgabe des pythagoreischen Mathematikers war, die Charakteristika der einzelnen Zahlen, ob gerade oder ungerade, und die Beziehungen – die mathematischen wie die ethischen – zwischen ihnen zu entdecken. So mußte sich der Mathematiker zwangsläufig mit Moral beschäftigen. Die moderne Trennung zwischen Mathematik und Ethik, die uns so selbstverständlich ist, hätte Pythagoras in Schrecken versetzt. Er erkannte als einer der ersten, daß die Mathematik auch für die Entwicklung von zerstörerischen Technologien eingesetzt werden kann und der Mathematiker deshalb auch eine moralische Verantwortung trägt.

Nach der Lehre der Pythagoreer dienten die Zahlen nicht nur als ethische, sondern auch als materielle Archetypen, sogar als Modelle für alle materiellen Formen. Die Vorstellung von der Zahl als Quelle der Form entsprang der Entdeckung der Pythagoreer, daß jede Zahl sich mit bestimmten Formen verbinden läßt. So nannten sie die 6, 10 und 15 Dreieckszahlen, weil sich sechs, zehn oder fünfzehn Punkte in Form eines gleichseitigen Dreiecks darstellen lassen.

6   10   15

Aus denselben Gründen wurden 4, 9 und 16 Quadratzahlen genannt.

4   9   16

Die 12 galt als Rechteckszahl, weil sie durch drei Reihen mit je
vier Punkten oder durch zwei Reihen mit je sechs Punkten dargestellt werden konnte. Solche Zahlen, zu denen zum Beispiel
auch die 6 gehörte (die sowohl durch ein Dreieck wie durch ein
Rechteck darstellbar ist), konnten mehr als eine Form annehmen. Punkte konnten in beinahe jeder nur möglichen Form
angeordnet werden, als Fünfecke, Sechsecke, Achtecke usw.
Pythagoras folgerte, daß, wenn Zahlen Formen haben, vielleicht auch umgekehrt alle Formen mit Zahlen verbunden werden könnten. Und warum sollte die Zahl nicht der grundlegende Bestandteil der Form schlechthin sein? Ein einfaches Beispiel
für die Verbindung einer Anzahl von Punkten mit einer komplexen Form waren die Konstellationen der Sterne. Hier wurde
aus einer Handvoll Punkte ein Widder, ein Stier, ein Krebs oder
ein Mensch. Historiker haben vermutet, daß Pythagoras' Idee
von den Zahlen als Grundbestandteil der Formen auf seine Er-

fahrungen bei den babylonischen Astronomen zurückzuführen ist.

Mit Hilfe von Punktmustern kamen die Pythagoreer erstaunlich komplexen mathematischen Theoremen auf die Spur. Und obwohl Mathematiker späterer Zeit natürlich sehr viel ausgeklügeltere Techniken zu diesen Problemen entwickelten, hat sich die Idee, Form sei grundsätzlich mathematisch, als sehr fruchtbar erwiesen. Heute betrachten die Mathematiker keine Ansammlungen von Punkten, sondern versuchen eine Form mit Gleichungen zu beschreiben. Ein Kreis beispielsweise kann durch die einfache Gleichung $x^2 + y^2 = r^2$ beschrieben werden (wobei x und y Strecken auf der horizontalen und der vertikalen Achse des Koordinatenkreuzes sind und r der Radius des Kreises ist). Eine Variante dieser Gleichung gilt auch für die Ellipse, die im Grunde ein verlängerter Kreis ist. Die Planeten beschreiben bei ihrem Umlauf um die Sonne eine Ellipse, genau wie der Mond bei seiner Bewegung um die Erde. So verkörpert also eine einzige einfache Gleichung (eine mathematische Formel) die Bewegungen im Sonnensystem.

Die Pythagoreer entdeckten auch, daß Zahlen nicht nur *räumliche*, sondern auch zeitliche Muster bilden können. Jedes Jahr besteht aus 4 Jahreszeiten, 13 Mondmonaten und 365 Tagen. Die Sonne geht in einem regelmäßigen Kreislauf innerhalb von 24 Stunden auf und unter, der Mond nimmt alle 29 Tage ab und wieder zu, und jeder Planet hat seinen eigenen einzigartigen Rhythmus. Aus dieser Sicht kann man den Kosmos als eine große Ansammlung von numerischen Kreisläufen betrachten. Die zeitlichen Zahlenmuster, die man am Himmel beobachten kann, und die räumlichen Muster, die die Zahlen selbst formen, überzeugten Pythagoras davon, daß wirklich alles Zahl ist und daß die Zahl tatsächlich die Grundlage aller Wirklichkeit bildet.

Besonders wichtig für Pythagoras ist die Erkenntnis, daß die menschliche Seele Teil dieses großen Zahlenmusters des Universums ist, denn er glaubte, daß wir alle 216 Jahre wiedergeboren werden. Die Zahl 216 hatte besondere Bedeutung, weil sie sich aus 6^3, also $6 \times 6 \times 6$, errechnet. In den Augen der Pythagoreer symbolisierte sie die zyklische Wiederkehr – ausgehend von der Vorstellung, daß sich alles wiederholt. Wie die Hindus glaubten auch die Pythagoreer, daß sie vom Schicksal zu einem endlosen Kreislauf aufeinanderfolgender Leben bestimmt seien, und daher waren die Seelen wie die Zahlen selbst für sie unsterblich. Die Unsterblichkeit der Seele und ihr endloser Zyklus der Wiedergeburt waren die wichtigsten religiösen Lehren des Pythagoreismus – noch ein Aspekt, der den Einfluß des Ostens auf diese Lehre deutlich macht.

Weil die Seele ständig wiedergeboren wird, verbringt sie Pythagoras zufolge ihre Zeit abwechselnd auf der Erde (in einem Körper gefangen) und nicht auf der Erde (körperlos). Daraus ergab sich die Frage: Wo befindet sich die Seele, und was tut sie, wenn sie gerade keinen Körper bewohnt? Pythagoras' Antwort darauf lautete, daß sie sich im himmlischen Reich der körperlosen Zahlen-Götter aufhalte, wo sie inmitten der Melodien der mathematischen Musik des Kosmos, der sogenannten Sphärenharmonie, in Glückseligkeit schwelge. Wir werden diese kosmische Harmonie später noch genauer kennenlernen. Fürs erste genügt es zu sagen, daß die Pythagoreer das Hören der Sphärenharmonie als die größte und schönste Erfahrung betrachteten, die dem Menschen möglich sei. Zwar konnte sich jeder Mensch für die Zeit nach seinem Tod auf diesen göttlichen Genuß freuen, doch die Pythagoreer trachteten danach, ihre Seelen zu befreien, um die Erfahrung auch zu Lebzeiten genießen zu können. Der Pythagoreismus war in erster Linie eine Erlösungsreligion, in der man die Mathematik als Werkzeug einsetzte, um die Seele vom Körper zu befreien, so daß sie aufsteigen konnte in das »himmlische« Reich der Zahlen. Mathematik war in diesem Sinne zuerst und vor allem eine religiöse Beschäftigung.

Doch parallel zu diesem sehr schönen Mystizismus gab es da

noch ein anderes Ziel: Indem sie die Seele befreiten, versuchten die Pythagoreer auch, der *Natur* zu entfliehen. Pythagoras setzte die Zahlen mit den Göttern gleich, weil sie in seinen Augen zeitlos schienen, unveränderlich und unzerstörbar. Damit standen die Zahlen in einem deutlichen Kontrast zu der nur allzu offensichtlichen Tatsache, daß in der stofflichen, natürlichen Welt alles dem Verderben, dem Niedergang und dem Tod preisgegeben ist. Vier Rosen mögen verwelken, vier Melonen verfaulen, vier Menschen sterben, vier Flüsse austrocknen und vier Berge zerfallen, aber die Zahl 4 selbst scheint ewig und unzerstörbar – wie die Götter. Pythagoras setzte Göttlichkeit mit zeitloser Unveränderlichkeit gleich, einer Eigenschaft, die nirgendwo in der Natur zu finden ist. Eigentlich macht sogar genau dies das Wesen der Zahlen-Götter aus: Sie stehen jenseits der Natur mit der in ihr angelegten Vergänglichkeit und Sterblichkeit. Auch hier markierte der Pythagoreismus eine neue Phase im griechischen Denken, weil die traditionellen Götter zwar als unsterblich und unzerstörbar galten, aber durchaus nicht jenseits der Natur standen, sondern in sie eingebettet waren. Immerhin waren sie direkt verantwortlich für das Aufgehen der Sonne und des Mondes, für die Fülle der Ernte, für Stürme und Donner, für Ozeane und Wind.

Doch die Überwindung der Natur schloß auch die Überwindung des »Weiblichen« in sich ein, weil im Pythagoreismus, wie im griechischen Denken allgemein, alles Stoffliche – die Grundsubstanz der Natur – als weiblich galt. In der pythagoreischen Kosmologie war die 2 nicht nur das oberste weibliche Prinzip, sondern auch die mit der Materie verbundene Zahl. Dagegen war das oberste männliche Prinzip, die Zahl 1, direkt gleichgesetzt mit der obersten materiefreien Gottheit Apollo. Hier stoßen wir auf einen weiteren Grundzug des pythagoreischen Dualismus: Männlichkeit wurde mit allem Himmlischen und Körperlosen in Verbindung gebracht, Weiblichkeit mit allem Irdischen und Materiellen. Diese Mann-Frau-, Himmel-

Erde-<u>Dichotomie</u> war allerdings keine spezielle Lehre der Pythagoreer, sondern vielmehr schon vor dem 8. Jahrhundert v. Chr., in dem Hesiod seine *Theogonie* verfaßte, ein zentrales Merkmal der griechischen mythischen Kosmologie. Die Historikerin Gerda Lerner hat sogar gezeigt, daß sich die Polarität zwischen einem »Himmelsvater« und einer »Erdmutter« durch die ganze westliche Mythologie von Mesopotamien bis Griechenland zieht. Die Pythagoreer versuchten dem Reich der Erdmutter (in ihrer mathematischen Mythologie durch die Zahl 2 repräsentiert) zu entkommen und in das Reich des Himmelsvaters (repräsentiert durch die Zahl 1) aufzusteigen, um auf diese Weise die materielose Seele aus dem materiellen Körper zu befreien.

Pythagoras war nicht der Erfinder dieses Gegensatzes zwischen Mann und Frau, Himmel und Erde, er setzte ihn nur in einen *mathematischen* Kontext. Wirklich interessant an dieser Entwicklung ist, daß die Mathematik als Ganzes allmählich als eine grundsätzlich männliche Betätigung betrachtet wurde, weil im Pythagoreismus alle Zahlen an sich schon zum seelischen, also männlichen Reich gehörten. Dabei ging es nicht so sehr darum, wer berechtigt war, sich mit Mathematik zu beschäftigen, sondern vielmehr um das Wesen der Mathematik. Die Beschäftigung mit ihr war in den Augen der Pythagoreer eine Beschäftigung mit dem überirdischen Reich der Zahlen-Götter, und es war das als männlich definierte Element des menschlichen Wesens (die Seele), das dabei aktiv wurde; das als weiblich definierte Element (die Materie des Körpers) dagegen mußte jeder, der sich der Mathematik widmete, hinter sich lassen.

Diese Verknüpfung von Mathematik und Männlichkeit hatte starke Auswirkungen auf die westliche Kultur. Auch heute noch, zweieinhalbtausend Jahre später, ist der Mythos weit verbreitet, Mathematik sei ein männliches Betätigungsfeld und der männliche Verstand von Natur aus besser zum mathematischen

Denken geeignet als der weibliche. Im 6. Jahrhundert v. Chr. ergab sich aus dieser engen Verbindung von Männlichkeit und Mathematik unter anderem, daß die pythagoreischen Frauen zwar durchaus fähig waren, sich mit Mathematik zu beschäftigen (weil auch sie eine Seele hatten), daß sie durch dieses Studium jedoch einer starken Spannung ausgesetzt waren. Um Mathematik zu studieren, mußten sie, wie die Pythagoreer glaubten, ihre Weiblichkeit hinter sich lassen und sich bemühen, ganz männlich zu werden – sie mußten letztlich versuchen, Mathematische *Männer* zu werden. Aus dem pythagoreischen Dualismus ergibt sich, daß eine Mathematische *Frau* ein Widerspruch in sich ist. Und obwohl der pythagoreische Mystizismus schon lange verschwunden ist, hat er in dieser Hinsicht einen langen Schatten auf die westliche Kultur geworfen, denn *noch heute* muß die Mathematische Frau um ihre Legitimität kämpfen.

Die zentrale Achse des pythagoreischen Mystizismus – Mathematik, Männlichkeit und Seelenwanderung – hatte auch starke Auswirkungen auf die Kultur der westlichen Physik. Weil Mathematik als die Beschäftigung mit dem übernatürlichen Reich der Götter verstanden wurde, betrachtete man auch die Suche nach mathematischen Beziehungen in der stofflichen Welt als eine übernatürliche Tätigkeit – eine Suche nach jenem Teil der Natur, der als ewig, unveränderlich und unzerstörbar galt und der letzten Endes *jenseits* der Natur angesiedelt war. Als sich im Mittelalter ein neuer pythagoreischer Geist innerhalb des Christentums bemerkbar machte, wurde diese Auffassung schnell umgeformt in eine Verbindung zwischen den mathematischen Beziehungen in der Natur und dem christlichen Gott. Wie die antiken Pythagoreer glaubten auch mittelalterliche und frühneuzeitliche Physiker, daß sie dabei seien, einen übernatürlichen, von einer Gottheit gelenkten Schöpfungsplan zu entdecken.

Obwohl die Pythagoreer sich in erster Linie als Anhänger

eines religiösen Kultes verstanden, waren sie außerdem auch die Vorläufer der modernen Physiker. Wie sie sich einerseits für die Formen interessierten, die sich in den Zahlen verbargen, so interessierten sie sich andererseits auch für die mathematischen Formen, die Bestandteil der materiellen Welt waren. Daß der Pythagoreismus tatsächlich eine urmathematische Wissenschaft war, zeigt sich in Pythagoras' berühmter Entdeckung der Gesetze, die den musikalischen Harmonien zugrunde liegen. Bei einem Saiteninstrument, etwa einer Lyra, erzeugt eine doppelt so lange Saite einen um eine Oktave tieferen Ton, das Verhältnis der Saitenlängen ist dabei also 2 zu 1. Zwei Saiten im Verhältnis 3 zu 2 erzeugen eine Quinte, zwei im Verhältnis 4 zu 3 eine Quarte. Die Pythagoreer experimentierten auch mit Saiten unterschiedlicher Stärke und Spannung und suchten nach Zahlenmustern in den Tönen, die dabei entstanden. Ihre Entdeckung, daß Klangphänomenen mathematische Gesetzmäßigkeiten zugrunde liegen, zeigt anschaulich, daß die Mathematik für sie nicht einfach ein abstraktes Spiel war, sondern immer einen Bezug zur materiellen Welt hatte.

Diese Gesetze hinter der Musik repräsentierte die *harmonia*, die mathematische Musik hinter dem hörbaren Klang. Hörbare Harmonie wurde so die über die Sinne erfahrbare Manifestation dieser mathematischen Harmonie des übernatürlichen Zahlenreichs. Nach Pythagoras sprach die Seele auf diese *harmonia* an, wenn eine Person der Musik lauschte. So, erklärte er, empfinden die Menschen eine Oktave, Quarte oder Quinte als harmonisch, weil die Seele eine natürliche Affinität zu einfachen Zahlenverhältnissen wie 2 zu 1, 3 zu 2 oder 4 zu 3 hat. Sie schmeicheln dem Ohr, weil sie die Seele erfreuen.

Die Idee der *harmonia* sollte sich als außergewöhnlich einflußreich erweisen und letztendlich zum Grundstein der westlichen Kosmologie werden. Pythagoras sah das Universum als riesiges Musikinstrument, durchdrungen von mathematischen Harmonien. Besonders interessant waren seiner Ansicht nach die Harmonien des Himmels, die sich aus der Stellung und Bewegung der Sonne, des Mondes, der Planeten und Sterne ergaben. Er glaubte, daß es wie in der Musik auch beim Tanz der Himmelskörper feste Gesetzmäßigkeiten geben müsse. Diese sogenannte Sphärenharmonie, die göttliche mathematische Musik, werde die Seele einst hören, wenn sie dem Gefängnis des Körpers entkommen sei. Aus dieser pythagoreischen Suche nach kosmischer Harmonie entwickelte sich nicht nur das im alten Griechenland gültige Bild des Kosmos, sondern, wie wir noch sehen werden, auch unser modernes.

Die Sphärenharmonie erhielt ihren Namen, weil Pythagoras glaubte, der Kosmos sei sphärisch, das heißt kugelförmig. In seiner Kosmologie bewegte sich jeder Himmelskörper in großen Kreisen, die die Durchmesser einer Reihe von konzentrischen himmlischen Sphären beschrieben. Diese unsichtbaren Sphären waren keine physikalischen Gebilde, sondern vielmehr metaphysische – sie legten die geometrische Struktur des Himmels fest. In der Kosmologie des Pythagoras drehte sich die Erde wie die Sonne, der Mond und die Planeten um einen Körper mit der Bezeichnung »zentrales Feuer«, ein mysteriöses, nie gesehenes Gebilde, das man sich als eine Art sehr reine, ätherische Sonne vorstellen sollte. Diese Zutat zum Sonnensystem, die das Ganze unnötig kompliziert machte, schaffte der große pythagoreische Astronom Aristarchos im 3. Jahrhundert v. Chr. wieder ab und gab dem System seine logische Einfachheit zurück, indem er die *Sonne* selbst in die Mitte setzte und die Erde und die Planeten um sie kreisen ließ. Hier entstand die heliozentrische Kosmologie, die üblicherweise Kopernikus zugeschrieben wird, 1800 Jahre vor seiner Zeit. Volle zwei Jahrtausende vor der Erfindung des Teleskops hatten die Pythagoreer sich das erschlossen, was wir heute als die Struktur unseres Sonnensystems kennen.

Die mathematischen Harmonien, die zum pythagoreischen Kosmos gehörten, waren die durch feste Gesetzmäßigkeiten geregelten Verhältnisse zwischen den Größen der Planetenbahnen und zwischen den verschiedenen Geschwindigkeiten, mit denen sich die Planeten bewegen. Obwohl die antiken pythagoreischen Astronomen versuchten, diese Gesetzmäßigkeiten näher zu bestimmen, konnten sie erst im Zeitalter der modernen Astronomie korrekt errechnet werden. Die pythagoreische Idee vom Kosmos als einer großen mathematischen Harmonie stand als Inspiration hinter der Revolution der Kosmologie im 16. und 17. Jahrhundert – Kopernikus, Kepler und Newton setzten bewußt die Suche der Pythagoreer fort. Keiner von ihnen war der Meinung, daß der Himmel mit Hilfe einfacher Gesetzmäßigkeiten beschrieben werden könne, aber alle drei glaubten, daß das Reich alles Himmlischen von mathematischen Beziehungen durchdrungen sei, die sie bewußt als Harmonien des Kosmos betrachteten. Eigentlich ist sogar *noch heute* die »Sehnsucht, die Harmonie zu entdecken« die treibende Kraft der Kosmologie, wie Einstein uns ins Gedächtnis ruft.

Die Tatsache, daß Aristarchos' Kosmologie von Kopernikus neu entdeckt werden mußte, zeigt, daß dieses Wissen irgendwo auf dem Weg durch die Geschichte verlorenging. Obwohl die Griechen von Pythagoras fasziniert waren, erlangten weder seine wissenschaftlichen noch seine philosophischen Erkenntnisse jemals ausreichende Autorität, um zur beherrschenden Kraft in der antiken Welt zu werden. Während sich die Hellenen seinen Glauben, der Himmel könne mit Hilfe der Mathematik beschrieben werden, zu eigen machten, verwarfen sie das heliozentrische Modell, und die Mehrheit glaubte, die Erde sei der Mittelpunkt des Kosmos, um den sich Sonne, Mond, Planeten und Sterne drehten. Ebenso verwarfen die Griechen den pythagoreischen Traum einer allgemeinen, auf der Mathematik basierenden Wissenschaft und benutzten die Mathematik nur als Hilfswissenschaft für die Astronomie, die Optik und ein paar einfache mechanische Probleme, wie beispielsweise Archimedes' Studie über die Hebelwirkung zeigt. So geriet der unglaublich vielversprechende Beginn dieser Wissenschaft im sechsten vorchristlichen Jahrhundert in der späteren antiken Welt größtenteils in Vergessenheit.

Niemand anderes als Aristoteles hat die Entfernung von der heliozentrischen Kosmologie und von einer auf der Mathematik aufbauenden Wissenschaft maßgeblich beeinflußt. Aristoteles versuchte zwar ebenso wie Pythagoras, die Welt rational zu erklären, aber er hielt die Mathematik nicht für eine geeignete Grundlage für dieses Vorhaben, weil er nicht glaubte, daß sie die Kraft habe, die *wahre* Natur der Dinge offenzulegen. Moderne Physiker haben sich wegen seiner Ablehnung der Mathematik oft über Aristoteles lustig gemacht und ihn beschuldigt, den Fortschritt in der Physik zweitausend Jahre lang behindert zu haben, aber eigentlich war Aristoteles' Position durchaus gerechtfertigt, weil die Mathematik tatsächlich die Fragen, die *er* für wichtig hielt, nicht beantworten konnte.

Die Tatsache, daß die Griechen mit einer auf der Mathematik aufbauenden Wissenschaft vertraut waren und dann dennoch beschlossen, diesem Ansatz nicht zu folgen, führt zu der sehr wichtigen Frage, warum die Europäer in der Moderne *schließlich doch* diesen Weg einschlugen. Die bewußte Ablehnung einer mathematischen Wissenschaft durch die Griechen zeigt, daß auch die Wissenschaft wie alle anderen menschlichen Aktivitäten von kulturellen Entscheidungen beeinflußt wird. Die Gesellschaft legt fest, was sie von der Wissenschaft erwartet, was sie von ihr erklärt haben möchte und was sie schließlich als Erklärung gelten läßt. Die Griechen wandten sich nicht von Pythagoras ab und Aristoteles zu, weil sie etwa dumm waren, sondern weil die Wissenschaft des Aristoteles in *ihren* Augen diesen Zweck besser erfüllte. Ein Hauptziel dieses Buches soll es sein, zu untersuchen, wie und warum die modernen Europäer einen *pythagoreischen* Ansatz wählten. Was überzeugte die Menschen schließlich davon, daß eine auf der Mathematik aufbauende Wissenschaft besser für *uns* ist?

Bevor wir die Antike verlassen, müssen wir uns noch vor Augen führen, was aus der griechischen Wissenschaft im ganzen wurde, denn mit der Durchsetzung des Christentums geriet fast das gesamte pythagoreische wie aristotelische Wissen in Vergessenheit. Für nahezu ein Jahrtausend verlor der Westen beinahe jeden Kontakt zu seinem antiken wissenschaftlichen Erbe und mußte es deshalb im Spätmittelalter fast vollständig neu erwerben. Was geschah mit diesem außergewöhnlichen Wissensschatz? Die Astronomie, die Mathematik, die aristotelische Physik und Biologie – was wurde aus ihnen? Wie konnte ein solcher Reichtum an Wissen einfach aus dem westlichen Bewußtsein verschwinden?

Die häufig zu hörende Antwort auf diese Fragen lautet, daß die Christen ihn vernichtet hätten. In diesem Szenario treten die frühen christlichen Theologen als Dunkelmänner auf, die die glorreiche Flamme der griechischen Mathematik und Naturwissenschaften auslöschten und Europa in ein »dunkles Zeitalter« zurückwarfen, das tausend Jahre andauerte. Dieses Bild paßt wunderbar zu dem beharrlichen Mythos, daß Wissenschaft und Religion natürliche Feinde seien, aber die historischen Belege stützen eine solche Interpretation der Ereignisse nicht. In den letzten Jahrzehnten hat die Forschung dargelegt, daß die Gründe für den Verlust des antiken Wissens sehr viel komplexer waren. Vor allem befand sich die griechische Wissenschaft um Christi Geburt *bereits* im Niedergang. Das »Goldene Zeitalter« war schon Jahrhunderte früher zu Ende gegangen, und obwohl die Naturwissenschaft noch immer ein Thema war, tauchten nur wenige neue Ideen auf. Und ohne einen ständigen Strom frischer Ideen verkümmerte der Baum der antiken Naturwissenschaft.

Im 3. Jahrhundert war das Christentum zu einer ernstzunehmenden Kraft geworden. Einige prominente Christen wie etwa Tertullian wandten sich gegen alle »heidnischen« Ideen, andere jedoch, unter ihnen auch Augustinus, schätzten das griechische

Erbe und forderten, daß die Christen dieses Wissen für ihre eigenen Zwecke gebrauchen sollten. Augustinus argumentierte, die griechischen Wissenschaften seien hilfreich, um die Aussagen der Bibel über natürliche Vorgänge zu deuten. Anfangs ließen viele Christen, die ganz und gar nichts gegen die griechische Bildung einzuwenden hatten, ihre Söhne weiterhin nach griechischer Tradition erziehen. Doch gleichzeitig begann die christliche Gemeinde ihr eigenes Bildungsnetzwerk aufzubauen. Diese neuen Bildungszentren konzentrierten sich eher auf die spirituelle Entwicklung ihrer Schützlinge als auf weltliche Philosophie und Naturwissenschaften. Kurzum: Die Christen haben das griechische Wissen nicht ausgemerzt; ihre Interessen lagen einfach auf anderen Gebieten, und in der Zwischenzeit ging die Kultur, auf deren Nährboden diese Wissenschaft gediehen war, unter. Das griechische Wissen starb im Westen nicht durch eine Verfolgung irgendwelcher Art, sondern einfach, weil es nicht genügend enthusiastische Anhänger gab, die die Tradition hätten aufrechterhalten können. Schließlich gelangte das hellenische Erbe in die islamische Welt, wo es gepflegt wurde, bis sich im Westen wieder Interesse regte.

Ihren letzten Impuls erhielt die antike westliche Wissenschaft in den letzten Jahrhunderten des Römischen Reiches in Alexandria. Während Rom das politische Zentrum des Reiches bildete, war die Stadt der legendären Bibliothek lange Zeit sein intellektuelles Zentrum. Die Geschichte dieser letzten Phase »griechischer« Wissenschaft läßt sich symbolisch in der Geschichte ihrer letzten großen Kennerin und unserer ersten bedeutenden Mathematischen Frau verfolgen: Hypatia von Alexandria. Sie lebte im späten 4. Jahrhundert. Obwohl sie die erste Wissenschaftlerin ist, deren Leben gut dokumentiert ist, hat keines von Hypatias Werken die Zeiten überdauert, die Situation ist ähnlich wie bei Pythagoras. Die Wissenschaftshistorikerin Margaret Alic hat festgestellt, daß sie 1500 Jahre lang als die *einzige* Naturwissenschaftlerin in der Geschichte galt. Erst mit Marie Curie lernte die Welt eine weitere Naturwissenschaftlerin kennen, obwohl es, wie Alic und auch andere dokumentiert haben, zwischenzeitlich noch weitere Mathematische Frauen gab.

Hypatia wurde in einem Zeitalter geboren, das zutiefst geprägt war vom Frauenhaß des Aristoteles. Frauen wurden weithin nicht als vollwertige Menschen betrachtet. Dennoch erhielt sie eine erstklassige Ausbildung. Hier finden wir zum ersten Mal ein Szenario, das uns im weiteren Verlauf dieses Buches noch mehrfach in Variationen begegnen wird: Hypatia hatte das seltene Glück, daß ihr Vater Theon, ein Mathematiker und Astronom, sehr aufgeklärt dachte und sie selbst unterrichtete. Tatsächlich wurden bis ins zwanzigste Jahrhundert hinein beinahe alle Mathematischen Frauen von einem männlichen Verwandten unterrichtet, meist vom Vater oder Ehemann. Der Legende nach hatte Theon beschlossen, seine Tochter zum vollkommenen Menschen zu machen, und den antiken Quellen nach war sie das auch – weise, gebildet, mutig und schön. Sie trat in die Fußstapfen ihres Vaters und wurde eine bekannte Mathematik- und Philosophielehrerin.

Im 4. Jahrhundert hatte der wachsende Druck von religiösem Sektierertum dazu geführt, daß Christen, Juden und Heiden getrennte Schulen besuchten, doch Hypatia unterrichtete jeden, und in ihrem Haus trafen sich die Gelehrten, um philosophische und naturwissenschaftliche Fragen zu diskutieren. Außerdem schrieb Hypatia Texte zur Mathematik. Wie damals üblich, waren ihre Texte im allgemeinen Kommentare zu den Werken früherer berühmter Mathematiker wie Euklid, Apollonius und Diophantos, doch nahm Hypatia in ihre Bücher auch neue Lösungen für alte Probleme und neue Probleme als Herausforderung für kluge Studenten auf. Außerdem steuerte sie Texte zu den mathematischen und astronomischen Büchern ihres Vaters bei und stellte Tabellen mit den Positionen der Himmelskörper zusammen. Zusätzlich zu ihrer theoretischen

Arbeit interessierte Hypatia sich für Mechanik und Technik und entwarf verschiedene wissenschaftliche Instrumente, darunter ein Astrolabium, das dazu diente, die Zeit zu errechnen und die Position von Sonne, Sternen und Planeten zu bestimmen.

Das Alexandria des 4. Jahrhunderts war nicht nur das letzte antike Zentrum der griechischen Mathematik und Naturwissenschaft, sondern im Zusammenhang damit auch ein Zentrum des in der Spätzeit des Römischen Reiches wiederauflebenden Pythagoreismus. Hypatia gehörte als eine der vielen Intellektuellen einer Bewegung an, die allgemein als Neuplatonismus bezeichnet wird. Dies war die Zeit, in der, wie bereits erwähnt, viele Anhänger des samischen Weisen den Pythagoreismus als eine hellenistische Alternative zum aufkommenden Christentum und somit Pythagoras als rationale Alternative zu Christus betrachteten. Iamblichos und Porphyrios, die beiden antiken Kommentatoren des Pythagoras, haben ihre Bücher zumindest teilweise in dieser Absicht verfaßt. Und so sahen die Christen im Neuplatonismus völlig zu Recht einen religiösen Rivalen.

Im Jahre 412 wurde ein fanatischer Christ namens Kyrillos Patriarch von Alexandria und startete eine Kampagne, um die Stadt von den Juden und den Neuplatonikern zu befreien. Als eine überzeugte Neuplatonikerin zog Hypatia die Aufmerksamkeit auf sich, doch sie weigerte sich, zum Christentum überzutreten. Das kostete sie das Leben. Im Jahre 415 wurde sie von einem Mob christlicher Eiferer überfallen und zu Tode geprügelt. Eine Quelle aus dem 5. Jahrhundert stellt die Szene so dar: »Sie rissen ihr die Kleider vom Leib, schnitten ihr mit scharfen Muscheln die Haut auf und zerfleischten sie. Dann vierteilten sie ihren Körper und brachten die Teile zu einem Ort namens Cinaron und verbrannten sie zu Asche.« In einem solchen geistigen Klima konnte der Neuplatonismus nicht überleben, und mit seinem Niedergang endete die letzte Phase der antiken Naturwissenschaft – Symbol dafür war der Mord an Hypatia. Die große Zeit der griechischen mathematischen Wissenschaft, die mit der Geburt eines Mannes begonnen hatte, endete mit dem Tod einer Frau.

Hypatia

DIALOGVS
DE SYSTEMATE MVNDI,
Autore
GALILÆO GALILÆI LYNCEO,
SERENISSIMO
FERDINANDO II. HETRVR MAGNO-DVCI
dicatus.

ARIST. C. PTOLEM. N. COPERNICVS.

Augustæ Trebor.
Impensis BONAVENTVRA et ABRAHAMI ELZEVIR.
Bibliopolar Leyden.

Aristoteles, Ptolemäus und Kopernikus. Darstellung aus Galileo Galileis
Werk *Dialogus* von 1635

2
GOTT ALS MATHEMATIKER

Die Geistesgeschichte des christlichen Abendlandes besteht im Grunde aus zwei Teilen: einer Geschichte der Männer und einer Geschichte der Frauen. Und nie war die Kluft zwischen den wissenschaftlichen Kenntnissen der Geschlechter größer als im hohen Mittelalter (etwa zwischen 1100 und 1400). Diese Epoche erlebte auf der einen Seite eine neue Blüte der griechischen Mathematik und der Naturwissenschaften, auf der anderen Seite die allmähliche Ausgrenzung der Frauen aus der Kultur des Wissens. Daher war das Hochmittelalter sowohl eine Zeit des Fortschritts als auch des Rückschritts. Doch um den zwiespältigen Charakter dieser bemerkenswerten Ära zu verstehen, müssen wir viel früher einsetzen, nicht lange nach dem Mord an Hypatia. In dieser Zeit des Übergangs liegen die Anfänge der religiösen Macht, die die Kirche später einsetzen wird. Der Ausschluß der Frauen aus der höheren Bildung war keineswegs von Beginn an festgelegt. Auch die Frauen hätten an der mittelalterlichen »Renaissance« teilhaben können – und damit an der neuen Blüte der auf der Mathematik basierenden Wissenschaft: Dies wird klar, wenn man die Möglichkeiten sieht, die ihnen in den vorausgehenden Jahrhunderten offenstanden.

Das erste Jahrtausend des Christentums gilt oft als eine dunkle Zeit für die Frauen. Es ist sicher leicht, Beispiele für frauenfeindliche Ansichten bei den Kirchenvätern zu finden, doch ist es falsch, aufgrund dieser Äußerungen zu schließen, die Frauen im frühen Mittelalter seien völlig ohne Macht oder Stimme gewesen. Tatsächlich war die Kirche in ihrem ersten Jahrtausend durchaus nicht die monolithische Organisation, zu der sie sich später entwickelte, und die Christen in den verschiedenen Ländern gingen sehr unterschiedliche Wege, um ihren Glauben auszuüben. So fanden im frühen Christentum Männer und Frauen beispielsweise auch Möglichkeiten, *gemeinsam* zu studieren. Im 7. und 8. Jahrhundert gab es in England, Spanien, Frankreich, Italien, Deutschland und Irland Doppelklöster, in denen sowohl Männer als auch Frauen lebten. Die Wohnquartiere waren zwar streng getrennt, aber beide Geschlechter teilten sich die Schulen und Skriptorien und nahmen gemeinsam an der Messe teil. Einige dieser Doppelklöster waren anerkannte Zentren der Bildung, und nicht selten wurden sie von Frauen geleitet.

In Irland errichtete die heilige Brigida schon im fünften Jahrhundert ein Doppelkloster in Kildare, in England (wo diese Tradition besonders stark war) steht die heutige Kathedrale von Ely an der Stelle eines Doppelklosters aus dem siebten Jahrhundert. Dort gab es eine lange Reihe von Äbtissinnen, angefangen bei der Gründerin Etheldreda und ihrer Schwester Sexburga, von der dann nacheinander ihre Tochter Ermenhilda und deren Tochter Werburga das Amt übernahmen. Dieses klösterliche Matriarchat zeigt, daß das Christentum im frühen Mittelalter um einiges flexibler und komplexer war, als es die übliche Vorstellung vom »dunklen Zeitalter« nahelegt. Die Tatsache, daß eine Äbtissin ihre Würde an ihre Tochter weitergeben konnte, zeugt von einem im Vergleich zu heute radikal anderen Modell religiöser Gemeinschaft. Hilda, die Großnichte des Königs Edwin von Northumbrien, gründete ein Doppelkloster in Whitby, daß zu einem Bildungszentrum für ganz England wurde. Mindestens fünf spätere Bischöfe wurden hier ausgebildet, und Nonnen wie Mönche lernten Griechisch und Latein. Nach Darstellung der Historikerin Suzanne Wemple dienten die Doppelklöster als »koedukative Schulen« und setzten zweifellos eine Tradition fort, die auf die Bibelkreise der frühen christlichen Gemeinden zurückgeht. Wichtiger waren jedoch die vielen Nonnenklöster des Mittelalters, die überall in Europa der Frauenbildung dienten.

Im späten 8. Jahrhundert begann allerdings ein neues Element in der Kultur des Christentums die für Frauen zugänglichen Bildungsmöglichkeiten zu bedrohen. Schon vorher hatten Frauen nicht die gleichen Möglichkeiten wie Männer, doch nun wurde die intellektuelle Kluft zwischen den Geschlechtern noch größer. Die erste Phase dieses Prozesses fällt in die Regierungszeit Karls des Großen, dessen Reich das gesamte moderne Frankreich, Belgien, Holland, die Schweiz und Teile Deutschlands, Österreichs und Italiens umfaßte.

Ende des 8. Jahrhunderts leitete Karl der Große in seinem Herrschaftsbereich eine Reform des Priestertums ein, um die Kirche enger an den Staat zu binden. Karl hatte richtig erkannt, daß ein besserer Klerus vor allem ein gebildeterer sein müsse, und so befahl er die Gründung von Schulen an allen Domkirchen und Klöstern im Reich. Dieses reichsweite Reformprogramm war der erste Schritt zu einem neuen Aufblühen der Gelehrsamkeit im Abendland, der karolingischen Renaissance. Da die Reformen auf den Klerus abzielten, öffneten sich die neuen Schulen nur Jungen und Männern. Mädchen und Frauen konnten sie nicht besuchen, und während sich die Männer mit Hilfe der Kirche neue Bildungsmöglichkeiten erschlossen, wurden die weiblichen religiösen Gemeinschaften der strengen Kontrolle der Bischöfe unterstellt. Dies hatte zur Folge, daß die Frauen in Konventen mehr und mehr in ihren Freiheiten eingeschränkt wurden und als Konsequenz daraus ihre Macht und ihren Einfluß allmählich einbüßten.

Die Reformbewegung Karls des Großen fand mit dem karolingischen Reich im späten 9. Jahrhundert ein Ende, aber sie hatte einen Präzedenzfall geschaffen, der lange nachwirkte. Im 11. Jahrhundert veranlaßte Papst Gregor VII. eine weitere Reform, die Bestand hatte, weil der Anstoß dazu aus der Kirche selbst kam. Diese gregorianische Reform zielte vor allem darauf ab, die Macht des Papsttums zu stärken und den Papst zur absoluten Autorität für die gesamte katholische Christenheit zu erheben. Er sollte letztendlich zum eigentlichen – geistlichen – Herrscher in Europa werden. Die Reformpäpste nötigten der gesamten Kirche eine zentralistische, hierarchische Struktur auf, indem sie die Macht der Bischöfe beschnitten und wichtige Entscheidungsbefugnisse nach Rom verlagerten. Die Autonomie der einzelnen Klöster wurde stark beschränkt, und es wurden verbindliche Ordensregeln erlassen. Und wieder wurde eine Reform genutzt, um die Autonomie und die Aktivitäten der Frauen in den religiösen Gemeinschaften stark einzuschränken.

Dem Beispiel Karls des Großen folgend, sah auch Papst Gregor VII. in der Bildung den Schlüssel zur Reform des Klerus. Im Jahre 1078 befahl er, an den Domschulen Lesen und Schreiben unterrichten zu lassen. Ein Jahrhundert später legten das III. und das IV. Laterankonzil von 1179 und 1215 fest, daß »jeder Bischofsdom einen Lehrer unterhalten müsse, der den Klerikern der Kirche und bedürftigen Schülern kostenlosen Unterricht erteilen solle«. Die Domschulen entwickelten sich im 12. und 13. Jahrhundert zu den führenden Bildungszentren, von denen Frauen und Mädchen wiederum ausgeschlossen waren, weil dort nur Kleriker ausgebildet wurden. Durch die karolingischen und gregorianischen Reformen wurden die Frauen vom Bildungsangebot ausgeschlossen. Einige wenige Frauen in den Klöstern hatten zwar noch immer Zugang zu einer gewissen Bildung, doch war diese selten mit jener der Domschulen vergleichbar. Mit der Zeit wuchs die Kluft zwischen den Geschlechtern, die Frauen blieben immer weiter zurück.

Ein wesentliches Instrument, das die Frauen von der Bildung ausschloß, war die Übernahme der lateinischen Sprache. Karl der Große hatte Latein als die offizielle Sprache für die Ausbildung der Kleriker festgelegt, und viele Jungen verbrachten

Jahre in den Domschulen damit, lateinische Vokabeln und Grammatik zu pauken. Der einzige Weg, Latein, eine tote Sprache, zu erlernen, war eine formale Ausbildung, zu der Frauen keinen Zugang hatten. Die Verwendung des Lateinischen schuf, wie der Historiker Walter Ong erklärt, »eine scharfe Trennung zwischen denen, die es konnten, und denen, die es nicht konnten«. Es war die »Geheimsprache« eines elitären Clubs, die den Klerus von allen anderen Menschen abhob. Natürlich waren auch die meisten Männer aus diesem Club ausgeschlossen, doch Frauen blieben als ganze gesellschaftliche Gruppe außen vor, weil sie *nicht* Kleriker werden konnten. »Die psychologische Rolle des Lateinischen sollte nicht unterschätzt werden – es trug dazu bei, das abgeschlossene männliche Umfeld aufrechtzuerhalten«, hat Ong festgestellt. Latein war »geschlechtsspezifisch gebunden«, »eine ausschließlich von Männern geschriebene und gesprochene Sprache«.

Die immer kleiner werdende Rolle der Frau in der intellektuellen Kultur des Spätmittelalters wird deutlich, wenn man die beiden berühmtesten religiösen Frauen der Zeit betrachtet: Hrotsvit von Gandersheim, eine Nonne des 10. Jahrhunderts, und Hildegard von Bingen, eine Äbtissin des 12. Jahrhunderts. Hrotsvit verfaßte Theaterstücke und Gedichte, die im Spätmittelalter sehr bekannt waren. Sie gehörte zu den ersten herausragenden Autorinnen Europas. Ihre Schriften offenbaren auch ein Wissen über die einfache, in den Klöstern gelehrte Mathematik. Nach den Maßstäben ihrer Zeit war Hrotsvit eine Gelehrte, aber dennoch entschuldigt sie sich in den Vorworten ihrer Werke ständig und enthüllt uns damit schmerzhaft die vorherrschende Einstellung gegenüber einer Frau, die selbst zur Feder greift: »Auch wagte ich es nicht, ratsuchend meinen Plan vorzulegen den Gelehrten, damit sie mir nicht wegen meiner Unwissenheit weiteres Schreiben verwehrten. So begann ich geheim und verstohlen, bald zu dichten, bald Mißlungenes wieder zu vernichten, und mühte mich in hartem Ringen, einen Text, sei er auch nur von kleinstem Nutze, zustande zu bringen.« An anderer Stelle rechtfertigt sie ihre Kühnheit mit der Erklärung, daß die Gabe, schreiben zu können, nicht aus ihr selbst heraus, sondern direkt von Gott komme.

Zwei Jahrhunderte später lebte die berühmteste aller geistlichen Frauen des Mittelalters, Hildegard von Bingen (1096–1179). Als das jüngste von zehn Kindern einer adligen Familie aus dem Rheinland zeigte Hildegard schon sehr früh religiöse Neigungen und wurde im zarten Alter von acht Jahren in das Benediktinerinnenkloster Disibodenberg aufgenommen, wo sie in die Obhut der Einsiedlerin Jutta kam. Nach Juttas Tod im Jahre 1136 wurde Hildegard die Äbtissin des Klosters. Während ihres langen Lebens schrieb Hildegard überaus viel. Ihr Werk umfaßt zwei Bücher zur Medizin und Naturkunde, zwei Bücher über ihre Visionen, zwei Heiligenbiographien, eine Psalmenexegese, ein Schauspiel und zwei Bücher zu einer Geheimsprache, die sie erfunden hatte. Außerdem war sie eine begabte Malerin und Komponistin, die uns außerordentlich schöne geistliche Musik hinterlassen hat.

Nach Hildegards eigener Darstellung waren die Visionen, die sie immer wieder hatte, die Quelle ihrer großen Kreativität. Ihre ersten Visionen hatte sie, als sie fünf war, doch sie hielt diese bis zu ihrem zweiundvierzigsten Lebensjahr geheim. Erst als eine machtvolle innere Stimme ihr befahl, die Visionen zu offenbaren, und sie davon überzeugte, daß es der Wille Gottes sei, gehorchte sie. Sie beschrieb diese Erfahrung so: »Aus dem offenen Himmel fuhr blitzend ein feuriges Licht hernieder. Es durchdrang mein Gehirn und setzte mein Herz und die ganze Brust wie eine Flamme in Brand; es verbrannte nicht, war aber heiß, wie die Sonne den Gegenstand erwärmt, auf den ihre Strahlen fallen. Und plötzlich erhielt ich Einsicht in die Schriftauslegung...« Eine päpstliche Kommission prüfte Hildegards Visionen, und schon bald darauf erkannte Papst Eugen III. diese Erscheinungen an. Dank des päpstlichen Imprimatur für ihre religiösen Schriften wurde sie in ganz Europa bekannt und einflußreich.

Dennoch beruhte ihr bemerkenswertes Ansehen, wie der Historiker David Noble schreibt, »weitgehend auf den Verkündigungsformen des frühen Christentums ... und nicht so sehr auf den neuen intellektuellen Kriterien des heranziehenden Spätmittelalters«. Trotz all ihrer Begabung stand diese brillante Frau außerhalb der neuen intellektuellen Kultur, die von den Domschulen ausging. Sie selbst stellte sich immer als ungebildete Frau dar, die ihr Wissen nicht aus ihrer Bildung, sondern aus ihren Visionen bezog – also von Gott. Wie Hrotsvit beanspruchte sie niemals eine persönliche Autorschaft für sich, sie bezeichnete sich vielmehr oft als »Posaune Gottes«. Die Historikerin Gerda Lerner hat betont, daß diese Taktik von vielen späteren Frauen des Mittelalters aufgenommen wurde. Da sie mit eigener Stimme nicht die nötige Autorität hatten, rechtfertigten sie ihre Worte durch die Autorität des Höchsten Wesens. Dennoch war auch dieser Weg, wie Lerner zeigt, nicht frei von Risiken. Und schon die Anrufung Gottes barg Gefahren in sich, wie bei Jeanne d'Arc deutlich wird, einer anderen Visionärin, die mit neunzehn als Häretikerin auf dem Scheiterhaufen starb.

Ein weiterer Aspekt der gregorianischen Reform wirkte sich auf den Zugang der Frauen zu Ausbildung und Wissen aus: Die Reformer legten größten Wert auf die Keuschheit des Klerus. Anders als in der heutigen römisch-katholischen Kirche hatten im ersten Jahrtausend der Christenheit viele Priester Ehefrauen oder Geliebte und Kinder. Die Idee des Zölibats entsprang einer Bewegung hin zum klösterlichen Leben, das ursprünglich nur als eine extreme Form des Christentums verstanden worden war. Doch gegen Ende des ersten Jahrtausends verstärkte sich der Druck auf die Geistlichen. Die Kirchenführung verlangte ein keusches Leben. Bis zur gregorianischen Reform zeigten entsprechende Maßnahmen jedoch kaum Wirkung, und viele Priester lebten weiterhin offen mit ihren Frauen und

Kindern zusammen, bis Papst Gregor VII. schließlich hart durchgriff. Verheiratete Geistliche wurden ihres Amtes enthoben und ins Gefängnis geworfen. Gregor gestattete den Adligen, Druck auf verheiratete Priester (die nicht länger als Geistliche galten) auszuüben und ihr Land in Besitz zu nehmen – eine Gelegenheit, die viele Adlige natürlich gerne nutzten. Einige verheiratete Priester wurden sogar getötet. Bei so drastischen Maßnahmen ist es nicht verwunderlich, daß der Zölibat bald die Regel wurde. Im Gegensatz dazu ist es den Priestern der orthodoxen Kirchen immer erlaubt gewesen zu heiraten.

Der eigentliche Grund für die Durchsetzung des Zölibats war nicht so sehr der Frauenhaß der gregorianischen Reformer, sondern vor allem der Wunsch, Besitz in den Händen der Kirche zu halten. Geistliche ohne Familie hatten keine Kinder, die Ansprüche auf Land oder andere Besitztümer erheben konnten, und so blieb der Besitz unter der Kontrolle der Kirche. Dennoch erwuchs aus dieser Politik eine wachsende Frauenfeindlichkeit im Klerus, und diese Haltung wurde auch im akademischen Bereich spürbar.

Um die Wende zum 13. Jahrhundert entstanden die ersten Universitäten: Bologna etwa 1190, Paris etwa 1200 und Oxford etwa 1210. Diese neuen Institutionen der höheren Bildung hatten sich aus den Domschulen entwickelt. Auch sie waren Ausbildungs- und Rekrutierungszentren für Kleriker, und auch hier hatten Frauen keinen Zugang. Doch nun waren die Konsequenzen viel weitreichender, da die Universitäten die Stätten waren, an denen das griechische Erbe neu belebt wurde. Frauen waren nicht zu den Universitäten zugelassen und somit völlig von der Wiedergeburt der Philosophie und Mathematik im Hochmittelalter ausgeschlossen. Bis zum Ende des 19. Jahrhunderts nahmen daher nur sehr wenige Frauen am akademischen Leben teil, und erst dann fanden Frauen Zutritt zu diesen von Männern dominierten heiligen Hallen. Viele Fakultäten ließen Frauen sogar erst im 20. Jahrhundert zu.

Weil die Universitäten Ausbildungsstätten des Klerus waren, verlangte man auch von den Akademikern, daß sie im Zölibat lebten. Dennoch verliefen der Aufschwung der Prostitution und jener der Universitäten in Europa ironischerweise genau parallel, wie der Historiker William Clark festgestellt hat. Nach Clark »wurde die Prostitution in Europa im zwölften Jahrhundert erstmals allgemein toleriert«, und viele Bordelle wurden in nächster Nähe zu den Universitäten errichtet, weil die Studenten offenbar einen beträchtlichen Teil ihrer Kunden stellten. Auch wenn die akademische Gemeinschaft die Frauen nicht generell mied, war die herrschende Einstellung in den Elfenbeintürmen dem weiblichen Geschlecht gegenüber ganz und gar nicht positiv, wie die Popularität einer berühmten mittelalterlichen Abhandlung gegen die Ehe aus der Feder des Erzdiakons von Oxford, Walter Map, zeigt. Map schrieb sein Werk in Form eines Briefes an einen Freund, um ihn von der Ehe abzubringen. »Frauen«, so schrieb er, »reisen auf völlig anderen Wegen, doch egal, welche verschlungenen Pfade sie einschlagen, egal, durch wie viele bisher unbetretene Gebiete sie reisen, es gibt nur einen Auslaß, ein Ziel all ihrer Wanderungen, eine Krönung und allgemeine Ursache für all ihre Umwege – ihre Schlechtigkeit.« Man könne vielleicht hin und wieder eine Prostituierte aufsuchen, aber im Grunde solle man sich die Frauen vom Leibe halten. 1290 mußte ein geschiedener Gelehrter in Paris schwören, er werde sich nie wieder mit seiner Frau versöhnen; falls doch, würde er das Recht, zu lehren, verlieren. Und Peter Abaelardus, der »Vater« der Universität von Paris, wurde vom wütenden Mob kastriert, als seine Ehe mit Héloïse bekannt wurde. Das akademische Zölibat hat eine lange und wechselvolle Geschichte. Während wir in Italien schon im frühen 15. Jahrhundert wieder verheiratete Professoren finden, wurde den Dozenten in Oxford und Cambridge erst 1882 die Ehe erlaubt.

Weil die mittelalterlichen Professoren (zumindest offiziell) keine eigenen Familien hatten, waren sie formal natürlich kinderlos. So konnte ein mittelalterlicher Theon keine Tochter wie Hypatia haben, der er sein Wissen vermitteln konnte. Das akademische Zölibat bewirkte also unter anderem, daß die Frauen auch vom *indirekten* Zugang zur akademischen Bildung abgeschnitten wurden. Für die Mathematische Frau war dies besonders verheerend, weil die Universitäten die *einzigen* Orte waren, an denen Mathematik unterrichtet wurde.

Wie feministische Historikerinnen in jüngster Zeit dokumentiert haben, waren die Frauen in der Frühphase durchaus an der Entwicklung der meisten Naturwissenschaften beteiligt, denn viele dieser Wissenschaften hatten ihre Wurzeln im Handwerk oder in häuslichen Traditionen, in denen die Frauen aktiv waren. Die Physik bildet die Ausnahme, weil sie nicht aus einer Handwerkstradition heraus entstand. Im frühen Mittelalter entwickelte sich diese Wissenschaft fast ausschließlich im theokratischen akademischen Umfeld; und auch später, als sie außerhalb der Universitäten Fuß faßte, mußten alle, die sie anwenden wollten, ihr Studium dort beginnen. So hatten die Frauen erst einmal diese Klippe zu umschiffen. Ohne Zugang zur akademischen Mathematik waren sie von einer Beschäftigung mit der Physik ausgeschlossen.

Die neugegründeten Universitäten dienten vor allem dem Studium der alten Texte, die allmählich wieder in Umlauf kamen. Zwischen dem 10. und dem 12. Jahrhundert waren die meisten griechischen Werke wiederentdeckt worden – vor allem in der arabischen Welt, wo islamische Gelehrte dieses Wissen lebendig gehalten hatten. So hatten sich europäische Gelehrte die wissenschaftliche Hinterlassenschaft der Griechen und Römer zu Beginn des 13. Jahrhunderts zum größten Teil wieder angeeignet. Es ist nicht überraschend, daß dieser Zufluß aus der Antike die Wissenschaften belebte – eine wissenschaftliche Revolution im kleinen. Im 13. Jahrhundert schrieb Albertus Magnus seine Werke zur Physik, Astronomie, Mineralogie,

Physiologie, Psychologie und Medizin. Robert Grosseteste und Roger Bacon erforschten Linsen und Spiegel und entwickelten neue Theorien der Optik. Und Petrus Peregrinus entdeckte mit Hilfe einer ausgeklügelten Reihe von Experimenten die Grundprinzipien des Magnetismus, eine Errungenschaft, die meist erst dem 16. Jahrhundert zugeschrieben wird. Ein weiterer Beweis für die wissenschaftliche Vitalität dieser Zeit.

Die Wissenschaft konzentrierte sich auch im 13. Jahrhundert, wie schon in der griechischen Welt, auf die Arbeiten von Aristoteles. Aristoteles hatte das größte Œuvre aller antiken Autoren vorzuweisen, und schon allein die große Anzahl seiner Werke wie auch der Kommentare zu den Texten führte dazu, daß sich seine weitgefächerte wissenschaftliche Weltsicht durchsetzte. Aristoteles bot eine vollständige Kosmologie sowie eine vollständige Biologie und Physik. Kein anderer Wissenschaftler in der Geschichte hat so große Bereiche abgedeckt, und wie zuvor die Griechen verfielen auch die Menschen des Mittelalters seinem überzeugenden Zauber. Letztendlich beherrschte das aristotelische Denken die europäische Wissenschaft bis ins 17. Jahrhundert hinein. Der große Logiker gefiel den mittelalterlichen Menschen auch deshalb, weil viele Aspekte seines Denkens – darunter nicht zuletzt der teleologische Charakter seiner Wissenschaft – mit dem Christentum harmonierten.

In der Kosmologie des Aristoteles strebt alles in der Welt einem Idealzustand zu, der in seiner Natur verankert liegt. Ein Stein fällt auf den Boden, weil er wieder seiner Heimat, der Erde, zustrebt; die Himmelskörper bewegen sich im Kreis, weil der Kreis die »vollkommene« Form und damit ihrer himmlischen Natur am ehesten angemessen ist. Belebte Dinge streben danach, die Potentiale in sich umzusetzen: Das letzte Ziel einer Eichel ist der Eichenbaum, und die Eichel setzt alles daran, sich in die bestmögliche Eiche zu verwandeln. Ähnlich strebt auch die menschliche Seele nach ihrer Vollendung. Diese teleologische Weltsicht paßte sehr gut zum Christentum, weil Gott als die »Kraft« gelten konnte, die die Dinge zur Vervollkommnung ihrer Natur drängte. Thomas von Aquin harmonisierte die aristotelische Philosophie mit der christlichen Lehre, so daß Theologie und Naturwissenschaft in einer großen Synthese miteinander verschmolzen. Aristoteles wurde christianisiert, das Christentum aristotelisiert. So bekam die Naturwissenschaft ihren christlichen Rahmen, der vierhundert Jahre lang gültig blieb.

Zur gleichen Zeit, als das aristotelische Weltbild alles beherrschte, wurde jedoch auch ein pythagoreischer Wissenschaftszweig wieder bedeutend. Mit seiner Hilfe versuchte man, die Welt in der Sprache der Mathematik zu beschreiben. Auch diese Entwicklung wurde möglich durch die Wiederentdeckung der griechischen Werke, denn zusammen mit den Texten des Aristoteles begann man die Arbeiten der antiken Mathematiker und Astronomen neu zu lesen. Seit dem 10. Jahrhundert bemühte man sich besonders darum, Texte über Astronomie aufzuspüren und in diesem Zusammenhang auch mathematische Werke zu suchen, die benötigt wurden, um die praktische Umsetzung zu erleichtern. Grund dafür war vor allem das Bedürfnis, den religiösen Kalender korrekt festzulegen, der auf der richtigen Interpretation der Bewegungen von Himmelskörpern basierte. Das Datum für Ostern beispielsweise wird aus der Sonnen- und Mondbahn errechnet. Mit dieser Wiederentdeckung des griechischen mathematischen Erbes begann sich auch der neuplatonische pythagoreische Geist im christlichen Unterbewußtsein festzusetzen. Noch einmal fühlten sich die Philosophen von der Vorstellung angezogen, daß alles Zahl sei. Der Neuplatoniker Thierry von Chartres paraphrasierte im zwölften Jahrhundert Pythagoras, als er schrieb: »Die Erschaffung der Zahl war die Erschaffung der Dinge.«

Eigentlich war der Boden für eine neue Blüte des pythagoreischen Geistes schon lange vor dem 12. Jahrhundert bereitet.

Augustinus selbst, der größte aller Kirchenväter, war stark vom Neuplatonismus beeinflußt und baute Elemente dieser Philosophie in seine Theologie ein. Und obwohl Europa während des ersten christlichen Jahrtausends die Verbindung zur Mathematik verloren hatte, war die pythagoreische Vorstellung vom Universum als einer großen kosmischen Harmonie überaus einflußreich gewesen. Als die Mathematik schließlich wiederentdeckt wurde, konnte sich schnell eine ausgereiftere Spielart des Pythagoreismus entwickeln: Im spätmittelalterlichen Kontext wurde der biblische Gott als göttlicher Mathematiker aufgefaßt. Christen pythagoreischer Prägung formten Gott sogar zu einem mathematischen Schöpfer um. Robert Grosseteste, ein Theologe des 13. Jahrhunderts, drückte es so aus: Gott »legt Zahl, Gewicht und Größe von allem fest«. Grosseteste nannte Gott auch »den ersten Vermesser«. Dies kennzeichnet den Beginn eines Prozesses, in dessen Verlauf nicht nur Pythagoras christianisiert, sondern auch das Christentum pythagoreisiert wurde. Und im Geist dieses pythagoreischen Christentums entstand schließlich die Wissenschaft, die wir Physik nennen. Ein halbes Jahrtausend vor der eigentlichen naturwissenschaftlichen Revolution begann die Entwicklung der modernen Physik mit einer theologischen Revolution.

An der Spitze dieser Bewegung stand der eben schon erwähnte Robert Grosseteste (1168–1253), der erste und vielleicht tiefgründigste naturwissenschaftliche Denker des Mittelalters. Als junger Mann hatte Grosseteste an der Domschule in Oxford studiert, und im Jahre 1215 wurde er der erste Kanzler der neugegründeten Universität Oxford. Obwohl er als einer der ersten christlichen Gelehrten einen Kommentar zu Aristoteles' *Physik* verfaßte, war Grosseteste vom Neuplatonismus beeinflußt und wurde zum ersten Gelehrten für Mathematik im Mittelalter – damit begründete er eine Tradition, die Oxford für die nächsten beiden Jahrhunderte eine Spitzenposition in dieser Wissenschaft sichern sollte. 1221 gab er das Kanzleramt auf, blieb der Universität jedoch weiterhin verbunden. Später wurde er der erste Lektor am Ordensstudium der Franziskaner in Oxford. Schließlich besaß er als Bischof von Lincoln eine beachtliche Macht über die akademische Gemeinschaft, denn Oxford lag in der Diözese Lincoln, und die dortigen Schulen unterstanden seiner Gerichtsbarkeit.

Heute erinnert man sich an Grosseteste vor allem wegen seiner Bedeutung in der Geschichte der Naturwissenschaften, doch er selbst verstand sich zuerst und vor allem als ein Diener der Kirche. Im frühen 13. Jahrhundert waren die Probleme, die schon die gregorianische Reform ausgelöst hatten, durchaus nicht beseitigt, und Grosseteste war einer der eifrigsten Reformer seiner Zeit. Vor allem war er ein unermüdlicher Verfechter des Zölibats, und sowohl als Kanzler wie auch als Bischof bestand er auf absoluter Keuschheit aller Akademiker und Geistlichen, die seiner Gerichtsbarkeit unterstanden. Alle Übertretungen wurden streng bestraft. Vor allem Nonnen, denen fleischliche Sünden vorgeworfen wurden, bekamen seine ganze Härte zu spüren. Einer zeitgenössischen Quelle zufolge befahl der gelehrte Bischof seinen Priestern, regelmäßig die Brüste der Nonnen abzutasten, um nach Beweisen für eine Milchbildung zu suchen, denn so könne man, wie Grosseteste glaubte, »entdecken, wer verdorben sei«. Grosseteste trat für ein Lebensideal ein, dem Frau und Familie völlig fremd waren. Eine vollkommene gelehrte Gemeinschaft war seiner Vorstellung nach eine ausschließlich männliche Welt. Während er also eine berühmte pythagoreisch-platonische Metaphysik schuf, schloß er sich, was die Frauen betraf, ganz der Meinung von Aristoteles an, daß Frauen geistig minderbemittelt seien und nicht als vollwertige menschliche Wesen anzusehen. Diese Argumentation sollte den Frauen in den folgenden Jahrhunderten unter anderem den Zugang zur akademischen Welt, dem Ort der ernsthaften Beschäftigung mit der Mathematik, versperren.

Von Anfang an war das Weltbild des christlichen Mathematischen Mannes unauflösbar mit der Theologie verbunden. In Grossetestes Metaphysik des Lichts finden wir die erste ausgereifte Form einer christlich-mathematischen Kosmologie und sogar schon Elemente des modernen mathematischen Weltbildes. Nach Grosseteste entstand das Universum aus einem Punkt uranfänglichen Lichts – ein göttliches Leuchten, die *lux*, deren physische Manifestation das sichtbare Licht sei. Weil Licht die charakteristische Eigenschaft habe, nach außen zu strahlen wie etwa der Lichtschein einer Kerze, habe dieser ursprüngliche Punkt sofort zu wachsen begonnen und so die Sphäre des Universums geformt. Grosseteste glaubte, daß die *lux* als die erste Erscheinungsform der Macht Gottes letztendlich die Ursache aller natürlichen Vorgänge im Universum, ja eigentlich die primäre Kraft sei, die die Welt bewege. Der Mensch kann Grossetestes Meinung nach die göttliche *lux* nicht direkt erforschen, aber er kann ihre physische Erscheinung, das Licht, untersuchen. Deshalb glaubte Grosseteste, das Licht sei der Schlüssel zum Verständnis in der natürlichen Welt. Die Griechen hatten außerdem gelehrt, daß das Licht sich nach den Gesetzen der euklidischen Geometrie fortbewegt, und daraus schloß Grosseteste, daß ein mathematisches Verständnis des Lichts als Modell für ein Verständnis aller natürlichen Einflüsse oder Kräfte dienen könne. Wie wir in einem späteren Kapitel sehen werden, ähnelt diese Idee dem, was die Mathematiker heute glauben. Bei dem heutigen Streben der Physiker, die Kräfte der Natur zu verstehen, dient die Beschäftigung mit dem Licht immer als Modell.

Grosseteste entwickelte als einer der ersten mittelalterlichen Gelehrten die Optik als Wissenschaft weiter, indem er seine Metaphysik praktisch anwandte. Seine Erkenntnisse über die Entstehung des Regenbogens waren ein erster Triumph. Viele antike und arabische Philosophen hatten sich mit diesem faszinierenden optischen Phänomen beschäftigt, aber Grosseteste war der erste, der erklärte, der Regenbogen sei nicht auf die

Spiegelung, sondern auf eine Brechung des Lichtes zurückzuführen – der gleiche Vorgang, der Gegenstände im Wasser verkürzt erscheinen läßt. Sein Ansatz inspirierte andere Gelehrte und führte schließlich im frühen 14. Jahrhundert zu einer weit entwickelten geometrischen Erklärung des Regenbogens durch Dietrich von Freiberg. So entstanden aus einer theologisch inspirierten Metaphysik die Anfänge der modernen Optik.

Der berühmteste Mathematiker des Mittelalters war der Nachfolger Robert Grossetestes, Roger Bacon, ein Franziskaner des 13. Jahrhunderts (1214–1292). Anders als Grosseteste hat Bacon nichts Neues zu unserem mathematischen Verständnis der Welt beigetragen; seine Bedeutung liegt vielmehr in seiner begeisterten Hingabe an die neue Wissenschaft. Sein Leben lang war Bacon ein unermüdlicher Propagandist der Mathematik und der empirischen Wissenschaft, und seine drei größeren Werke, die er alle Papst Klemens IV. widmete, waren leidenschaftliche Versuche, die hohe Geistlichkeit vom wahren Wert der Mathematik und der Naturphilosophie zu überzeugen. Obwohl viele Gelehrte sich intensiv mit dem griechischen Wissen beschäftigten, wehrten sich auch im 13. Jahrhundert noch einige Theologen gegen diese heidnische Überformung des Christentums, und Bacon wurde gegenüber diesen Gegnern zum Hauptverteidiger der antiken Gelehrsamkeit.

In seinem Plädoyer für die Wissenschaft erklärte Bacon gegenüber dem Papst, neue Erkenntnisse würden zu allen möglichen wunderbaren Anwendungen und Erfindungen führen, um das Leben der Menschen angenehmer zu gestalten. Er träumte von Flugmaschinen, selbstfahrenden Wagen und Maschinen, die schwere Gewichte heben konnten. Immerbrennende Lampen, Explosivstoffe und ein Brennglas, das das Sonnenlicht bündelte, sollten genutzt werden, um feindliche Heerlager aus weiter Entfernung zu zerstören. Wie Grosseteste vor ihm hielt er die Entwicklung von optischen Instrumenten für möglich, die es Menschen mit Sehschwächen ermöglichen würden, besser zu sehen, die Menschen in die Lage versetzen könnten, kleine Schrift aus großer Entfernung zu entziffern, und die Gegenstände so weit vergrößerten, daß man imstande wäre, einzelne Sandkörner zu zählen. (Bacon und Grosseteste gebührt die Ehre, das Prinzip des Teleskops und des Mikroskops vorweggenommen zu haben). Bacon erklärte, die Naturwissenschaften würden auch zu Verbesserungen in Landwirtschaft und Medizin und zur Entwicklung von lebensverlängernden Elixieren führen.

Doch trotz all dieser zu erwartenden Wunderdinge war die Naturwissenschaft für Bacon zuerst und vor allem die »Magd der Theologie«. Entgegen einem weitverbreiteten Mythos spielte er die Wissenschaft niemals gegen die Kirche aus, sondern setzte alles daran, ihre Nützlichkeit für das Christentum aufzuzeigen – wobei er sich manchmal in sonderbare Argumentationen verstieg. So erklärte er zum Beispiel, die Mathematik könne benutzt werden, um die geographische Länge und Breite genauer zu bestimmen, und so helfen, die zehn Stämme Israels und vielleicht sogar den Antichristen zu lokalisieren. Er schlug auch vor, optische Apparate zu verwenden, um Ungläubige zu terrorisieren, oder die Naturwissenschaft zur Deutung der Heiligen Schrift heranzuziehen und Glaubenssätze mit ihrer Hilfe zu beweisen. Und schließlich könne die Wissenschaft seiner Meinung nach eingesetzt werden, um die Menschen zu bekehren – ein sehr interessanter Punkt für die geistliche Hierarchie.

In folgender Hinsicht war Bacons Einfluß jedoch am deutlichsten spürbar: Er war überzeugt, daß Maler, die sich mit Geometrie beschäftigten und diese bei ihrer Kunst anwandten, ihren Bildern eine solche Wahrhaftigkeit geben konnten, daß die Betrachter an die Wahrheit der dargestellten Ereignisse glaubten. Wunder würden auf diese Weise vorstellbar werden, erklärte er; das Leben Christi und der Heiligen würde greifbar und die Menschen von sich aus die Wahrheit der Heiligen Schrift erkennen. Bacons Meinung nach hatte Gott die Welt nach den Prinzipien der euklidischen Geometrie erschaffen, und nach diesen Prinzipien sollte sie auch dargestellt werden. In seinem *Opus maius* rühmte Bacon die Vorteile realitätsgetreuer Bilder und drängte die Kirche, die Darstellung des dreidimensionalen Raums in der kirchlichen Kunst zu fördern. Er nannte diese Kunst »geometrische Formgebung«. Durch eine solche Darstellung, schrieb er, »würde das Böse in der Welt durch eine Flut von Anmut zerstört werden«.

Die Idee, die geometrische Formgebung könne Ungläubige bekehren und die Glaubensinbrunst der Gläubigen erneuern, faßte schnell Fuß. Der Kunsthistoriker Samuel Edgerton hat herausgearbeitet, daß nur etwa zehn Jahre nach Bacons Appell an Papst Klemens die Arbeit an den Fresken der neuen Basilika des Franziskanerordens in Assisi aufgenommen wurde – zum ersten Mal wurde eine ganze Kirche mit Bildern ausgeschmückt, die so dreidimensional wie nur möglich wirken sollten. Die Szenen aus dem Leben des heiligen Franziskus traten praktisch aus den Wänden heraus. Für zeitgenössische Besucher waren diese frühen Versuche einer perspektivischen Darstellung so verblüffend wie im 19. Jahrhundert die ersten Fotografien, und die Basilika von Assisi wurde bald zur meistbesuchten Kirche der abendländischen Christenheit.

Die Malerei hatte sich zwar schon seit dem 12. Jahrhundert langsam vom zweidimensionalen Stil der frühmittelalterlichen Kunst entfernt, doch Bacon war einer der ersten, die bewußt eine Darstellungsart propagierten, die wir heute als geometrische Perspektive bezeichnen. Dieser Wandel ist äußerst wichtig für die Geschichte der Physik, da die Europäer durch diesen neuen Stil ein geometrisches Verständnis des Raums entwickelten. Die Künstler begannen alle Figuren gleich groß in einem einzigen euklidischen Raum darzustellen, statt geistliche oder metaphysische Hierarchien (in denen Christus größer ist als die Engel, diese wieder größer als die Menschen usw.) zu malen – Christus und die Engel hatten jetzt die gleiche Größe wie die Menschen. Das Ideal in der Malerei war jetzt die Darstellung *physischer* statt *metaphysischer* Beziehungen, und so mußten die Maler zu Vermessern werden, aufbauend auf dem Werk, das der griechische Mathematiker Euklid um 300 v. Chr. zusammengestellt hatte. <u>Tatsächlich waren die Maler des 15. Jahrhunderts, die perspektivisch zeichneten, die führenden Mathematiker ihrer Zeit</u>. Ihre Kunst war im Grunde eine überhöhte Form angewandter Mathematik.

Die Geometrie in der Malerei war nicht nur eine Frage des künstlerischen Geschmacks, sondern auch Sinnbild eines bedeutenden Wandels im Weltbild der Europäer. Statt sich auf geistige Beziehungen zu konzentrieren, wandten sich die Menschen verstärkt ihrer natürlichen Umgebung zu. Und andersherum wurde die Entwicklung der perspektivischen Darstellung zu einem Motor, der diesen grundsätzlichen Wandel der Wahrnehmung vorantrieb. Über einen Zeitraum von dreihundert Jahren hinweg – vom 14. bis ins 16. Jahrhundert – lernten die Europäer durch die perspektivische Malerei, in geometrischen Begriffen über den Raum nachzudenken, und dies trug wesentlich zu ihrer Bereitschaft bei, <u>auch die Bewegung in mathematische Begriffe zu fassen</u>. Die moderne Kosmologie wie auch die moderne Bewegungslehre gründen auf einer euklidischen Auffassung des Raums – derselben Konzeption, die sich die perspektivischen Maler unter so großen Mühen angeeignet hatten. <u>Es ist kein Zufall, daß Kopernikus seine neue Sicht des Universums im frühen 16. Jahrhundert auf dem Höhepunkt der perspektivischen Malerei entwickelte</u>. Und ebensowenig ist es ein Zufall, daß Galileo, der die Theorie der Perspektive an einer Kunstakademie lehrte, der Vater der modernen Dynamik ist. Ohne <u>die Revolution des Sehens</u>, die Giotto und die geometrischen Maler des 14. und 15. Jahrhunderts einleiteten, hätte es vielleicht keine naturwissenschaftliche Revolution durch Galileo und die mathematischen Physiker des 17. Jahrhunderts gegeben. Auf lange Sicht gesehen war die Wirkung der »geometrischen Formgebung« größer, als selbst Bacon sich hätte träumen lassen.

Wie schwierig es war, eine erste Form der mathematischen Physik zu entwickeln, wird am Fall der *calculatores* des 14. Jahrhunderts deutlich. Diese außergewöhnliche Gruppe von Mathematikern folgte dem Weg, den Grosseteste ihnen gewiesen hatte. In der wissenschaftlichen Beschäftigung mit dem Phänomen Bewegung kamen sie der Physik des 17. Jahrhunderts näher als andere Gelehrte, und auch Galileo wurde durch ihre Erkenntnisse beeinflußt. Die *calculatores* entwickelten Ansätze für einen neuen konzeptuellen Rahmen bei der Erforschung der Bewegung; vor allem führten sie die Konzepte der Geschwindigkeit und der Beschleunigung ein. Die Idee der Geschwindigkeit erscheint uns heute vielleicht banal, doch sie ist, wie David Lindberg herausstellt, eine »abstrakte Konzeption«, die »von Naturphilosophen *erfunden* werden mußte«. Die »Erfindung« der Geschwindigkeit beleuchtet eine allgemeine Schwierigkeit, der sich die frühen Physiker stellen mußten: Sie mußten herausfinden, welche Teilaspekte der Welt sinnvoll in mathematischen Begriffen beschrieben und untersucht werden konnten. Geschwindigkeit (zurückgelegte Entfernung pro Zeit) erwies sich ebenso wie die Beschleunigung (Änderung der Geschwindigkeit) als eine äußerst nützliche mathematisch erfaßbare Eigenschaft. Bemerkenswert ist jedoch, daß die *calculatores* auch versuchten, Qualitäten wie Sünde, Wohltätigkeit oder Gnade der mathematischen Analyse zu unterwerfen. In ihren Augen war es ebenso möglich, diese quantitativ zu untersuchen, wie Geschwindigkeit und Beschleunigung.

Die Versuche der *calculatores*, geistige wie auch physikalische Eigenschaften zu quantifizieren, zeigen sehr deutlich, wie sehr sich das Denken zwischen dem 14. und dem 17. Jahrhundert wandelte. Dreihundert Jahre nach den *calculatores* waren Galileo und Newton mit ihrer Physik erfolgreich, gerade weil sie nur mit wenigen, rein physikalischen Eigenschaften arbeiteten. Sie beschränkten sich auf den Versuch, die Bewegung stofflicher Körper im euklidischen Raum zu beschreiben, und forschten nicht nach mathematischen Gleichungen für Sünde und Gnade. Erst als die mathematische Wissenschaft ihren Blick einschränkte, wurde sie erfolgreich. Doch auch wenn uns die Versuche, Sünde und Gnade zu quantifizieren, als dunkle Absurditäten einer wirren Vergangenheit erscheinen, sollten wir uns daran erinnern, daß wir einen hohen Preis für die enge Beschränkung der modernen mathematischen Wissenschaft bezahlt haben. Das Streben nach einer Mathematik der Gnade ist nicht Ausdruck der Verwirrung, sondern der Sehnsucht nach einem Weltbild, das Körper *und* Seele umfaßt.

Im 14. Jahrhundert wurde die mathematische Erforschung der Bewegung (die die *calculatores* zusammenfaßten) zu einem großen Teil von religiösen Überlegungen geleitet, bei denen es im Grunde um die Grenzen der Macht Gottes ging. Ein Jahrhundert zuvor war eine Debatte darüber entstanden, ob Gott an die Prinzipien der aristotelischen Physik gebunden sei. Eine Gruppe von Philosophen, die sich Aristoteles' Standpunkt zu eigen machten und als Averroisten bekannt wurden, hatte argumentiert, daß Gott die Welt nicht anders habe erschaffen können als so, wie er sie geschaffen hatte. Natürlich wandten sich die Traditionalisten gegen die Vorstellung, daß Gott an die Ideen des Aristoteles gebunden sei, und erklärten, Gott könne tun, was er wolle, egal, wie vielen aristotelischen Lehrsätzen es widerspreche. Der Streit erreichte im Jahr 1277 seinen Höhepunkt, als der Bischof von Paris eine Reihe von Dekreten erließ, in denen festgestellt wurde, daß die Macht Gottes grenzenlos sei – daß er *alles* geschehen lassen könne, auch wenn es den Lehren des Aristoteles ganz offensichtlich *widerspreche*. Obwohl es hier im Grunde um eine theologische Frage ging, wurde mit Hilfe dieser Dekrete auch die Diskussion physikalischer Probleme aus den Fesseln des Aristotelismus befreit. Die Mathematiker begannen ihre lange Suche nach einer neuen Wissenschaft.

In letzter Zeit haben einige Historiker vermutet, daß ein Grund für die Dekrete von 1277 und die allgemeine Wut auf die Averroisten ihre liberale Haltung den Frauen gegenüber gewesen sein könnte. Im Gegensatz zu Aristoteles war der arabische Philosoph Averroes (Ibn Ruschd) der Ansicht, Männer und Frauen seien im Grunde gleich. So sind vielleicht dieselben Kräfte, die die Blüte der Physik im 14. Jahrhundert anregten, auch dafür verantwortlich, daß eine Bewegung, die möglicherweise zu einer gleichberechtigteren Behandlung der Frauen geführt hätte, völlig unterdrückt wurde. Pierre Dubois etwa, ein Averroist des 14. Jahrhunderts, war für eine gemeinsame Ausbildung von Frauen und Männern eingetreten. Dubois hatte eine Vision von der Ausbreitung des Christentums, für die Legionen von Missionaren gebraucht werden würden. Und seiner Vorstellung nach sollten zu dieser Aufgabe Frauen wie Männer herangezogen werden. Also mußten auch die Frauen in den Genuß von Bildung kommen. In jenem tief vom Aristotelismus geprägten Zeitalter, in dem die Frauen als geistig minderwertig betrachtet wurden, war Dubois' Vorstoß revolutionär. Unnötig zu erwähnen, daß seine Ideen nicht aufgenommen wurden und die Bildungsinstitutionen den Frauen verschlossen blieben.

Mit dem Humanismus im Zeitalter der Renaissance veränderte sich die Kultur allmählich, und die Frauen selbst begannen die männliche Hegemonie im Bildungsbereich anzuprangern. Die akademische Frauenfeindlichkeit war zu Beginn des 15. Jahrhunderts das Ziel einer feministischen Attacke von Christine de Pisan (1365 – ca. 1430). Die Bücher, die Christine las, waren natürlich alle von Männern geschrieben worden, und sie waren so voll von Verleumdungen gegen die Frauen, daß Christine ihren eigenen Worten nach verzagte, »denn ich verachtete mich selbst und mit mir das gesamte weibliche Geschlecht, als wäre es ein Irrtum der Natur«. Doch sie überwand ihre Minderwertigkeitsgefühle und schrieb ihr berühmtes *Buch von der Stadt der Frauen*, eine brillante und leidenschaftliche Verteidigung ihres Geschlechts. Gegen die Anhänger des Aristoteles erklärte Christine, daß es so wenige gelehrte Frauen in der Geschichte gegeben habe, liege nicht daran, daß Frauen unfähig wären zu lernen, sondern vielmehr daran, daß die Männer sie davon abgehalten hätten, sich über ihre Unwissenheit zu erheben, indem sie ihnen den Zugang zur »kostbaren Quelle« des Wissens verweigerten. Sobald sie Bildungsmöglichkeiten bekämen, würden auch die Frauen aufblühen, davon war Christine fest überzeugt: »Wenn es üblich wäre, die kleinen Mädchen eine Schule besuchen und sie im Anschluß daran, genau wie die Söhne, die Wissenschaften erlernen zu lassen, dann würden sie genauso gut lernen ...«

Während Christine de Pisan darum kämpfte, daß Frauen eine Bildung zugestanden wurde, erhielt unser nächster Mathematischer Mann die beste, die Europa zu bieten hatte. Nikolaus von Kues (oder lateinisch Cusanus) war ein Humanist par excellence und der herausragende Vertreter der mathematischen Wissenschaft im 15. Jahrhundert. Nach Meinung des großen holländischen Physikhistorikers Eduard Dijksterhuis waren seine Schlüsse auf diesem Gebiet »von so außerordentlicher Tragweite, daß sie eine Revolution des Denkens hätten auslösen können, wenn sie im 15. Jahrhundert von den Fachwissenschaftlern übernommen und angewandt worden wären«. Doch die meisten seiner Ideen wurden erst zwei Jahrhunderte später umgesetzt – nachdem andere sie unabhängig von ihm entwickelt hatten. Cusanus war zwar einer der Wegbereiter der »naturwissenschaftlichen Revolution«, doch wie vor ihm Grosseteste und Bacon sah auch er seine Wissenschaft fest in einen theologischen Kontext eingebunden. Als Kardinal der römisch-katholischen Kirche war Cusanus zuerst und vor allem ein religiös denkender Metaphysiker, der Mathematik und Theologie miteinander verwob und so eine der berühmtesten Synthesen von Glauben und Vernunft schuf, die das Abendland je hervorbrachte.

Für Cusanus ist Gott in mittelalterlicher Tradition sowohl Ausgangspunkt wie auch Endziel seiner metaphysischen Spekulationen. Das Universum ist die Entfaltung von Formen, die »zusammengefaltet« schon in Gott angelegt sind. Die Welt zu kennen hieß also dementsprechend, die Entfaltung Gottes zu kennen, und der Weg zu dieser Erkenntnis führte über die *Zahl*. Die Zahl war Cusanus' Überzeugung nach nichts Geringeres als das »Abbild« des »göttlichen Plans« – Mathematik zu studieren hieß also den Plan Gottes zu studieren. Damit erreichte das pythagoreische Christentum seinen Höhepunkt: Gott und die Mathematik wurden in einer mystischen Theologie miteinander in Einklang gebracht, die Vorschriften für eine geistige Transzendenz und den nötigen Spielraum für eine echte mathematische Naturwissenschaft in sich vereinte. In dieser Hinsicht war Cusanus eine Art zweiter Pythagoras, ein Mann, für den Religiosität und Mathematik untrennbar miteinander verbunden waren. Beide sahen das wichtigste Ziel bei der Beschäftigung mit der Mathematik darin, uns die ungeteilten Göttlichkeit näherzubringen, die in Cusanus' Worten die Quelle aller Dinge ist, so daß wir, »soweit es einem gemäß der Kräfte menschlichen Geistes sich erhebenden Bemühen vergönnt ist«, den »einen und dreifachen immer gebenedeiten Gott zu schauen« vermögen.

Genau wie man Gott durch Zahlen zu erkennen vermochte, konnte man Cusanus' Meinung nach auch die Natur durch Zahlen erkennen. In seiner Schrift *Der Laie* erklärte er, daß der Weg zum Wissen um die Welt über das *Messen* führe und daß jeder, der die Natur verstehen wolle, sich der quantitativen experimentellen Forschung widmen müsse. In Cusanus' Text, einer Reihe von Dialogen zwischen einem gelehrten Universitätsphilosophen und einem ungebildeten Laien, tritt nicht der Philosoph, sondern der Laie für eine quantitative Wissenschaft ein. Der auf Bücherweisheit fixierte Philosoph lauscht den einfachen und offenen Worten des Handwerkers, der seine Weltsicht darlegt. Diese Dialoge sollten zeigen, daß wahre Weisheit nicht in den Elfenbeintürmen der akademischen Welt zu finden sei, sondern auf den Marktplätzen und Straßen, wo einfache Frauen und Männer Handel treiben und ihr Handwerk ausüben. Der im Zeitalter der Renaissance wachsende Respekt vor dem praktischen Wissen in Handwerk und Handel war ein wichtiger Faktor für die kommende naturwissenschaftliche Revolution. Auch hier stand Cusanus an der Spitze der Entwicklung.

Im Mittelpunkt des experimentellen Universums steht für den Laien die einfache Waage. Obwohl Cusanus nur dieses Instrument benutzt, beschreibt er eine beeindruckende Reihe von Experimenten, mit denen man die physikalische Welt erforschen kann. Er diskutiert die Bestimmung von spezifischen Gewichten und die Untersuchung von Metallgemischen. Er beschreibt, wie die Luftfeuchtigkeit mit Hilfe des Gewichts eines hygroskopischen Materials wie etwa eines Wollknäuels gemessen werden kann. Er erklärt, wie man zwei Zeitabschnitte miteinander vergleichen kann, indem man das Verhältnis der Gewichtsmengen an Wasser bestimmt, die während ihres Ablaufs aus einem großen Faß geflossen sind. Und er beschreibt, wie man mit dieser Zeitmeßmethode den Pulsschlag und die Geschwindigkeit fahrender Schiffe messen kann. Darüber hinaus können durch Wiegen auch mathematische Quantitäten ermittelt werden: Die Zahl Pi ergibt sich, wenn man ein rundes und ein eckiges Faß mit gleichem Durchmesser bzw. gleicher Kantenlänge bis zur gleichen Höhe mit Wasser füllt und das Gewicht dieser Wassermengen zueinander ins Verhältnis setzt. Hier zeigt sich eine klare Vorstellung von den notwendigen Grundlagen einer quantitativen empirischen Naturwissenschaft und eine deutliche Bewegung hin zur modernen Physik.

Am Beispiel des Nikolaus von Kues können wir erkennen, weshalb sich die Denker auf die Suche nach einer effektiven mathematischen Wissenschaft machten: Die Gründe sind sowohl theologischer wie praktischer Natur. Das Bedürfnis, Gottes kosmischen Plan zu schauen, wurde ergänzt durch Probleme von unmittelbar praktischer Bedeutung. Die Notwendigkeit eines genauen Kalenders trug ebenso dazu bei, die Entwicklung der Astronomie voranzutreiben, wie die Notwendigkeit eines verläßlichen Navigationssystems. Der Wunsch nach genauerem Kartenmaterial spornte die Entwicklung der Geodäsie an, das Bedürfnis, über bessere Kanonen zu verfügen, gab der Ballistik neue Anstöße, und der Wunsch, Maschinen einzusetzen, war eine Motivation für die Entwicklung der Mechanik und Hydraulik. Das Abendland errang seine große Bedeutung in der mathematisch geprägten Wissenschaft, da die Theologie Impulse aus praktischen Überlegungen aufnahm. Historiker haben festgestellt, daß die Griechen zwar großartige Theorien über die Welt entwickelten, aber nie den Schritt zu einer praktischen Anwendung machten. Man hat vermutet, daß den Griechen genügend Sklaven zur Verfügung standen und sie deshalb keine Notwendigkeit darin sahen, arbeitssparende Apparate zu entwickeln. Ähnliches hat auch Joseph Needham, der große Fachmann für chinesische Wirtschaftsgeschichte, angenommen: In China habe anders als im Europa des 17. Jahrhunderts unter anderem deshalb keine naturwissenschaftliche Revolution stattgefunden, weil die chinesischen Philosophen zwar hervorragende Mathematiker waren, aber kaum Kontakt zu den Kaufleuten ihres Landes unterhielten. Sie wurden nicht zur Lösung praktischer Probleme hinzugezogen.

Als Nikolaus von Kues starb, war die Renaissance auf ihrem Höhepunkt angelangt. Leonardo da Vinci und Botticelli wuchsen heran, Malerei, Architektur, Bildhauerei und Ingenieurskunst erstrahlten im warmen Licht des Humanismus. In Italien begann eine neue Epoche der Menschheit. Im Mittelpunkt dieses Zeitalters standen die Wiederentdeckung der klassisch-griechischen Ästhetik und die damit verbundene Bewunderung von »vollkommenen« Proportionen. In Gemälden, Gebäuden und Skulpturen verwirklichten Künstler und Ingenieure ihre Vorstellung von Geometrie und von der alten pythagoreischen Idee einer mathematischen Harmonie. Leonardo flehte: »Oh, Studenten, beschäftigt euch mit der Mathematik, und baut nicht ohne Fundament.« Künstler wie auch Ingenieure betrachteten die Welt um sich herum mit neuen Augen. Die Zeit war reif für eine neue Deutung des Universums.

Nikolaus Kopernikus. Anonymes Gemälde des 16. Jahrhunderts (Universitätsbibliothek Leipzig)

Johannes Kepler um 1620, anonym

3
SPHÄRENHARMONIE

Die Malerei nimmt im 16. Jahrhundert die neue Deutung des Universums vorweg, die die mathematische Physik später festlegen wird. Kein Bild zeigt dies deutlicher als Raffaels Meisterwerk *Disputa*, eines der großartigen Fresken in den von Raffael ausgemalten Stanzen des Vatikanspalastes. Wenn wir dieses Bild betrachten, werden wir Zeugen der Apotheose der von Roger Bacon propagierten »geometrischen Formgebung«. Die Szene der *Disputa* ist in zwei Ebenen gegliedert: In der unteren Hälfte versammeln sich Bischöfe, Päpste und Heilige in einem Halbkreis auf einer mit Marmorplatten ausgelegten Terrasse. Über diesen irdischen Würdenträgern schwebt ein weiterer Halbkreis aus Wolken, auf denen, flankiert von den Aposteln, Christus, die Jungfrau Maria und Johannes der Täufer sitzen. Hinter dem Thron Christi steht Gott, umgeben von geflügelten Engeln. Dieses Grundmuster ist tausendfach gemalt worden – es ist das klassische christliche Bild von Himmel und Erde. Hier fällt jedoch auf, daß die beiden Reiche nicht als metaphysisch getrennte Räume dargestellt werden, sondern in einem einzigen euklidischen Raum vereint sind. Raffaels Zusammenführung von Himmel und Erde markiert nicht nur den Höhepunkt einer künstlerischen Entwicklung, sie bringt uns auch zu Bewußtsein, daß die europäische Vorstellung von der uns umgebenden Welt damals eine grundlegende Wandlung erfuhr.

Während Raffael an seinem Fresko arbeitete, entwarf in Polen ein anderer Mann der Renaissance ebenfalls ein neues Bild von Himmel und Erde, und auch er richtete seine Darstellung der beiden Reiche an den Prinzipien der euklidischen Geometrie aus. Sein Bild war jedoch keine dramatisch gestaltete Szene, sondern ein mathematisches Diagramm der physikalischen Beziehungen zwischen der Erde und den Himmelskörpern. Die perspektivische Malerei hatte die Denker so darin geschult, den Raum in euklidischen Begriffen zu beschreiben, daß die Menschen dieses Konzept jetzt auch auf die Sterne übertrugen. In der von Nikolaus Kopernikus entwickelten heliozentrischen Darstellung des Kosmos haben wir das ultimative perspektivische Bild vor uns.

Kopernikus kann einerseits als *die* Verkörperung des Mathematischen Mannes in der Renaissance gelten, und er wird allgemein als erster »moderner« Wissenschaftler gesehen. Als einer der anerkannten »Riesen« ist Kopernikus auch derjenige, dem die heutigen Physiker sich geistig verbunden fühlen. Doch selbst wenn die Benutzer der modernen Radioteleskope Kopernikus als »einen von uns« bezeichnen, gehört er doch zum Lager der älteren Mathematischen Männer, denn auch er war auf der Suche nach Gott. Seine heliozentrische Kosmologie war die erste große Errungenschaft der modernen, auf der Mathematik aufbauenden Naturwissenschaft, aber auch ein Meilenstein bei der Vorstellung von Gott als göttlichem Mathematiker. In der Tat war die neue Kosmologie des 16. und 17. Jahrhunderts in gleichem Maße vom christlich-pythagoreischen Weltbild inspiriert wie vom mathematisch-empirischen Fortschritt geprägt. Die drei wichtigsten Architekten dieses Weltbildes – Kopernikus, Newton und Kepler – waren zutiefst religiöse Menschen und entwarfen ihre kosmischen Systeme als Abbild ihrer Theologie.

Kopernikus (1473–1543) kam auf dem Höhepunkt der italienischen Renaissance zur Welt, doch sein Geburtsort, die polnische Stadt Thorn, war weit entfernt von den dramatischen Entwicklungen in Italien, und der junge Nikolaus wuchs in einer im Grunde mittelalterlichen Welt auf. Doch trotz dieser geographischen Hemmnisse war sein Leben voller glücklicher

Begebenheiten. Als er zehn war, starb sein Vater, und sein Onkel Lucas Watzenrode, der gesellschaftlich besser gestellt war, übernahm die Vormundschaft für ihn und seinen Bruder. Einige Jahre später wurde Watzenrode Bischof von Ermland und nutzte seinen Einfluß, um seine beiden Neffen zu fördern. Der erste Schritt war eine gute Ausbildung, und Onkel Lucas sandte die beiden Jungen nach Krakau an die Universität, an der ausgezeichnete Lehrer Mathematik und Astronomie unterrichteten. Nikolaus entwickelte sehr rasch eine Leidenschaft für die Astronomie. Doch da diese Wissenschaft kein geregeltes Einkommen garantierte, schickte Watzenrode ihn nach seiner Krakauer Studienzeit nach Italien, um Kirchenrecht und Medizin zu studieren. Als Kopernikus mit einem Doktortitel in Kirchenrecht zurückkehrte, war ihm schon ein Platz als Domherr am Dom zu Frauenburg sicher – ein weiterer Gunstbeweis seines Onkels.

Nach der anregenden Zeit in Italien wird Kopernikus Vorbehalte gegen eine Rückkehr in die finsterste Provinz gehabt haben; er muß gewußt haben, daß er im polnischen Frauenburg nur wenige Menschen finden würde, mit denen er über die neuen Ideen sprechen konnte, die er an den großen Universitäten von Bologna und Padua kennengelernt hatte. Wenn Frauenburg auch wenig intellektuelle Inspiration zu bieten hatte, so jedoch genug finanzielle Unabhängigkeit und ein recht angenehmes Leben. Bischof Lukas hatte es gut mit seinem Neffen gemeint, denn die Kanoniker in Frauenburg erhielten beträchtliche Pfründen, was man schon daran ersehen kann, daß sie üblicherweise zwei Diener hielten. Der Domherr Kopernikus hatte viel freie Zeit zu seiner Verfügung – ideal für ein kontemplatives Leben.

Kopernikus' Verbindung zur gelehrten Welt war die Druckerpresse. Die Astronomen gehörten zu den ersten, welche die neue Technik für sich nutzten, und Kopernikus besaß als einer der ersten Gelehrten eine Privatsammlung gedruckter Bücher. Einige Historiker haben vermutet, daß dieser isoliert lebende polnische Kanoniker ohne den Buchdruck wahrscheinlich keine Karriere in der Astronomie gemacht und sicher niemand von ihm gehört hätte. Die Früchte seiner Arbeit wurden erst nach seinem Tod mit seinem berühmten Werk *Über die Kreisbewegungen der Weltkörper* zugänglich. Dieses Buch besteht zum größten Teil aus einer umfassenden Analyse technischer Details, und nur wenige Leute lasen es, aber wenige andere Werke sind so wichtig. Kopernikus gab der heliozentrischen Kosmologie zwar keine feste »wissenschaftliche« Basis, aber er bewies die mathematische Gültigkeit des ursprünglich mystischen Glaubens, daß die Sonne den Mittelpunkt des Universums bilde. Kopernikus lieferte keine neuen Erkenntnisse, um die Physik seiner Zeit voranzubringen. Sein Beitrag war auf den Glauben ausgerichtet – den Glauben an eine Idee, die in den Händen seiner Nachfolger der Schlüssel zur modernen Kosmologie werden würde.

Die gültige Kosmologie des frühen 16. Jahrhunderts war die des Aristoteles und seiner Nachfolger: Die Erde war der Mittelpunkt des Universums, um sie drehten sich die kugelförmigen kristallinen »Himmelssphären« mit Sonne, Mond, Planeten und Sternen. Wie Pythagoras hatte auch Aristoteles betont, daß der Kreis und die Kugel als einzige Formen so vollkommen seien, um mit ihrer Hilfe die Bewegungen der Himmelskörper zu beschreiben. Allerdings war schon zu Aristoteles' Zeiten bekannt, daß Sonne, Mond und Planeten ihre Bahn eben *nicht* in vollkommenen Kreisen ziehen. So war es Aufgabe der antiken Astronomen, Gründe für die Abweichungen von dieser vollendeten Bahn zu finden, indem sie Kombinationen von verschiedenen Kreisbewegungen zusammenstellten, die einander ergänzten. Doch schließlich mußten sie die Bahn eines jeden Himmelskörpers als das Ergebnis einer Reihe von himmlischen »Zahnradbewegungen« erklären – vergleichbar mit einem aufziehbaren Spielzeug, bei dem die einzelnen Zahnräder sich zwar im Kreis drehen, die Kombination dieser Räder jedoch eine nichtkreisförmige Bewegung wie etwa den Tanz einer Aufziehpuppe produziert.

Ihren Höhepunkt erreichte diese Vorstellung vom »Uhrwerk« der Himmelssphären mit dem alexandrinischen Mathematiker und Astronomen Claudius Ptolemäus im zweiten Jahrhundert n. Chr. Ptolemäus entwarf eine Kombination der Kreisbahnen von Sonne und Mond und den einzelnen Planeten, mit deren Hilfe er die unterschiedlichen Bewegungen der jeweiligen Himmelskörper gut erklären konnte. Zusammengesetzt ergaben sie eine Sammlung von unsichtbaren himmlischen »Mechanismen«, aus denen Astronomen Sonnen- und Mondfinsternisse, Konjunktionen, Sonnenwenden und andere wichtige kosmische Ereignisse errechnen konnten. Ptolemäus' System wurde auch zur Festlegung des Kalenders benutzt. Es war zwar nicht vollkommen genau, aber, gemessen an den damals zur Verfügung stehenden Mitteln, doch eine empirische Meisterleistung. Die Araber waren so beeindruckt, daß sie seinem Buch den Titel *Almagest* gaben, was einfach »das Größte« heißt.

Im Spätmittelalter hatten die Europäer dieses unschätzbare Werk wiederentdeckt, und die Astronomen waren seitdem immer vom System des Ptolemäus ausgegangen. Kopernikus jedoch fühlte sich zutiefst abgestoßen von dem, was er im *Almagest* las. Das Problem war seiner Meinung nach nicht, daß Ptolemäus nicht genau genug vorgegangen war, sondern vielmehr, daß das System dieses antiken Astronomen an sich so zusammenhanglos, ja sogar häßlich wirkte. Kopernikus erklärte im Einleitungskapitel seines eigenen Werkes, Ptolemäus' Kosmos fehle es an »Symmetrie« und »Harmonie«. Darüber hinaus hatte Ptolemäus einen raffinierten Trick angewandt und war dem geheiligten Prinzip der Kreisbewegung nicht immer ganz treu geblieben – in Kopernikus' Augen ein unverzeihliches Vergehen. Davon überzeugt, daß Gott das Universum nicht so unharmonisch geschaffen haben könne, wie Ptolemäus es darstellte, begann der Domherr zu Frauenburg sich um eine andere Beschreibung des Himmels zu bemühen, die durch die ihr innewohnende »Symmetrie« und Schönheit Gottes, des »größten und nach genauesten Gesetzen zu Werke gehenden Meisters«, würdig sein sollte.

Auf seiner Suche nach einem harmonischeren Bild des Kosmos stand Kopernikus vor dem Problem, daß zu seiner Zeit die Astronomie nur als mathematisches Spiel betrachtet wurde. Ptolemäus' System der Himmelskreise war als ein rein funktionales Werkzeug gedacht, das dazu dienen sollte, die Position von Himmelkörpern zu errechnen. Es hatte nie den Anspruch, die kosmologische *Wirklichkeit* zu beschreiben. In der aristotelischen Lehre fiel diese Aufgabe den Philosophen, nicht den Astronomen zu. Die Astronomen sollten einfach ihre Methoden zur Berechnung der Planetenpositionen verbessern und sich nicht den Kopf über die Frage zerbrechen, was in den Himmeln wirklich vor sich ging. Kopernikus begehrte gegen diese Haltung auf und erklärte es zum Ziel der Astronomie, die wahre Struktur des Universums zu entdecken. Seiner Meinung nach sollte das astronomische System nicht nur ein Hilfsmittel zur Kalenderberechnung sein, sondern eine wirklichkeitsgetreue Beschreibung des kosmischen Plans liefern. Dieser Plan war von Gott entworfen, und so war die Astronomie für Kopernikus »eher eine göttliche denn eine menschliche Wissenschaft«. Letztendlich, so erklärte er, diene das Wissen von den Himmelsbewegungen dazu, »den menschlichen Verstand von der Sünde fernzuhalten und ihn auf Besseres zu richten«, vor allem auf »die Bewunderung für den Schöpfer aller Dinge«. Kurz gesagt, für Kopernikus war die Astronomie ein Weg zu Gott.

Ebenso wie Nikolaus von Kues war Kopernikus überzeugter Pythagoreer: Sein Gott war ein mathematischer Schöpfer – der auch von den ästhetischen Idealen der Renaissance beeinflußt war. Der Himmel mußte deshalb *notwendigerweise* ästhetisch vollkommen sein. Bei der Frage, wie eine solche Vollkommenheit aussehen könne, stimmte Kopernikus mit den perspektivischen Malern überein. Um den Historiker Fernand Hallyn zu zitieren: »Der Künstler der Renaissance wird oft als göttlich bezeichnet – Kopernikus' Gott erschuf die Dinge wie ein Renaissance-Künstler.« Die Idee der Symmetrie war für die Künstler der Zeit besonders wichtig. Nach der klassischen Lehre ist Symmetrie die Übereinstimmung zwischen den Teilen des ganzen Werks, das angemessene Verhältnis zwischen den verschiedenen Teilen und dem Gesamtentwurf. So gibt es Vitruvs Ansicht nach auch im menschlichen Körper eine Art symmetrischer Harmonie zwischen Unterarm, Fuß, Handfläche, Finger und den übrigen Körperteilen.

Die Idee der Symmetrie und des angemessenen Verhältnisses der Teile zueinander spielte in Kopernikus' Entwurf des Kosmos eine zentrale Rolle, und wie die Renaissance-Künstler benutzte auch er die Metapher des menschlichen Körpers. Er kritisierte das System des Ptolemäus, weil es so wirke, als wenn »jemand von verschiedenen Orten her Hände, Füße, Kopf und andere Körperteile … nähme und … zusammensetzte«. Das Ergebnis dieses Stückwerks sei, wie Kopernikus sagte, »eher ein Monstrum als ein Mensch«. Im ptolemäischen System wurde jeder Himmelskörper durch seine eigene Kombination von Kreisen beschrieben, doch es fehlte dem Ganzen der Zusammenhang – es war eine wirre Sammlung von individuellen »Mechanismen«. Kopernikus glaubte, der Kosmos müsse ein organisches Ganzes bilden, in das alle Teile integriert waren wie in einen auf natürliche Weise richtig proportionierten Körper. Alles andere war seiner Meinung nach Gottes, des »größten und nach genauesten Gesetzen zu Werke gehenden Meisters«, unwürdig.

Die Künstler der Renaissance hatten sich mit der perspektivischen Darstellung das Ziel gesetzt, die Beziehungen von Objekten in einem dreidimensionalen euklidischen Raum wirklichkeitsgetreu abzubilden. Kopernikus verfolgte dasselbe Ziel in bezug auf die Himmelskörper. Anders als Ptolemäus, der nur eine Rechenhilfe liefern wollte, versuchte Kopernikus mit seinem kosmischen System ein wirklichkeitsgetreues Bild von den Bahnen der Planeten durch den euklidischen Raum zu zeichnen – ein getreues perspektivisches Bild des Kosmos. Doch wie jeder Künstler weiß, steht ein Maler immer vor der Entscheidung, aus welcher Perspektive heraus er sein Objekt darstellen will. Im Prinzip ist jede Perspektive möglich, doch nur aus bestimmten Blickwinkeln heraus erscheint ein Bild gut proportioniert und enthüllt seine wahre Symmetrie. Vor diesem Problem stand nun auch Kopernikus: Welche Perspektive sollte er wählen, um sich die ganze Symmetrie des Himmels zu erschließen? Er kam schließlich zu der Lösung, daß er seinen Standpunkt auf der Sonne wählen müsse. Nur aus dieser Perspektive heraus, so erklärte er, könne man die wahre Harmonie des Kosmos erkennen.

Kopernikus stellte fest, daß er das kosmische System stark vereinfachen konnte, sobald er die Bewegung der Himmelskörper von der Sonne und nicht von der Erde aus betrachtete – die Umlaufbahn jedes Planeten konnte annähernd durch einen einzigen Kreis um die Sonne beschrieben werden statt durch verschiedene Kreise um die Erde. Darüber hinaus hatte das heliozentrische System eine innere »Symmetrie«, weil jetzt ein durchgängiges *Muster* in den Bewegungen der Planeten zu erkennen war – je näher ein Planet der Sonne stand, desto schneller bewegte er sich. So durchläuft der Merkur, der der Sonne am nächsten steht, seine Bahn in 88 Tagen, die Venus, der nächste Planet, braucht 255 Tage, die Erde 365 Tage, der Mars 687 Tage, der Jupiter 4333 Tage und schließlich der Saturn 10759 Tage (fast 30 Jahre). In diesem Schema fügt sich die Erde zwischen Venus und Mars ein, und gerade diese schöne innere Stimmigkeit beeindruckte Kopernikus. Als Umsetzung der ästhetischen Ideale der Renaissance war der Heliozentrismus ein Triumph.

Aber dennoch war es nicht die vollständige Lösung aller Fragen, die Kopernikus erhofft hatte, denn um die eigenartigen leichten Abweichungen der einzelnen Planeten von der perfekten Kreisbahn zu berücksichtigen, mußte auch er, wie Ptolemäus vor ihm, den Umlaufbahnen mehrere kleine Kreise hinzufügen. In der Nachfolge der Griechen akzeptierte auch Kopernikus den Kreis als die vollkommenste und deshalb einzig zulässige Form für die Himmelsbewegungen. Deshalb glaubte auch er, es sei seine Aufgabe, die Umlaufbahnen als Kombinationen von Kreisen zu beschreiben. Letztlich wurde sein System ebenso komplex und chaotisch wie das von Ptolemäus. Die göttliche Schönheit des großen Entwurfs war beeinträchtigt. Zudem war das System des Kopernikus schließlich nicht genauer als das ptolemäische. Es war nicht schlechter, aber auch nicht besser. Wenn die Naturwissenschaft an der Genauigkeit ihrer Voraussagen gemessen werden soll, wie moderne Wissenschaftler es fordern, dann bedeutete das System des Kopernikus keinen wissenschaftlichen Fortschritt gegenüber dem von Ptolemäus. Seine Ästhetik jedoch war überzeugend.

Eine auf Ästhetik aufbauende Kosmologie ist jedoch problematisch, da sie dem Geschmack unterworfen ist. Spätere Astronomen waren weniger von den Idealen der Renaissance beeinflußt, und im Laufe des 16. Jahrhunderts kamen diese Schönheitsideale aus der Mode. Kopernikus hatte ein Bild des Universums gezeichnet, das *seiner* Meinung nach Gottes würdig war, aber unglücklicherweise hatten nicht alle dieselbe Vorstellung von den Vorlieben Gottes. Tycho Brahe nahm Kopernikus' Kritik an Ptolemäus wieder auf, indem er erklärte, das kopernikanische System an sich weise monströse Proportionen auf, weil alle Planeten in der Mitte zusammengezogen seien, während zwischen ihnen und den Fixsternen ein riesiger leerer Raum klaffe. Brahe wandte sich gegen die Vorstellung, daß Gott eine so gewaltige Lücke im Zentrum des Universums gelassen hätte. Andere Astronomen hatten andere Einwände, und Owen Gingerich hat gezeigt, daß das kopernikanische System zwar bald das ptolemäische ablöste, wenn es um die Errechnung von Planetenpositionen ging, daß aber im 16. Jahrhundert kaum jemand dieses System als ein wirklichkeitsgetreues Abbild akzeptierte.

Die Ästhetik war natürlich nicht der einzige Grund, der eine allgemeine Anerkennung des heliozentrischen Weltbilds verhinderte. Schon immer hatten die Menschen die kosmische Ordnung als ein Modell für die menschliche Ordnung betrachtet. Wie die Menschen den Himmel sehen, spiegelt wider, wie sie sich selbst sehen. Eintausendfünfhundert Jahre lang hatte die geozentrische Kosmologie mit ihren Himmelssphären als Modell für die hierarchische Ordnung der mittelalterlichen Gesellschaft gedient. Am unteren Ende der Himmelshierarchie stand die niedrige, verderbte Erde in der Mitte des Universums. Mit zunehmender Entfernung von der Erde durchschritt man die verschiedenen Schichten der Himmelssphären, die allmählich »höher« und göttlicher wurden, bis man schließlich in der äußeren Sphäre der Sterne den lichtstrahlenden Himmel Gottes erreichte. Je näher man Gott kam, desto vollkommener wurden die Sphären. Das Reich der Menschen war das »niedrigste«, weil es am weitesten von ihm entfernt war. Im Mittelalter diente dieser hierarchische Kosmos als Rechtfertigung für die gesellschaftliche Ordnung mit den Bauern am Fuße und dem König an der Spitze der Pyramide.

Der Heliozentrismus dagegen bot ein völlig anderes Modell. Erstens wurde in diesem System die Erde selbst zum Planeten und somit zu einem Teil der Familie der Himmelskörper. Jetzt war es nicht mehr so einfach, die Erde quasi als Abschaum des Universums darzustellen. Zweitens folgte Kopernikus einer Tradition, die mit der pythagoreischen Verehrung des Sonnengottes Apollon begonnen hatte, und gab Gott seinen Platz bei der Sonne und nicht mehr jenseits weit entfernter Sterne. So lag die Erde in seiner Kosmologie nicht mehr am Gott entgegengesetzten Ende des Universums, sondern war ihm eigentlich recht nahe. Kopernikus betonte außerdem, daß alle Planeten einschließlich der Erde das Sonnenlicht und damit Gottes Erleuchtung *direkt* empfingen. Die Menschheit war also Gottes Strahlen ohne den Filter irgendwelcher Himmelssphären ausgesetzt. Der Heliozentrismus machte die Rechtfertigung einer streng hierarchisch gegliederten Gesellschaft unmöglich und bedrohte somit nicht nur das ptolemäische Weltbild, sondern auch die herrschende Gesellschaftsordnung.

Der geozentrische Kosmos hatte auch als ein Modell für die Kirche gedient. Die aufeinanderfolgenden Schichten der Himmelssphären symbolisierten die Hierarchie der Geistlichen: Priester, Bischöfe, Kardinäle und der Papst an der Spitze. In diesem Modell standen die Laien – darunter alle Frauen – am unteren Ende der geistlichen Stufenleiter. Ihre Beziehung zu Gott mußte durch die dazwischenliegenden Ränge der Kleriker vermittelt werden. Der Heliozentrismus dagegen legte nahe, daß die Individuen *direkt* mit der Gottheit in Verbindung treten konnten. Dies war natürlich eine bedrohliche Vorstellung. Die sozialen und theologischen Herausforderungen, die der Heliozentrismus symbolisierte, waren in der Kultur der Renaissance eigentlich schon lange vor Kopernikus angelegt. Schon im 15. Jahrhundert hatten Neuplatoniker wie Pico della Mirandola metaphorisch erklärt, daß die Sonne im Mittelpunkt des Himmels stehe. Unter dem Einfluß der neuplatonischen Mystik war die Sonne als Mittelpunkt schon zu einem Symbol geworden, das die Bildwelt der Renaissance durchdrang. Kopernikus erfand zwar nicht das heliozentrische Weltbild, sein Ansatz war jedoch, wie Hallyn richtig ausführt, die empirische Vollendung dieser Idee. Und als solche symbolisierte er *par excellence* die in der Renaissance angelegte Forderung nach einer neuen Weltordnung.

Obwohl die Astronomen den Heliozentrismus nicht sofort akzeptierten, konnten sie ihn auch nicht einfach beiseite schieben, weil Kopernikus ihn als eine empirisch vertretbare Alternative zum Geozentrismus belegt hatte. Wenn man die Astronomie als mathematisches Spiel betrachtete, so gab es nach Kopernikus mindestens zwei mögliche Lösungen für das Problem – Tycho Brahe schlug kurz darauf noch eine dritte vor, eine Art Kreuzung aus Helio- und Geozentrismus. Kopernikus hatte die Frage der Himmelssphären also nicht gelöst, sondern er hatte eine Krise der Wissenschaft hervorgerufen. In der Kosmologie war das 16. Jahrhundert ein Zeitalter der Ungewißheit: Wie sah Gottes wahrer kosmischer Plan aus? Können wir Menschen das jemals sicher wissen? Und wenn ja, wie können wir es in Erfahrung bringen?

Als das 17. Jahrhundert anbrach, fing man an, die »moderne« Antwort auf diese Fragen aus verschiedenen Teilen zusammenzusetzen: Johannes Kepler, eine der rätselhaftesten Gestalten in der Geschichte der Naturwissenschaften, stellt die wichtigste Verbindung zwischen Kopernikus und Newton dar und ist ihnen in jeder Hinsicht ebenbürtig. Als Newton erklärte: »Wenn ich weiter gesehen habe, so deshalb, weil ich auf den Schultern von Riesen stand«, bezog er sich auf niemand anders als Kepler. Während Kopernikus sich auf das Spiel der Himmelsbahnen beschränkte, schuf Kepler eine echte *Physik* des Himmels. Dabei legte er das Fundament für Newtons Gesetze der Schwerkraft und das moderne Bild des Universums – und wurde so der erste mathematische *Physiker.* Gleichzeitig war Kepler auch einer der größten mathematischen *Mystiker.* Den Spuren »unserer wahren Lehrer Platon und Pythagoras« folgend, entwickelte er mit Hilfe seines einzigartigen christlichen Pythagoreismus eine revolutionäre Kosmologie. Kein anderer Mathematischer Mann hat sich mit so viel Leidenschaft auf die Suche nach einer kosmischen »Harmonie« gemacht wie dieser kleine Mann, der schließlich die große Frage jenes Zeitalters beantwortete: Wie bewegen sich die Planeten durch das All?

Johannes Kepler (1571–1630) war nicht aus dem Stoff, aus dem normalerweise Legenden gemacht werden. Kurzsichtig, neurotisch, hypochondrisch und – nach eigener Aussage – von »Hundenatur«, lebte er ein Leben voller Not, finanzieller Probleme und Krankheiten. Wenig in seiner Familiengeschichte und seiner unglücklichen Kindheit deutete auf seine zukünftige Laufbahn hin. Geboren in dem Provinzstädtchen Weil der Stadt, wuchs Kepler seinen eigenen Angaben nach umgeben von »lasterhaften, lügnerischen und gehässigen Verwandten« auf. Seine Umgebung bot ihm wenig intellektuelle Anregung. Sein Vater, ein Söldner und Abenteurer, verließ häufig Frau und Kinder, um anderer Leute Schlachten zu schlagen. Die Familie zog so häufig umher, daß Johannes nicht regelmäßig am Schulunterricht teilnehmen konnte, obwohl er ein wißbegieriges und intelligentes Kind war. Mit dreizehn erhielt er allerdings ein Stipendium zum Besuch eines lutherischen Priesterseminars – durch seine schlechte Gesundheit und sein damals schon ausgeprägtes Interesse für Religion lag die Wahl des Priesteramtes auf der Hand. Kepler selbst beschrieb sich als Jugendlichen als religiös bis zum Aberglauben.

Als er als Zehnjähriger zum ersten Mal in der Bibel las, sei er in Verzweiflung darüber geraten, daß die Ehre, ein Prophet zu sein, ihm wegen der Unreinheit seines Lebens verschlossen sei. Statt also Prophet zu werden, entschloß er sich, die Rolle eines demütigen Klerikers zu übernehmen.

Das Leben am Seminar war beständiger als jenes zu Hause – es herrschte eine strenge Disziplin, und der Unterricht begann um vier Uhr morgens –, doch war es nicht weniger unglücklich. Arthur Koestler, Keplers Biograph, schreibt: »Seine Kameraden hielten ihn für einen unerträglichen Streber und verprügelten ihn bei jeder sich bietenden Gelegenheit.« Mit siebzehn ging er an die Universität Tübingen, wo er nach dem Abschluß an der sogenannten Artistenfakultät (mit Unterricht in Ethik, Dialektik, Rhetorik, Griechisch, Hebräisch, Astronomie und Mathematik) sein Studium an der theologischen Fakultät fortsetzte, um sich auf den Beruf eines Geistlichen vorzubereiten. Kurz vor der Abschlußprüfung wurde Kepler jedoch eine Stelle als Lehrer für Mathematik und Astronomie in Graz angeboten. An der Universität war er gerade in diesen Fächern durch gute Leistungen aufgefallen, und als die Senatoren der Universität gebeten wurden, einen Kandidaten für den Posten zu benennen, empfahlen sie ihn. Vielleicht spielte bei dieser Entscheidung auch eine Rolle, daß Kepler sich als ein ungewöhnlich streitbarer junger Mann mit einer Tendenz zu verdächtigen theologischen Ansichten erwiesen hatte. Jedenfalls akzeptierte Kepler schließlich das überraschende Angebot, weil es ihm eine gewisse finanzielle Unabhängigkeit garantierte. Er ließ sich jedoch zusichern, daß er jederzeit zurückkommen könne, um seine theologischen Studien zu beenden. Er kehrte nie wieder nach Tübingen zurück, weil ihm eines Tages, als er für seine Schüler ein geometrisches Diagramm an die Tafel zeichnete, eine Idee kam, die ihn an die Spitze der Astronomie seiner Zeit katapultierte und ihn schließlich zu einer neuen Kosmologie führte.

An der Universität hatte Kepler das kopernikanische System kennengelernt und den Heliozentrismus sofort als das wirkliche Bild der Welt akzeptiert: »Ich habe es tief in meiner Seele als wahr erkannt«, schrieb er später. Dennoch zeigte er kein übermäßiges Interesse an diesem Thema, bis zu jenem Tag in Graz, als die Skizze an der Tafel in ihm die Ahnung aufsteigen ließ, daß er den heliozentrischen Kosmos im Detail mit Hilfe eines schönen geometrischen Musters erklären könne. Kopernikus hatte entdeckt, wie der Himmel als Ganzes aufgebaut war – die Sonne im Mittelpunkt und um sie kreisend die Planeten. Jetzt kam Kepler und bestimmte die Größe der Umlaufbahnen sowie ihre Abstände voneinander. Es mußte eine präzise mathematische Erklärung für den kosmischen Plan geben, das war auch für Kepler ein Glaubenssatz, denn in seinen Augen war die Welt ein Spiegelbild eines gänzlich pythagoreisch verstandenen Gottes.

Wie Nikolaus von Kues verstand Kepler die Welt als die materielle Verkörperung von mathematischen Formen, die schon vor dem Schöpfungsakt in Gott vorhanden waren. »Warum Worte verschwenden«, schrieb er, »Geometrie existierte vor der Schöpfung, sie ist ebenso ewig wie der Plan Gottes, *sie ist Gott selbst…* Die Geometrie lieferte Gott ein Modell für die Schöpfung.« Wo also »Materie ist, da ist Geometrie«. Kepler sah geometrische Formen, wo er hinschaute: in den Umrissen von Blättern und Fischschuppen, in den Kristallen der Schneeflocken und in der kugelförmigen Gestalt des Universums. Und weil er glaubte, daß die Welt ein Spiegelbild Gottes, eines vollkommenen Wesens, sei, mußte sie seiner Meinung nach *notwendigerweise* eine vollkommene Welt und damit die Manifestation erhabener geometrischer Prinzipien sein. »Es ist absolut notwendig«, schrieb er, »daß das Werk eines solchen vollkommenen Schöpfers von größter Schönheit ist.« Und genau diese allem zugrundeliegende Schönheit glaubte Kepler in der Skizze an der Tafel in Graz entdeckt zu haben.

Kepler erklärte, daß die Geometrie Gott nicht nur das Modell der Schöpfung geliefert habe, sondern sie sei auch »dem Menschen eingepflanzt, zusammen mit der Gottesebenbildlichkeit«. Für Kepler war »der menschliche Verstand ein *simulacrum* des göttlichen Verstandes«, die beide im Grunde geometrisch angelegt seien. Daraus ergab sich, daß der Mensch als *Mathematiker* das wahre menschliche Spiegelbild Gottes sei und daß er durch die mathematische Erforschung der Welt wirklich am Göttlichen teilhaben könne. Eigentlich, so Kepler, seien die Astronomen »die Priester Gottes, dazu berufen, das Buch der Natur auszulegen«. In einem Brief an seinen alten Lehrer geht er noch weiter: »Lange Zeit wollte ich Theologe werden… Jetzt dagegen seht Ihr, wie Gott durch meine Bemühungen in der Astronomie verherrlicht wird.«

Die Verherrlichung Gottes war der ganze Zweck des kosmologischen Modells, das Kepler aus der Tafelskizze in Graz entwickelte. Die Zeichnung weckte in ihm die Idee, die Einzelheiten des heliozentrischen Universums mit Hilfe der fünf platonischen Körper zu erklären – der einzigen Körper, die aus vollkommen gleichmäßigen Oberflächen zusammengesetzt sind. (Einer dieser Körper ist der Würfel, dessen Seiten aus Quadraten bestehen, ein anderer ist der Tetraeder, der aus gleichseitigen Dreiecken zusammengesetzt ist.) Diese fünf einzigartig regelmäßigen Formen, die die Pythagoreer entdeckt und Platon intensiv untersucht hatten, hatten seitdem immer wieder zu mystischen Spekulationen angeregt. Kepler glaubte, er könne die genauen Größen der Planetenumlaufbahnen und der Abstände zwischen ihnen durch eine geometrische Ordnung erklären, bei der diese fünf Körper in eine Anzahl von Sphären eingebettet waren – ähnlich wie bei einer russischen Matruschka-Puppe. Der kosmische Plan sehe so aus: Die Sonne im Mittelpunkt sei eingeschlossen von einer kleinen Sphäre, diese wiederum in einen der Körper, dann folge eine größere Sphäre, dann ein anderer Körper, wieder eine Sphäre und so weiter. Sechs Sphären sollten die sechs Umlaufbahnen der Planeten darstellen, und die fünf Körper die Abstände zwischen ihnen. Der Trick dabei war, die fünf Körper in einer Reihenfolge anzuordnen, in der die Proportionen des Modells völlig mit den Proportionen des echten Planetensystems übereinstimmten.

Kepler ging nicht davon aus, daß der Himmel wirklich mit riesigen Würfeln und Tetraedern gefüllt sei. Er versuchte einfach den mathematischen Plan zu entdecken, nach dem Gott die genauen Dimensionen des kosmischen Systems festgelegt hatte. Er suchte die dem Ganzen zugrundeliegende Schönheit. Sein Schema zeigte diese Schönheit, indem es den ganzen kosmischen Plan, *Räume* wie auch *Umlaufbahnen*, mit Hilfe von »vollkommenen« geometrischen Formen erklärte: Die klassischen Sphären ergänzt durch vollkommene Polyeder. Umrahmt von einer Menge mystischer Prosa präsentierte Kepler diese Idee in seinem ersten Buch, *Mysterium cosmographicum*, einem der seltsamsten und schwärmerischsten Texte in der Geschichte der modernen Physik.

Doch trotz der ästhetischen Vorzüge dieses Modells war Kepler nicht völlig davon überzeugt, weil es auch mit seiner Hilfe nicht gelang, die Planetenumlaufbahnen *genau* zu beschreiben. Kepler war vielleicht einer der größten Mystiker in der Geschichte der Physik, aber er war ganz sicher auch der erste wirkliche Empiriker. Sein unbändiger Wunsch, den genauen kosmischen Plan zu entdecken, ließ ihn ein noch nie dagewesenes Maß an Genauigkeit entwickeln. Ungenauigkeiten, die Kopernikus hingenommen hatte, hielt Kepler für unakzeptabel, und er erkannte, daß er die Umlaufbahnen aus den Rohdaten selbst noch einmal würde berechnen müssen, um sein Modell zu vervollkommnen. Glücklicherweise lebte er gerade zu einer Zeit, in der eine neue Sammlung höchst genauer astronomischer Tabellen zusammengestellt wurde. Wenn er diesen Schatz nur in die Hand bekommen könnte, werde er, so glaubte Kepler, das Geheimnis der Schöpfung lösen können.

Der Hüter des fraglichen Juwels war niemand anders als Tycho Brahe (1546–1601), in Aussehen wie Charakter der genaue Gegensatz zu Kepler. Brahe, ein Hüne von Mann mit einem gewaltigen Magen und einer glänzenden metallenen Nase (nachdem er seine eigene bei einem Duell verloren hatte), hatte Spaß am Leben und das Geld, um seinen Leidenschaften zu frönen. Er liebte Essen, Wein und den Vorsitz über einen reichgedeckten Tisch; vor allem jedoch besaß er eine Leidenschaft für die Sterne, und er hatte sein Leben der Aufgabe gewidmet, die genauesten astronomischen Tabellen zusammenzustellen, die die Welt je gesehen hatte. Dieses Datenmaterial, so hoffte er, werde gut genug sein, um schließlich das wahre System des Kosmos zu entschlüsseln. Selten hat die Geschichte eine so vollkommene Gleichzeitigkeit hervorgebracht: In Brahe und Kepler haben wir die ideale Kombination des Datensammlers und des theoretischen Deuters vor uns.

Um die genauesten Beobachtungen zu machen, braucht man die genauesten Instrumente, und Brahe hatte sie aus ganz Europa zusammengetragen: Sextanten, Quadranten und astronomische Ringkugeln. Mit der Unterstützung des dänischen Königs hatte er sich auf einer Insel vor Kopenhagen ein legendäres Schloß-Observatorium, [die] Uraniborg, gebaut. Auf Uraniborg gab es ein eigenes chemisches Labor, eine Druckerpresse, eine Papiermühle, eine Gegensprechanlage, Toiletten mit Wasserspülung, Unterkünfte für Gastwissenschaftler und ein privates Gefängnis. Um das Schloß waren Plätze für Ballspiele, künstliche Fischteiche und Gärten angelegt. Im Observatorium stand ein riesiger Bronzeglobus, auf dem Brahe und seine Assistenten den Himmel eingravierten, nachdem sie in mühevoller Kleinarbeit die Positionen Tausender Sterne neu vermessen hatten. Doch nach zwanzig Jahren Herrschaft über sein Insellehen verließ Brahe verärgert Dänemark. Er zog nach Prag, wo er in Kaiser Rudolf II. einen neuen Mäzen gefunden hatte. Dort trafen Kepler und er in den ersten Wochen des Jahres 1600 zusammen. Es war der Beginn eines neuen Jahrhunderts – eines Jahrhunderts, in dem die Physik sich zu ihrer modernen Form entwickeln sollte.

Brahe hütete eifersüchtig seine Daten, doch tief in seinem Herzen wußte er, daß er sie allein nicht würde deuten können. Man muß ihm hoch anrechnen, daß er in Kepler einen der großen Mathematiker seiner Zeit erkannte. Brahe gab ihm die Daten für den Mars, den Planeten, der am wenigsten in die Systeme von Ptolemäus und Kopernikus hineinpaßte. Kepler war begeistert und wettete, daß er seine Umlaufbahn innerhalb einer Woche berechnen könnte. Fünf Jahre später war er noch immer mit seinem »Marskrieg« beschäftigt. Er versuchte es, wie vor ihm Ptolemäus und Kopernikus, mit zahllosen Umlaufbahnen und Kombinationen von verschiedenen Kreisen. Doch kein System paßte so genau zu den Werten, wie er es forderte. Schließlich machte er einen radikalen Schnitt. Er verwarf die

Kreisform und kam zu der Überzeugung, daß die Umlaufbahnen der Planeten eine andere Form haben müßten.

Es ist für uns heute schwer zu verstehen, wie revolutionär dieser Schritt war. Über zweitausend Jahre lang waren *alle* großen Denker auf dem Gebiet der Kosmologie für den Kreis als die vollendete und damit einzig mögliche Form in der Bewegung der Himmelskörper eingetreten. Auch für Kepler, einen leidenschaftlichen Pythagoreer und begeisterten Anhänger der kosmischen Vollkommenheit, bedeutete es eine unglaubliche und schmerzhafte Anstrengung, sich von diesem Dogma zu lösen. Pythagoras und Platon mochten die Vollkommenheit des Kreises bewundert haben, doch Kepler erkannte, daß die Natur etwas anderes vorgezogen hatte. Die Frage war, was. Er hatte den festen Grund der Tradition in Richtung einer *terra incognita* verlassen. Er schrieb: »Ich wurde fast verrückt beim Denken und Rechnen.« Schließlich entdeckte er nach vielem Hin und Her, daß die Umlaufbahn des Mars die Form einer *Ellipse* hat. Später stellte er fest, daß dies für alle Planeten gilt.

Keplers Entdeckung der elliptischen Umlaufbahnen markiert den Beginn der modernen Kosmologie. Kepler hatte sich von der vorgefaßten Vorstellung, wie der Himmel *auszusehen habe*, frei gemacht und so herausgefunden, wie er *tatsächlich aussah*. Er hatte den Daten erlaubt, für sich selbst zu sprechen. So verkörpert die Ellipse den Sieg der Empirie über das Dogma, der Beachtung der mathematischen Genauigkeit über die Unterwerfung unter die antiken Autoritäten.

Dennoch wäre es falsch, diese Errungenschaft rein »wissenschaftlich« zu bewerten. Erstens akzeptierte praktisch keiner seiner wissenschaftlichen Zeitgenossen (einschließlich Galileo) die von der Lehre abweichende Form. Daß Kepler selbst in der Lage war, nichtkreisförmige Umlaufbahnen anzuerkennen, war nicht einfach ein Ergebnis seiner eigenen empirischen Feststellungen, sondern auch eine Folge der tiefreligiösen Strömungen, die sein Denken durchdrangen. Wenn der »Wissenschaftler« in ihm die Ellipsen entdeckt hatte, so war es der Theologe in ihm, der ihnen die Daseinsberechtigung lieferte. Und wieder war dieser theologische Impuls zutiefst pythagoreisch geprägt.

Der Kreis und die Ellipse sind beide Teil einer Familie von Kurven, die Kegelschnitte genannt werden. Der Kreis galt als der vollkommenste Vertreter dieser Art – die anderen Formen wurden als »Gemisch« aus Kreis und gerader Linie und deshalb als weniger vollkommen betrachtet. Kepler setzte jetzt in der Nachfolge des Nikolaus von Kues den Kreis mit dem Geistigen und die Gerade mit dem Stofflichen gleich. Der Kreis repräsentierte den Schöpfer, die Gerade das Geschöpf. (Dieser Symbolismus ist im Westen wie auch im Osten weit verbreitet.) Kepler zweifelte nicht daran, daß die Himmelskörper ihre Bahn im Idealfall in vollkommenen Kreisen ziehen würden, doch er argumentierte, daß sie, da sie der materiellen Welt verhaftet seien, ihre geistige Reinheit durch den Einfluß der Materie verloren hätten und die ideale Kreisform ihrer Bahn daher durch die Gerade beeinträchtigt werde – und daß daraus die Ellipse entstehe. Doch auch wenn die Vollkommenheit, die Gott für sie vorgesehen habe, in der stofflichen Welt nicht erreichbar sei, *strebten* die Planeten danach, dem göttlichen Ideal zu entsprechen, wie Kepler erklärte, denn die Ellipsen seien den Kreisen sehr nahe verwandt, und letztlich erreichten sie den höchsten Grad an geometrischer Vollkommenheit, den die *Natur* zulasse. So führte Kepler, der seine astronomische Laufbahn mit einer fanatischen Leidenschaft für die vollkommenen Formen begonnen hatte, die »Unvollkommenheit« in das kosmische Bild ein und rechtfertigte sein Vorgehen durch ein im Grunde theologisches Argument.

Kepler war der erste, der mit seinen Ellipsen ein mathematisches Bild des Kosmos entwickelte, das nicht auf unsichtbaren himmlischen »Zahnrädern« aufbaute, die hinter der Bühne ineinandergriffen. In seinem Kosmos gab es nur die Sonne und die sechs Planeten, die ihre eleganten Bahnen zogen. Die ganze komplizierte Maschinerie der einzelnen Kreise, die Kopernikus wie auch Ptolemäus so zu schaffen gemacht hatte, ging über Bord, und an ihrer Stelle erstand ein wirklich einfaches und harmonisches System. Darüber hinaus beharrte Kepler darauf, daß die Planetenbewegungen das Ergebnis einer realen *physikalischen* Kraft seien. Im kopernikanischen System stand die Sonne im Mittelpunkt der Umlaufbahnen, aber sie spielte keine Rolle bei den Planetenbewegungen; dafür war Gott verantwortlich. Kepler dagegen betonte immer wieder, daß von der Sonne eine Kraft ausgehe, die die Planeten dazu bringe, um sie zu kreisen. Während die kopernikanische Sonne ein träger, ein *symbolischer* Mittelpunkt war, wurde sie bei Kepler zum aktiven physikalischen Zentrum. Hier war im Keim die moderne Vorstellung der Schwerkraft angelegt, die Newton später in diesem Jahrhundert aufzeichnen würde. Kopernikus hatte die Sonne zum Mittelpunkt der Planetenbahnen gemacht, es war jedoch Kepler, der den heliozentrischen Kosmos in ein reales physikalisches System verwandelte und so zum ersten Astro*physiker* wurde. Doch war er nicht nur ein guter »Wissenschaftler«, sondern er lieferte auch eine komplexe theologische Rechtfertigung für seine Vorstellung von der Schwerkraft. Auch hier waren bei Kepler Wissenschaft und Religion untrennbar miteinander verbunden.

Sein christlich-pythagoreisches Denken verließ ihn bis zum Ende nicht. Sein letztes größeres Werk war eine mitreißende Abhandlung über das pythagoreische Thema der kosmischen Harmonie – er legte über ein Dutzend mathematischer Beziehungen dar, die er in der Bewegung der Planeten entdeckt hatte. Eine davon sollte sich später für Newton auf seiner Suche nach dem Gesetz der Schwerkraft als bahnbrechend erweisen. Heute greifen die Physiker nur drei von Keplers »Harmonien« heraus und nennen sie die Gesetze der Planetenbewegung oder die Keplerschen Gesetze, doch für Kepler selbst waren sie alle

Schlüssel zu Gottes kosmischer Symphonie. Obwohl er bis zu seinem Tode keine große Anerkennung bei seinen Zeitgenossen fand, wurden doch nur wenige Mathematische Männer in ihrem Leben so reich belohnt: Wie Pythagoras vor ihm starb auch Johannes Kepler in dem Glauben, der göttlichen Harmonie der Sphären gelauscht zu haben.

Als der Mathematische Mann seinen Blick verstärkt den Sternen zuwandte, tauchte auch die Mathematische Frau wieder auf, und zwar ebenfalls auf dem Feld der Astronomie. Weil die Universitäten ihnen noch immer verschlossen waren, hatten die Frauen keinen Zugang zu der mathematischen Ausbildung, die nötig ist, um große Systeme zu entwerfen, wie Kopernikus und Kepler es taten. Dennoch fanden sie vom frühen 17. Jahrhundert an Wege, an der Erforschung des Himmels teilzunehmen, denn die neue Astronomie wurde nicht in den Universitäten selbst gelehrt, sondern in privaten Observatorien wie in Brahes Uraniborg. Außerhalb des institutionalisierten akademischen Rahmens gab es keine formalen Gesetze, die Frauen von der Forschung ausschlossen – also forschten sie.

Tychos Schwester, Sophie Brahe, half ihrem Bruder oft in seinem Observatorium. Da ihnen die höhere Bildung fehlte, hatten Frauen in der Astronomie nicht die Voraussetzungen, theoretisch zu arbeiten. Vielmehr konzentrierten sie sich wie auch Tycho auf das Beobachten, die Entdeckung von Sternen und Verfassen von astronomischen Tabellen, die sorgfältig den Himmel und den Tanz der Himmelskörper mit seiner Myriade von kleinen Besonderheiten aufzeichneten. Eine Arbeit, die in den Geschichtsbüchern normalerweise keine große Erwähnung findet, und doch ist sie die Lebensader der Astronomie. Letztendlich waren es Brahes Beobachtungen, welche die Basis für Keplers revolutionäre Theorie lieferten.

In Keplers Heimat Deutschland gab es besonders viele frühe Astronominnen. Eine der ersten war Maria Cunitz (1610–1664), die manchmal als zweite Hypatia bezeichnet wird. Wie ihr alexandrinisches Vorbild wurde Maria von einem aufgeklärten Vater, Heinrich Cunitz, einem schlesischen Physiker und Gutsherrn unterrichtet: in Geschichte, Medizin, Mathematik und Sprachen, darunter auch das so wichtige Latein. Ihr Hauptinteresse richtete sich jedoch auf die Astronomie, eine weitere Wissenschaft, die sie an der Seite ihres Vaters kennengelernt hatte. Nach ihrer Heirat mit einem Hobbyastronomen begann Maria Cunitz an einer Sammlung astronomischer Tabellen zu arbeiten, mit denen man die Positionen von Planeten errechnen konnte. Ihr Hauptziel dabei war es, Keplers monumentale, aber komplizierte Planetentabellen zu vereinfachen. Sie veröffentlichte ihre Tafeln in dem Buch *Urania propitia* (1650), in dem sie sich auch mit der Anwendung und Theorie der Astronomie auseinandersetzte und ihre Leser in verständlicher Form in diese technischen Themen einführte. Die Vorstellung, daß eine Frau ein Buch über eine mathematische Wissenschaft geschrieben haben sollte, war so neu und unerhört, daß nur wenige glaubten, sie habe es selbst geschrieben. So mußte den späteren Ausgaben ein Vorwort vorangestellt werden, in dem ihr Ehemann erklärte, daß er nichts zu den Ergebnissen des Buches beigetragen habe. Während die Autorinnen des Spätmittelalters ihre Kühnheit rechtfertigen mußten, indem sie sich auf die göttliche Autorität beriefen, mußte Maria Cunitz als Mathematische Frau ihr Werk vehement als ihr geistiges Eigentum verteidigen, da sie es wagte, zur Feder zu greifen.

Cunitz hatte durch ihren Vater Zugang zur Astronomie erlangt, und so benötigten eigentlich alle Astronominnen dieser Zeit die Unterstützung aufgeklärter männlicher Verwandter oder Ehemänner. Bei Elisabetha Koopmann (1647–1693) war der fragliche Mann ihr Ehemann, der Astronom Johannes Hevelius, den sie mit sechzehn Jahren heiratete, er war zweiundfünfzig. Zehn Jahre lang arbeitete Koopmann als Assistentin ihres Mannes in seiner privaten Sternwarte und machte Beobachtungen für ein neues Sternenverzeichnis. Als Hevelius starb, führte sie die Arbeit allein fort und veröffentlichte schließlich das umfassendste Sternenverzeichnis ihrer Zeit.

Maria Eimmart (1676–1707) aus Nürnberg wurde von ihrem Vater ausgebildet, einem Amateurastronomen und erfolgreichen Maler und Kupferstecher, der sie sowohl in die Kunst wie auch in die Wissenschaft einführte. Eimmart nutzte beide Fähigkeiten und wurde eine Meisterin in der Anfertigung von genauen astronomischen Zeichnungen, was in diesem Zeitalter vor der Erfindung der Fotografie von großer Bedeutung für die Wissenschaft war. In den neunziger Jahren des 17. Jahrhunderts schuf sie 250 detaillierte Zeichnungen von den Mondphasen, die die Grundlage einer neuen Mondkarte bildeten.

Die berühmteste Astronomin des 17. Jahrhunderts jedoch war Maria Winkelmann (1670–1720). Doch gerade ihr Erfolg sollte ihr später große Probleme bereiten. Wie Hypatia und Maria Cunitz wurde auch Maria Winkelmann von ihrem Vater ausgebildet. Zusätzlich erhielt sie weiterführenden Unterricht bei einem Astronomen vor Ort, in dessen Haus sie ihren späteren Ehemann Gottfried Kirch kennenlernte, den führenden Astronomen Deutschlands. Winkelmann heiratete Kirch, obwohl er dreißig Jahre älter war als sie. Sie wußte, daß sie an seiner Seite ihre Leidenschaft für die Astronomie weiterhin ausleben konnte. Zu einer Zeit, in der Frauen keinen Zugang zu wissenschaftlichen Instrumenten hatten, war die Ehe mit einem entsprechenden Mann die einzige Möglichkeit. Und sie hätte kaum einen geeigneteren Kandidaten als Kirch finden können. Nach ihrer Hochzeit wurde er auf den angesehenen Posten des Astronomen an der Berliner Akademie der Wissenschaften berufen, und in den nächsten zehn Jahren bis zu seinem Tod arbeitete sie an seiner Seite. Die ganze Nacht hindurch beobachteten die beiden abwechselnd den Himmel; während der eine schlief, saß der andere am Teleskop.

Eines Nachts entdeckte Winkelmann während einer solchen Routinebeobachtung etwas, das ganz und gar nicht nach Routine aussah – einen neuen Kometen. Im frühen 18. Jahrhundert war eine solche Entdeckung eine große Neuigkeit. Winkelmann weckte ihren Mann, zeigte ihm, was sie beobachtet hatte, und er ließ sofort den König benachrichtigen. Da der Bericht den Namen Kirchs, eines Astronomen der Akademie, trug, nahmen alle an, er habe den Kometen selbst entdeckt. Im privaten Kreis betonte Kirch durchaus, daß seine Frau diesen zuerst gesehen hatte, und als der Bericht ein paar Jahre später neu aufgelegt wurde, schrieb er ihr auch offiziell die Entdeckung zu. Wäre Maria Winkelmann ein Mann gewesen, hätte die Entdeckung eines neuen Kometen ihr den Ruf eines großen Astronomen eingetragen, und ihre berufliche Existenz wäre gesichert gewesen. Die Karriere Kirchs gründete wenigstens zum Teil darauf, daß er etwa zwanzig Jahre zuvor ebenfalls einen Kometen entdeckt hatte, und auch Tycho Brahes Ansehen war enorm gestiegen, als er im Jahre 1577 von einem neuen Schweifstern berichtete. Maria Winkelmann jedoch blieb die Anerkennung für ihre Entdeckung verwehrt, weil sie eine Frau war.

Wie weit die damalige Astronomie in ihrer Ablehnung von Frauen ging, wurde deutlich, als Kirch im Jahre 1710 starb und die Stelle des Astronomen an der Akademie frei wurde. Obwohl Winkelmann all die Jahre Seite an Seite mit ihrem Ehemann gearbeitet und auch alle Pflichten erfüllt hatte, die mit diesem Amt verbunden waren, wagte sie es nicht, sich um die Position ihres Mannes zu bewerben. Vielmehr bat sie die Akademie, sie und ihren Sohn zu Hilfsastronomen für die Errechnung des Kalenders zu ernennen. Eine der Hauptaufgaben des Astronomen der Akademie war die Erstellung des offiziellen Kalenders für die deutschen Staaten, und in den letzten Lebensjahren Kirchs hatte Winkelmann diese Aufgabe übernommen. Obwohl sie diese Arbeit schon mehr als zehn Jahre lang gemacht hatte, wies sie die zuständige Kommission der Akademie ab. Niemand stellte ihre Qualifikationen in Frage, das Problem war einzig und allein ihr Geschlecht. Die Aussage des Akademiesekretärs Johann Jablonski war typisch für den Stil der Diskussion, die über ihren Antrag entbrannte: »Schon zu Lebzeiten ihres Ehemanns war die Akademie der Lächerlichkeit preisgegeben, weil ihr Kalender von einer Frau erstellt wurde. Wenn sie jetzt weiterhin diese Funktion wahrnehmen dürfte, würden die Menschen sich noch mehr wundern.« Eine Frau – eine ganz offensichtlich durchaus fähige – stellte also schon an sich eine Bedrohung für das Prestige der noch jungen Akademie dar.

Einer ihrer wenigen Förderer war der Präsident der Akademie, Gottfried Leibniz, einer der großen Physiker des 17. Jahrhunderts, der zeitgleich mit Newton die Differentialrechnung entwickelt hatte. Doch trotz Leibniz' Unterstützung weigerte sich die Akademie, Winkelmanns Bewerbung zu akzeptieren, und ernannte statt dessen einen völlig unerfahrenen Mann, der sich bald als unfähig erwies. Ironischerweise bekam nach dessen Tod Winkelmanns Sohn die Stelle als Astronom, und wieder arbeitete Maria als inoffizielle und unbezahlte Assistentin für die Akademie. Doch die Feindseligkeit ihr gegenüber wurde noch stärker. Da sie sich weigerte, im Hintergrund zu bleiben, wenn Besucher in das Observatorium kamen, forderten bald einige Mitglieder der Akademie, sie solle es überhaupt nicht mehr betreten. So sah sich diese erstklassige Astronomin in ihren letzten Lebensjahren gezwungen, sich zu Hause zu verstecken. Ohne alle Instrumente fehlte ihr jede Möglichkeit, ihre Arbeit fortzusetzen.

Maria Winkelmanns Schicksal steht für das kollektive Schicksal der Frauen in der Astronomie. Obwohl sie kaum Zugang zu höherer Bildung hatten, fanden sie schnell Wege, an der neuen Wissenschaft teilzuhaben. Doch sobald auch hier Institutionen entstanden, wurden sie von offiziellen Ämtern ebenso ausgeschlossen wie von der Möglichkeit, öffentlich in der Welt der Wissenschaft aufzutreten. Solange die Astronominnen zu Hause blieben und ihren männlichen Verwandten zur Hand gingen, wurde ihre Anwesenheit toleriert und sogar befürwortet – denn sie waren nützlich bei der mühseligen Routinearbeit des Rechnens, die für viele Gebiete der Astronomie grundlegend ist. Während des 18. und frühen 19. Jahrhunderts gab es eine lange Liste von hervorragenden »Amateur«-Astronominnen. Hervorzuheben sind Caroline Herschel (1750–1848), die zusammen mit ihrem Bruder Wilhelm zu den Begründern der Sideralastronomie, der Erforschung der Fixsterne, gehörte, und Nicole de la Brière Lepaute (1723–1788), die gemeinsam mit dem Mathematiker Alexis Clairaut als erste das Datum der Wiederkehr des Halleyschen Kometen errechnete. Clairaut würdigte ursprünglich Lepautes Beitrag zu dieser Berechnung, später jedoch zog er seine Anerkennung zurück, und heute wird ihm dieses Verdienst im allgemeinen allein zugeschrieben.

Die Tatsache, daß sich Frauen im 17. und 18. Jahrhundert mit der neuen Astronomie beschäftigten, zeigt, daß sie durchaus an der »naturwissenschaftlichen Revolution« teilnehmen wollten. Doch statt sie bei dem Unternehmen willkommen zu heißen, versuchten viele Mathematische Männer, ihnen Steine in den Weg zu legen. Die gesellschaftlichen Normen machten es den Frauen schon schwer genug, sich mit einer auf Mathematik basierenden Wissenschaft zu beschäftigen. Doch die Wissenschaftler selbst machten es ihnen oft noch schwerer.

Margaret Cavendish, Herzogin von Newcastle. Frontispiz zu ihrem Buch
The Philosophical and Physical Opinions, London 1655

4
DER TRIUMPH DES MECHANISMUS

In der Einleitung zu seinem berühmten Buch führte Kopernikus eine Reihe antiker Autoritäten zur Unterstützung seiner neuen Kosmologie an. Neben den Pythagoreern Philolaus und Herakleides nannte er den ägyptischen Weisen Hermes Trismegistos, den »dreimal großen«. Heute würde kein Naturwissenschaftler Trismegistos als Vorgänger anerkennen, doch in der Renaissance genoß dieser schattenhafte Ägypter ein ungeheures Ansehen. Er galt als herausragender antiker Philosoph, und Kopernikus bemühte seine Autorität, um seinem eigenen Fall die so dringend benötigte Glaubwürdigkeit zu verschaffen. Doch im Gegensatz zu den Pythagoreern war Hermes Trismegistos kein Mathematiker oder Astronom, sondern ein Magier; er galt als der Begründer der Magie. Warum wandte sich der »Begründer« der modernen Kosmologie an die Autorität eines Magiers? Welche Glaubwürdigkeit konnte ein Praktizierender der okkulten Künste einem mathematischen Astronomen verleihen?

Wir neigen heute dazu, die Magie als abergläubischen Unsinn abzutun, doch im 15. und 16. Jahrhundert galt die Magie als rechtmäßige Wissenschaft von der Natur. Parallel zur Wiederbelebung antiker Ästhetik erlebte die Renaissance auch eine Wiederbelebung antiker Magie, die für viele den Weg zu wahrem und nützlichem Wissen über die Welt darstellte. Mögen manche die okkulten Künste auch mit Mißtrauen betrachtet haben, da sie ihr Potential zum Bösen fürchteten, so wurden sie doch nicht völlig abgelehnt. Für Kopernikus und seine Zeitgenossen war die Magie eine reale Kraft, die auf einer rechtmäßigen und eingehenden Kenntnis verborgener Kräfte der

Natur beruhte. Es ist nicht eindeutig zu klären, ob Kopernikus selbst ein Anhänger von Trismegistos war oder ob er den großen Alten nur anführte, um seinen eigenen Vorstellungen mehr Gehör zu verschaffen. Sicher ist, daß zu jener Zeit der Name Trismegistos in weiten Kreisen Anklang fand.

Im frühen 17. Jahrhundert dagegen, als Kepler seine Entdeckung der planetarischen Ellipsen bekanntgab, war Trismegistos für die meisten Mathematischen Männer keine höhere Autorität, sondern ein unwillkommener Mitstreiter. Mathematiker und Magier waren nun Rivalen geworden, wobei jede Gruppe für sich in Anspruch nahm, auf dem Weg der wahren Erkenntnis zu wandeln. Beide waren sich einig, daß eine neue Naturauffassung den alten Aristotelismus ersetzen müsse. Doch das war schon der einzige Punkt, in dem sie übereinstimmten. Keplers Planetengesetze sind für moderne Physiker deutliche Belege für die Effektivität der Wissenschaft, die auf der Mathematik basiert, doch seinen Zeitgenossen war dies keineswegs so klar. Zwar war allgemein anerkannt, daß Mathematik nützlich war, um den himmlischen Bereich zu beschreiben, doch nur wenige glaubten, daß sie auch zu einem Verständnis des irdischen Bereiches beitragen könne. Dagegen schien die Magie eine direkte Einsicht in ein weites Spektrum der Natur zu bieten.

Der Kampf, eine neue mathematische Naturwissenschaft gegenüber dem alten aristotelischen Naturverständnis zu etablieren, füllt ein großes Kapitel in der Geschichte der abendländischen Zivilisation. Es ging um die Auffassung von der Natur sowie um die Beziehung der Menschheit zur Natur. Eng damit verbunden waren grundsätzliche Fragen der Macht. Wer besaß die Macht in der Erkenntnistheorie, um zu sagen, welches Wissen über die Natur rechtmäßig war und welches nicht? Wer hütete die Flamme der »Wahrheit« über die Natur? Um den Aufstieg der »Physik« im 17. Jahrhundert zu verstehen, müssen wir sehen, welchen Kampf ihre Ausübenden gegen die Magie führten, denn in der Hitze dieses Gefechts wurde der Mathematische Mann moderner Prägung geformt. Im Widerstreit mit der Magie und ihren häretischen Hintergründen schufen die neuen Physiker ihre Naturphilosophie und waren dabei sorgfältig auf ihre Vereinbarkeit mit der orthodoxen Theologie bedacht. Immer wieder wird von einem endgültigen Bruch zwischen Naturwissenschaften und Religion im 17. Jahrhundert ausgegangen, doch die neuen Physiker waren in erster Linie bemüht, eine Naturphilosophie zu schaffen, die mit den Hauptströmungen des Christentums im Einklang stand, um so der Bedrohung von Gesellschaft und Religion durch die Magie besser entgegenwirken zu können.

Die Unterscheidung zwischen »Naturwissenschaft« und »Magie« war nicht immer so klar, wie es uns heute erscheint. Im 13. Jahrhundert waren Wissenschaftler wie Roger Bacon oder Albertus Magnus Studenten der okkulten Künste gewesen. Im Mittelalter war es aufgrund eines kirchlichen Verbots nicht möglich, die Magie öffentlich auszuüben. In der Renaissance erhielt die Magie jedoch eine neue Berechtigung und war für kurze Zeit die größte Rivalin der aristotelischen Naturwissenschaft. Außerdem versuchten die Magier, ihr Wissen auf einen weiten Bereich praktischer Probleme anzuwenden. Während die Aristoteliker in den Elfenbeintürmen der akademischen Welt blieben, gingen die Magier in die Gesellschaft hinaus und wandten ihre Kunst praktisch an; insbesondere an den Höfen der Renaissance waren sie tätig.

Die Entstehung der Magie in der Renaissance ist auf den italienischen Priester und Arzt Marsilio Ficino (1433–1499) zurückzuführen, der am Hofe von Herzog Cosimo de' Medici (der Alte) wirkte. Wie viele Prinzen der Renaissance sammelte Cosimo alte Manuskripte, und zu Ficinos Aufgaben gehörte unter anderem die Übersetzung griechischer Texte. Um 1460 brachte einer von Cosimos Kundschaftern ein Dokument aus Mazedonien mit, das sofort die Aufmerksamkeit des Herzogs fesselte, und er forderte Ficino auf, diesen Schatz unverzüglich zu übersetzen. Das mazedonische Manuskript entpuppte sich als Bericht über eine antike ägyptische Zauberreligion. Das Dokument ist heute unter der Bezeichnung *Corpus Hermeticum* bekannt und war einer der wichtigsten Texte über antike Magie, die im 15. und 16. Jahrhundert wiederentdeckt wurden. Auf der Grundlage dieser sogenannten hermetischen Texte entstand das komplexe und eigenartige Gebilde der Renaissance-Magie.

Die Wiederentdeckung der hermetischen Texte markierte die letzte Phase der europäischen Bemühungen, die verlorene Weisheit der Antike wiederzuerlangen. Von diesem speziellen Wissen dachte man jedoch, es sei vor den Griechen entstanden, denn die Gelehrten der Renaissance hielten diese magischen Texte für die Schriften des ersten *ägyptischen* Weisen – Hermes Trismegistos. Das angebliche Alter verlieh diesen Texten im 15. und 16. Jahrhundert ungeheuren Einfluß, denn Ficino und seine Nachfolger glaubten, mit diesen Texten den Urquell westlichen Wissens wiederentdeckt zu haben. Trismegistos war für sie nicht nur die ursprüngliche Quelle ägyptischer Weisheit, sondern auch die eigentliche Quelle für die Ideen der griechischen Größen Pythagoras und Plato. Dies, dachten sie, sei die *prisca philosophia* – das erste und daher reinste Wissen von der Welt –, die Grundlage zum wahren Verständnis der Natur und ihrer verborgenen Kräfte. Eineinhalb Jahrhunderte lang lieferten die hermetischen Texte die Basis für eine Naturphilosophie, die den lange vorherrschenden Aristotelismus herausforderte.

Anfang des 17. Jahrhunderts jedoch ergab eine sorgfältige philologische Untersuchung, daß diese magischen Werke nicht altägyptischen Ursprungs, sondern in den letzten Jahren des römischen Reiches entstanden waren. Die pythagoreischen und platonischen Untertöne wiesen nicht auf einen vorausschauenden ägyptischen Weisen hin, sondern reflektierten einfach die neuplatonische Strömung in der letzten Phase des antiken Rom. Rückblickend, muß man sagen, ist es verwunderlich, wie leicht diese Dokumente als ägyptisch akzeptiert wurden. Dieser Glaube war jedoch nicht erst in der Renaissance entstanden. Er war schon seit dem 4. Jahrhundert n. Chr. unterschwellig vorhanden. Kein geringerer als Augustinus hatte Hermes Trismegistos als ägyptischen Weisen anerkannt. Als Ficino das *Corpus Hermeticum* übersetzte, war der Mythos bereits eintausend Jahre alt, und weder Ficino noch irgendein anderer sahen einen Grund, daran zu zweifeln.

Die hermetischen Texte setzten sich in Anlehnung an neuplatonisches Denken für eine *organische* Naturphilosophie ein. Die Welt wurde als lebender Organismus mit einem materiellen Körper und einer immateriellen »Weltseele« gesehen. Jenseits des materiellen Bereichs herrschte ein göttlicher »Intellekt«, die Quelle der »Ideen« (oder Formen), die in der Natur manifest wurden. Die Weltseele war Mittlerin zwischen diesem göttlichen Intellekt und dem materiellen Bereich und war ihrerseits mit dem *himmlischen* Bereich verbunden. Das Prinzip bei der hermetischen Magie war, daß der Magier die Kräfte der Weltseele manipulieren konnte, indem er die Einflüsse der Sterne herabzog und dadurch die Ereignisse auf der Erde und die Handlungen der Menschen beeinflußte. Die Renaissance-Historikerin Frances Yates bezeichnet die hermetische Magie als »astrale Magie«. Die Vorstellung, daß die Sterne Einfluß auf den irdischen Bereich haben, gab es selbstverständlich nicht nur in der Hermetik. Auch die Astrologie ging von dieser Vorstellung aus. Die Astrologen deuteten die Sterne und machten Voraussagen aufgrund himmlischer Vorzeichen, sie versuchten jedoch nicht, die Einflüsse der Sterne zu manipulieren oder zu verändern. Doch dies nahmen die Praktiker der astralen Magie für sich in Anspruch, um so dem Determinismus der Astrologie zu entgehen. Die astrale Magie ging von dem Glauben aus, die Verbindung zwischen himmlischem und irdischem Bereich sei in beide Richtungen zu nutzen: Die Sterne beeinflußten die Handlungen der Menschen, und die Menschen konnten ihrerseits die Sterne beeinflussen. Aufgabe des Magier war es, zu lernen, wie er sich die astralen Kräfte unterwerfen konnte.

Praktisch übte jedes der anerkannten Himmelsobjekte – die Sonne, der Mond, die Planeten und die zwölf Sternzeichen des Tierkreises – besondere Einflüsse aus, die der Magier seiner Kontrolle unterwerfen mußte. Der Planet Saturn wurde zum Beispiel mit abstraktem Studium in Verbindung gebracht und hatte angeblich Einfluß auf die Melancholie. Sonne und Jupiter waren Sitz gesunder Einflüsse, wie auch die Venus, der Planet der Liebe. Jeder Himmelskörper und jedes Tierkreiszeichen wurden mit speziellen Steinen, Metallen, Pflanzen und Tieren in Verbindung gebracht, in denen die jeweiligen Einflüsse konzentriert werden konnten. Durch Manipulation dieser Objekte versuchte der Magier, die gewünschten astralen Einflüsse zu verstärken und die unerwünschten abzuschwächen.

Ein weiterer Aspekt der astralen Magie war der Gebrauch von Talismanen. Zusätzlich zu den Steinen und Pflanzen wurde jeder Himmelskörper und jedes Tierkreiszeichen mit bestimmten Bildern in Verbindung gebracht. Der Magier glaubte, wenn er das richtige Bild zur richtigen Zeit mit der richtigen Geisteshaltung in das richtige Material einprägte, könne er große Macht auf die Sterne ausüben. Ein Sonnenbild zeigte einen »König, der auf einem Thron sitzt, mit einer Krone auf dem Kopf und zu seinen Füßen der Buchstabe [oder das magische Zeichen] der Sonne«. Ein Saturnbild konnte »ein Mann mit einem Krähengesicht und einem Krähenfuß« sein, »der auf einem Thron sitzt, in der rechten Hand einen Speer und in der linken eine Lanze oder einen Pfeil«. Venus konnte »eine Frau im weißen Gewand« sein, »die mit gelösten Haaren auf einem Hirsch reitet, in der rechten Hand einen Apfel, in der linken Blumen haltend«. Die Herstellung von Talismanen war eine komplizierte und anspruchsvolle Kunst, die tiefgreifende Kenntnisse in Astronomie, Mathematik, Musik und Metaphysik erforderte. Glaubt man den hermetischen Texten, so konnte man in dieser Kunst keinen Erfolg erwarten, wenn man die Philosophie nicht gründlich studiert hatte, und daher war die Magie in der Renaissance eine hochintellektuelle Betätigung.

Was konnte mit dieser intellektuellen Magie erreicht werden? In den hermetischen Texten finden sich unter anderem Verfahren und Talismane für geschäftlichen Erfolg, für ein Entkommen aus dem Gefängnis, für einen Sieg über Feinde, um die Liebe der ersehnten Person zu gewinnen, um Krankheiten zu heilen, zur Förderung der Gesundheit und für ein langes Leben. Ficino war besonders fasziniert vom Einsatz der Magie in der Medizin. Wiederum war die Vorstellung, daß die Sterne einen Einfluß auf die Gesundheit haben könnten, nicht neu, aber Ficino stellte in seinem Buch *De vita libri tres* eine neue und verfeinerte Anwendung talismanischer Magie in der Medizin dar. Das Buch richtete sich vorrangig an Studenten, die durch ihr intensives Studium oft an Krankheiten und Melancholie litten. Sie gerieten durch ihre Beschäftigung unter den Einfluß des Saturn, eines Planeten, der den lebenswichtigen Kräften und der Jugend abträglich war. Ficino riet melancholischen Studenten und den Alten (deren Lebenskräfte naturgemäß nachließen), die Steine, Pflanzen und Tiere zu meiden, die mit Saturn in Verbindung gebracht wurden, und sich mit denen zu umgeben, die zu Jupiter und Venus gehörten. Er riet diesen Leuten, Goldschmuck zu tragen (ein Sonnenmetall mit fröhlichem Charakter) und Spaziergänge auf dem Lande zu unternehmen, da Grün eine Venusfarbe war. Dort sollten sie Blumen pflücken, die der Sonne und der Fröhlichkeit zugeordnet waren, wie zum Beispiel Rosen und Krokusse. Auch sollten sie sich »nicht-saturnisch« ernähren und angenehme Düfte einatmen. Schließlich riet ihnen Ficino, Talismane anzufertigen: Für ein langes Leben mußte man ein Bild Jupiters in einen durchsichtigen weißen Stein oder ein Bild Saturns in einen Saphir eingravieren. Dies war sicher keine Medizin für die Armen.

Ficino wußte als Priester sehr wohl, daß er sich theologisch auf explosivem Terrain bewegte, wenn er den Einsatz von Magie befürwortete. Deshalb war er äußerst bemüht darzulegen, daß seiner Magie nichts Dämonisches anhaftete, sondern daß er nur *natürliche Kräfte* bemühte. Diese Magie beruhe auf einem tieferen Einblick in die Funktionsweise der Natur. Da Ficino fürchtete, theologische Grenzen zu überschreiten, wagte er nicht, die Magie außerhalb des medizinischen Bereiches anzuwenden, und stellte nur bescheidene Behauptungen bezüglich ihrer Wirkung auf, wenn auch viele seiner Anhänger weitaus größere Ziele verfolgten. Sein jüngerer Zeitgenosse Pico della Mirandola ging weit über Ficinos Ansprüche in der Naturmagie hinaus, indem er die Magie der jüdischen Kabbala in die hermetische Tradition einführte. Laut Mirandola war die kabbalistische Magie weitaus wirkungsvoller als die rein an Sternen ausgerichtete Magie, weil ihre Ausübenden nicht nur auf die natürlichen Einflüsse der Sterne, sondern auch auf die übernatürlichen Einflüsse aus dem Bereich des göttlichen Intellekts zurückgreifen konnten. Mirandolas Magie war nicht nur eine astrale Magie, sondern auch eine Engelsmagie, die angeblich ein tiefes Verständnis der Namen Gottes mit sich brachte. Zur kabbalistischen Magie gehörte eine Zahlenmystik, die auf den Buchstaben des hebräischen Alphabets und auf biblischen Texten beruhte. Aber genau diese Vermischung von Magie und Religion war der Sache am Ende abträglich.

Die Magier, die ein tieferes Verständnis der Natur suchten, bildeten auch eine tief religiöse Bewegung, denn die hermetischen Texte als Quelle göttlichen Wissens wurden als Ergänzung der Heiligen Schrift gesehen. Ein hermetischer Text enthielt einen Schöpfungsbericht, der eine auffällige Ähnlichkeit zur biblischen Version aufwies; deshalb war Hermes Trismegistos für die Hermetiker ein ägyptischer Moses. Dazu schienen mehrere andere Texte das Kommen Christi vorauszusagen. Die Hermetiker sahen in diesen Abschnitten einen Beweis, daß Hermes Trismegistos nicht nur der Vorläufer der griechischen Philosophen war, sondern auch der erste Prophet des Christentums. Für sie stellte Hermes das Bindeglied zwischen *allen* großen Strömungen abendländischer Weisheit dar, der religiösen wie der säkularen. Diese vermutete ursprüngliche Synthese wollten sie wieder herstellen, indem sie die Hermetik wieder in das Christentum integrierten. Hatte die Fusion des Aristotelismus mit dem Christentum die spätmittelalterliche Kultur beherrscht, so suchten die Magier der Renaissance die nachmittelalterliche Kultur als Verbindung von Christentum und Hermetik zu prägen.

Die religiösen Verbindungslinien der Hermetik waren von Anfang an klar. Im Gegensatz zur kirchlichen Ablehnung der Magie rechtfertigte Ficino sie mit der Behauptung, der Magier handle aufgrund einer tiefen Einsicht in den Vorgang, bei dem sich die Ideen des göttlichen Intellektes in der Materie manifestieren. Eigentlich sei der Magier ein halb-göttlicher Wirkender, der sich derselben Methoden bediene, mit denen Gott das Universum geschaffen habe. Ein Historiker hat einmal bemerkt, die Ausübung der Magie sei als »Suche nach dem Heiligen Gral« angesehen worden, als eine »Suche nach Wissen durch Offenbarung, nicht durch Studium und Forschung«. »Die Kunst der Magie ist die Kunst, Gott zu verehren«, schrieb Sir Walter Raleigh, während Mirandola zur Verteidigung der hermetischen Texte darlegte, sie machten die Würde Christi offenbar. Ein sichtbarer Beweis für die religiösen Unterströmungen in der Hermetik der Renaissance kann in der Kathedrale von Siena bewundert werden: Dort begrüßt den Besucher als erstes ein Porträt des Trismegistos im Mosaikboden direkt im Eingang. Diesen Ehrenplatz erhielt er als angeblich erster Prophet Christi. Die offizielle Hommage an den ägyptischen Moses kann auch in den Gemälden von Pinturicchio bewundert werden, die das Appartemento Borgia im Vatikan zieren.

Anfänglich wurden die Hermetiker – sowohl in der Kirche

als außerhalb – freundlich aufgenommen, doch mit der Zeit trafen sie auf Widerstand. War es für die Gegner schlimm genug, daß Ficino behauptete, er könnte die Einflüsse der Sterne herabrufen, so schmeckte seine Engelsmagie eindeutig nach Dämonie. Als Reaktion auf Mißfallensbekundungen setzte Papst Innozenz VIII. eine Kommission ein, die Mirandolas Thesen untersuchen sollte, und im Jahre 1487 wurden viele davon verworfen. Mirandola selbst wurde eine Zeitlang eingesperrt. Pedro García, ein spanischer Bischof aus der Kommission, die Mirandola geprüft hatte, brachte zwei Jahre später ein Buch heraus und verdammte darin alle Magie, weil sie gegen den katholischen Glauben gerichtet sei. García sagte nicht, die okkulten Künste seien unwirksam; er erklärte einfach, sie könnten nicht ohne Hilfe des Teufels ausgeübt werden. Schließlich nahm das Konzil von Trient eine härtere Linie gegenüber der Magie ein, und Bücher zu diesem Thema wurden verboten.

Ein zusätzliches Problem für die Magier war, daß die Kirche die Volksmagie, wie sie von weisen Frauen und Hexern in den Dörfern ausgeübt wurde, ablehnte. Obwohl die Magier nach Kräften bemüht waren, ihre intellektuelle Magie von der »primitiven« Schwarzen Magie abzusetzen, gelang es ihnen doch nur teilweise, den Unterschied zu den Praktiken der unteren Schichten zu verdeutlichen. Einige gebildete Magier wandten sich sogar gerade an die weisen Dorffrauen, um von ihnen zu lernen, so der berühmte Alchimist des 16. Jahrhunderts Paracelsus, der sich sein Leben lang für die einfachen Leute einsetzte. Für eine kurze Zeit wurde die Magie durch das Interesse der Gebildeten gesellschaftlich akzeptiert, aber am Ende des Jahrhunderts schlug in der Kirche die Stimmung um und wandte sich gegen okkulte Künste aller Art. Das ausgehende 16. und beginnende 17. Jahrhundert war die Zeit der großen Hexenjagden in Europa, bei denen schätzungsweise eine Million Frauen hingerichtet wurden.

Die Reaktion der Kirche auf Magie (die der einfachen Leute

und die der Intellektuellen) war Teil eines groß angelegten Bestrebens, gegen alle Formen der Abweichung von der offiziellen kirchlichen Lehre scharf vorzugehen. Im Gefolge der Reformation brodelte es in Europa vor allerlei Arten der »Häresie«, und die rechte kirchliche Lehre wurde an vielen Fronten herausgefordert. Abgesehen vom Schisma zwischen Katholiken und Protestanten war eine große Anzahl neuer Sekten entstanden: Wiedertäufer, Baptisten, Puritaner, Quäker und Seeker, um nur einige wenige zu nennen. Viele dieser Sekten bewegten sich weitab von der Herde der Rechtgläubigen, und am meisten beunruhigte die Tatsache, daß manche den Frauen eine herausragende Stellung einräumten. Die Reformation selbst hatte diese Erneuerung mit Luthers Erklärung eingeleitet, daß *alle* Menschen das gleiche Recht hätten, mit Gott direkt zu kommunizieren. Ebenso hatten die Reformer die Menschen ermutigt, die Bibel selbst zu lesen, anstatt sich auf die Interpretationen der katholischen Kleriker zu verlassen. Einige neue Sekten verwirklichten die Idee von der Gleichheit vor den Augen Gottes weiter, als die Reformer es beabsichtigt hatten, und bald übernahmen Frauen in ganz Europa eine aktivere Rolle im religiösen Leben – sie prophezeiten, predigten und legten die Worte des Herrn aus.

Katholiken wie Protestanten waren weibliche Geistliche ein Greuel, und bald darauf folgte ein Rückschlag. Im Jahre 1543 wurde in England ein Parlamentsbeschluß verabschiedet, der das Recht der Frauen, die Bibel zu lesen, einschränkte: Nur adligen Frauen war es erlaubt, die heiligen Texte privat zu lesen, Frauen aus der Schicht der Kaufleute durften dies nur im Beisein von Männern, und den weiblichen Angehörigen der unteren Schichten war das Lesen der Bibel privat gänzlich untersagt. In Deutschland versuchten die Behörden zu verhindern, daß Frauen untereinander über die Heilige Schrift sprachen. Katholiken wie Protestanten betrachteten die kleinen Sekten als Horte der Häresie und brachten Häresie zunehmend mit Frauen in

Verbindung, wie David Noble angemerkt hat. Das entschlossene Vorgehen der Kleriker gegen Häresie speziell bei Frauen, schuf eine Atmosphäre, in der religiöser Eifer leicht für Hexerei gehalten wurde. Die Historikerin Carolyn Merchant hat festgestellt, daß Frauen der Unterschicht, die sich seltsam verhielten, laut ihre Meinung sagten oder die männliche Autorität in Frage stellten, besonders gefährdet waren, der Hexerei angeklagt zu werden. Die Aufzeichnungen zeigen, daß die Mehrheit der wegen Hexerei Verurteilten und Hingerichteten Frauen waren. In einigen Dörfern wurde fast die gesamte weibliche Bevölkerung ausgelöscht.

Sozial und intellektuell waren Dorfhexen und hermetische Magier weit voneinander entfernt, doch beiden konnte vorgeworfen werden, daß sie sich mit übernatürlichen Kräften einließen. Für viele Kleriker waren *alle* derartigen Machenschaften häretisch, und zu Anfang des 17. Jahrhunderts fanden sich die Magier zunehmend in der Defensive. Wie den weisen Frauen auf den Dörfern wurden auch ihnen zunehmend verdächtige Motive unterstellt. Aus der Sicht der Kirche war die Bedrohung durch die Hermetik keineswegs nur eingebildet, denn mit der Ausübung der Magie predigten eine Reihe bekannter Magier auch eine radikale religiöse Reform. Diese Männer wollten auf der Basis der Hermetik eine neue und äußerst unorthodoxe Art des Christentums begründen. Hier entstand in der Tat eine größere Häresie.

Giordano Bruno (1548–1600), einer der größten hermetischen Magier, verkörperte die Bedrohung der Religion durch die Hermetik und wurde in Italien auf dem Scheiterhaufen verbrannt. Brunos hermetischer Fanatismus ging so weit, daß er das Christentum nicht nur reformieren, sondern es durch die altägyptische Religion des Hermes Trismegistos ersetzen wollte. Er ging damit weiter als alle seine Vorgänger und sah sich selbst als Vorläufer einer neuen Gattung von Priester-Magiern, die ein neues Zeitalter der »wahren« Religion einleiten sollte. Aufgrund seiner religiösen Reformvorhaben gehörte er zu den ersten, die Kopernikus unterstützten. Aber die Gründe, weshalb er für das heliozentrische Weltbild eintrat, würden wir heute keineswegs als »wissenschaftlich« bezeichnen, denn für ihn war das kopernikanische kosmologische Diagramm ein magisches Symbol für die Welt. Bruno sah in dem heliozentrischen Weltbild ein Zeichen dafür, daß das neue Zeitalter der ägyptischen Religion nahe war, ein Zeitalter, das er persönlich einleiten würde.

Erstaunlicherweise glaubte Bruno, er könne sein radikales und letztendlich antichristliches Reformprogramm aus dem Herzen des Katholizismus heraus entwickeln. Im Jahre 1592 reiste er nach Italien, weil er den Papst von seinen Ideen überzeugen wollte. Diese Hybris kostete ihn das Leben. Anstatt eine Audienz mit seiner Heiligkeit zu erlangen, landete er schließlich im Kerker der Inquisition, wo er die letzten acht Jahre seines Lebens verbrachte, ehe er zum Scheiterhaufen geführt wurde. Ironischerweise wird Giordano Bruno heute oft von Naturwissenschaftlern als Märtyrer dargestellt: ein Mann, der sein Eintreten für das heliozentrische Weltbild mit dem Leben bezahlte. Die Historikerin Frances Yates hat jedoch gezeigt, daß nicht seine Ansichten über die Naturwissenschaften das Problem waren. Die »eigentlichen« Physiker seiner Zeit standen seinen Vorstellungen genauso entgegen wie die Kleriker selbst.

Obwohl bis ins 17. Jahrhundert okkulte Künste praktiziert wurden, auch im Zentrum der katholischen Kirche, wurde das Klima für solche Praktiken immer brisanter. Nach dem Tod von Bruno mußte ein Hermetiker sehr vorsichtig sein, um gefährlichen Anschuldigungen aus dem Weg zu gehen. Vor diesem Hintergrund versuchten sich die neuen mathematischen Naturwissenschaftler zu definieren, und ihr wichtigstes Anliegen war, sich mit der *Orthodoxie* zu verbünden. Selbsternannter Anführer der Mathematischen Männer im Kampf gegen die Magie war der Mönch Marin Mersenne vom Orden der Minimen

(1588–1648). Er war ein Freund von Descartes, Fürsprecher Galileos, selbst ein hervorragender Physiker und verabscheute Häresie in jeder Form. Von seinem strengen Minimenkloster aus führte er einen erbitterten Krieg gegen die magische Weltsicht.

Die Minimen waren einer der asketischsten Orden in Frankreich: Ihre Regel forderte strikten Gehorsam der Kirche gegenüber, Keuschheit, Demut und dauerndes Fasten. Die ersten drei Regeln waren allen mönchischen Orden eigen, aber die letzte fand sich nur bei den Minimen und forderte vollständigen Verzicht auf Fleisch, Eier, Käse, Milch und Butter. David Noble zufolge gelobten die Mitglieder, sich einer rigorosen Ordnung »klösterlicher Vervollkommnung« zu unterwerfen, und eine Reihe strenger religiöser Ordensregeln einzuhalten, deren Beachtung von »Korrektoren« überwacht wurde, die alle Verstöße ahndeten. Disziplin, Gehorsam und Beherrschung bestimmten das Leben der Minimen. Kurz, die Minimen waren eine Bastion römisch-katholischer Rechtgläubigkeit.

Für Mersenne lag die Wurzel der Häresie in der organischen Naturphilosophie, die der Magie zugrunde lag. Er wandte sich besonders gegen die Vorstellung, daß die Welt eine Seele besäße und daß diese die Quelle ihrer Lebenskraft sei. Der Glaube an eine Weltseele ist auf Platon zurückzuführen und hat bei seinen Befürwortern oft zu unorthodoxen Ansichten über Gottes Verhältnis zur Natur geführt. In erster Linie brachte er die häretische Lehre des Deismus hervor. Die Deisten glaubten, daß Gott die Welt zwar geschaffen habe, daß sie aber nach der Schöpfung allein durch natürliche Vorgänge funktioniere. Daher lehnten sie auch die Vorstellung von Wundern ab. Andere glaubten an eine Weltseele und setzten sie direkt mit Gott gleich, während für manche die Vorstellung einer Weltseele zu der Ansicht führte, die Erde sei ein Lebewesen. Bruno etwa war der Ansicht, alle Himmelskörper seien riesige Tiere, von denen jedes eine Seele besäße. Mersenne verwarf all diese Vorstellungen und betrachtete Bruno als einen der bösartigsten Menschen, die je gelebt hätten. Und Brunos Bindung einer hermetisch-organischen Philosophie an ein Programm zu einer radikalen religiösen Reform war für Mersenne ein eindeutiger Beweis, welche Gefahren solches Denken barg.

In den 1620er Jahren verfaßte Mersenne lange, scharfsinnige Attacken gegen alle Aspekte der Magie und der okkulten Künste in der Renaissance und verdammte deren Hauptvertreter, auch Ficino, Mirandola und Bruno, die zu jener Zeit bereits alle tot waren. Aber ein toter Zauberer ist nicht annähernd so gefährlich wie ein lebender, und Mersennes beißendste Angriffe richteten sich gegen seinen Zeitgenossen Robert Fludd (1574–1637). Fludd war einer der letzten großen Magier und erwies sich als ebenbürtiger Gegner, der mit ebenso beleidigenden Traktaten konterte. Die Auseinandersetzung Mersenne – Fludd wurde von Gelehrten in ganz Europa mit Interesse verfolgt.

Mersenne verwarf Astralmagie, Talismane, die Kräfte von Pflanzen, Steinen und Bildern, eigentlich den gesamten Apparat der Naturmagie. Statt dessen setzte er sich für eine mathematisch orientierte Herangehensweise an die Natur ein. Im Kampf gegen Fludd rief Mersenne einige seiner Minimen-Brüder und schließlich auch den Priester Gassendi zu Hilfe, der einem anti-aristotelisch, aber religiös-orthodox ausgerichteten intellektuellen Kreis in Paris angehörte. Gassendi reagierte auf Mersennes Bitte mit einer intelligenten Abhandlung, in der er die Grundlagen von Fludds organischem Weltbild systematisch kritisierte. Insbesondere wandte er sich gegen die Vorstellung von dunklen Mächten und einer lebenspendenden Weltseele.

Mersenne und Gassendi wollten nicht nur die organische Naturauffassung demontieren, die eine so zentrale Rolle bei der Ausübung der Magie spielte. Sie waren ebenso entschlossen, dieser Vorstellung eine neue Naturphilosophie entgegenzusetzen, die im Einklang stand mit der orthodoxen Theologie. Wie der Historiker Peter Dear angemerkt hat, war der religiöse Aspekt bei Mersennes Arbeit niemals verdeckt, er blieb immer die zentrale Motivation. Mersenne versuchte vor allem eine Naturphilosophie zu errichten, die mit den orthodoxen katholischen Standpunkten über die Beziehung Gottes zu seiner Schöpfung übereinstimmte. Hier fand der Minimenmönch als Lösung eine *mechanistische* Naturvorstellung. Anstatt als lebenden Organismus, der aus sich selbst Leben erhält, stellte sich Mersenne die Welt als unbewegte Maschine vor, die nur nach Gesetzen funktioniert, die Gott von außen auferlegt hat. »Gott ist nicht die Seele der Welt«, stimmte Gassendi zu, »sondern ihr Herrscher oder Lenker.«

In den Augen Mersennes bot eine mechanistische Naturauffassung den Vorteil, daß Wunder möglich blieben. In einem streng gesetzmäßigen Universum ist nicht alles durch natürliche Vorgänge möglich, denn die Natur kann nur tun, was die Gesetze zulassen. Alles, was außerhalb der Gesetze liegt, muß deshalb durch Gott veranlaßt sein. Mersenne sah richtig, daß ein Wunder im Prinzip eine natürliche *Ordnung* brauchte, die *durchbrochen* werden kann. Mit der mechanistischen Weltsicht wollte Mersenne auch der Häresie des Deismus entgegentreten. Aus der Sicht unseres prosaischen 20. Jahrhunderts erscheint es eher amüsant, daß ein Beweggrund für die Entstehung des Mechanismus der Wunsch war, das Übernatürliche einzubeziehen.

Gassendis Beitrag zum mechanistischen Weltbild bestand darin, daß er ihm Atome als Grundlage lieferte. Seiner Meinung nach bestand die Welt nicht aus belebten, beseelten Objekten, die Einflüssen dunkler Mächte unterlagen, sondern aus mikroskopisch kleinen, unbewegten Teilen von Materie. Diese Vorstellung war natürlich nicht neu: Gassendi hatte sie vom griechischen Philosophen Epikur aus der Antike übernommen. In der griechischen Version barg dieser Atomismus jedoch gefährliche atheistische Implikationen, deshalb, so der Historiker

William Ashworth, »schneiderte der fromme katholische Priester eine atomistische Philosophie, die mit christlichen Maßstäben übereinstimmte«. In Gassendis mechanistischer Weltauffassung wurde aus dem Universum einfach eine Ansammlung träger Atome, die nach mathematischen Gesetzen funktionierte und die Gott von oben festgesetzt hatte. Die belebten Geister und Seelen der magischen Weltsicht wurden fortgespült wie das Blut eines geschlachteten Kalbes. Das selbsterhaltende Universum der Magier funktionierte nicht mehr, und an seine Stelle war eine untätige Maschine getreten.

Carolyn Merchant hat auf einen weiteren Aspekt des Mechanismus hingewiesen. In der neuplatonischen Überlieferung galt die Weltseele allgemein als weiblich. Durch die Ausschaltung dieser weiblichen Kraft und die Übertragung aller Macht auf einen männlichen Gott war es den Mechanisten gelungen, jegliche weibliche Kraft im Kosmos zu negieren. Wie Merchant festgestellt hat, spiegelte diese Unterdrückung des »Weiblichen« in der Natur die gesellschaftliche Unterdrückung der Frauen, die sich damals in den Hexenjagden manifestierte. Anfang des 17. Jahrhunderts waren die staatlichen Behörden, der Klerus und die aufkommenden Naturwissenschaftler bemüht, die weibliche Macht in Natur und Gesellschaft zu schwächen.

Mit einer Naturphilosophie, in der das Universum vollständig von einer männlichen Gottheit beherrscht wurde, schufen die Mechanisten ein Weltbild, das die *Gesellschaft* reflektierte, die sie verteidigen wollten – patriarchalisch und monarchistisch. René Descartes schrieb an Mersenne: »... daß Gott diese Gesetze in der Natur eingerichtet hat, so wie ein König Gesetze in seinem Königreich stiftet.« Indem sie Gott als gesetzgebenden König des Universums anerkannten, setzten Mersenne und seine Mitstreiter sich bewußt für den royalistischen Staat und die römisch-katholische Kirche ein. »In Frankreich«, so Merchant, »fiel der Aufstieg der mechanistischen Weltanschauung zusammen mit einer allgemeinen Tendenz zu zentraler staatlicher Kontrolle und zur Konzentration der Macht in den Händen der königlichen Minister.« Die politischen Implikationen der mechanistischen Weltsicht brachte ein anderer aus Mersennes Zirkel, der englische Royalist Thomas Hobbes, in seinem einflußreichen Buch *Leviathan* deutlich zum Ausdruck, in dem er ein mechanistisches Modell der Gesellschaft als Lösung für soziale Unruhen vorschlug. Das mechanistische Weltbild ist in Opposition zu Zauberei, dem organischen Weltbild, zivilen Unruhen und aufstrebender weiblicher Macht entstanden: Es kann nicht einfach als Produkt der »Naturwissenschaften« angesehen werden, sondern muß auch als Nebenprodukt einer konservativen soziopolitischen Gegenreaktion erkannt werden.

Eine neue Naturphilosophie war zwar formuliert, aber noch lange nicht in weiten Kreisen akzeptiert. Es war den Mechanisten klar, daß es nicht ausreichte, die Grundmauern des gegnerischen Gebäudes zu zerstören; sie mußten die Gültigkeit und Wirksamkeit ihres eigenen Ansatzes darlegen. Sie mußten zeigen, daß die Mathematik tatsächlich eine solide Grundlage für eine neue Naturauffassung darstellte. Von den Ergebnissen einer auf Mathematik basierenden Naturwissenschaft umgeben, können wir uns heute nur schwer vorstellen, wie wenig Beweise es im 17. Jahrhundert für diese Weltsicht gab. Heute ist für uns die Physik eine Selbstverständlichkeit, aber Mersenne und die anderen Mechanisten standen vor der überaus schwierigen Aufgabe, ihre Effektivität zu beweisen. Mersenne selbst erntete ersten Beifall mit seiner ausführlichen Liste der Erkenntnisse, die die mathematischen Naturwissenschaften bisher erbracht hatten: die Gesetze der Optik, der Mechanik, Statik, Harmonielehre und ähnliches. Aber der überzeugendste Fürsprecher für eine mathematisch begründete Herangehensweise an die Natur war René Descartes (1596–1650).

Anders als Mersenne und Gassendi mischte sich Descartes nicht direkt in den Kampf gegen Magier und organische Naturauffassungen ein. Er verwendete seine Energie darauf, logisch darzulegen, daß die Mathematik die Grundlage für wahre Erkenntnis war. Aber trotz seines vielgerühmten Rationalismus ist der eigentliche Grund für seine berühmte Auseinandersetzung doch wieder Gott. Descartes war zwar weder Priester noch Mönch, aber er war gläubiger Katholik, und wie Mersenne und Gassendi wünschte auch er eine Naturwissenschaft, die sich mit der orthodoxen römisch-katholischen Lehre vereinbaren ließe. Er wollte seine Naturauffassung mit Hilfe des Bildungsimperiums der Jesuiten über die ganze Welt verbreiten.

Descartes erkannte seine Mission am 10. November 1619 im Alter von dreiundzwanzig Jahren. Er befand sich auf einer Überlandreise in Deutschland und war am Abend in einem Gasthof in der Nähe von Ulm abgestiegen. Während er sich in einem stickigen, überheizten Raum wärmte, fiel er in einen Tagtraum, der in einer Vision gipfelte: Descartes wurde vom Engel der Wahrheit besucht. Nach Ansicht des Historikers Edwin Burtt ist die Erfahrung nur mit der ekstatischen Erleuchtung der Mystiker zu vergleichen. Später in der Nacht hatte Descartes drei seltsame Träume, die ihn in der Einsicht bestätigten, daß allein in der Mathematik der Schlüssel zu den Geheimnissen der Natur liege. Da aber nicht allen der persönliche Besuch dieses Engels garantiert werden kann, machte sich Descartes daran, das Wesentliche dieser Enthüllung logisch darzulegen, und präsentierte sein Anliegen schließlich in seinem klassischen Text *Von der Methode des richtigen Vernunftgebrauchs und der wissenschaftlichen Forschung* (1969; Discours de la Méthode 1637), aus dem die unvergängliche Zeile »Ich denke, also bin ich« stammt.

Trotz des logischen Unterbaus in Descartes' Text erfährt der Leser am Ende, daß Gottes Unveränderlichkeit die Existenz der mathematisch begründeten Naturgesetze sicherstellt. Im kartesianischen Weltbild ist es auch die fortdauernde Existenz der Gottheit, die diese Gesetze von einem Augenblick zum nächsten in Funktion hält. Descartes war zwar kein Atomist wie Gassendi, doch die Materie war für ihn ebenfalls frei von belebenden Geistern und dunklen Mächten. Sie verhielt sich auch bei Descartes nur nach den Gesetzen Gottes. Materie, Bewegung und mathematisches Gesetz bildeten die kärgliche Grundlage für die Realität. In einem solchen Rahmen fand die Zauberei keinen Platz.

Descartes' Weltbild enthielt ein weiteres Element, den menschlichen Geist, der aber vollkommen getrennt von der Materie zu betrachten ist. Daraus ergibt sich auch sein berühmter Dualismus von der *res extensia,* der materiellen Welt der bewegten Materie, und der *res cogitans*, der immateriellen Welt der Gedanken, Gefühle und Gemütsbewegungen. Diese radikale Trennung von Geist und Materie sollte unabsehbare Folgen für die westliche Zivilisation haben. Zum Beispiel: Wo kommt in der mathematisch-materiellen Welt, die die moderne Physik beschreibt, das »Ich« vor, das Schmerzen, Furcht und Freude empfindet?

Frances Yates sieht in der Vertreibung des Geistes (oder der Psyche) aus der Welt, die die Physiker untersuchen, eine weitere Reaktion auf die Magie. Ein grundlegender Unterschied zwischen den Magiern und den neuen Mathematischen Männern war, daß der Magier versuchte, die Welt zu *verinnerlichen,* in sich hineinzuziehen, während der Mechanist versuchte, die Welt zu *externalisieren*, vollständig von der eigenen Psyche zu trennen. »Als Mechanisten und Mathematiker den Animismus und die Magie ablösten, mußte gerade diese Verinnerlichung, diese intensive Bindung von [Geist] und Welt auf alle Fälle vermieden werden«, erkennt Yates. Im Gegensatz zum alten magischen Wissen sollte die neue mathematische Naturwissenschaft keine emotionale, subjektive Verbindung mit der Welt erbringen, sondern ein distanziertes und angeblich objektives Verständnis.

Wenn Descartes auch den Geist aus der Welt verbannt hat,

die der Physiker direkt untersucht, so hat er doch auch erklärt, daß der menschliche Geist über diese Welt triumphieren *könnte*. Der mathematische Geist könnte auch die wahren Gesetze der Natur entdecken und somit zu wirklichem Wissen über die Realität kommen. Descartes gab dem modernen mathematischen Menschen das Vertrauen, die Geheimnisse der Welt tatsächlich entschlüsseln zu können.

Mitte des 17. Jahrhunderts war die Magie besiegt. Es ist jedoch wichtig, noch einmal daran zu erinnern, daß die Mathematischen Männer ihre Herangehensweise noch keineswegs auf breiterer Grundlage bewiesen hatten. Ihr wichtigster Sieg waren noch immer Keplers Planetengesetze, und diese waren nicht in weiten Kreisen bekannt und verstanden worden. Erst in der zweiten Hälfte des 17. Jahrhunderts sollten Newtons Errungenschaften den wirklich überzeugenden Beweis für die Effektivität der Mathematik erbringen. Der Triumph des Mechanismus über das organische Weltbild, der Sieg der Mathematik als Wissenschaft über die Magie, kann nicht einfach als Sieg der »guten« Naturwissenschaften über das »Böse« gesehen werden, denn in Ermangelung sicherer Beweise war dies eine Auseinandersetzung zwischen Häresie und Orthodoxie.

Die Mechanisten haben den Wettstreit gegen die Magie natürlich nicht allein gewonnen. Ihre wichtigsten Waffen in diesem Kampf waren der Apparat der römisch-katholischen Kirche zur Bekämpfung der Häresie und die weniger etablierten, aber trotzdem wirkungsvollen Waffen der Protestanten. Dafür erwiesen die Mechanisten den Klerikern aber auch einen Dienst von unschätzbarem Wert, denn sie lieferten ihnen eine Naturauffassung, die mit der orthodoxen Theologie vereinbar war. Der Sieg der Kirchen war auch ihr Sieg.

Als weltliche Anhänger der Orthodoxie waren auch die neuen Physiker darauf bedacht, ihr Unternehmen auf Männer zu beschränken. So wie die Auslegung der Heiligen Schrift lange Zeit nur eine Beschäftigung für Männer gewesen war, sollte die mathematische Auslegung der Natur – Gottes anderes Buch – ebenso eine Domäne der Männer bleiben. Ein entscheidendes Mittel, Frauen die Beteiligung an der neuen Physik zu verweigern, war, sie aus den naturwissenschaftlichen Studienkreisen auszuschließen, die gegen Ende des 17. Jahrhunderts überall entstanden.

Wie wir gesehen haben, waren Frauen bereits von den Universitäten ausgeschlossen, aber wie bei der Astronomie entwickelte sich ein Großteil der neuen Physik außerhalb der akademischen Welt, in informellen Kreisen, die sich um Gelehrte wie Mersenne scharten. Ab Mitte des Jahrhunderts entstanden aus diesen »Netzwerken« offizielle wissenschaftliche Gesellschaften, die fast alle keine Frauen zuließen – in manchen Fällen hat sich das bis ins 20. Jahrhundert nicht geändert. Aus dem Kreis um Mersenne entwickelte sich die französische Académie des Sciences, die 1666 in Paris gegründet wurde, aber erst 1979, über dreihundert Jahre später, wurde eine Frau als ordentliches Mitglied aufgenommen. Und das nicht, weil es keine Interessentinnen gab. Hier sei angemerkt, daß diese würdige Körperschaft es ablehnte, Marie Curie aufzunehmen, nachdem sie bereits den Nobelpreis für Physik erhalten hatte.

Im 17. Jahrhundert gab es selbstverständlich nur wenige Frauen, die sich um eine Teilnahme an der Physik bemühten, da nur wenige Frauen so weit ausgebildet wurden, daß sie über solche Dinge nachdenken konnten. Doch es *gab* gebildete Frauen der oberen Schicht, die sich in diese Richtung bewegten. Aber anstatt diese Pionierinnen willkommen zu heißen, stimmten die meisten männlichen Mitglieder dafür, die offiziellen Naturwissenschaften von Frauen frei zu halten. Frauen konnten dem neuen Unternehmen als Zuschauerinnen beiwohnen und sogar (wie wir in Kapitel 6 sehen werden) dafür die Werbetrommel rühren, aber sie sollten der offiziellen Arena fernbleiben, in der die Naturwissenschaft nun diskutiert, formuliert und gewürdigt wurde. Die Physik ist die Wissenschaft, die sich am stärksten von einer formalisierten Grundlage aus und in einer formalisierten Gemeinschaft entwickelt hat. Und dies wirkte sich gerade auf die Physikerinnen äußerst verheerend aus.

Zudem existierte weiterhin eine quasi-religiöse Unterströmung in den neuen Gesellschaften, besonders auch unter den Physikern, obwohl die Naturwissenschaften nun zunehmend im säkularen Bereich betrieben wurden. David Noble und andere haben angemerkt, der Ausschluß der Frauen von den ersten naturwissenschaftlichen Gesellschaften sei im Zusammenhang mit dem Wunsch der neuen Naturwissenschaftler zu sehen, ihre Einrichtungen nach klösterlichem Vorbild zu gestalten. Hier können wir als Beispiel die erste dieser Gesellschaften, die Accademia dei Lincei (Akademie der Luchsäugigen), nennen, die sich unter der Schirmherrschaft des italienischen Prinzen Federico Cesi im Jahre 1603 gebildet hatte. Cesi stammte aus einer wohlhabenden Familie mit starken Banden zur römisch-katholischen Kirche – sein Bruder war Bischof, und unter seinen Onkeln gab es einen Kardinal, einen Abt und einen weiteren Bischof. Die Accademia dei Lincei wurde gewissermaßen Cesis persönlicher religiöser Orden. Die Historikerin Martha Ornstein führt aus, der ursprüngliche Plan für die Gesellschaft sah die Einrichtung naturwissenschaftlicher, nichtmönchischer Klöster auf der ganzen Welt vor, und obwohl diese missionarische Ausbreitung niemals stattgefunden hat, nahmen die Mitglieder des Ordens das mönchische Ideal ernst.

Ihr Festhalten an diesem Ideal ging so weit, daß sie sich sogar zur Keuschheit verpflichteten. In der Anfangsphase hatten sie vereinbart, daß ein Mitglied, das die Regel brach und Geschlechtsverkehr hatte, den anderen Mitgliedern drei Tage lang fernbleiben und seine Brüder dann reumütig bitten mußte, ihn wieder in die Herde aufzunehmen. Später wurde diese Regelung nicht mehr so ernst genommen, aber die offizielle Erklärung der Lincei enthielt zahlreiche Warnungen vor »Handlungen der Libido«, »der Anziehung der Venus« und sogar vor jeglichem Kontakt mit Frauen. Ganz im Geiste dieser Regelungen sahen die Lincei in der Ehe eine Falle, die naturwissenschaftliches Arbeiten behinderte. Laut Cesi und seinen Kameraden – zu denen ab 1611 kein geringerer als Galileo zählte – konnte nur ein »reiner« männlicher Geist zu wahrem Wissen gelangen. Die Botschaft war klar: Frauen stellten für den echten Wahrheitssucher eine Bedrohung dar und mußten soweit wie möglich gemieden werden.

Vor der Gründung der Royal Society in England (vielleicht die angesehenste wissenschaftliche Gesellschaft) hatte John Evelyn, einer der Mitbegründer, vorgeschlagen, eine Art naturwissenschaftliches Kloster einzurichten, wo »einige Herren mit großer Begabung« sich den experimentellen Naturwissenschaften widmen sollten. Er stellte sich eine Gemeinschaft vor, deren Mitglieder Ordenskleidung trugen und wie Mönche in einzelnen Zellen wohnten. Es sollte Gebete geben, Fastenzeiten und die Kommunion. Wie Cesis Traum von einem weltweiten Netz naturwissenschaftlicher Klöster wurde auch Evelyns Plan nie umgesetzt, aber er wurde ein fruchtbares Mitglied der Royal Society, und er gab der Organisation ihren Namen.

Die Royal Society verlangte keine Keuschheitsgelübde von ihren Mitgliedern, aber einige herausragende Gestalten unter den ersten Mitgliedern erlegten sich diese Enthaltsamkeit selbst auf. Ein Freund Evelyns, Robert Boyle (1627–1691), der allgemein als »Vater« der modernen Chemie gefeiert wird, war Aristokrat und hatte im Alter von einundzwanzig Jahren eine tiefgreifende spirituelle Krise durchgemacht. Nach diesem entscheidenden Ereignis gelobte er Enthaltsamkeit aus »Liebe zu Gott« für den Rest seines Lebens. David Noble hat ihn als »Graf in Mönchskleidern« beschrieben, für den die »[Natur]philosophie eine Art Gottesdienst darstellte, die eine Reinigung von irdischen Gelüsten erforderte«. Boyles Assistent Robert Hooke wurde später Sekretär der Royal Society und war einer der größten Physiker des 17. Jahrhunderts; er schwor, niemals zu heiraten. Newton selbst, der über zwanzig Jahre lang Präsident der Gesellschaft war, starb als »männliche Jungfrau«.

Wie die französischen Mechanisten zu Beginn des Jahrhunderts waren auch die neuen Führer der Naturwissenschaften in England bestrebt, sich von allem fernzuhalten, was als häretisch gelten konnte, so auch von Frauen. Walter Charleton, ein weiteres Gründungsmitglied der Royal Society, faßte die Antipathie vieler seiner Kollegen gegen Frauen zusammen, als er schrieb: »Ihr seid wahre Hyänen, die uns mit dem Schimmer ihrer Haut locken… Ihr seid die Verräter der Weisheit: das Hindernis für die Geschäftigkeit… die Hemmschuhe für die Tugend und der Ansporn, der uns alle zum Laster, Gottlosigkeit und in den Ruin treibt.«

Henry Oldenburg, der erste Sekretär der Gesellschaft, erklärte, es sei ausdrücklicher Zweck der Gesellschaft, »eine männliche Philosophie zu entwickeln… wobei der Geist des Mannes durch das Wissen fester Tatsachen veredelt werde«. In dieser Bastion der britischen Naturwissenschaften wurde erst im Jahre 1945 eine Frau als vollwertiges Mitglied zugelassen, und die Historikerin Londa Schiebinger kommentiert sarkastisch: »Fast dreihundert Jahre lang waren die Frauen in der *Royal Society* lediglich durch ein Skelett in der anatomischen Sammlung der Gesellschaft vertreten.«

Den Frauen blieb offiziell der Zugang zu den neuen Naturwissenschaften verwehrt. Doch wie die Männer ihre inoffiziellen wissenschaftlichen Netzwerke gebildet hatten, so war es auch einigen Frauen gelungen, auf anderen Wegen Zugang zu den Naturwissenschaften zu erhalten. Nur adlige Frauen konnten im Austausch für naturwissenschaftliche Kenntnisse Zugang zu höheren sozialen Kreisen bieten. Pfalzgräfin Elisabeth von Böhmen zum Beispiel pflegte Briefverkehr mit Descartes. Der französische Philosoph setzte sich ernsthaft mit Elisabeths Einwänden gegen seinen radikalen Dualismus auseinander, und angeregt durch ihre Fragen und ihre Kritik arbeitete er seine Ansichten in *Prinzipien der Philosophie* weiter aus und widmete ihr das Buch. Descartes pries ihre Kenntnisse in Geometrie und Metaphysik und schrieb: »Die unvergleichliche Exzellenz Ihres Intellekts wird offensichtlich durch die Tatsache, daß Sie in sehr kurzer Zeit die Geheimnisse der Naturwissenschaften erfaßt haben und sie durch und durch beherrschen.« Später wurde Descartes von Königin Christine an Schwedens Königshof berufen, um die Statuten zur Gründung einer schwedischen naturwissenschaftlichen Akademie zu entwerfen und die Königin in der neuen Philosophie zu unterweisen. Es gab im 17. Jahrhundert tatsächlich eine große Zahl Frauen, die sich ernsthaft für die neue Physik interessierten.

Die Überzeugung, Frauen seien in der Lage, in den Naturwissenschaften Bedeutendes zu leisten, fand durch Descartes' Philosophie glaubwürdige Unterstützung. Mit seiner strengen Unterscheidung von Geist und Materie wandte er sich gegen die aristotelische Sicht, Frauen seien geistig unterlegen, weil ihr Körper weniger vollkommen sei als der der Männer. Wenn der Geist unabhängig von der Materie funktionierte, dann implizierte der weibliche Körper keine Unzulänglichkeit des weiblichen Intellekts. Deshalb wurde Descartes Ende des 17. und Anfang des 18. Jahrhunderts als Feminist gefeiert. Während er jedoch einzelne Frauen förderte, setzte er seine Philosophie doch nie zu einer allgemeinen Verteidigung des weiblichen Geschlechts ein. Er ging davon aus, daß die Naturwissenschaften prinzipiell den Frauen offenstanden, in seinen Schriften blieb die »Frauenfrage« jedoch ausgespart. Londa Schiebinger hat darauf hingewiesen, daß auch eine Reihe liberalerer Philosophen der naturwissenschaftlichen Revolution sich so verhielten. Sowohl Gottfried Leibniz als auch John Locke legten eine eher aufgeklärte Haltung Frauen gegenüber an den Tag, aber keiner von beiden hat jemals ernsthafte philosophische Betrachtungen darüber angestellt, obwohl zu ihren Lebzeiten die Rolle der Frauen heftig diskutiert wurde.

Ein anderer Mann jedoch setzte sich dies zur Aufgabe: Der ehemalige Jesuitenpater François Poullain de la Barre wurde zum frühen Verfechter einer höheren Ausbildung von Frauen. Nach einer geregelten Erziehung, in der ihm noch die aristotelische Ansicht vermittelt wurde, Frauen seien »Monster«, wandte sich Poullain von der Scholastik ab und dem Kartesianismus zu. Dann wagte er sich weiter als Descartes vor und wandte dessen Methode des systematischen Zweifels auf die Gesellschaft an. »Mit den Lehrsätzen des Kartesianismus ausgerüstet, machte sich Poullain daran«, erklärt Schiebinger, »zu beweisen, daß zwischen den Geschlechtern kein signifikanter Unterschied bestehe. Kern der These war der Satz, daß der Geist, anders als der Körper, weder männlich noch weiblich sei.« Poullain argumentierte, Frauen seien in der Lage, kreative Arbeit in Mathematik, Logik, Physik, Maschinenbau, Metaphysik, Astronomie, Medizin und Anatomie zu leisten. Kurz, Frauen sei nichts zu hoch.

Leider blieben solche Männer die Ausnahme, und trotz seiner Versprechungen trug der Kartesianismus nicht wesentlich dazu bei, den Frauen mehr Möglichkeiten zu verschaffen. Eine Frau konnte allein durch ihren Stand informellen Zugang zu den Naturwissenschaften erhalten. Der Zugang zu den offiziellen inneren Kreisen des entstehenden naturwissenschaftlichen Establishments blieb ihr weiterhin verwehrt – wie der Fall von Margaret Cavendish (1623–1673), der Herzogin von Newcastle, deutlich macht. Die geborene Margaret Lucas stammte aus dem niederen Landadel von Colchester, und ihre Ausbildung ging kaum über das hinaus, was sich für eine Dame ziemte: Gesang, Tanz, Lesen und ähnliches. Aber die junge Miss Lucas wollte mehr, und da sie wußte, daß eine Frau nur durch einen Mann Zugang zur Gelehrsamkeit erhalten konnte, wählte sie ihren Ehemann sorgfältig aus. William Cavendish, der Herzog von Newcastle, war zwar dreißig Jahre älter als sie, aber er hatte gute Verbindungen zu naturwissenschaftlichen Kreisen. Bald nach ihrer Heirat ging die Familie Cavendish nach Frankreich ins Exil (ein häufiges Schicksal Königstreuer im Englischen Bürgerkrieg), und dort versammelte William einen Kreis von neuen Denkern um sich, zu denen zeitweilig auch Mersenne, Gassendi, Descartes und Hobbes gehörten. Als Dame des Hauses war Margaret zu dieser Männerrunde um den Eßtisch zugelassen.

Aber Cavendish wollte der naturwissenschaftlichen Revolution nicht nur von außen zusehen. Obwohl sie keine formale Ausbildung hatte, schrieb sie sechs Bücher über Naturphilosophie, die alle auf Rechnung ihres Mannes veröffentlicht wurden. Cavendish war durch und durch Materialistin und stand vielen Aspekten des neuen Mechanismus positiv gegenüber, aber sie lehnte (wie viele ihrer Zeitgenossen) Descartes' radikalen Dualismus ab, und sie kritisierte Hobbes' Auffassung von der Materie. An anderer Stelle äußerte sie scharfe Kritik gegenüber den Experimentalisten, die wahrscheinlich gegen Boyle und Hooke gerichtet war, wenn dies auch nicht eindeutig ausgeführt wird. Hier war eine Frau, die ernsthaft versuchte, an den zeitgenössischen Debatten über Natur und Erkenntnis teilzunehmen, aber ihre Bemühungen wurden zum größten Teil völlig ignoriert. Keines ihrer Bücher wurde von einer größeren europäischen Zeitschrift rezensiert, und der dänische Physiker Christian Huygens war einer der wenigen, mit dem sie über naturwissenschaftliche Fragen korrespondierte, nachdem sie ihm ihre Arbeiten geschickt hatte.

Wie schwierig ihre Position war, zeigt sich in der Reaktion auf ihre Bitte im Jahre 1667, an einer Arbeitssitzung der Royal Society teilnehmen zu dürfen. Die wohlhabende Herzogin war eine großzügige Gönnerin der Cambridge University und hätte auch für diese verarmte Gesellschaft eine wichtige Finanzquelle werden können. Man sollte meinen, daß den Mitgliedern ein solcher Besuch willkommen war, statt dessen rief ihre Bitte einen Aufruhr hervor. Nach langen Diskussionen wurde ihr gestattet, an einer Sitzung teilzunehmen, in der Boyle eines seiner berühmten Experimente durchführte. Es sollte ihr einziger Besuch bleiben. Man muß bedenken, daß in diesen frühen Jahren in den wissenschaftlichen Gesellschaften adlige *Männer* allein schon aus Prestigegründen aufgenommen wurden. Männer von höherem Rang als ein Baron konnten ohne die übliche Prüfung durch die Gelehrten automatisch Mitglieder der Royal Society werden. Aber weder Geld noch Rang noch Veröffentlichungen konnten einer Frau Zugang zu dieser offiziellen Welt der Naturwissenschaften verschaffen.

Frauen wie Margaret Cavendish, Pfalzgräfin Elisabeth und Königin Christine sind der Beweis dafür, daß Frauen, obwohl sie keinen Zugang zu formaler Ausbildung hatten, an der naturwissenschaftlichen Revolution teilhaben *wollten*. Anstatt dieses Interesse zu fördern, entschieden sich die meisten der neuen Mathematischen Männer (wie eigentlich alle Naturwissenschaftler) für den gleichen frauenfeindlichen Weg wie die mittelalterlichen Akademiker. Für die Frauen war die Entstehung der wissenschaftlichen Gesellschaften im 17. und 18. Jahrhundert gleichzusetzen mit der Entstehung der mittelalterlichen Universitäten im 13. und 14. Jahrhundert. Die Natur blieb, wie auch die Heilige Schrift, den Männern vorbehalten – eine Domäne allein des Mathematischen *Mannes*.

Galileo Galilei mit einem optischen Instrument. Gemälde aus der Schule des Justus Sustermans (Galleria Pitti, Florenz)

Isaac Newton. Anonymes Gemälde (Cambridge, Trinity College)

René Descartes. Gemälde von Frans Hals (Paris, Louvre)

5
DER AUFSTIEG DES MATHEMATISCHEN MANNES

Descartes hatte sich als frommer Katholik zum Ziel gesetzt, eine Naturphilosophie zu entwickeln, die im Einklang mit den orthodoxen Vorstellungen über Gott und seine Beziehung zur Welt stand. Allmählich erkannten die Theologen jedoch, daß der französische Philosoph mit seiner Auffassung von der Materie ein zentrales Element des katholischen Glaubens negierte: das Sakrament der Eucharistie. Nach der katholischen Lehre verwandelt sich die Hostie während der Feier der Eucharistie in den Leib Christi. Dieses Wunder der Transsubstantiation war jedoch unvereinbar mit Descartes' Auffassung von der Materie. Nach Descartes' Theorie war eine Teilhabe des Kommunikanten am Leib des Erlösers unmöglich, er kaut nur auf einer trockenen Kruste. Der zentrale Akt der katholischen Messe war kein Gemeinschaftsmahl mit dem Göttlichen, sondern nur der Verzehr einer faden Oblate. Selbstverständlich waren die Theologen davon nicht begeistert. Besonders die Jesuiten äußerten scharfe Kritik an der kartesianischen Auffassung von der Materie – genau die Gruppierung also, von der Descartes gehofft hatte, sie würde seine Philosophie in die Welt hinaustragen. Angesichts solcher Kritik versuchte er zu zeigen, wie seine Theorie mit dem katholischen Wunder vereinbar war. Doch nach seinem Tod brachte man die Sache vor das päpstliche Bußgericht, und 1663 wurden seine *Meditationen* auf den Index gesetzt.

Descartes glaubte, Wissenschaft und Religion könnten als völlig voneinander getrennte Bereiche betrieben werden. Doch dabei hatte er nicht mit dem katholischen Glauben gerechnet. Wie der Fall der Transsubstantiation zeigt, *gab* es Überschneidungen, weil sowohl die Naturwissenschaften wie auch die Theologie Behauptungen über die Natur aufstellten. Aber wie konnte die Beziehung zwischen den beiden Disziplinen aussehen? Im Kampf gegen die Magie waren die Theologen mit den Mechanisten einig geworden, die Macht über die Erkenntnistheorie zu teilen. Die Kleriker hatten den Praktizierenden der mathematischen Naturwissenschaften zugestanden, zu einem neuen Naturverständnis beizutragen. Durch die Übernahme des mechanistischen Weltbildes anstelle des verhaßten organischen der Magie hatten die Theologen die Naturwissenschaften stillschweigend gebilligt. Doch nun stellte diese Naturwissenschaft eine Bedrohung für den orthodoxen Glauben dar. Wie sollten die neuen Naturwissenschaftler und die Kirche mit den potentiellen Konflikten über die Natur der Natur umgehen? Wieviel Macht würden die Mathematiker in der Erkenntnistheorie fordern? Und wieviel sollten die Theologen ihnen zugestehen? Um diese Kernfragen ging es bei der bekanntesten Auseinandersetzung zwischen Christentum und Naturwissenschaften – im Fall Galileo Galilei.

Galileos Prozeß fand im Jahre 1633 noch vor dem Streit über Descartes' Auffassung von der Materie statt, doch es ging um die gleiche grundlegende Frage: In welchem Ausmaß würde die Kirche den mathematischen Naturwissenschaftlern gestatten, das Wesen der Welt zu bestimmen? Hier ging es keineswegs nur um Glauben oder Vernunft, denn zu jener Zeit war die römisch-katholische Kirche eine bedeutende Förderin der neuen mathematischen Naturwissenschaft. Anfang des 17. Jahrhunderts war der Jesuitenorden für seine fortschrittliche Forschung auf den Gebieten der Mathematik, Astronomie und Physik bekannt. Es war ein Jesuit, Giambattista Riccioli – nicht Galileo –, der als erster die Beschleunigung eines frei fallenden Körpers berechnet hatte. Die Kraftprobe zwischen Galileo und der Inquisition kann nicht einfach als Auseinandersetzung zwischen religiösem Despotismus und naturwissenschaftlicher Rationalität gesehen werden, auch wenn sich diese Sichtweise inzwischen zur beliebten Legende entwickelt hat. Man ist versucht, in Galileo einen Kreuzritter des Intellekts zu sehen, der kühn die Wahrheit, die Gerechtigkeit und das naturwissenschaftliche Denken verteidigte, bei näherem Hinsehen ergibt sich jedoch ein weit weniger strahlendes Bild. Im Fall Galileo ging es um die Macht in der Erkenntnistheorie und insbesondere um das Recht, den Himmel zu deuten.

Galileo Galilei wurde 1564 in Pisa geboren, der Stadt mit dem berühmten schiefen Turm, von dem Galileo der Überlieferung nach später Gegenstände fallen ließ und dabei feststellte, daß alle Dinge dieselbe Beschleunigung entwickeln. Obwohl es, wie für so vieles in seinem Leben, hierfür keinerlei Belege gibt, gehört diese Geschichte zum Legendenschatz der modernen Naturwissenschaften. Anzeichen für Galileos Bestimmung waren bereits im Leben seines Vaters Vincenzo zu erkennen, eines verarmten Mitglieds des niederen Adels in Pisa. Er war ein gebildeter Mann mit radikalen Neigungen. Vincenzo war ein vollendeter Komponist, er hatte sich gründlich mit Musiktheorie befaßt und einen entscheidenden Beitrag zur mathematischen Untersuchung der musikalischen Harmonie geleistet. Er ermöglichte seinem Sohn eine ausgezeichnete Ausbildung, aber angesichts der schlechten finanziellen Situation der Familie sollte der Junge eigentlich Kaufmann werden. Als ältester Sohn war Galileo für die Beschaffung der Mitgift für seine drei Schwestern verantwortlich. Doch Vincenzo erkannte die ungewöhnlichen Fähigkeiten seines Sohnes und entschied, ihn nicht zu einem solchen Leben zu verdammen. Er schickte ihn an die Universität von Pisa, wo er vermutlich Medizin studieren sollte. Doch zu dieser Zeit hatte sich der junge Galileo bereits in die Mathematik verliebt.

Trotz seiner erkennbaren Begabung stand Galileo keine steile akademische Karriere bevor. Die Universität bewilligte ihm keines der Stipendien, die für mittellose Studenten vorgesehen waren, und er verließ sie schließlich ohne Abschluß. Daß Galileo kein Stipendium bekam, ist bemerkenswert, denn er hatte an der Universität bereits eine bedeutende wissenschaftliche Entdeckung gemacht: daß ein Pendel einer bestimmten Länge immer mit gleicher Frequenz ausschlägt. Einige Historiker haben aus der Verweigerung einer Unterstützung von seiten der Universität auf einen frühen Versuch der alten Garde geschlossen, den revolutionären Denker auszuschalten. Aber es können auch weniger finstere Motive im Spiel gewesen sein, denn außer seinem naturwissenschaftlichen Talent besaß Galileo auch die besondere Gabe, sich Feinde zu machen. Möglicherweise hat er das Auswahlgremium für das Stipendium mit seiner »kalten, sarkastischen« Art, die einer seiner Biographen beschreibt, gegen sich eingenommen. Jedenfalls ließ sich der junge Physiker von dem Mangel an Anerkennung durch die akademische Welt nicht beirren und setzte seine Arbeit zu Hause fort, wo er sich bald in die Untersuchung und den Entwurf mechanischer Apparate vertiefte. Wie Newton besaß Galileo eine Schwäche fürs Tüfteln, und zu den Erfindungen seiner Jugendzeit gehörte das »Thermoskop«, ein Vorläufer des Thermometers, sowie das »Pulsilogium«, ein Gerät zur Bestimmung der Pulsfrequenz.

Galileo brachte Berichte seiner Untersuchungen zur Mechanik in Manuskriptform in Umlauf, und bald wurden Gelehrte darauf aufmerksam. Wie es in der Renaissance üblich war, machte er sich auf die Suche nach einem Mäzen. Einer der ersten und treuesten war der Kardinal Del Monte. Mit seiner Hilfe erhielt Galileo im Alter von fünfundzwanzig Jahren eine Stelle als Lehrbeauftragter für Mathematik an der Universität von Pisa, und drei Jahre später wurde er, wieder mit Hilfe des Kardinals, Professor für Mathematik an der Universität von Padua. In dieser Zeit in Padua entstanden viele der Arbeiten, aufgrund derer Einstein Galileo später den Vater der modernen Dynamik nannte.

Obwohl Galileo die Grundlagen für eine neue Physik der

Bewegung schuf, teilte er seine Ideen nur zögerlich wenigen ausgewählten Briefpartnern mit. In der Geschichte der Naturwissenschaften gilt Galileo als Verfechter radikaler neuer Ideen, obwohl er tatsächlich die meiste Zeit seine Gedanken für sich behielt. Er tat das nicht aus Angst vor religiöser Verfolgung, sondern weil er sich vor seinen professoralen Kollegen, die meist noch überzeugte Aristoteliker waren, nicht lächerlich machen wollte. Bei all seiner Kühnheit fürchtete Galileo doch, ausgelacht zu werden. Obwohl er von den Lehren des Kopernikus überzeugt war, hielt er weiter Vorlesungen über aristotelische Physik und ptolemäische Kosmologie.

Im Jahre 1609 wurde Galileo durch ein neues Gerät aus dem Dunkel seiner kosmologischen Studien geworfen. In diesem Jahr erfuhr er von einem Instrument, das niederländische Optiker erfunden hatten. Es bestand aus zwei Linsen, die in einem Rohr befestigt waren, und man konnte damit Objekte in der Ferne sehen. Galileo begriff schnell das zugrundeliegende Prinzip und baute selbst so ein Gerät aus Linsen, die er bei einem Brillenmacher vor Ort kaufte. Aber dieses primitive Instrument konnte Gegenstände nur dreifach vergrößern, also machte er sich selbst daran, die Konstruktion zu verbessern. Dazu mußte er lernen, seine Linsen selbst zu schleifen, eine Aufgabe, die viel Geschick und Geduld erforderte. Schließlich baute er ein Gerät, das neunmal vergrößerte.

In der Hoffnung auf Protektion führte Galileo dieses Wunder den Stadtvätern von Venedig vor. Man konnte damit Schiffe zwei Stunden früher als mit dem bloßen Auge erkennen. Wäre solch ein Instrument nicht eine unschätzbare Hilfe bei der Verteidigung dieser von Wasser umgebenen Stadt? Er ließ einige Tage verstreichen, um seine Worte wirken zu lassen, dann machte er der Stadt sein »optisches Rohr« zum Geschenk und legte einen Brief mit dem Hinweis bei, seine wissenschaftlichen Untersuchungen benötigten dringend Förderung. Er deutete an, die Fortsetzung seiner Arbeit würde noch größere Wunder erbringen, von denen Venedig nur profitieren könnte. Die Stadtväter wollten keine technische Revolution verschlafen, verwandelten seine Stelle an der Universität in eine Anstellung auf Lebenszeit und verdoppelten sein Gehalt. Doch zum Amüsement der Bürger Venedigs konnte man gleich leistungsfähige Geräte bald in den Läden der Stadt für wenige Scudi kaufen.

Nachdem Galileo den geschäftlichen Teil erledigt hatte, tat er etwas anscheinend Harmloses: Er richtete sein Fernglas auf die Sterne und löste damit eine Revolution aus. Galileo war nicht der erste, der das holländische Fernglas als astronomisches Instrument einsetzte. Wenige Wochen zuvor hatte der englische Naturwissenschaftler Thomas Harriot den Mond mit einem solchen Gerät untersucht. Wenn Harriot auch zeitlichen Vorsprung hatte, so war Galileo doch der erste, der die tatsächliche Bedeutung dieses Instruments erkannte, das bald »Teleskop« genannt wurde. Über Nacht hatte sich der Bereich der Kosmologie erweitert – nun mußte man nicht nur das deuten, was mit den Augen erkennbar war. Die Menschheit mußte sich nun auch noch mit den Rätseln auseinandersetzen, die durch das »optische Rohr« herabgeholt wurden.

Was Galileo durch sein Teleskop sah, erschütterte ganz Europa. Die bedeutsamste Entdeckung waren die vier Monde, die den Planeten Jupiter umkreisen. Heute sind astronomische Entdeckungen so alltäglich, daß wir uns nur schwer vorstellen können, wie einzigartig dieses Ereignis war. Man muß sich vergegenwärtigen, daß die Astronomen zu Beginn des 17. Jahrhunderts nicht mehr Himmelskörper kannten als die alten Sumerer. Bis zum Bau des Teleskops bestand der Himmel aus einer Sonne, einem Mond, fünf Planeten und einer festgelegten Anzahl von Sternen. Die Entdeckung von vier neuen Himmelskörpern war fast so revolutionär wie die Entdeckung von vier neuen Kontinenten, und berechtigterweise verstand sich Galileo als Kolumbus der Sterne.

Außerdem erbrachte Galileos Entdeckung schlagkräftige

Beweise für Kopernikus, denn die Jupitermonde bewiesen, daß nicht *alle* Himmelskörper um die Erde kreisen. Sie bewiesen nicht, daß irgend etwas um die Sonne kreiste, aber sie zeigten, daß die Erde nicht das Zentrum von allem war, wie die Aristoteliker behaupteten. Aber wenn die Erde nicht das Zentrum von *allem* war, warum sollte sie dann überhaupt für *irgend etwas* ein Zentrum darstellen? Die Monde des Jupiter waren psychologisch ein schwerer Schlag für die Verfechter des Geozentrismus, die immer noch in der Mehrheit waren. Noch niederschmetternder auf lange Sicht war Galileos weitere Entdeckung, daß die Venus Phasen hat wie der Mond. Hier war schließlich der *direkte* Beweis erbracht, daß zumindest *ein* Planet die Sonne umkreiste.

Galileo setzte die Welt in einem gewandten kleinen Buch mit dem Titel *Sidereus Nuncius* von seinen Entdeckungen in Kenntnis. Es kam nur ein Jahr nach Keplers *Astronomia Nova* heraus, in der dieser *seine* Entdeckung der Ellipsen verkündete. Während die meisten Menschen, einschließlich Galileo, nicht in der Lage waren, die Bedeutung von Keplers Leistung zu erfassen, machten die Jupitermonde Galileo sofort zu einer Berühmtheit. Wer auch immer ein einigermaßen leistungsfähiges optisches Rohr in die Hand bekam, konnte selbst die Satelliten des Jupiter betrachten, oder das Zu- und Abnehmen der Venus. (Die Teleskope damals waren von so schlechter Qualität, daß es schwierig war, durch sie überhaupt etwas zu erkennen. Ein Historiker hat einmal angemerkt, das Wunder sei nicht, daß Galileo die Monde entdeckt hat, sondern daß er den Jupiter überhaupt erkennen konnte.) Als großer Entdecker der Jupitermonde wurde Galileo bald zum obersten Mathematiker und Philosophen am Hofe von Cosimo de' Medici (der Alte) ernannt, den er geschickterweise bereits geehrt hatte, indem er die neuen Monde nach ihm benannte. Nach seinen Entdeckungen mit dem Teleskop sah sich Galileo als Sprachrohr der neuen Astronomie. Einmal behauptete er sogar, *alle* Entdeckungen, die mit dem Teleskop gemacht würden, seien allein ihm zuzuschreiben. Es ist bemerkenswert, daß Galileo nach Jahrzehnten kosmologischer Forschungen im verborgenen an die Öffentlichkeit trat. Von nun an würde er zunehmend als Fürsprecher von Kopernikus auftreten.

Trotzdem sollten zwei ganze Jahrzehnte vergehen, ehe die Angelegenheit sich in Galileos berühmt-berüchtigtem Prozeß zuspitzte. Dieses Ereignis hatte seinen Auslöser nicht in den Naturwissenschaften selbst, sondern in der Politik und in der Person Galileos. Wie der Historiker Mario Biagioli gezeigt hat, muß Galileos Werdegang im Zusammenhang mit dem System des Mäzenatentums gesehen werden. Als »Schützling« der Medici wurde von ihm erwartet, daß er Cosimo und seinen Höflingen Unterhaltung in Form gelehrter Dispute bot. An den Höfen der Barockzeit galten solche Dispute als intellektuelles Äquivalent zu den Turnieren, und Galileo war Cosimos geistiger Turnierkämpfer. Wie den mittelalterlichen Rittern oblag es ihm, seine Tapferkeit und seine Geschicklichkeit in den Dienst seines Herrn zu stellen, nun jedoch im intellektuellen Kampf. Da Galileos Zunge so scharf wie sein Verstand war, füllte er diese Rolle sehr geschickt aus und konnte Rivalen auf höchst subtile und unterhaltsame Art neben sich verblassen lassen. Bei einem besonders kniffligen Wettkampf kam die Frage auf, warum bestimmte Körper auf dem Wasser schwimmen, während andere sinken. Im Gegensatz zu seinen aristotelischen Rivalen, die behaupteten, daß Körper je nach ihrer Form schwimmen oder sinken, vertrat Galileo die Ansicht des Archimedes, daß es auf die Dichte der Körper ankomme.

Unglücklicherweise waren viele seiner Rivalen bei diesen intellektuellen Wettkämpfen führende jesuitische Wissenschaftler, und Galileo kannte keine Gnade. Er nutzte jede Gelegenheit, sich über die Kleriker lustig zu machen, die in den Augen der Höflinge nichts als muffige Pedanten waren. Er versprühte sein Gift besonders gegen die Jesuiten, die Kopernikus ablehnten. Doch der Wunsch, die Damen und Herren am Hofe der Medici zu unterhalten, gepaart mit einem übersteigerten Selbstbewußtsein, ließen Galileo manchmal zu Mitteln greifen, die keineswegs komisch waren. Bekannt ist der Vorfall, als er fälschlicherweise beanspruchte, als erster die Sonnenflecken entdeckt zu haben, und dann den jesuitischen Gelehrten, der sie zuerst gesehen hatte, beschuldigte, er habe seine Ideen gestohlen. Durch solches Verhalten brachte er schließlich den gesamten Jesuitenorden gegen sich auf, eine äußerst mächtige Gruppierung von Männern, die einst seine Förderer gewesen waren. Wenn man bedenkt, daß Galileo die Unterstützung des Papstes gewinnen wollte, war dieses Vorgehen äußerst töricht, denn schließlich waren die Jesuiten die »Soldaten« des Papstes.

Im Jahre 1623 bot sich Galileo die ideale Gelegenheit, sich auf höchster Ebene für das heliozentrische Weltbild stark zu machen, denn in diesem Jahr bestieg sein alter Freund Cardinal Maffeo Barberini den päpstlichen Thron als Urban VIII. Urban war ein gebildeter Mann, bewandert in den neuen Naturwissenschaften, und er versicherte Galileo, es stehe ihm frei, offen über den Heliozentrismus zu schreiben. Doch wie alle anderen solle er nur *hypothetisch* darüber schreiben. Er solle nicht den Anschein erwecken, daß es sich um bewiesene Tatsachen handeln könne. Im folgenden Jahrzehnt setzte sich Galileo immer kühner über diese gängige Praxis hinweg und sprach vom heliozentrischen Weltbild zunehmend, als sei es zweifelsfrei bewiesen. Schließlich veröffentlichte er im Jahre 1623 ein Buch, in dem er sich offensichtlich über den Papst lustig machte, weil dieser nicht rückhaltlos zur kopernikanischen »Partei« überwechselte. Urban war zutiefst verletzt, und der widerspenstige Physiker wurde zur Befragung vor das Heilige Offizium geladen.

Zum Zeitpunkt des Prozesses war Galileo neunundsechzig Jahre alt. Sein Leben lang hatten Kirchenmänner zu seinen eifrigsten Fürsprechern gehört, und trotz seiner Taktlosigkeiten gegenüber den Jesuiten hatte er noch immer einflußreiche Freunde in der Kirche. Einige Kleriker versuchten einen Kompromiß auszuarbeiten, der einen Prozeß verhindern sollte, aber Galileo wies ihre Bemühungen hartnäckig zurück. Da er jedoch ein berühmter Philosoph war und nicht irgendeine der Hexerei angeklagte mittellose Frau, mußte er keinen einzigen Tag im Gefängnis verbringen und war während seiner Befragung luxuriös untergebracht. Am letzten Tag des Prozesses wußten die Inquisitoren bereits, daß Galileo beschlossen hatte, die verbotenen Behauptungen zu widerrufen. Die Androhung der Folter, die verlesen wurde, war eine rein juristische Formalität. Das rechtfertigt die Sache zwar nicht; aber man muß sehen, daß das Ganze weitaus weniger dramatisch verlief, als man es sich oft vorstellt. Es wurde kein Scheiterhaufen im Keller geschürt und auch keine Streckbank geölt. Am festgesetzten Tag widerrief Galileo offiziell seine Überzeugungen, und die Inquisitoren ließen ihn laufen.

Daß die Kirche niemals die Absicht hatte, Galileo zu schaden oder sich in sein wissenschaftliches Arbeiten einzumischen, läßt sich aus der Tatsache ersehen, daß er zur Strafe seine verbleibenden Jahre unter Hausarrest in der eigenen Villa verbringen sollte. In dieser Zeit schrieb er das Buch, das seine Stellung in der Geschichte der Physik eigentlich erst begründete, das Buch, in dem er die Grundlagen für die moderne Dynamik legte, die mathematische Betrachtung der Bewegung. Zwar war der Hausarrest sicherlich eine Einschränkung seiner persönlichen Freiheit, aber man kann ihn nicht als Verbot seiner wissenschaftlichen Tätigkeit bezeichnen. Wer sich über die Behandlung Galileos empört, sollte einen Augenblick an die Hunderttausenden von Frauen denken, die als Hexen auf dem Scheiterhaufen verbrannt wurden. Moderne Verfechter der Naturwissenschaften haben die Geschichte Galileos aus eigennützigen Gründen zum Mythos verwandelt. Doch damit tun sie sowohl der Kirche als auch den Naturwissenschaften unrecht und vertuschen die wahren Beweggründe.

Bei der ganzen Sache ging es nicht so sehr um die Wahrheit, sondern um den Beweis. Wie viele Beweise sollte die Kirche von den neuen Wissenschaftlern fordern, ehe sie ihnen die Herrschaft über den Himmel überließ? Das kopernikanische Weltbild war nicht nur unvereinbar mit den Aussagen der Bibel, wo die Erde als Mittelpunkt der Welt bezeichnet wird, sondern es widersprach auch der unmittelbaren menschlichen Erfahrung. Wenn wir zum Himmel aufschauen, *scheint es,* als kreisten die Himmelskörper um uns. Das geozentrische Weltbild war kein Produkt christlicher Phantasie, sondern eine logische Folgerung aus dem, was uns unsere Sinne melden. Es war eher der Heliozentrismus, der phantastisch anmutete. Trotzdem hatte das kopernikanische Weltbild seit Mitte des 16. Jahrhunderts allmählich Anhänger gewonnen – darunter auch eine Reihe von Mitgliedern geistlicher Orden. Zu dieser Zeit hatten sich die Kirche und die Kopernikaner darauf geeinigt, man könne über ein sonnenzentriertes System sprechen, solange man »die Erscheinungen erhielt«. Man versicherte, man wolle nicht wirklich behaupten, die Erde bewege sich um die Sonne, der Heliozentrismus sei nur ein nützliches und bequemes Hilfsmittel zur Beschreibung der Bewegungen am Himmel. Und die Kopernikaner räumten auch tatsächlich ein, daß das heliozentrische Weltbild keine bewiesene Tatsache sei, sondern nur eine *Hypothese* – und wenn man die damals vorliegenden Beweise betrachtet, konnte es auch nicht mehr sein.

Aber Galileo war nun soweit, daß es ihm nicht mehr genügte, an den Erscheinungen festzuhalten. Er wollte sagen, daß das heliozentrische Weltbild eine *Tatsache* ist. Zudem wollte er, daß die Kirche dies anerkannte, und stillschweigend setzte er voraus, daß die Stellen in der Bibel, die nicht mit Kopernikus vereinbar waren, eher metaphorisch als wörtlich verstanden werden sollten. Es überrascht nicht, daß manche Theologen wenig begeistert waren, wenn ihnen ein Laie in einem so zentralen theologischen Bereich wie der Auslegung der Heiligen Schrift sagte, was sie tun sollten. Ganz gleich, welche Legitimation die Naturwissenschaften besaßen, sie erstreckte sich sicherlich nicht auf die Exegese.

Hätte Galileo den definitiven Beweis dafür gehabt, daß sich die Erde um die Sonne drehte, wäre die Situation anders gewesen. Doch wenn auch die Phasen der Venus der Beweis dafür waren, daß *sie* um die Sonne kreiste, gab es doch keinen direkten Beweis für die Bewegung der Erde. Eher das Gegenteil war der Fall, denn wenn sich die Erde bewegte, dann hätten die Menschen nach der Lehre der damaligen Physik Dinge beobachten müssen, die sie nicht sahen – zum Beispiel hätten Pfeile unterschiedlich fliegen müssen, je nachdem, in welche Richtung sie abgeschossen wurden. Von wissenschaftlicher Seite gab es gute Gründe für die Annahme, die Erde stünde völlig still. Die Inquisitoren machten deutlich, daß sie ihre Position überdenken wollten, wenn Galileo einen endgültigen Beweis erbringen könnte, aber das konnte er nicht. Schließlich mußte er einräumen, daß der Heliozentrismus nur eine Hypothese war. Das war, zusammengefaßt, das Ergebnis der bekannten Verhandlung. Galileo wurde nicht aufgefordert, nicht mehr über das heliozentrische Weltbild oder dessen Folgen für die Physik auf der Erde nachzudenken, man zwang ihn nur, es als unbewiesene Theorie einzugestehen.

Die römisch-katholische Kirche war Anfang des 17. Jahrhunderts nicht grundsätzlich gegen die mathematische Wissenschaft eingestellt. Aber sie war angesichts derart spärlicher und zweifelhafter Beweise in keiner Weise gezwungen, die Herrschaft über den Himmel an die Mathematiker abzutreten. Der Historiker Edwin Burtt vermutet: »Hätten heutige Empiriker im 16. Jahrhundert gelebt, wären sie die ersten gewesen, die die neue Sicht des Universums unter Spott vom Hofe verbannt hätten.« Galileo hatte versucht, mehr für die mathematischen

Wissenschaften in Anspruch zu nehmen, als zu seiner Zeit bewiesen werden konnte. Daß die Geschichte zuletzt die Gültigkeit des heliozentrischen Weltbildes erwiesen hat, berechtigt nicht zu der Annahme, die Kirche sei im Unrecht gewesen. Es zeugt nicht von Despotismus, wenn man für eine radikale neue Theorie einen konkreten Beweis fordert, sondern dies ist eine in der *Naturwissenschaft* übliche Praxis. Die Wissenschaftler geben sich nicht mit weniger zufrieden.

Ironischerweise hinderte Galileos Egozentrismus ihn daran, den weitaus überzeugendsten Beweis der damaligen Zeit für die Existenz eines heliozentrischen Kosmos anzunehmen: Keplers Ellipsen. Hier lag ein stichhaltiger empirischer Beweis für ein sonnenzentriertes System vor. Aber Galileo war nicht bereit, die Entdeckung eines anderen weiterzutreiben. Außerdem lehnte er persönlich die Ellipsen ab. Zurückblickend können wir erkennen, daß es fruchtbar gewesen wäre, wenn diese beiden Männer sich zusammengetan hätten, wie es Keplers dringender Wunsch gewesen war. Was hätten sie mit vereinten Kräften nicht alles erreichen können! Der tiefreligiöse Kepler hatte erkannt, welche Gefahr Galileos Konfrontationskurs barg, und verstand, daß die Kirche Zeit brauchte, um eine solch entscheidende Wende in ihrem Denken zu vollziehen. Kepler war wie Descartes der Überzeugung, daß die Theologen schon freiwillig nachziehen würden, wenn man ihnen nur genügend Zeit ließ. Und es gibt tatsächlich gute Gründe für diese Annahme. Doch Galileo hatte die Kraftprobe erzwungen.

Galileos Verhalten sowie der Prozeß, in dem es gipfelte, schufen in Italien ein Klima des Mißtrauens zwischen den Naturwissenschaften und der Theologie, das hier die Entwicklung der Physik für den Rest des Jahrhunderts lähmte. Doch vom Vermächtnis Galileos in Italien abgesehen, waren der christliche Glaube und die neue Physik *nicht* grundsätzlich unvereinbar. In Galileos Todesjahr 1642 wurde der größte Mathematische Mann aller Zeiten geboren – dieser Mann würde den Heliozentrismus letztendlich stimmig beweisen und Physik und Christentum wieder vereinen. Isaac Newtons Werk zeigt, daß Physik und christliche Religion nicht von vornherein unvereinbar sind. Hatte Galileo versucht, dem Klerus die Macht in der Erkenntnistheorie zu entwinden, so war Newton bemüht, diese zu teilen. Hatte Galileo im Klerus seine Feinde gesehen, betrachtete Newton sie als Verbündete. Ganz in der Tradition des Pythagoras, des Mannes, der schließlich die Physik als die »Königin aller Wissenschaften« begründet hatte, betrachtete Newton sein gesamtes Lebenswerk als Suche nach Gott.

Anders als bei Galileo läßt Newtons Herkunft keine frühen Schlüsse zu, was aus ihm einmal werden sollte. Bis auf den jungen Isaac bestand seine Familie (zumindest väterlicherseits) aus Analphabeten. Isaac senior konnte nicht einmal seinen Namen schreiben und unterzeichnete sein Testament mit seinem Daumenabdruck. Aber auch wenn die Newtons nicht schreiben konnten, so waren sie doch geschäftstüchtig. Über mehrere Generationen hinweg war die Familie durch Getreideanbau und Schafzucht immer wohlhabender geworden. Als Newton geboren wurde, war er der zukünftige Erbe eines Landgutes, und seine Eltern rechneten fest damit, daß er eines Tages den weitläufigen Hof vom Vater übernehmen würde. Aber das Schicksal hatte anderes mit diesem Jungen vom Lande vor.

Als Newton drei Monate alt war, starb sein Vater, und drei Jahre später heiratete seine Mutter Hannah erneut. Ihr neuer Ehemann, ein Pastor namens Smith aus dem Nachbardorf, hegte nicht die Absicht, zur Mutter auch noch den Sohn zu nehmen, und so wurde Isaac zu seiner Großmutter abgeschoben, als Hannah fortzog. Für das Kind muß dies ein traumatischer Verlust gewesen sein, der sicher seine weitere Entwicklung beeinflußt hat. Newton blieb sein Leben lang ein eigentümlicher, ungeselliger Mensch, hatte wenige Freunde und viele Feinde; er war ein Einzelgänger. Keiner seiner Mitstudenten am Trinity College in Cambridge konnte sich erinnern, jemals Kontakt mit ihm gehabt zu haben. Seine Beziehungen zum weiblichen Geschlecht waren noch spärlicher. Nur einmal soll er Interesse an einer Frau gezeigt haben, und zwar hatte er sich als Junge in die Tochter des Vorstehers seiner Grundschule verliebt.

Der Newton-Biograph Richard Westfall vermutet, der geistig frühreife Newton habe sich schon als Kind von Gleichaltrigen abgesondert. Statt mit den Schulkameraden herumzutoben, verbrachte der junge Isaac seine Zeit lieber mit dem Bau komplizierter Modelle von Wind- und Wasserrädern. Wie für Galileo war auch für Newton das Selbststudium der Mechanik eine geistige Vorbereitung für eine mechanistische Naturauffassung. Noch aufschlußreicher als seine Modelle waren Newtons Sonnenuhren. Schon früh faszinierte ihn die Sonne, und er brachte überall im Haus selbstgefertigte Vorrichtungen an, mit denen er anhand der Schatten die Uhrzeit bestimmen konnte. Diese besondere Beziehung zur Sonne begleitete ihn sein ganzes Leben. Als Erwachsener kannte er die Schatten in jedem Raum seines Hauses so genau, daß er daran auf einen einzigen Blick die Uhrzeit erkennen konnte. Westfall erkennt im kindlichen Basteln an Sonnenuhren nicht nur ein frühes Interesse an der Erforschung des Lichts (wozu Newton später wichtige Beiträge liefern sollte), sondern auch eine genaue Kenntnis der kosmischen Ordnung. Durch die Aufzeichnung der täglichen und jährlichen Schattenbewegungen lernte der junge Isaac die Regelmäßigkeiten und Strukturen des großen Himmelsmechanismus kennen. Schon als Kind, ohne mathematische oder naturwissenschaftliche Ausbildung, griff er nach den Sternen.

Als Erwachsener war Newton ebenso produktiv wie berühmt, und viele seiner Aufzeichnungen sind uns erhalten. Sein Leben lang hat er Notizbücher mit seinen naturwissenschaftlichen Beobachtungen und mathematischen Erkenntnissen gefüllt, und noch immer sind Historiker damit beschäftigt, diesen Schatz zu heben, um das volle Ausmaß seiner Errungenschaften zu erfassen. Aber Newton hat sich nicht nur zur »rechtmäßigen«

Naturwissenschaft geäußert, er hat auch eine halbe Million Worte zur Alchimie hinterlassen. Diesem Gegenstand widmete er am Ende mehr Zeit als der Physik. Newton war bezüglich dieser Aktivitäten äußerst verschwiegen, und das entsprach auch dem Selbstbild der Alchimisten, die sich als erleuchtete Elite betrachteten und ihr Wissen vor unwürdigen Geistern schützen wollten. Aber er wußte auch sehr wohl, daß im magiefeindlichen Klima des ausgehenden 17. Jahrhunderts eine solche Geheimhaltung klug war. Stets auf seine Wirkung auf andere bedacht, sprach Newton niemals öffentlich über Alchimie, und gegen Ende seines Lebens war er äußerst bemüht, ein gänzlich rechtgläubiges Bild von sich aufrechtzuerhalten. Die Historiker folgten ihm darin, und fast dreihundert Jahre lang haben die Chronisten der Naturwissenschaften Newtons Beschäftigung mit der Alchimie unter den Teppich gekehrt. In den letzten Jahrzehnten wurde jedoch zunehmend erkannt, daß diese »häretische« Nebenströmung eine zentrale Stellung in seinem persönlichen Leben und auch in seiner Laufbahn als Wissenschaftler einnahm. Er war Mathematiker und Magier, Physiker und Alchimist. Kein anderer wandelte mit so festem Ziel auf dem Weg der »Wahrheit« und machte dabei so viele Ausflüge in die geheimnisumwitterte Wildnis wie Isaac Newton.

Newton wurde während seiner Studienzeit in Cambridge in die offizielle Naturwissenschaft eingeführt. Doch die Universität selbst bot keine Unterweisung in der neuen Physik. Die Universitätsdozenten von Cambridge waren immer noch an einen aristotelischen Lehrplan gebunden und hatten keine Verbindung zu der Revolution in der Naturphilosophie, die im übrigen Europa stattfand. Wieder war Newton auf seine Initiative angewiesen, und er fand den Weg zu den Arbeiten von Kepler, Descartes und Galileo. Ein Genie ist immer auch eine Frage des richtigen Zeitpunktes, und niemals hat ein Genie einen besseren Zeitpunkt gewählt als Newton. Gerechterweise muß man hinzufügen, daß niemals zuvor oder danach ein Naturwissenschaftler von solch außergewöhnlichen Leistungen seiner unmittelbaren Vorgänger profitieren konnte. Die drei hinterließen ihm ein Erbe, das vielerlei Möglichkeiten zur weiteren Forschung offenließ, und Newton schöpfte aus dieser Fülle und baute auf ihren Werken auf.

Doch auch wenn Newton auf den Schultern von Riesen stand, so war er zweifellos auch selbst ein Riese. Innerhalb eines Jahres eignete er sich das gesamte im 17. Jahrhundert verfügbare Wissen über Mathematik an und machte sich an die Entwicklung der Differential- und Integralrechnung. Zur gleichen Zeit hatte er, angeregt durch die Schriften von Galileo und Descartes, begonnen, die Gesetze der Bewegung zu erforschen, und hatte sich auf dem Gebiet schnell vom eifrigen Studenten zum Vorreiter entwickelt. Im Alter von fünfundzwanzig Jahren war der Bauernjunge aus Lincolnshire der herausragendste Mathematiker Europas und konnte es mit den bedeutendsten Physikern aufnehmen. Und schon bald sollte er sie alle überflügeln.

Der Wendepunkt kam im Jahre 1666, das Newton später sein »anno mirabilis« nennen würde. Die Universität von Cambridge blieb wegen der Pest geschlossen, und der aufstrebende Naturphilosoph hielt sich in dieser Zeit auf dem Hof seiner Mutter auf. Dort, zwischen Hecken und Schafen, umgeben von einfachen Verwandten, die ihn für einen wenig nützlichen jungen Mann gehalten haben müssen, setzte Newton seine Untersuchungen über die Grundlagen der Physik fort. Als er gedankenverloren durch den Garten wanderte, brachte ihn ein zu Boden fallender Apfel auf die Frage, ob die Schwerkraft, die die Frucht nach unten zog, sich über die Erde hinaus erstrecken könnte. Könnte sie bis zum Mond reichen? Eine schnelle Berechnung mit einer Formel für die Kreisbewegung, die er erst kürzlich entdeckt hatte, zeigte ihm, daß in der Tat eine Korrelation zwischen der Schwerkraft hier auf der Erde und der Bewegung des Mondes um unseren Planeten herum bestand.

Mit dem Fall des Apfels stürzte jedoch nicht sofort das ganze universelle Gesetz der Schwerkraft auf den Geist des jungen Isaac ein, auch wenn die Legende dies über Newton berichtet. Es sollte zwanzig Jahre dauern, ehe er zu der Gewißheit gelangte. Der Hinweis auf diese lange Entwicklungszeit soll Newton nicht als weniger genial darstellen, als es die Geschichtsschreibung im allgemeinen tut. Es soll nur deutlich werden, daß das Verständnis der Schwerkraft nicht aus einem einzelnen Geistesblitz erwachsen konnte. Richard Westfall merkt dazu an: »[Der große französische Mathematiker] Lagrange hat ihn nicht deshalb als den glücklichsten Mann der Welt bezeichnet, weil er eine einzige gute Idee hatte.« Wie sooft in den Naturwissenschaften folgte der Eingebung lange mühevolle Arbeit.

Neben den naturwissenschaftlichen Problemen mußte Newton auch eine Reihe psychologischer Barrieren überwinden. Die Vorstellung, daß eine unsichtbare Kraft in einem leeren Raum wirkt, war im ausgehenden 17. Jahrhundert jedem Naturwissenschaftler mit etwas Respekt vor sich selbst ein Greuel. Nachdem man gerade die Magier und ihre häretischen okkulten Kräfte bekämpft hatte, konnte man von den neuen Mathematischen Männern kaum erwarten, daß sie die Vorstellung von einer unheimlichen Macht begrüßten, die von Himmelskörpern ausging. Ursprünglich war Newton ein überzeugter Anhänger des mechanistischen Weltbildes, aber allmählich erkannte er, daß es eine Kraft geben *mußte*, die die Planeten in ihrer Umlaufbahn um die Sonne und den Mond in seiner Umlaufbahn um die Erde hielt. Das Modell war der Stein, der an eine Schnur gebunden und herumgewirbelt wird – wenn die Schnur reißt, fliegt der Stein fort. An der Schnur sieht jeder, was den Stein in seiner Umlaufbahn hält, aber bei den Himmelskörpern gab es keinen sichtbaren Beweis. Trotzdem gelangte Newton zu der Überzeugung, daß es eine solche Kraft geben mußte. Auch wenn es ihn in die Nähe zur Sternenmagie rückte, erkannte der Physiker in ihm, daß die Natur *tatsächlich* eine unheimliche Kraft am Himmel wirken ließ.

Heute sind die Historiker der Ansicht, daß Newton in einem erklärtermaßen mechanistischen Zeitalter nur deshalb zu dieser häretischen Vorstellung gelangen konnte, weil er sich auch mit Alchimie beschäftigte. Es ist sicher kein Zufall, daß der einzige andere Begründer der modernen Physik, der die Vorstellung einer unsichtbaren Himmelskraft teilte, der begeisterte Astrologe Kepler war. Galileo, Descartes und Leibniz verwarfen diese Vorstellung, und auf dem europäischen Kontinent machten sich bis ins 18. Jahrhundert die Kartesianer über die Schwerkraft lustig. Durch die persönliche Erfahrung mit dem Übersinnlichen war es Kepler und Newton möglich, etwas anzunehmen, was ihre angeblich rationaleren Kollegen nicht akzeptieren konnten. Diese »magische« Vorstellung brachte die Physik als Wissenschaft voran.

Newton akzeptierte die Möglichkeit einer unsichtbaren Kraft und setzte daraufhin in einer Reihe genialer, aber auch atemberaubend einfacher Schritte die Teile des Schwerkraft-Puzzles zusammen. Er zeigte, daß die Neigung der Dinge auf der Erde, zu Boden zu fallen, mit der gleichen Kraft erklärt werden konnte, die auch den Mond in seiner Umlaufbahn um die Erde hält, und daß diese Kraft wiederum die Umlaufbahnen der Planeten um die Sonne erklärt. Somit war eine einzelne Kraft für die Bewegungen der Erde, des Mondes und der Planeten verantwortlich. Die Schwerkraft ist laut Newton eine Kraft, die von jedem massiven Körper ausgeht und die Dinge anzieht – seien es Äpfel, Monde oder Planeten. Newton gab der Welt nicht nur die Vorstellung einer universalen Gravitationskraft; er gab uns auch eine *Gleichung,* die genau erfaßt, wie diese Kraft wirkt. Dieses universale Gesetz der Schwerkraft ist eine der einfachsten, elegantesten und wirkungsvollsten Gleichungen in der Geschichte der Naturwissenschaften. In einem halben Dutzend graphischer Zeichen wurden Himmel und Erde vereinigt, und das heliozentrische Weltbild erhielt endlich eine solide mathematische Grundlage. Nach eineinhalb

Jahrhunderten war die Verwandlung, die Kopernikus eingeleitet und Galileo vorangetrieben hatte, abgeschlossen.

Auch wenn Galileo und Kopernikus als Helden des heliozentrischen Weltbildes gefeiert werden, so hatte doch Kepler die entscheidende Grundlage für Newtons Synthese geschaffen. Aus den Keplerschen Gesetzen hatte Newton erste Hinweise zur Natur der Schwerkraft erhalten. Als er dann seine Gleichung zur Schwerkraft ausgearbeitet hatte, dienten ihm die Keplerschen Gesetze als Beweis für ihre Gültigkeit. Alle Planetengesetze, die Kepler entdeckt hatte, erwiesen sich als logische Konsequenzen aus dem Newtonschen Gesetz der Schwerkraft. Diese erstaunliche Übereinstimmung von Beobachtung und Theorie überzeugte die Menschen schließlich davon, daß Newton recht haben mußte, gleich, welche Einwände sie gegen dunkle Mächte hatten. Und mit dem Glauben an die Schwerkraft mußten die Menschen auch das heliozentrische Weltbild annehmen. Damit markiert das Newtonsche Gesetz einen Wendepunkt in der Naturwissenschaft des Abendlandes: Mit dieser Gleichung ging die Herrschaft über den Himmel endgültig von den Theologen auf die Physiker über.

Das heliozentrische Weltbild wurde ironischerweise akzeptiert, ohne daß es einen unmittelbaren Beweis dafür gegeben hätte, daß sich die Erde bewegt. Erst im 19. Jahrhundert sollte dieser Beweis erbracht werden. Die Forderungen, die die Inquisitoren an Galileo gerichtet hatten, waren noch nicht erfüllt. Somit stellt das allgemeine Gesetz der Schwerkraft einen noch bedeutenderen Wendepunkt in der Geschichte der Naturwissenschaften dar, denn anstelle eines konkreten *physischen* Beweises akzeptierten die Menschen das Ergebnis einer *Gleichung*. Von nun an würden die mathematischen Beziehungen, die die Physiker entdeckten, nicht nur zur Beschreibung der Phänomene dienen, sondern zunehmend auch als primäre Erkenntnisquelle über die Natur. Die Erben des Pythagoras hatten endgültig die Schüler des Aristoteles übertroffen. Mit Isaac Newton bestieg der Mathematische Mann den Thron der Erkenntnistheorie.

Selbst wenn Newton sonst nichts vollbracht hätte, wäre ihm der Platz in der Geschichte sicher gewesen. Aber mit dem Gesetz der Schwerkraft entdeckte er auch die drei Gesetze der Bewegung, die über zweihundert Jahre lang als Archetyp aller naturwissenschaftlichen Gesetze gelten sollten. Das Gesetz der Schwerkraft ist eigentlich nur ein Spezialfall des zweiten dieser Gesetze. Die Newtonschen Gesetze der Bewegung gelten nicht nur für Himmels-, sondern für alle massiven Körper. Sie sind für die Physik das, was die Zehn Gebote für das Christentum sind: die Grundprinzipien, die jede Handlung bestimmen. Zu diesen knappen Grundlagen gehört zum einen das Trägheitsgesetz, das besagt, daß jeder Körper im Zustand der Ruhe oder in der gleichen Form einer Bewegung bleibt, bis eine Kraft auf ihn einwirkt. Das zweite Gesetz, das Aktionsprinzip, besagt, daß ein Körper durch einwirkende Kräfte seine Bewegung umgekehrt proportional zu seiner Masse ändert. Dies ist enthalten in der einfachen Formel: Kraft = Masse × Beschleunigung. Das vielzitierte dritte Gesetz besagt, daß es zu jeder Wirkung eine ebenso große, entgegengerichtete Wirkung gibt.

Newton stellte die Bewegungsgleichung und sein Gravitationsgesetz in seinem naturwissenschaftlichen Hauptwerk *Philosophiae Naturalis Principia Mathematica* (1687) vor, das allgemein als *Principia* bekannt ist. Es war das bedeutendste Werk der westlichen Naturwissenschaften seit der *Physik* des Aristoteles, und im 18. Jahrhundert stellten Newtons Errungenschaften ein Exempel für die Naturwissenschaften an sich dar. In vielen Wissensgebieten eiferte man ihm nach und versuchte, ein Newton zu werden. Philosophen sprachen von »einer Art Anziehung« zwischen den Ideen, wenn sie grundlegende Gesetze des Denkens formulierten; Chemiker versuchten chemische Reaktionen mit einer schwerkraftähnlichen Anziehung zwischen den Stoffen zu erklären. Ärzte versuchten mit Hilfe der Newtonschen Kräfte den Zusammenhang zwischen Krankheit und Gesundheit zu erklären.

Wie der Historiker Derek Gjertsen berichtet, sah Newtons eigener Arzt, Richard Mead, in der Gesundheit eine Funktion des Zustandes der Körperflüssigkeiten und glaubte, letztendlich »würde die Behandlung eines Patienten wenig mehr erfordern, als einige hydrodynamische Gleichungen zu lösen«. Bis in die Sozialwissenschaften drang dieser Newtonsche Impuls vor. In dem Buch *Vom Geist der Gesetze* ahmte ein Soziologe des 18. Jahrhunderts die Methode der *Principia* nach und versuchte, durch logische Ableitung aus einigen Grundprinzipien zu soziologischen Schlußfolgerungen zu gelangen. Kein moderner Naturwissenschaftler – außer Charles Darwin – hat jemals solchen Einfluß ausgeübt, und zwar nicht nur auf seine eigene Wissenschaft, sondern auf die Gesellschaft insgesamt. Und trotz des ungeheuren Fortschritts in der Physik des 20. Jahrhunderts bewegt sich die Psyche des westlich zivilisierten Menschen immer noch in einem Rahmen Newtonschen Denkens.

Dieser große mathematische Geist war ein tiefreligiöser Mensch. Neben seinen naturwissenschaftlichen und alchimistischen Werken verfaßte Newton auch einen umfangreichen Korpus theologischer Schriften. Ein großer Teil war der Auslegung prophetischer Schriften der Bibel gewidmet, ein Thema, von dem Newton besessen war, und wie immer ging er auch hier mit ungeheurer Energie und Gründlichkeit zu Werke. Er brachte sich selbst Hebräisch bei, um die Bibel im Original zu lesen und so die Wahrheit in den Worten der Propheten besser erforschen zu können. Für Newton war Gott nicht nur der Schöpfer des Universums, sondern auch aktiver und immerwährender Regent der Welt, der durch die Geschichte und die Natur wirkte. Durch die richtige Interpretation der biblischen Prophezeiungen wollte er Gottes Herrschaft über die Geschicke der Menschheit deutlich machen. Auch versuchte der unvergleichliche Physiker mit beträchtlicher Energie, die genauen Ausmaße des Tempels des Salomon zu bestimmen. Dieses heilige Bauwerk der Antike stellte angeblich ein Abbild des Himmels dar. Hatte sich Galileo nur für das Buch der Natur interessiert, so beschäftigte sich Newton ebenso gründlich mit der Heiligen Schrift wie mit den Bewegungen der Himmelskörper.

Newtons Achtung vor dem geschriebenen Wort Gottes manifestierte sich auch in seinem Respekt für den Klerus – eher für den anglikanischen als den katholischen. Während es Galileo Vergnügen bereitet hatte, sich über die Geistlichen lustig zu machen, wurde Newton in seiner intellektuellen Entwicklung tiefgreifend durch eine Gruppe Theologen aus Cambridge beeinflußt, und in seinem späteren Leben, als er versuchte, seine Naturphilosophie im größeren Rahmen zu verbreiten, suchte er im Klerus einen wichtigen Verbündeten. Und er unterstützte auch die Theologen. Mit seinen Bemühungen, seine Naturwissenschaft in den Dienst der Theologie zu stellen, trat Newton in die Fußstapfen von Kepler, Descartes und Mersenne. In seiner berühmten Antwort auf die Anfrage des anglikanischen Theologen Richard Bentley, ob man die *Principia* als Stellungnahme für Gott sehen könnte, schrieb Newton: »Sir, als ich meine Abhandlung zu unserem System schrieb, hatte ich ein Auge darauf, ob solche Grundsätze sich auch im Hinblick auf die Menschen und den Glauben an eine Gottheit vereinbaren ließen. Und nichts erfreut mich mehr, als festzustellen, daß sie dieser Sache dienlich sind.«

Newtons Theorien sollten nicht nur mit der Religion vereinbar, sondern eine Bestätigung der christlichen Überzeugungen sein. Deshalb betrachtete er seine eigene Naturphilosophie als ein Gegengift zu dem eher trüben Mechanismus von Descartes. Obwohl auch dieser seine Naturphilosophie in der Absicht geschrieben hatte, der Kirche dienlich zu sein, wurde diese Art des Mechanismus gegen Ende des 17. Jahrhunderts von vielen doch als eine Anleitung zum Atheismus verstanden.

Darunter waren auch die Platonisten aus Cambridge, eine Gruppe liberaler anglikanischer Theologen, die den jungen Newton beeinflußt hatten. Da es sich hier hauptsächlich um Anglikaner und nicht um Katholiken handelte, galt ihre Sorge nicht der Hostie bei der Kommunion, sondern eher der Tatsache, daß Descartes anscheinend Gott völlig aus dem Universum »hinausgeschrieben« hatte. Zwar sei Gottes Gegenwart nötig, um die Gesetze des Universums von einem Augenblick zum nächsten zu erhalten, hatte der französische Philosoph eingeräumt, im übrigen jedoch darauf beharrt, daß Gott das Universum nicht *gemacht* habe und daß er außerdem nach dessen Vollendung in keiner Weise mehr eingreife. Die Platonisten aus Cambridge konnten in einer solch fernen und abstrakten Gottesvorstellung nur schwerlich eine Grundlage für eine *moralische* Beziehung zwischen der Menschheit und ihrem Schöpfer erkennen.

Anders als Descartes gründete Newton seine Naturphilosophie auf die Überzeugung, daß Gott sowohl der vorausblickende Schöpfer des Universums sowie sein aktiver und wohlwollender Aufseher sei. Newton äußerte Bentley gegenüber, nichts würde ihm mehr Befriedigung verschaffen, als wenn seine wissenschaftliche Arbeit dazu diente, die Existenz einer planvoll handelnden und anteilnehmenden Gottheit zu beweisen. In einer Reihe bemerkenswerter Briefe entwickelte Newton diesen Gedanken. Der bedeutendste Beweis war seiner Meinung nach das Sonnensystem selbst. Laut Newton konnte kein natürlicher Urheber dieses System geschaffen haben, in dem alle Planeten sich in dieselbe Richtung, in derselben Ebene und in konzentrischen Umlaufbahnen bewegen. Eine so systematische Ordnung, glaubte er, konnte nur der geplanten Handlung einer übernatürlichen Macht entspringen. »Dieses uns sichtbare, höchst erlesene Gefüge von Sonne, Planeten und Kometen«, schrieb er, »konnte allein aus dem Ratschluß und unter der Herrschaft eines intelligenten und mächtigen, wahrhaft seienden Wesens entstehen.« So wie das Sonnensystem die Notwendigkeit eines kosmischen Baumeisters bewies, verlangte es für Newton auch nach einem kosmischen Erhalter. Newton glaubte, da jeder einzelne Körper auf jeden anderen Körper eine Anziehung ausübt, müsse sich in vielen Jahren unterschiedlicher, sich addierender Anziehungskräfte auf die Planeten - durch andere Planeten oder vorüberziehende Kometen – schließlich das ganze System destabilisieren. Deshalb müsse Gott von Zeit zu Zeit eingreifen und die Dinge wieder an ihren richtigen Ort bringen. Gott war sozusagen ein kosmischer Uhrmacher, der seinen himmlischen Mechanismus unablässig pflegte und neu einstellte. Solche Eingriffe mußten jedoch nicht die Naturgesetze stören: Newton stellte sich vor, daß Gott zu diesem Zweck etwa Kometen einsetzen würde.

Wohin er auch blickte, überall fand Newton Beweise für einen vorausschauenden und aktiven Gott – nicht nur im Himmel, sondern auch auf der Erde. Einmal stellte er die Frage: »Wie kommt es, daß die Natur nichts vergeblich tut, und woher stammt all die Ordnung und Schönheit, die wir in der Welt sehen?« Für ihn war die Antwort eindeutig Gott. »Die ganze Vielfalt der nach Ort und Zeit geordneten Dinge konnte einzig und allein aus den Vorstellungen und dem Willen eines wahrhaften Seins, das notwendigerweise existiert, entstehen.« Aber Newtons Gott überblickte die Welt nicht von einem entfernten Gipfel; anders als der Gott bei Descartes, war Newtons göttlicher Herrscher in der gesamten materiellen Welt anwesend. Diese Allgegenwart erreichte er durch das Medium Raum, das für Newton das Sinnesorgan Gottes darstellte. Durch seine Allgegenwart (durch das Medium) sah Gott alles, erkannte alles und lenkte alles. In Newtons Worten: »Er ist ewig und unendlich, allmächtig und allwissend; das heißt, er währt von Ewigkeit zu Ewigkeit und ist da von Unendlichkeit zu Unendlichkeit; er lenkt alles und erkennt alles, was geschieht oder geschehen kann.« Kurz, als absoluter Herrscher über die Schöpfung war Newtons Gott genau das Gegenteil des Gottes bei Descartes. Newton lehnte die weit entfernte Gottheit des Kartesianismus ab, die sich nicht um die Menschheit kümmerte, und band Gott wieder ins vertraute tägliche Geschehen der materiellen Welt ein.

So wie Newton seine Wissenschaft in den Dienst der Theologie stellte, öffnete er auch seine Wissenschaft für Einflüsse aus der Theologie. Seine wichtigste Behauptung in diesem Zusammenhang ist, der Raum müsse *absolut* sein, da dies der Gegenwart eines absoluten Gottes entspreche. Für ihn wurden absoluter Raum (und absolute Zeit) zu metaphysischen Axiomen. Diese theologisch beeinflußte Raum- und Zeitvorstellung sollte bald eine Hauptstütze der modernen Physik werden, und selbst als die Physiker den Raum längst nicht mehr mit Gott in Verbindung brachten, beharrten sie wie Newton auf einem absoluten Rahmen für die Realität. Aber genau diese Vorstellung von Raum und Zeit würde Einstein später ablehnen. Newtons Vorstellungen über den Raum zeigen die enge Verwobenheit seiner Physik mit seinem religiösen Denken. Edwin Burtt betonte, Newtons Religion sei »kein bloßes Anhängsel an seine Wissenschaft«, sondern von grundlegender Bedeutung für ihn.

Newtons Naturwissenschaft war also eher ein Anhängsel an seine Religion als umgekehrt. Im Laufe seines ganzen Lebens erscheint die Physik als ein Teil eines größeren Programms, dessen letztes Ziel rein religiös war. Hinter seinem Wunsch, dem Anglikanismus zu dienen, stand das tiefere Bedürfnis, eine seiner Meinung nach ursprüngliche und reine Form des Christentums zurückzugewinnen. Die Historikerin Penelope Gouk ist der Überzeugung, Newton habe seine Naturphilosophie als integralen Bestandteil einer radikalen und umfassenden Wiederentdeckung der wahren alten Religion verstanden. Seiner Meinung nach war diese wahre Religion ursprünglich Noah von Gott offenbart worden. Dieses ursprüngliche Christentum, ein wahres Wissen von der Welt, sei nach Newton von Noah wiederum an Moses weitergegeben worden und von ihm an die Ägypter und Griechen, besonders an Pythagoras und Plato. Newtons Endziel war es, dieses verlorene adamische Wissen wiederzuerlangen, und aus seinen persönlichen Aufzeichnungen wird ersichtlich, daß er sich nicht als Entdecker eines neuen Weltbilds, sondern als *Erneuerer* des alten Wissens sah, das Gott der Menschheit gegeben hatte.

Zum Beweis, daß die Alten vieles von dem gewußt hatten, was er in seinen *Principia* vorgestellt hatte, führte Newton eine lange Reihe von Belegen an. Interessant darunter ist seine Versicherung, Hermes Trismegistos habe an das Kopernikanische System geglaubt. Daß Newton allen Ernstes Trismegistos als Autorität zitiert, und das ein Jahrhundert, nachdem sich erwiesen hatte, daß es sich bei diesem ägyptischen Weisen um eine Fiktion handelte, zeigt deutlich seine höchst unorthodoxe Denkweise. Noch wichtiger ist seine Überzeugung, Pythagoras habe das universale Gesetz der Schwerkraft gekannt. Mit einer verschlungenen Argumentation wollte Newton zeigen, daß dieses Gesetz eigentlich das wahre Wissen war, das in der pythagoreischen Vorstellung von der Harmonie der Sphären verborgen lag. Anstatt in eine innovative Zukunft zu blicken, stützte Newton seine Ansichten auf eine entfernte Vergangenheit.

In seinem Wunsch, das verlorene adamische Wissen wiederzuerlangen, ging es ihm nicht um das Wissen selbst, sondern vor allem um moralische Erneuerung. Wie der Historiker Piyo Rattansi erklärt hat, glaubte Newton: »Sobald die Menschen die unendliche Macht Gottes und seine Weise, Dinge zu gestalten und ständig über ihnen zu wachen, begriffen hätten, würden sie dadurch zu einem tieferen Verständnis und Einverständnis hinsichtlich ihrer Pflichten geführt werden, die sie Ihm und ihren Mitmenschen schuldeten. So würde auf die Wiederherstellung der wahren Wissenschaft eine Wiedereinsetzung der wahren Moral folgen, die dann auf einer unverfälschten Vorstellung von Gott und Seiner Voraussicht gründete.«

In Newtons Überzeugung, das wahre (naturwissenschaftliche) Wissen der Welt würde der moralischen Erneuerung dienen, erkennen wir eindeutig den Schatten von Giordano Bruno. Auch er hatte versucht, die wahre Tugendhaftigkeit durch das wahre (magische) Wissen von der Welt wiederherzustellen. Während Bruno aber ein Häretiker war, war Newton ein guter Anglikaner. Oder etwa nicht? In der Öffentlichkeit stellte er seine Naturwissenschaft in den Dienst der Anglikaner, doch privat vertrat er auch Ansichten, die eindeutig häretisch waren. Für Newton bedeutete eine Rückkehr zur wahren Religion insbesondere auch eine Ablehnung der Lehre von der Dreifaltigkeit – der Überzeugung, daß Gott, Christus und der Heilige Geist eine Person darstellen. Die Lehre von der Dreifaltigkeit ist ein zentrales Dogma sowohl des katholischen als auch des anglikanischen Glaubens, aber Newton war der Überzeugung, die Dreifaltigkeit verrate den wahren Glauben, und nur Gott allein sei wirklich göttlich. Dies bedeutete, daß Christus es nicht ist. Theologisch gesehen stellte die Ablehnung der Lehre von der Dreifaltigkeit (auch Arianismus genannt) ein ernstzunehmendes Vergehen dar. So schwerwiegend, daß Newton nicht in Cambridge hätte bleiben dürfen, wenn seine wahren Überzeugungen bekanntgeworden wären.

Glücklicherweise war Newton klar, daß diese unorthodoxen Ansichten nicht für die Öffentlichkeit bestimmt waren, und er lüftete sein Geheimnis nur in seinen persönlichen Aufzeichnungen. Doch er war kein Heuchler, auch wenn er mit seinem Arianismus nicht an die Öffentlichkeit trat. Lieber wollte er auf eine akademische Karriere verzichten, als seine religiösen Überzeugungen verleugnen. Zur Zeit Newtons mußten Dozenten in Cambridge ordinierte Priester der anglikanischen Kirche sein und deshalb formal erklären, den kirchlichen Lehren, einschließlich der Dreifaltigkeit, zu folgen. Newton war dazu nicht bereit, und im Jahre 1675 erwartete er, die Universität verlassen zu müssen. Als aber der Zeitpunkt der Ordination sich näherte, wurde ihm vom König Dispension gewährt. Er durfte lehren, ohne Priester zu sein.

Dieser Vorfall belegt zum einen die Tiefe von Newtons religiösen Überzeugungen, zum anderen wirft er die nicht unbedeutende Frage auf, was geschehen wäre, wenn er keine Dispension erhalten hätte. Was wäre geschehen, wenn er nicht in Cambridge geblieben und statt dessen auf den Bauernhof in Lincolnshire zurückgekehrt wäre, um das Leben eines Gutsherren zu führen? Hätte es dann die *Principia* gegeben, das große, umfassende Werk, das die neue Physik in einer großen Synthese zusammenfaßt? Newtons Biograph Richard Westfall beantwortet diese Frage negativ. Newtons Errungenschaften wären zweifellos irgendwann einmal durchgesickert oder von anderen entdeckt worden, aber die Geschichte der Physik hätte einen anderen Verlauf genommen. Keiner vor oder nach Newton hat den Naturwissenschaften einen solch unauslöschlichen Stempel aufgedrückt. Ironischerweise hing damals, in dieser Anfangszeit der Physik, alles davon ab, daß ein Mann seinem häretischen Glauben treu bleiben durfte.

Aber Newton stellte trotz seiner persönlichen Häresien seine Naturwissenschaft öffentlich in den Dienst der Orthodoxie, und auf der Grundlage der Newtonschen Naturphilosophie entstand bald eine einflußreiche neue Verbindung von Naturwissenschaft und Christentum, insbesondere der anglikanischen Glaubensrichtung. Die Naturwissenschaften wurden zunehmend in einem weltlichen Umfeld betrieben, doch unter Newtons Einfluß dienten die Mathematiker weiterhin als weltlicher Teil der Geistlichkeit. In seinen Fußstapfen setzten Generationen seiner Anhänger ihre Naturwissenschaft als mächtiges Instrument zur Verteidigung orthodoxer protestantischer Überzeugungen über Gott und seine Beziehung zur Schöpfung ein. Galileo hat das Spannungspotential zwischen Physikern und Theologen aufgezeigt und Newton den Weg zu einer für beide nützlichen Beziehung geebnet. Wo Galileo bestrebt war, der Kirche die erkenntnistheoretische Macht über die Natur zu entreißen, wollte Newton diese Macht teilen. Indem Newton die atheistischen Tendenzen des kartesianischen mechanistischen Weltbildes ablehnte und seine Kosmologie als Argument für eine aktive und vorausschauende Gottheit benutzte, setzte er der Wissenschaft eine Grenze, Erscheinungen der Natur selbständig erklären zu können. Für ihn waren *sowohl* die Naturwissenschaften *als auch* die Religion von grundlegender Bedeutung für ein umfassendes Verständnis unserer Welt. Selten hat die Kirche einen so einflußreichen Verbündeten gefunden, und selten war das Band zwischen Physik und Religion enger als im Geiste dieses unsterblichen Mathematischen Mannes.

Émilie du Châtelet

Laura Bassi

6
GOTT, DIE FRAUEN UND DIE NEUE PHYSIK

In der ersten Hälfte des 18. Jahrhunderts war die Naturwissenschaft Newtons auf vielen Ebenen mit der anglikanischen Theologie verbunden. Bis zu seinem Tode im Jahre 1727 war Newton selbst maßgeblich daran beteiligt, diese Beziehung aufzubauen und zu intensivieren. Aus heutiger Perspektive ist es erstaunlich, in welchem Ausmaß die neue Physik eine wörtliche Auslegung der Heiligen Schrift unterstützen sollte. Allen voran ging hier Newton mit seiner Behauptung, im Lichte der neuen Wissenschaften *könnte* die Geschichte der sechs Schöpfungstage wörtlich genommen werden. Newton galt als gewichtige Autorität auf diesem Gebiet: Er wies darauf hin, daß die Erde erst am dritten Tag begonnen habe, sich zu drehen, und daher könnten die ersten beiden »Tage« beliebig lang sein. Und so habe Gott reichlich Zeit gehabt, all das zu tun, von dem die Bibel berichtet. Mit solchen Bemühungen war Newton keineswegs allein. Auch William Whiston, Newtons Nachfolger auf dem Lucasischen Lehrstuhl für Mathematik in Cambridge (den nun Stephen Hawking innehat), erfaßte schnell die Möglichkeiten der neuen Physik, eine wörtliche Bestätigung biblischer Ereignisse zu finden. Whiston machte sich daran, nachzuweisen, daß ein spezieller Komet, den er beobachtet hatte, als Auslöser für die Sintflut in Frage käme. Mit Hilfe von Newtons Gesetzen der Schwerkraft und der Bewegung berechnete er die damalige Flugbahn des Kometen und versicherte, er wäre zur richtigen Zeit am richtigen Ort gewesen, um die Sintflut auszulösen. Die neue Physik machte also die Religion keineswegs überflüssig, sondern beflügelte sogar die Anhänger einer höchst wörtlichen Auslegung der Schrift.

Ein weiteres Beispiel illustriert ebenso anschaulich, in welchem Ausmaß religiös gesinnte Engländer die Newtonsche Naturwissenschaft für die Theologie nutzbar machen wollten. Im Jahre 1699 veröffentlichte der Mathematiker John Craig ein Buch mit dem Titel *Theologiae Christianae principia mathematica*, das sowohl im Titel als auch im Inhalt deutlich an Newtons *Mathematische Prinzipien der Naturlehre* angelehnt war. Craig behauptete, ebenso wie die mathematischen Grundlagen den Himmel erklären konnten, könnten sie auch die christliche Theologie näher beleuchten. Und analog zu Newtons naturwissenschaftlichem Meisterwerk begann er mit drei einfachen Thesen, die eine auffällige Ähnlichkeit zu Newtons Gesetzen aufwiesen. Craigs erstes Gesetz lautete: »Jeder Mensch ist bemüht, erfreuliche Gefühle aufrechtzuerhalten, zu verstärken oder in einem Zustand des Vergnügens zu verharren.« Dies sollte eine Art Trägheitsgesetz des Vergnügens sein, und von solchen Gesetzen und Definitionen leitete Craig Theoreme moralischer und theologischer Bedeutung ab, die ganz nach Newton klangen.

Der Historiker Derek Gjertsen legt dar: »Hinter dieser offensichtlichen Nachahmung Newtons verbarg sich eine ernsthafte, wenn auch fehlgeleitete Aussage.« Aus einem bestimmten Abschnitt im Evangelium nach Lukas hatte Craig abgeleitet, daß wenigstens noch ein Gläubiger übrig wäre, um Christus zu begrüßen, wenn er auf die Erde zurückkehren würde. Dies führte ihn zu der Spekulation, er könne mit seiner Newtonschen Theologie eine äußerste Grenze für die zweite Wiederkunft des Erlösers festsetzen. Craig ging von der Annahme aus, der Glaube an historische Ereignisse nehme ab, je weiter zurück sie in der Vergangenheit lägen. Tatsächlich sollte der Glaube wie die Schwerkraft verstanden werden, wie eine »Kraft«, die an Intensität verliert, je weiter man sich zeitlich von ihrer Quelle entfernt. Anhand dieses Modells erklärte Craig, wenn wir den Grad des anfänglichen Glaubens bei Christi Jüngern bestimmen könnten und ebenso die Geschwindigkeit, mit der solche Überzeugungen nachlassen, dann könnten wir mit Hilfe der Mathematik die Zeit berechnen, zu der der christliche Glaube vollständig verschwunden wäre. Dieser Zeitpunkt stellte die äußerste Grenze für die zweite Wiederkunft des Erlösers dar. »Nach einer Menge komplizierter Überlegungen und Berechnungen schloß Craig, daß die Wahrscheinlichkeit für einen Glauben an Christi Wiederkehr im Jahr 3150 auf Null abgesunken sei und die Wiederkunft deshalb vorher stattfinden müsse«, so Gjertsen.

Nicht alle Versuche im 18. Jahrhundert, die Physik in den Dienst der Theologie zu stellen, orientierten sich so stark an einer wörtlichen Auslegung der Heiligen Schrift. An vorderster Front dieser neuen Verbindung zwischen Newtonscher Naturwissenschaft und anglikanischer Theologie standen die einflußreichen Boyle-Dozenten, von denen viele persönlich mit Newton befreundet waren. Die Boyle-Vorlesungen waren im 17. Jahrhundert von dem Naturwissenschaftler Robert Boyle gestiftet worden. In seinem Testament hatte er verfügt, die Vorlesungen sollten jedes Jahr von einem Kleriker zur Verteidigung des Christentums gehalten werden. Und im letzten Jahrzehnt des 17. Jahrhunderts fand hier eine ganze Reihe von Klerikern eine angesehene Plattform, auf der Basis Newtonscher Naturphilosophie die Existenz und das Wesen Gottes zu diskutieren. Die Historikerin Margaret Jacob meint, diese Vorlesungen hätten sich schnell zum »Eckstein einer liberalen, toleranten und sehr philosophischen Ausprägung des Christentums« entwickelt, »einer natürlichen Religion, die auf Vernunft und Naturwissenschaften gegründet war«. Der erste Boyle-Dozent war Richard Bentley. Zur Vorbereitung seiner Einführung hatte er Newton schriftlich nach der Bedeutung der *Principia* für Gott gefragt. Bentley nahm das Newtonsche Thema auf, der Kosmos verweise durch seine wunderbare Anlage und seinen fortgesetzten Bedarf an göttlichem Erhalt auf die Existenz einer aktiven und vorausschauenden Gottheit. Viele Boyle-Dozenten folgten ihm darin.

Hinter solchen Bemühungen stand die Überzeugung, die Natur selbst könne eine Quelle der göttlichen Offenbarung sein. Im Mittelalter war die Bibel *die* Quelle der Offenbarung gewesen, aber seit Kepler hatten die Mathematischen Männer die Rolle der Natur in der Theologie deutlich aufgewertet. Diese Tendenz zur »Naturtheologie« erreichte seinen Höhepunkt mit den Newtonianern Anfang des 18. Jahrhunderts. Einer der einflußreichsten Naturtheologen war Newtons Freund und Boyle-Dozent Samuel Clarke. Clarke kündigte zu Beginn seiner Vorlesungen an, er verfolge nur »eine einzige Methode oder einen Argumentationsstrang; ich habe mich bemüht, diesen so nah am Mathematischen zu führen, wie es die Natur eines solchen Diskurses zuläßt«. Wie zuvor schon John Craig präsentierte Clarke, ganz wie Newton, seine theologische Argumentation in Form von Lehrsätzen und Theoremen. Ebenso führte er Entdeckungen in Anatomie und Physik als Beweise für die Existenz einer Gottheit an. Clarke war so überzeugt von der Newtonschen Naturwissenschaft und ihren Entdeckungen, daß er erklärte, Newton habe den Theologen eine stabilere Beweisgrundlage für die Existenz Gottes gegeben als irgend jemand zuvor. So war, wie der Historiker Roger Hahn anmerkte, »der Glaube an Gott im 18. Jahrhundert zunehmend auf Beweise gegründet, die der wissenschaftliche Fortschritt erbrachte«.

Für die Naturtheologen gab es grundsätzlich zwei Wege, die Naturwissenschaft zum Beweis der Existenz einer Gottheit heranzuziehen. Zum einen konnten sie den angeblich zweckmäßigen Plan der Natur aufzeigen und dabei auf die Notwendigkeit eines Baumeisters hinweisen. Wie wir gesehen haben, war das Sonnensystem hier ein paradigmatisches Beispiel, aber außer im Himmel sah Newton auch sonst überall Beweise für Gottes intelligentes Handwerk. Ein weiteres Beispiel war das menschliche Auge. Newton weigerte sich zu glauben, daß diese wunderbare Einrichtung durch »blinde und zufällige« Ursachen entstanden sei. Ebenso sprach für ihn aus der bilateralen symmetrischen Anatomie von Tieren ein Schöpfer mit einem Hang zur mathematischen Ordnung. Anfang des 18. Jahrhunderts waren Argumente dieser Art äußerst beliebt: Über den Nachweis eines zugrundeliegenden Plans natürlicher Systeme wurde auf die Existenz Gottes verwiesen. Im Jahre 1714 legte Bernard Nieuwentijt ein enzyklopädisches Werk vor, *Rechter Gebrauch der Welt-Betrachtung*, in dem er detailliert und erschöpfend Tausende von Beispielen hierfür anführt. Diese Vorstellung war nicht neu, sie war schon im Mittelalter bekannt, aber die neue Naturwissenschaft mit ihren weiter entwickelten analytischen Verfahren und ihren Beobachtungsapparaturen (besonders dem Mikroskop und dem Teleskop) verliehen dem »Argument vom Plan« neue Kraft.

Erstaunlicherweise entwickelten die Naturwissenschaften einen zweiten Weg, die Existenz Gottes zu erklären, und zwar über die Dinge, die sie nicht erklären konnten. Dies führte zur sogenannten Argumentation mit dem Gott der Lücken. Ein klassisches Beispiel war Newtons Überzeugung, wegen der ständig wirksamen Schwerkraft würden die Sterne in sich selbst zusammenfallen, gäbe es nicht einen Gott, der sie davon abhielte. Da die Gesetze der Bewegung und der Schwerkraft allein die Stabilität des Kosmos nicht erklären konnten, füllte Newton die »Lücke« mit Gott aus. Ein besonders interessantes Argument für den »Gott der Lücken« führte der holländische Physiker Willem 's Gravesande an: Er argumentierte, wenn man davon ausging, daß jährlich mehr Jungen als Mädchen geboren würden, wäre es höchst unwahrscheinlich, daß ohne die Einwirkung eines allwissenden Wesens gleich viele Mädchen und Jungen das Erwachsenenalter erlebten. So wurde Gott angeführt, um zu erklären, was die aufkommenden Forschungen zur Wahrscheinlichkeitsberechnung offensichtlich nicht leisten konnten.

Sowohl bei der Argumentation mit dem »Gott der Lücken« wie auch beim Argument vom Plan der Natur wird deutlich, daß die erkenntnistheoretische Macht zwischen Naturwissenschaften und Religion aufgeteilt war. Man hielt die Naturwissenschaft für das angemessene Mittel, die Vorgänge in der Natur zu beschreiben, aber man hielt ihre Fähigkeit der Weltdeutung für begrenzt: Eine »höhere« Macht übernahm alle Erklärungen, die die Wissenschaftler nicht leisten konnten. So hatten die Mathematischen Männer und die Theologen den erkenntnistheoretischen Bereich der Natur zur beiderseitigen Zufriedenheit unter sich aufgeteilt. Jede Seite erkannte die Stärken der anderen an, und letztendlich profitierten beide von der Beziehung. So wie Anfang des 18. Jahrhunderts die Theologie die Unterstützung der Naturwissenschaft benötigte, so war die Newtonsche Naturwissenschaft anfänglich auch auf die Hilfe der Theologie angewiesen. In vielen historischen Darstellungen wird der Eindruck vermittelt, die Newtonsche Physik sei direkt so überzeugend gewesen, daß sie schnell und problemlos ins allgemeine Bewußtsein eingegangen sei. Doch diese Darstellung ignoriert die Tatsache, daß zu jener Zeit nur wenige Leute in der Lage waren, die Newtonschen Gesetze zu verstehen. Wie jede radikal neue Idee mußte das Newtonsche Weltbild der Öffentlichkeit erst verkauft werden.

Der Newtonianismus mußte um seine Anerkennung kämpfen, da besonders auf dem europäischen Kontinent die Kartesianer die Vorstellung von der Schwerkraft vehement ablehnten. Der »Wert« der Newtonschen Gesetze war keineswegs offensichtlich, und es war selbst in England eine ganze Menge Öffentlichkeitsarbeit nötig, bis seine Naturwissenschaft akzeptiert wurde. So war dies auch ein oberstes Ziel der Boyle-Dozenten. Hatte Newton seinen Namen für ihre neue Version anglikanischer Theologie hergegeben, so drückten sie im Gegenzug seiner Naturphilosophie den Stempel religiöser Ehrbarkeit auf. Religion und Physik arbeiteten Hand in Hand.

Wie die Beziehung zwischen den französischen Mechanisten und dem Katholizismus war auch die Verbindung zwischen den englischen Verfechtern des Newtonianismus und den Anglikanern zum Teil aus dem Wunsch nach einer stabilen und gesetzmäßigen Gesellschaft entstanden. Das 17. Jahrhundert war in England eine Zeit tiefgreifender sozialer Unruhen. Der Bürgerkrieg brachte eine Reihe weiterer Probleme mit sich. Die offene politische Revolte gegen die Monarchie, bei der die vielschichtige englische Gesellschaft für kurze Zeit ernsthaft ins Wanken geriet, wurde von Zauberei, Hexerei und sektiererischen Häresien begleitet. Nach dieser Krise setzten sich viele anglikanische Kleriker für die traditionelle gesellschaftliche Ordnung ein. Die Naturauffassung der Newtonschen Philosophie mit ihrem gesetzmäßigen Universum, das von einem allmächtigen, aber vorausschauenden Gott beherrscht wird, bot ein gutes Vorbild für die Gesellschaft, die diese Kleriker wünschten. Die Historikerin Margaret Jacob sieht das folgendermaßen: »Die kosmische Ordnung und der Plan, die in den *Principia* erklärt sind, wurden in den Händen von Newtons frühen Nachfolgern zum natürlichen Vorbild einer christlichen Gesellschaft, die die Vorsehung geplant hat und die unterschiedlichen Religionen einigermaßen tolerant gegenübersteht, sofern sie nicht die Stabilität des Staatswesens bedrohten.«

Parallel zur Newtonschen Naturwissenschaft entstand so ein *sozialer* Newtonianismus, der die Gesellschaft als eine »natürliche«, von Gott bestimmte Ordnung betrachtete. Für die sozialen Newtonianer war die »Stabilität des Staatswesens« von größter Bedeutung, und um seinen Fortbestand zu sichern, predigten Bentley, Clarke und Whiston, man solle den »natürlichen« Herrschern ihre Stellung zugestehen, und keiner solle »übermäßig bemüht« sein, seine oder ihre gesellschaftliche Stellung zu verändern. Die Newtonsche Gesellschaft war, wie auch der Newtonsche Kosmos, eine gesetzmäßige, beständige, unveränderliche und angeblich gottgegebene Ordnung. Wie die

Planeten in ihren jeweiligen Umlaufbahnen blieben, sollten auch die Menschen in ihrer jeweiligen (gesellschaftlichen) Stellung verharren. Man muß bedenken, daß diese Newtonianischen Kleriker nicht zu den unteren Schichten predigten (von denen im vorhergehenden Jahrhundert beträchtliche Unruhen ausgegangen waren), sondern vor allem zu wohlhabenden Zuhörern, die in London lebten. Wie Jacob bemerkt, versicherten sie den versammelten Vermögenden, »vernünftige Leute müssen einsehen, daß es eine weitreichende kosmische Ordnung gibt, die von Gott gegeben ist, und versuchen, diese in der Gesellschaft und in der Regierung nachzuahmen«. Also war es die moralische Pflicht der Menschheit, im sozialen Bereich die Ordnung nachzuempfinden, die Newton in der Natur entdeckt hatte. Und so fiel der Newtonschen Wissenschaft im 18. Jahrhundert wie schon dem französischen Mechanismus im 17. Jahrhundert die Aufgabe zu, den Status quo zu rechtfertigen. Jacob und andere haben argumentiert, diese soziopolitische Aufgabe sei ein Faktor für die Akzeptanz gewesen.

Ein Teil dieser »natürlichen« oder gottgegebenen Ordnung, die der soziale Newtonianismus erhalten wollte, war die Geschlechterordnung. Sah man die Männer als Planeten, die in ihrer jeweiligen Stellung blieben, konnte man die Frauen als Monde betrachten, die »natürlich« gezwungen waren, die Umlaufbahn um ihre Männer beizubehalten. Offiziell an naturwissenschaftlichen Entwicklungen teilzuhaben, war für Frauen im 18. Jahrhundert unmöglich. Nach wie vor akzeptierte die Royal Society keine Frauen als Mitglieder, und keine einzige Frau erlangte den Abschluß an einer englischen Universität. Auch auf dem europäischen Kontinent nahm keine größere naturwissenschaftliche Gesellschaft Frauen als vollwertige Mitglieder auf, nur in der italienischen Provinz gab es einige Gesellschaften, die Frauen aufnahmen, und in Deutschland wurden einzelne Frauen als außerordentliche Mitglieder an der Berliner Akademie der Wissenschaften akzeptiert. Auch erlangten in Italien und in Deutschland einige wenige Frauen akademische Abschlüsse. In Italien lehrten einige Frauen Mathematik und Physik an den Universitäten. Offiziell erging es den Frauen in Frankreich kaum besser als in England. Hier gab es jedoch die sehr lebendige Szene der Salons, die einen bedeutenden, wenn auch inoffiziellen Teil der neu entstehenden Kultur der Wissenschaft übernommen hatten. Und dort spielten Frauen eine zentrale Rolle bei der Verbreitung der neuen Naturphilosophie.

Im 18. Jahrhundert war England führend in den Naturwissenschaften wie auch führend darin, den Frauen ihren Platz in der Welt der wissenschaftlichen Forschung zu verweigern. Zwar war der soziale Newtonianismus nicht der einzige Faktor, der die Möglichkeiten der Wissenschaftlerinnen beschränkte, doch trug das starke Band zwischen Newtonianismus und Religion in diesem Land sicher dazu bei, das Bild des Wissenschaftlers als Priester lebendig zu halten, und diese Vorstellung schuf ein eher frauenfeindliches Klima. Die Betonung der Verbindung zwischen Physik und Religion verstärkte die alte Auffassung von der mathematischen Naturwissenschaft als heilige Tätigkeit, die schon seit langem eine Barriere für die Mathematische Frau darstellte.

In Frankreich war die neue Physik ebenfalls in einem stark religiös geprägten Umfeld entstanden, doch ihre geistlichen Unterströmungen waren weniger stark, da die französische Gesellschaft des 17. Jahrhunderts anders strukturiert war als die englische. Mit den Salons gab es hier wenigstens einen Ort, an dem Frauen an der wissenschaftlichen Diskussion teilhaben konnten. Im 17. und zu Anfang des 18. Jahrhunderts waren die Salons höchst bedeutende soziale, politische und kulturelle Brennpunkte, und die großen *Salonières* wie Madame de Lambert und Madame de Tencin fungierten als mächtige Vermittlerinnen für ehrgeizige und talentierte Männer. Diese Frauen waren weitaus mehr als nur Gastgeberinnen, sie konnten Karrieren fördern oder ruinieren. Es hieß zum Beispiel, wer zur Académie Française zugelassen werden wollte, mußte den Salon von Madame de Lambert durchschreiten. Wie andere ehrgeizige Männer besuchten auch zahlreiche französische Naturwissenschaftler die Salons, um von der einzigartigen Kombination von Gesellschaft, Politik und Macht, die man dort antraf, zu profitieren.

Die französischen Salons waren keine Orte der Entspannung für müßige Naturwissenschaftler. Wie die Historikerin Mary Terrall gezeigt hat, spielten sie eine bedeutende Rolle bei der Legitimation der neuen Wissenschaft. Vor allem, sagt Terrall, »mußten die Vertreter der Naturwissenschaft die Öffentlichkeit vom Wert der Mathematik und der Experimente überzeugen«. Und in Frankreich bestand ein wichtiger Teil dieser Öffentlichkeitsarbeit darin, einflußreiche Salondamen als Verbündete zu gewinnen. Ein Vorreiter in diesem Bemühen war im ausgehenden 17. und beginnenden 18. Jahrhundert Bernard de Fontenelle, der auf Lebenszeit Sekretär der königlichen Akademie der Wissenschaften in Paris war.

Fontenelle wollte die Naturwissenschaften auch einem Publikum ohne Vorbildung zugänglich machen und sie dazu noch unterhaltsam präsentieren – und er schloß dabei bewußt Frauen mit ein. In seinem äußerst erfolgreichen Buch *Unterredungen über die Mehrheit der Welten, ein astronomisches Handbuch für das Schöne Geschlecht* (1686, dt. 1794) »wirbt er mit der fiktiven Gestalt einer naiven, aber intellektuell empfänglichen Marquise für das Ideal einer allgemein zugänglichen Rationalität«, beschreibt Terrall. Die »Unterredung« war als intellektuelle Verführung angelegt, bei der der Erzähler, ein Mathematiker, eine gebildete junge Marquise mit einer bezaubernden und geistreichen Konversation über die neue Kosmologie »umwirbt«. Bald folgten andere Autoren diesem Beispiel. Einer der erfolgreichsten war Francesco Algarotti mit seinem 1737 verfaßten *Il neutonianismo per le dame* (Newtonianismus für Damen). Wenn Fontenelle auch in den Frauen der Aristokratie potentielle Verbündete für die neue Wissenschaft sah, »so grenzte er doch gleichzeitig die akademische Praxis deutlich von der Konversation in den Salons ab«, so Terrall. Zwar wünschte Fontenelle die Unterstützung der Frauen bei der Verbreitung und Legitimierung der neuen Wissenschaft, doch er hatte keineswegs die Absicht, sie an der *Entstehung* der naturwissenschaftlichen Erkenntnisse teilhaben zu lassen. Frauen durften Zuschauerinnen und Förderinnen der Naturwissenschaft sein, aber ihre Ausübung sollte ein Vorrecht der Männer bleiben. Mit anderen Worten, die Akademiker durften in die Salons gehen, aber Fontenelle machte deutlich, daß die Frauen aus den Salons nicht an die Universität gehen sollten. In den *Unterredungen über die Mehrheit der Welten* betont er, das Verständnis der Gräfin sei begrenzt, und vieles übersteige ihr weibliches Auffassungsvermögen. Die »höheren« Wahrheiten waren den gebildeten männlichen Köpfen der Akademie vorbehalten. So blieb die Naturwissenschaft auch in Frankreich im Kern eine »priesterliche« Aufgabe und ihr offizieller Ort (die Akademie) den Männern vorbehalten. Aber es gab eine echte Marquise, die sich nicht mit der Rolle als Zuschauerin der neuen Wissenschaft zufriedengab: Émilie du Châtelet.

Gabrielle-Émilie Le Tonnelier de Breteuil (1706–1749) war neunzehn Jahre alt, als sie Forent-Claude, den Marquis du Châtelet, heiratete. Nachdem sie ihm drei Kinder geboren hatte, wandte die junge Marquise ihre Aufmerksamkeit zunehmend der Wissenschaft zu und begann mit dem Studium der neuen Philosophie. Gleichzeitig war sie Voltaires Vertraute geworden, der selbst seit kurzem von der Newtonschen Philosophie fasziniert war. Über Voltaire lernte Châtelet einige frühe französische Newtonianer kennen, darunter auch den Physiker Pierre Maupertuis, der ihr aus Gefälligkeit anbot, sie in Mathematik zu unterrichten. Châtelet erwies sich als derart begabte Studentin, daß sie Voltaire zu seinem Buch das mathematische Fachwissen liefern konnte, das ihm fehlte. Zum Dank für diesen Beitrag widmete er ihr dieses Werk.

Im Jahre 1783 begann Châtelet heimlich mit der Arbeit an einem eigenen Buch über die Newtonsche Physik, aber nachdem sie durch einen anderen Lehrer die Leibnizsche Metaphysik kennengelernt hatte, schrieb sie ihr ganzes Werk noch einmal um. Als das Buch kurz vor seiner Vollendung stand, sah ihr Lehrer Samuel König zufällig einige Seiten, und da es für ihn unter seiner Würde war, nur als der Lehrer einer Dame bekannt zu werden, drehte er die Geschichte um und behauptete, der wahre Verfasser des Werks zu sein. Wie Châtelet befürchtet hatte, glaubten die männlichen Naturwissenschaftler nur allzu bereitwillig diese Geschichte, und sie war um die entsprechende Würdigung ihrer Arbeit betrogen. Schließlich brachte sie ihr Buch anonym heraus. Trotz dieses Rückschlags blieb Châtelet entschlossen, die Franzosen mit Newton bekannt zu machen, und sie wandte sich dem Werk zu, für das sie heute noch bekannt ist: der Übersetzung und Kommentierung der *Principia*. Bis heute ist dies die einzige französische Übersetzung dieses fruchtbaren Werkes, und es bot vielen Generationen einen Zugang zur Welt des englischen Physikers. Auch die ausführlichen Erklärungen und Anmerkungen Châtelets waren angesichts der technischen Schwierigkeiten, die Newtons Text bot, eine große Hilfe bei der Lektüre. Kurz vor der Vollendung dieses gewaltigen Unternehmens stellte Châtelet im Alter von zweiundvierzig Jahren fest, daß sie schwanger war. Unglücklicherweise starb sie wenige Tage nach der Geburt des Kindes und erlebte die Veröffentlichung ihres Werks nicht mehr.

Émilie hatte wie Margaret Cavendish versucht, in den Diskurs über die neue Wissenschaft einzutreten, und wie ihre Vorgängerin hatte sie spüren müssen, wie schwierig es für eine Frau war, von ihren männlichen Kollegen ernstgenommen zu werden. Auch Châtelet hatte eifrig jede Gelegenheit genutzt, mit Akademikern über ihre Arbeit zu diskutieren, sogar mit denen, die ihr vorwarfen, sich auf fremdes Gebiet gewagt zu haben. Doch in der von Männern dominierten akademischen Welt war eine Frau per definitionem eine Außenseiterin, was Émilie du Châtelet zeit ihres Lebens blieb.

Émilie du Châtelet war nicht die einzige Frau auf dem europäischen Kontinent, die Anfang des 18. Jahrhunderts versuchte, einen wichtigen wissenschaftlichen Text in ihrer eigenen Sprache einer größeren Leserschaft zugänglich zu machen. Im Jahre 1722 veröffentlichte Giuseppa Eleonore Barbapiccola eine italienische Übersetzung von Descartes' *Prinzipien der Philosophie*. Als sie das Werk übertrug, war sie etwa zwanzig Jahre alt. Barbapiccola war der Meinung, der Philosoph habe für ein weibliches Publikum geschrieben, da er diesen Text der Pfalzgräfin Elisabeth gewidmet hatte. Und dieses Publikum wollte sie nun auch selbst erreichen. In ihrem Vorwort schrieb sie: »Ich wollte dieses Werk ins Italienische übersetzen und es so vielen anderen Menschen zugänglich machen, besonders Frauen, die, wie eben derselbe René in einem seiner Briefe sagt, begabter für Philosophie sind als Männer.«

Später im gleichen Jahrhundert machte sich Maria Angela Ardinghelli (1728–1825) an die Aufgabe, das Werk von Stephen Hales, dem vielleicht wichtigsten Newtonianer nach Newton selbst, in Italien einzuführen. Sie übersetzte nicht nur seinen Text, sondern überprüfte auch alle seine Ergebnisse, korrigierte seine Fehler und wiederholte Experimente, die ihr nicht klar waren. Die Historikerin Paula Findlen stellt fest: »Sie versäumte nicht, ihre überragenden mathematischen Fähigkeiten zu demonstrieren, indem sie sein Werk in allen Teilen weiter ausführte.« Anders als Châtelet, die immer ihre unzulängliche Ausbildung beklagt hatte, war Ardinghelli von Kindheit an in Mathematik und Physik unterrichtet worden und überraschte im Alter von zwanzig Jahren in den Salons von Neapel mit ihren Kenntnissen in Elektrizität, der neuesten naturwissenschaftlichen Mode. Ardinghelli wurde dem französischen

Priester und Physiker Abbé Nollet vorgestellt, der bald ihr Mentor wurde, und im Laufe der Jahre korrespondierte sie mit ihm über eine Vielzahl naturwissenschaftlicher Themen. Als Mitglied der Pariser Académie des Sciences ermutigte Nollet auch andere Mitglieder, mit ihr zu korrespondieren, aber zu seinem Bedauern konnte sie selbst nicht Mitglied dieser erhabenen Institution werden. Da der aufgeklärte Abbé für diese erwiesenermaßen begabte Frau die Aufnahmebedingungen nicht ändern konnte, überzeugte er die Mitglieder, ihr Porträt in die Galerie der Akademie aufzunehmen. Das *Bild* einer Frau war offensichtlich das Äußerste, was diese Männer in ihrer Mitte dulden konnten.

Es gab jedoch eine italienische Frau im 18. Jahrhundert, die die institutionellen Schranken der Naturwissenschaft überwand und in diese Gemeinschaft Aufnahme fand. Aber auch der Erfolg von Laura Bassi (1711–1778) stieß an die Grenzen dessen, was eine Physikerin zu dieser Zeit erreichen konnte. Wie alle Mathematischen Frauen bis jetzt erhielt Laura Bassi ihre Ausbildung zu Hause. Als Tochter eines Anwalts aus Bologna wurde sie vom Arzt der Familie, Gaetano Tacconi, ausgebildet, und im Alter von zwanzig Jahren erregte sie mit ihren Kenntnissen in Kartesianischer und Newtonianischer Naturphilosophie allmählich Aufsehen. Sie wurde bekannt als »Monster der Philosophie«. Unter zunehmendem Druck, ihre Gelehrsamkeit öffentlich zu präsentieren, gestattete Tacconi einer ausgewählten Gruppe von Professoren und gelehrten Herren, Bassi über eine Reihe von Themen disputieren zu hören. Sie waren so beeindruckt, daß Laura Bassi wenige Monate später an das Institut der Naturwissenschaften in Bologna berufen und zur Prüfung für einen Abschluß an der Universität zugelassen wurde. Sie bestand diese Prüfung am 12. Mai 1732 mühelos und war damit die zweite Frau, die bis dahin *jemals* eine akademische Qualifikation erlangt hatte. Die einzige Frau vor ihr war die Adlige Elena Cornaro Piscopia aus Venedig, die 1678 an der Universität von Padua einen Abschluß in Philosophie machen konnte. Schließlich bot der Senat der Universität von Bologna der Bassi einen Lehrstuhl an. So wurde sie im Jahr 1732 die erste Professorin der Welt.

Aber die junge »Philosophin« war keine gewöhnliche Lehrkraft an der Universität, denn der Senat ließ sie nur unter strengen Auflagen zu. Sie durfte nur mit seiner Erlaubnis Vorlesungen halten, und in der Praxis sollte dies nur zu besonderen öffentlichen Anlässen der Fall sein. Paula Findlen meint, die Universität habe sie nur als exotische Besonderheit zu Repräsentationszwecken aufgenommen, um der einst so großen, doch inzwischen weniger beachteten Institution wieder Ruhm und Beachtung zu verschaffen. Als Publikumsmagnet war Bassi ein ungeheurer Erfolg: Die Menschen kamen in Scharen zu ihren Vorlesungen, und reisende Gelehrte aus ganz Europa machten in Bologna halt, um die berühmte *doctoressa* zu hören.

Aber Bassi hatte ihre eigenen Vorstellungen. Sie gab sich nicht mit der Rolle der akademischen Zierpuppe zufrieden und begann, ihre Stellung auszubauen. Ein erster Hinweis auf ihre unabhängige Haltung zeigte sich in ihrem Entschluß zu heiraten. Da von Frauen ihres Alters wenig anderes erwartet wurde, mag diese Entscheidung zunächst wenig radikal erscheinen, doch hatte der Senat Bassi als eine Art gelehrter Jungfrau mit symbolischer Bedeutung vorgesehen. Diese Vorstellung rief Erinnerungen wach, »sowohl an die Tradition der Frauen in den religiösen Orden als Bräute Christi wie auch an die Tradition der bürgerlichen Jungfrauen, deren Keuschheit die Grundlage einer republikanischen Regierung darstellte«, so Findlen. Bei der Feier zur Verleihung ihres akademischen Grades hatte sie einen Ring erhalten, der ihre Heirat mit der Stadt und der Universität symbolisieren sollte. Bassi weigerte sich, dieser Erwartung zu entsprechen, und heiratete im Jahre 1738 den Physiker Giovanni Giuseppe Veratti, dem sie acht Kinder gebar.

Auch als Mutter widmete sie sich mit unverminderter Ent-

schlossenheit der Physik, und sie konnte die Universität überzeugen, ihren Stundenplan öffentlicher Vorlesungen auszuwei-
ten. Aber sie hat nicht alle Rechte bekommen, die ihr zustan-
den, und so wurde sie nie ein ordentliches Mitglied der
Universität. Ihre Rolle an der Universität behielt etwas Forma-
les, wenn sie auch »im Jahre 1760 mehr verdiente als die anderen
Professoren und Institutsmitglieder, einschließlich des Präsidenten«, wie Findlen berichtet.

Wiederum gab sie sich nicht mit den eingeschränkten Aktivitäten zufrieden, die der Senat der Universität ihr zugestand,
und sie bot ab 1749 in ihrem Haus Privatunterricht in experimenteller Physik an. Sie war eine Verfechterin der Newtonschen Physik zu einer Zeit, als diese in Italien noch wenig bekannt war. Gemeinsam mit ihrem Mann begann sie, über
Elektrizität zu forschen. Bassi war ihr Leben lang ein herausra-
gendes Mitglied des Instituts, schrieb wissenschaftliche Abhandlungen für ihre Zusammenkünfte und leitete die berühmte
Schule für experimentelle Physik. Sie korrespondierte auch mit
einer Reihe der größten Physiker jener Zeit, darunter auch
Rudjer Bošković (er begründete die Vorstellung einer universalen Kraft in der Natur) und Alessandro Volta (der Pionier der
Erforschung der Elektrizität). Im Alter von fünfundsechzig Jahren bekam Bassi schließlich den Lehrstuhl für experimentelle
Physik an der Universität. Diesmal war es der Ehemann, der Assistent wurde!

Bassis Errungenschaften sind wirklich bemerkenswert. Aber
obwohl sie eine führende Rolle bei der Einführung der Newtonschen Naturphilosophie und der experimentellen Physik in
Italien spielte, wurde sie doch eher aufgrund ihres außergewöhnlichen Lebenswegs bekannt, so Findlen. Wenn ihre einzigartige Rolle als Frau in der universitären Landschaft auch
ein Privileg war, so war sie doch auch in dieser Rolle gefangen.
Findlen hat betont, Bassi sei ständig bestrebt gewesen, ihre Stellung zu »normalisieren«, aber sie erreichte keine Gleichstellung

mit den anderen Physikern, sie war immer die Physiker*in*, bei der jeder Schritt Gegenstand von Diskussionen und Debatten wurde. Obwohl sie akzeptiert und respektiert wurde (davon hatte Châtelet nur träumen können), blieb Bassi eine Ausnahmeerscheinung in einer von Männern dominierten Welt. Darüber hinaus gelang es ihr trotz all ihrer persönlichen Erfolge nicht, den Weg für andere Frauen zu ebnen. »Nachdem die männlichen Mitglieder der Universität gesehen hatten, wie weit es eine ehrgeizige und hartnäckige Frau wie Bassi in ihrer Institution bringen konnte, zeigten sie deutliches Widerstreben, einer Frau nochmals solche Freiheiten zu gewähren«, meint Findlen. Erst ein Jahrhundert später würde wieder eine Frau, Marie Curie, sich in der von Männern dominierten Welt der Physik so eindeutig durchsetzen können.

Wie wir gesehen haben, waren Mathematische Frauen im Laufe der Geschichte auf die Hilfe aufgeklärter Männer angewiesen, um Zugang zu der entsprechenden Ausbildung und weiterführenden Möglichkeiten zu erhalten. Und das war bei Bassi nicht anders. Ihre Mentoren waren ihr Vater, der zunächst einmal dafür sorgte, daß sie eine naturwissenschaftliche Ausbildung erhielt, dann ihr Lehrer Tacconi sowie ihr Mann, der ihre unorthodoxen Entscheidungen unterstützte und sich für *sie* einsetzte, als es um die Besetzung des Lehrstuhls in experimenteller Physik ging, und nicht für sich selbst. Aber ihr wichtigster Fürsprecher war Prospero Lambertini – Kardinal, Erzbischof und späterer Papst Benedikt XIV. Da er aus Bologna stammte, war Lambertini bemüht, den naturwissenschaftlichen Ruhm seiner geliebten Stadt wiederherzustellen, und er war es gewesen, der erkannt hatte, welch ein Publikumsmagnet Bassi sein würde. Er war von Anfang an ein wichtiger Förderer, und man munkelte, er habe die Stadt angewiesen, ihr einen Abschluß zuzuerkennen.

Kein Geringerer als der Papst konnte sich also für eine Frau in den Naturwissenschaften einsetzen. Dies zeigt, daß die Kirche nicht notwendigerweise eine frauenfeindliche Atmosphäre in der Wissenschaft fördern mußte. Dafür spricht auch die Tatsache, daß Maria Ardinghellis Mentor jener Abbé Nollet war, der auch mit Bassi korrespondierte. Lambertini mag ganz andere Ziele bei seiner Unterstützung für Bassi verfolgt haben, aber sein feministischer Standpunkt ist deshalb nicht weniger bewundernswert. Unter seinem Einfluß wurde Bologna ein einzigartiger, wenn auch begrenzter Ort der Möglichkeiten für Frauen in den Naturwissenschaften.

Die Akademie bot nicht nur Bassi, sondern auch Émilie du Châtelet an, Mitglied zu werden. Ebenso verlieh die Universität von Bologna einer weiteren Frau, dem gelehrten Wunderkind Cristina Roccati, einen akademischen Grad. Damit war sie die dritte Frau *überhaupt*, die einen akademischen Abschluß erhielt. Roccati (1732–1797) war auf dem Weg, eine zweite Bassi zu werden, als ihre Familie in finanzielle Schwierigkeiten geriet und sie gezwungen war, sich nach Rovigo in die Provinz zurückzuziehen. Lambertini versuchte auch, die Mathematikerin Maria Gaetana Agnesi (1718–1799) anzuwerben. In diesem Falle war es jedoch ihre eigene Entscheidung, diese seltene Gelegenheit nicht zu nutzen.

Vielleicht zeigt das Beispiel Maria Agnesi deutlicher als jedes andere, welche Grenzen Frauen in den Naturwissenschaften im 18. Jahrhundert gesetzt waren. Wie Hypatia war sie die Tochter eines Mathematikers und genoß eine hervorragende Ausbildung, aber im Gegensatz zu Bassi und Châtelet war Agnesi der gesellschaftliche Trubel der Salonszene unangenehm, und sie sehnte sich nach einem ruhigen, religiösen Leben. Nachdem sie zwei Bücher verfaßt hatte – eines handelte von der neuen Naturphilosophie, und das andere ist ein brillanter Text über Differential- und Integralrechnung, in dem sie die mathematischen Theorien von Descartes, Newton und Leibniz zusammenführt –, zog sie sich aus dem gesellschaftlichen Leben zurück. Sie führte ein frommes Leben für den Rest ihrer Tage und verwendete ihr Erbe für wohltätige Zwecke. Ganz gleich, welche Neigungen eine Frau hatte, man erwartete gleichzeitig von ihr, daß sie eine Dame der Gesellschaft war, doch diese Rolle wollte Agnesi nicht spielen.

Im 18. Jahrhundert hatte keine Frau die Wahl, so zu leben wie Newton: als ungeselliger Einzelgänger, der sich nur seiner wissenschaftlichen Arbeit widmete. Wäre Agnesi ein Mann gewesen, hätte sie ihre mathematischen Studien als Mitglied eines religiösen Ordens betreiben können, genau wie Abbé Nollet seine physikalischen. Aber als Frau stand ihr diese Möglichkeit nicht offen, und sie war gezwungen, sich zwischen den beiden Idealen zu entscheiden. Wer weiß, was sie erreicht hätte, wenn sie die Möglichkeit gehabt hätte, als Mathematikerin und Nonne zu leben? Diese Frage können wir im Hinblick auf alle Frauen in diesem Kapitel stellen: Was hätte jede von ihnen erreichen können, wenn sie dieselben Möglichkeiten gehabt hätte, die für ihre männlichen Kollegen selbstverständlich waren?

Waren die Chancen für Mathematische Frauen schon im frühen 18. Jahrhundert nicht gut, so wurden sie gegen Ende des Jahrhunderts eindeutig schlechter. Nun trennten sich die Wege von Physik und Religion. Während die frühen Newtonianer ihre Naturwissenschaft bereitwillig in den Dienst der Theologie gestellt hatten, versuchten die Mathematischen Männer in den späteren Jahren des Jahrhunderts (nachdem sich der Newtonianismus über ganz Europa ausgebreitet hatte), ihre Wissenschaft aus der Verflechtung mit der Religion zu lösen. Aber obwohl die Physik nun zunehmend im säkularen Bereich betrieben wurde, behielten die Mathematischen Männer der Aufklärung eine gleichsam religiöse Auffassung von ihren eigenen Aktivitäten bei und damit meist eine quasi klerikale Haltung in der Frage, wer befähigt war, daran teilzunehmen. Insbesondere betonten sie weiterhin, die Physik sei rechtmäßig ein rein männliches Unternehmen. Diese überkommene Einstellung traf im entstehenden Rationalismus der Aufklärung nicht auf Widerspruch, sondern dieser alte Impuls wurde von der neuen Philosophie aufgefrischt.

Das 18. Jahrhundert mit seinem sozialen Rationalismus, den republikanischen Bestrebungen und der antiklerikalen Tendenz brachte einen Wandel unter den Mathematischen Männern mit sich, besonders in Frankreich. Waren Newton und seine frühen Anhänger noch eifrig bemüht gewesen, die erkenntnistheoretische Macht über die Natur mit den Theologen zu teilen, so wünschten im fortschreitenden 18. Jahrhundert die Physiker zunehmend die gesamte Natur für sich allein in Anspruch zu nehmen. Sie glaubten, die Natur sei selbsterhaltend und brauche keine Hand Gottes, um richtig zu funktionieren. Anstatt etwa die Schwerkraft einer höheren Macht zuzuschreiben, wie Newton es getan hatte, betrachteten die Physiker diese nun einfach als eine der Materie innewohnende Kraft. Außerdem wurden viele Dinge, die die Wissenschaft für Newton noch nicht hatte erklären können und die er einem höheren Wesen zugesprochen hatte, nach und nach durch Untersuchungen geklärt.

Im Werk des französischen Physikers Pierre-Simon Laplace (1749–1827) erreichte diese Tendenz einen Höhepunkt. Im Gegensatz zu Newton waren Mitte des 18. Jahrhunderts die meisten Astronomen zu der Überzeugung gelangt, daß das Sonnensystem ohne göttliche Einwirkung ewig weiter funktionieren würde. Das Problem war jedoch, daß astronomische Forschungsergebnisse diese Ansicht offensichtlich nicht bestätigten. Beobachtungen erbrachten, daß sich der Planet Jupiter immer schneller und der Saturn allmählich immer langsamer bewegten. Auf lange Sicht konnte ein solches System nicht stabil sein. Aber der Tenor naturwissenschaftlichen Denkens hatte sich so stark verändert, daß die Astronomen nun den Fehler in ihren eigenen Berechnungsmethoden suchten, anstatt in dieser Abweichung einen Beweis für die Notwendigkeit eines göttlichen Eingreifens zu sehen, das den kosmischen Mechanismus von Zeit zu Zeit wieder richtig einstellen mußte. Es gab keine »Lücke« im Kosmos, sondern nur in ihrem Verständnis, glaubten sie.

Die Bestätigung für die Autarkie des Sonnensystems wurde schließlich von Laplace erbracht, als er im Jahre 1786 vor der Académie des Sciences den mathematischen Nachweis dafür präsentierte, daß sich die anormalen Bewegungen von Jupiter und Saturn in einigen hundert Jahren umkehren würden. Laplace zeigte, daß diese Anomalien einen Kreislauf darstellten, bei dem ein Planet schneller wird, während der andere langsamer wird und umgekehrt. So war das Sonnensystem von Natur aus stabil, und allein die Newtonschen Gesetze reichten aus, es zu erklären.

Der Glaube an die Autarkie der Natur lieferte den Physikern die argumentative Basis für eine Trennung von Naturwissenschaft und Theologie. Durch den Nachweis, daß das Sonnensystem sich selbst erhielt, machte Laplace nicht nur die höhere Macht überflüssig, die sonst diese Aufgabe hätte übernehmen müssen, sondern er negierte auch ein Argument für die Existenz Gottes. Physiker wie Pierre Maupertuis und Mathematiker wie Jean le Rond d'Alembert erhoben zunehmend Einwände gegen die Naturtheologie und betonten, die materielle Welt könne nicht als Beweis für die Existenz einer Gottheit dienen. Ein führender Verfechter dieser Ansicht war der deutsche Philosoph und Physiker Immanuel Kant (1724–1804). Nach Kant konnten die Lücken im damaligen naturwissenschaftlichen Verständnis niemals als ein Beweis für einen Gott dienen, sondern es mußte den zukünftigen Naturwissenschaftlern überlassen werden, weitere Erklärungen zu finden. Im wesentlichen erklärte Kant die Argumente für den »Gott der Lücken« für ungültig. Er akzeptierte auch keinen Beweis aus einem erkennbaren Plan. Kant stellte das ganze Konzept der Naturtheologie in Frage und untergrub so die Beziehung zwischen Naturwissenschaft und Theologie, die die frühen Newtonianer hergestellt hatten. Er negierte nicht die Existenz Gottes (Kant war ein gläubiger Christ), sondern er vertrat die Ansicht, die Naturwissenschaft könne der Theologie nicht dienlich sein.

Noch radikaler als die Negation der Vorstellung von Gott als aktivem Aufseher über das Universum waren Kant und Laplace, als sie die Rolle Gottes als Schöpfer anzweifelten. Im Jahre 1796 legte Laplace eine Hypothese über die Entstehung des Sonnensystems allein durch natürliche Prozesse vor. Die Details dieser Hypothese sind nicht wichtig; wichtig ist, daß die Mathematischen Männer nun zunehmend vermuteten, die Entstehung des Alls könne eher von der Naturwissenschaft als von der Religion erklärt werden. Kant ging sogar noch weiter. Wie Descartes glaubte er, das gesamte Universum könnte durch mechanische Prozesse entstanden sein. Tatsächlich, sagte er, hat die Natur sich selbst geschaffen, und bei diesem Prozeß kosmischer Schöpfung war Gott überflüssig.

Öffentlich festgeschrieben wurde diese Ansicht in der *Encyclopédie Méthodique*, in einem Artikel mit dem Titel »Die Ordnung des Universums«. Hier wird die gewagte Behauptung aufgestellt, daß Gott sich bald als »überflüssiges Rad im Weltmechanismus« erweisen würde. Aber die bekannteste Äußerung zur Bedeutungslosigkeit Gottes bei der Schöpfung stammt von Laplace selbst. Im Jahre 1802 sprach der französische Physiker mit Napoleon. Als die Rede auf die neue Himmelsmechanik kam und Napoleon ahnungslos fragte, wer der Urheber dieses wunderbaren Systems am Himmel sein möge, soll Laplace der Überlieferung nach in bezug auf Gott gesagt haben: »Ich brauche diese Hypothese nicht.« Dieses eine Mal war Napoleon wahrscheinlich sprachlos.

Nachdem Laplace und Kant Gott aus der Natur »hinausgeschrieben« hatten, nahmen sie diese vollständig für die Wissenschaft in Anspruch. Wo Galileo versucht hatte, das Planetensystem von der Religion abzutrennen, beanspruchten Laplace und Kant nun das gesamte physische Universum, einschließlich seiner Schöpfung. Damit stellten sie sich bewußt gegen die Theologen, denn wer die Schöpfung des Kosmos interpretieren wollte, betrat theologisches Gebiet. Wieder ging es nicht um den Gegensatz zwischen Vernunft und Glauben, denn wie die Naturwissenschaft zu Galileos Zeiten nicht beweisen konnte, daß sich die Erde bewegte, so konnte die Naturwissenschaft in den Tagen von Laplace nicht zeigen, daß das Sonnensystem oder das Universum aus natürlichen Prozessen entstanden ist. Laplaces und Kants Behauptung basierte nicht auf wissenschaftlichen Beweisen, sondern auf einem anderen Glauben – dem Glauben, daß die Wissenschaft schließlich in der Lage sein *würde,* die gesamte Natur zu erklären.

Ein Großteil dieses Glaubens ist auf Fortschritte in den Techniken mathematischer Analysen zurückzuführen, die im 18. Jahrhundert erzielt wurden. Nachdem Laplace in einer mathematischen Tour de Force gezeigt hatte, daß das Sonnensystem selbsterhaltend war, wuchs das Vertrauen, daß die mathematische Analyse letztendlich in der Lage sein würde, die allerinnersten Geheimnisse der Natur zu enthüllen. In diesem Jahrhundert hatten Mathematiker wie Joseph Louis Lagrange wirkungsvolle Methoden entwickelt, mit denen die Newtonschen Gesetze auf eine Vielzahl unterschiedlicher Fälle angewendet werden konnten, auch auf die Bewegung von Flüssigkeiten und das Verhalten verformbarer Körper. Durch die Mathematik gewannen die Physiker Erkenntnisse über das Licht, die Wärme, die Bewegung von Flüssigkeiten, über Elastizität und Elektrizität. Alles in allem erwies sich die Mathematik als ungeheuer wirkungsvolles Werkzeug, um die verborgene Ordnung hinter dem Schleier der Sinneswahrnehmungen zu erkunden. Gab es irgend etwas, das damit nicht erhellt werden konnte?

Laut Laplace konnte die Analyse den Menschen fast gottgleiche Allwissenheit verleihen. Bekannt ist seine Aussage, in der er behauptete, wenn es »eine Intelligenz« gäbe, die die Naturgesetze und in jedem Augenblick den genauen Zustand jedes Teilchens im Universum kennen würde, dann wäre diese Intelligenz in der Lage, den exakten Zustand des Universums zu jedem beliebigen Zeitpunkt in Vergangenheit oder Zukunft zu berechnen. Roger Hahn hat darauf hingewiesen, daß Laplaces Intelligenz als <u>rudimentärer Gott</u> gesehen werden könnte. Es war die alte, <u>christlich-pythagoreische Gottheit</u>, die bar aller moralischen, erlösenden und vorhersehenden Eigenschaften war, <u>ein Gott, der nur mathematisch berechnet</u>. Noch verblüffender als Laplaces »Gott« ist die starke Ähnlichkeit mit einer übermenschlichen Version des Physikers selbst. Laplace konnte den Stand der Planeten berechnen, doch die »Intelligenz« war in der Lage, den Zustand des gesamten Universums zu berechnen. Aber wenn Laplaces Gott eine Art Super-Physiker war, wurde wiederum der Physiker eine Art irdischer Gott – zumindest konnte er dies anstreben. So hatte Laplace vielleicht den Wunsch, seine Wissenschaft von der Theologie loszulösen, aber er hatte nicht die Absicht, den Anspruch der Physiker auf eine »höhere« Wahrheit zurückzunehmen. Zwar rückte er die Physik vom institutionalisierten Christentum ab, wollte jedoch eine pythagoreisch-religiöse Ansicht gegenüber der eigentlichen Naturwissenschaft erhalten. Und trotz der zunehmenden Säkularisierung im ausgehenden 18. Jahrhundert galten die Physiker gewissermaßen als Suchende nach quasi göttlichem Wissen.

Diese Haltung wird deutlich in einer – man kann es nicht anders nennen – <u>Vergöttlichung Newtons</u>. Dieser Vorgang hatte schon zu Newtons Lebzeiten begonnen, als Edmund Halley im Vorwort zu den *Principia* erklärt hatte: »<u>Kein Sterblicher kann sich näher an die Götter wagen</u>.« Alexander Pope nahm diese Empfindung auf, als er das bekannte Epitaph verfaßte:

Nature, and Nature's laws lay hid in Night.
<u>God said, *Let Newton be!* and All</u> was Light.

(Die Natur und ihre Gesetze lagen verborgen im Dunkel der Nacht.

Gott sprach: *Es werde Newton,* und alles wurde ans Licht gebracht.)

leeres Kapitel (zu Erinnerung)

Sieben Jahre später, 1735, baute die britische Regierung ihren »Temple of Worthies«, um dem Genius der Nation ein Denkmal zu setzen, und die Inschrift über Newtons Büste begann mit den Worten: »Sir Isaac Newton, den der Gott der Natur schuf, um seine Werke zu verstehen: und aus einfachen Prinzipien bis dahin unbekannte Gesetze zu entdecken.«

Ende des 18. Jahrhunderts trieben die Franzosen die Vergöttlichung Newtons noch weiter. Der Architekt Étienne-Louis Boullée entwarf ein riesiges Zenotaph für den englischen Physiker. Es wurde zwar nie gebaut, aber es sollte die Inschrift tragen: »Erhabener Geist! Unermeßlicher und tiefgründiger Genius! Göttliches Wesen!« Champlain de la Blancherie warf den Engländern vor, sie würdigten Newtons Göttlichkeit nicht ausreichend. Für Blancherie wäre es eine angemessene Würdigung gewesen, die Zeitrechnung in Newtons Geburtsjahr 1642 neu beginnen zu lassen. Damit hätte Newton Christus als Anfangspunkt des westlichen Kalenders abgelöst.

Mit dieser geradezu religiösen Einstellung zur Physik lebte der alte Glaube wieder auf, die Suche nach den »Gesetzen« der Natur sei eine »priesterliche« Tätigkeit und damit allein den Männern vorbehalten. Kant (ein ausgebildeter Theologe, der die Gesellschaft von Frauen zeit seines Lebens mied) erklärte, die Naturwissenschaft habe eigentlich »ein männliches Angesicht« und schimpfte über Frauen, die sich auf diesen geheiligten Boden wagten: »Ein Frauenzimmer, das den Kopf voll Griechisch hat, wie die Frau Dacier, oder über die Mechanistik gründliche Streitigkeiten führt, wie die Marquisin von Chastelet, mag nur immerhin noch einen Bart dazu haben; denn dieser würde vielleicht die Miene des Tiefsinns noch kenntlicher ausdrücken, um welchen sie sich bewerben.« An anderer Stelle schrieb er: »Die Schönen können den Cartesius seine Wirbel immer drehen lassen, ohne sich darum zu bekümmern.«

Wiederum kann man für die Abwesenheit von Frauen in der Physik im späten 18. Jahrhundert nicht allein die religiösen Unterströmungen in der Naturwissenschaft verantwortlich machen, denn in der "Aufklärung" war man generell gebildeten Frauen gegenüber negativ eingestellt. Zum Beispiel begann im Jahr 1788 Christoph Meiners, Professor an der Universität Göttingen, sein vierbändiges Geschichtswerk mit der Bemerkung, er hoffe Europa vom »Elend der pedantischen Frauen« erlösen zu können. Nichtsdestoweniger war die unterschwellige Religiosität in der Physik weiterhin ein wirkungsvolles Mittel, Frauen auszugrenzen.

Mitte des 18. Jahrhunderts griffen diejenigen, die das »männliche Angesicht« der Naturwissenschaft erhalten wollten, zunehmend die Kultur der Salons an, das einzige Forum, wo Frauen sich an der naturwissenschaftlichen Diskussion beteiligen konnten. Laut Jean-Jacques Rousseau senke die Anwesenheit von Frauen das Niveau des Gesprächs unter Männern und trage so zum intellektuellen Verfall einer Nation bei. In der Gegenwart von Frauen, so Rousseau, seien Männer gezwungen, die Vernunft in Galanterie einzukleiden, aber unter sich führten sie »gesetzte und ernsthafte Gespräche«. Als Alternative zur Galanterie der Salons wählte Rousseau eine militärische Metapher für den gelehrten Diskurs: Männer sollten in Disputen ihre Vorstellungen wie auf einem intellektuellen Schlachtfeld verteidigen. Er zog eine Parallele zwischen einem starken Geist und einem kräftigen Körper und behauptete, Frauen fehle die Kraft, in der Naturwissenschaft mitzuwirken. Rousseau sprach sich dafür aus, daß Männer sich zu ernsthaften intellektuellen Bemühungen in rein männliche Clubs oder »Zirkel« zurückziehen sollten.

Rousseaus Ansicht nach förderten die Salons einen unerträglich poetischen und »femininen« Stil in der wissenschaftlichen Literatur. Gedichte, Dialoge und andere literarische Stilmittel sind aber schon immer in wissenschaftlichen Werken eingesetzt worden, und viele *salonnières* waren um einen anmutigen Stil bemüht. Männer wie Diderot, der Herausgeber der großen *Encyclopédie*, und Graf von Buffon, der französische Naturalist, waren stolz auf ihre elegant formulierten Sätze. Sowohl Diderot wie auch Buffon glaubten, die Gesellschaft der Damen im Salon habe einen positiven Effekt auf Männer, da sie gezwungen seien, ihre Ideen zu erläutern und zu verfeinern. »Durch die Frauen«, so Diderot, »gewöhnen wir uns daran, auch die trockensten und widerspenstigsten Themen mit Charme und Deutlichkeit zu diskutieren.« Aber der poetische Stil, der mit den Salons in Verbindung gebracht wurde, wurde zunehmend herabgesetzt, und die Gegner forderten eine angeblich »männlichere« Prosa, bar aller literarischer Ausschmückung.

Einen Einblick in die Veränderung des naturwissenschaftlichen Schreibstils gewinnt man durch den Vergleich von Buffon und Laplace. Mehrere Jahrzehnte ehe Laplace seine Nebularhypothese über die Entstehung des Sonnensystems vorstellte, hatte Buffon bereits in seinem höchst erfolgreichen Buch *Allgemeine Historie der Natur* eine ähnliche Idee geäußert. Buffons Buch ist als »kosmologischer Roman« bezeichnet worden, aber als Laplace die Idee Ende des Jahrhunderts wieder aufnahm, stützte er sich vor allem auf die neue Wahrscheinlichkeitsrechnung. Mitte des folgenden Jahrhunderts, so die Historikerin Londa Schiebinger, war alle Poesie aus den offiziellen naturwissenschaftlichen Schriften verschwunden, und der Stil wurde zunehmend abstrakter, mathematischer und technischer. Dieser neue Trend benachteiligte alle Laien, besonders aber die Frauen, die noch immer keinerlei Zugang zu höherer Bildung hatten.

Schiebinger hat jedoch hervorgehoben, daß ein poetischer Schreibstil nichts typisch Weibliches ist. Zu anderen Zeiten war die Dichtkunst als eindeutig männliche Domäne beschrieben worden. Nun wurde jedoch die Naturwissenschaft zunehmend im Gegensatz zu allem charakterisiert, was mit Frauen zu tun hatte, und ebenso wurden Frauen mit allem in Verbindung gebracht, was aus der Wissenschaft ausgeschlossen worden war. Schon allein die Begriffe »Naturwissenschaft« und »Weiblichkeit« wurden als *Gegensätze* konstruiert. Die Naturwissenschaft wurde mit Vernunft, Objektivität und Fakten in Verbindung gebracht, Frauen mit Gefühl, Subjektivität und literarischen Anspielungen.

Die Konstruktion von Frauen im Gegensatz zur Naturwissenschaft in der Aufklärung hatte seinen Ursprung in der Theorie der Komplementarität, die besagte, Männer und Frauen seien zwei unterschiedliche, aber sich ergänzende Wesen. Die Komplementarier glaubten, Männer und Frauen seien von der Natur für unterschiedliche Zwecke geschaffen, und beide seien notwendig für das Funktionieren der Gesellschaft. In der Theorie waren die beiden Geschlechter gleich wichtig, aber in der Praxis bedeutete der Unterschied eine Hierarchie, denn die am höchsten bewerteten Eigenschaften waren die, die angeblich die Männer besaßen, während die weniger wichtigen mit den Frauen in Verbindung gebracht wurden. Besondere Bedeutung maßen die Komplementarier der Fähigkeit zu abstraktem Denken auf der männlichen Seite zu, die für die wissenschaftliche Forschung von Bedeutung ist. Laut Londa Schiebinger lehrten die Komplementarier, Frauen besäßen nicht ausreichend Genius, um sich an der Suche nach abstrakten und spekulativen Wahrheiten zu beteiligen. Tatsächlich glaubten Rousseau, Kant, Meiners und eine lange Reihe Intellektueller der Aufklärung, »daß die natürlichen Anlagen der Frauen eine schöpferische wissenschaftliche Arbeit nicht zuließen«.

Bald wurde die Wissenschaft selbst zu Rate gezogen, und praktische Ärzte im aufstrebenden Bereich der Anatomie suchten nach einem wissenschaftlichen Beweis für die intellektuelle

Unterlegenheit der Frauen. Nach sorgfältigen Messungen »entdeckten« die Anatomen, daß bei Frauen der Schädel im Verhältnis zum Körper kleiner war als bei den Männern. Diese Tatsache zeigte ihrer Meinung nach, daß Frauen als denkende Wesen den Männern unterlegen waren. Das Problem bei dieser Schlußfolgerung ist jedoch, daß der Kopf bei Frauen im Verhältnis zu ihrem Körper *größer* ist als bei Männern. Als die Anatomen im 19. Jahrhundert dies schließlich einräumen mußten, schlossen sie daraus nicht, daß die Gehirne der Frauen besser waren. Statt dessen interpretierten sie den im Verhältnis größeren Kopf als Anzeichen unvollständigen Körperwuchses. Die Schädelgröße zeigte ihrer Meinung nach, daß die Frauen den Kindern näher waren, deren Köpfe im Verhältnis ebenfalls größer sind. Wieder einmal wurde für Frauen eine geistige Unterlegenheit gegenüber den Männern konstruiert, und man bezeichnete sie als ungeeignet für die Beschäftigung mit der Naturwissenschaft.

Die Frauenrechtlerin Mary Wollstonecraft (die Mutter von Mary Wollstonecraft Shelley, der Verfasserin von *Frankenstein*) legte im 18. Jahrhundert dar, männliche Wissenschaftler hätten die natürliche Unfähigkeit von Frauen für die Wissenschaften nicht *entdeck*t, sondern *definiert*, und männliche wie weibliche Vertreter der Frauenrechte lehnten diese offensichtliche Eigennützigkeit ab. Theodor von Hippel, Bürgermeister von Königsberg und Bekannter von Kant, sprach den Entdeckungen der Anatomen jede Bedeutung für das Denkvermögen ab. Ganz gleich, welche Unterschiede man gefunden habe, sie könnten nicht mit intellektuellen Fähigkeiten in Verbindung gebracht werden. Aber die Frauenrechtler konnten der Glaubwürdigkeit der Naturwissenschaft nichts anhaben. Gemeinsam mit der neuen Philosophie der Aufklärung bildeten diese Überzeugungen das stabile Fundament für den Ausschluß von Frauen sowohl aus der Naturwissenschaft als auch aus der Politik.

Zu dieser Zeit hallte Frankreich zwar wider von Rufen nach »*Liberté!*« und »*Égalité!*«, aber der einschlägigste in diesem Dreierbund war doch der nach »*Fraternité!*«. Im Gefolge der Französischen Revolution verweigerte die Regierung der Republik den Frauen die politischen Rechte und führte die neu erstellten Definitionen der weiblichen Natur als Beweis dafür an, daß ihnen die »moralische und physische Kraft« zur Ausübung ihrer Bürgerrechte fehle. Die Historikerin Joan Landes hat gezeigt, daß die neue Auffassung von »Volk« nur Männer anerkannte und daß erstmals in der Geschichte die Entrechtung der Frauen im Gesetz festgehalten wurde. Anstatt Frauen aufzufordern, in die Öffentlichkeit zu treten, beschränkte man sie im ausgehenden Zeitalter der Aufklärung auf einen privaten Wirkungskreis. Philosophen wie Rousseau, Kant und Georg Wilhelm Friedrich Hegel rechtfertigten diese Zweiteilung der Gesellschaft mit dem Hinweis auf die Natur und ihre Gesetze. Ihre Sicht der gesellschaftlichen Ordnung basierte auf einer unabänderlichen »natürlichen« Ordnung, in der Frauen ein unpolitisches, familiäres Leben führen sollten, Männer jedoch naturgemäß für öffentliche Aufgaben geeignet waren, besonders für die Bewahrung der Rechtsordnung.

Dieser Dualismus von öffentlich – privat, männlich – weiblich gab dem alten Vorurteil der Kleriker neuen Auftrieb, das Studium der Naturgesetze sei allein eine Aufgabe der Männer. Da die Frauen »von Natur aus« im Privaten und die Männer »von Natur aus« in der Öffentlichkeit angesiedelt waren, fielen die »Gesetze der Natur« in den Bereich der Männer, denn diese waren die öffentlichsten aller Gesetze. So hatte die Philosophie der Aufklärung, anstatt für die Gleichheit der Geschlechter einzutreten, die alte aristotelische Auffassung verstärkt und sichergestellt, daß die Frauen der Moderne weiterhin von den offiziellen Schauplätzen der Naturwissenschaft ausgeschlossen blieben. Als Rousseau an d'Alembert schrieb, den Frauen fehle die »himmlische Flamme«, hätte dies genauso ein Zeitgenosse des 13. Jahrhunderts schreiben können. Wie zuvor, sollte die Natur allein dem Mathematischen Mann gehören.

Nach der französischen Revolution verschwanden die Salons und mit ihnen der Ort, an dem Frauen leicht mit Naturwissenschaftlern in Kontakt treten konnten. Während des *ancien régime* war es wenigstens einigen Damen des Adels möglich gewesen, im Austausch gegen gesellschaftliches Ansehen naturwissenschaftliche Kenntnisse zu erlangen; aber im neuen Klima der »Gleichheit« waren *alle* Frauen gleichermaßen ausgeschlossen. Die Möglichkeiten, die sich Mathematische Frauen zu Anfang des Jahrhunderts allmählich erschlossen hatten, gehörten der Vergangenheit an. Die zahlreichen Hindernisse, denen sich Frauen in der offiziellen Welt der Wissenschaft gegenübersahen, glichen nahezu den mittelalterlichen Verhältnissen. In einem Leserbrief an den Herausgeber einer Zeitschrift im Jahre 1796 hieß es: »Zu allen Zeiten haben die Männer versucht, Frauen vom Wissen auszuschließen. Aber heute ist diese Haltung mehr in Mode als je zuvor.«

Mary Somerville

Marie Curie im Labor

7
NATURWISSENSCHAFT ALS ERLÖSUNG

Zwischen Angehörigen verschiedener Religionen oder unterschiedlicher Ausprägungen einer Religion wurden schon unzählige erbitterte Kämpfe ausgetragen. Wenn man dies bedenkt, dann erscheinen die Auseinandersetzungen zwischen den Bewahrern des Christentums und den Vertretern der Naturwissenschaft im 17. und 18. Jahrhundert noch erstaunlich harmonisch verlaufen zu sein. Das war möglich, weil die Theologen nichts Wesentliches des christlichen Glaubens aufgaben, als sie die Natur den Naturwissenschaftlern überließen. Nicht die Auffassung der materiellen Welt war zentral für das Christentum, sondern die geistige Ebene – insbesondere die Verheißung, daß durch Christus alle Menschen ohne Ansehen ihrer gesellschaftlichen Stellung, ihrer Hautfarbe oder ihres Geschlechts in ewiger Gnade erlöst werden sollten. Auch nachdem die Physiker die *gesamte* Natur für die Wissenschaft in Anspruch genommen hatten, blieb der geistige Kern des Christentums unberührt. Die Trennung von Materiellem und Geistigem in unterschiedliche Disziplinen stellte einen Bruch der Einheit dar, die für das frühe Christentum charakteristisch war, aber es war durchaus keine undenkbare Partnerschaft.

Solange die Praktiker der Wissenschaft sich auf die Erklärung der materiellen Welt beschränkten, gab es keinen Grund, warum Naturwissenschaft und Religion nicht unbeeinträchtigt nebeneinander existieren sollten. Das Christentum hatte stets die Fähigkeit bewiesen, naturwissenschaftliche Entdeckungen aufzunehmen und in seine Vorstellungen einzupassen – das gilt auch heute noch. Beispielsweise veranstaltete der Vatikan zusammen mit dem Zentrum für Theologie und Naturwissenschaften in San Francisco in den letzten Jahren eine Reihe von Konferenzen. Es trafen sich Theologen, Wissenschaftler und Philosophen, um den gegenwärtigen Austausch zwischen Wissenschaft und Glauben in der Welt zu diskutieren.

Was die Christenheit nicht abwehren konnte und was bis in unser Jahrhundert für beträchtliche Spannungen zwischen Wissenschaft und Religion sorgt, ist der Angriff auf den *geistigen* Kern: auf die Vorstellung, daß Christus der eine wahre Weg zur Erlösung ist. Der Erlösungsgedanke des Christentums scheint nur auf den ersten Blick immun gegen wissenschaftliches Eindringen. Tatsächlich wurde bereits im 17. Jahrhundert die Naturwissenschaft als unverzichtbares Hilfsmittel für die christliche Erlösung gepriesen. Man erinnere sich, daß Newton versucht hatte, das »wahre« Christentum durch das »wahre« wissenschaftliche Wissen von der Welt wiederherzustellen. Im 19. Jahrhundert stellten die Verfechter der Naturwissenschaften ihre Disziplin jedoch nicht mehr als Hilfe zu religiöser Erlösung dar, sondern als den Weg zur Erlösung der Menschheit selbst. Diese neue Tendenz erwuchs aus der zunehmenden Überzeugung, daß die Technik, die sich nun aus der Naturwissenschaft entwickelte, einen »Himmel« hier auf Erden schaffen könne. Im Jahrhundert nach der Aufklärung entstand die umwälzende Vorstellung, die Menschheit würde nicht durch die Religion, sondern durch die Wissenschaft und ihre technischen Nebenprodukte erlöst. An vorderster Front dieser Bewegung stand der Mathematische Mann. Er war es, der im 19. Jahrhundert viele neue Technologien aus der Physik entwickelte.

Wenn sich auch der Gedanke einer Erlösung durch Wissenschaft erst im ausgehenden 19. Jahrhundert eindeutig zeigte, so können seine Ursprünge doch bis zum englischen Philosophen Francis Bacon zurückverfolgt werden, der ein Zeitgenosse von Kepler und Galileo war. Zwar verbinden sich mit Bacons Namen keine großartigen Theorien, aber keiner hat das Ethos moderner Wissenschaft nachhaltiger geprägt als er. Als im Jahre

1660 die Royal Society in Großbritannien gegründet wurde, sah man darin weitgehend die Verwirklichung der Vision Bacons von einer naturwissenschaftlichen Gemeinschaft. Und sein Traum über die Ziele der Naturwissenschaft hat seitdem viele Generationen inspiriert.

Bacon (1561–1626) schien von Anfang an für eine herausragende Karriere bestimmt. Sein Vater war aus bescheidenen Verhältnissen zum Lordsiegelbewahrer (Lord Keeper of the Great Seal) am Hofe von Königin Elisabeth I. aufgestiegen. Seine Mutter, selbst eine gebildete Frau, erkannte bald die intellektuelle Begabung ihres frühreifen Sohnes. Sie füllte seinen Studienplan mit antiken und modernen Autoren, und mit dieser Renaissance-Bildung wurde Francis im zarten Alter von zwölf Jahren an die Universität von Cambridge aufgenommen. Mit fünfzehn hatte er sich den Ruf außergewöhnlicher Begabung erworben, verließ Cambridge wieder und begann eine Ausbildung zum Anwalt, nicht mit der Absicht, in diesem Beruf zu arbeiten, sondern als Vorbereitung für eine Laufbahn in der Staatsverwaltung. Er durchlief alle Stufen der Karriereleiter, wurde ebenfalls Lordsiegelbewahrer und schließlich Lordkanzler. Als Anerkennung für seine Dienste für den Staat wurde er von James I., dem Nachfolger von Elisabeth, zum Ritter geschlagen und erhielt später die Titel Baron Verulam und Viscount of Saint Albans.

Trotz dieser Ehrungen endete Bacons Karriere in Schande, denn er wurde der Bestechlichkeit angeklagt. Er sollte von den Delinquenten, über die er zu richten hatte, Bestechungsgelder genommen haben. Bacon gab bereitwillig zu, das Geld genommen zu haben, leugnete aber jeden Einfluß dieser Einnahmen auf sein Urteil. Doch das war sein Fehler, denn er hatte nicht verstanden, daß Bestechungsgelder normalerweise für Freisprüche bezahlt werden. Bacons Verfehlungen kamen nur ans Licht, weil einige Kriminelle beklagt hatten, er habe ihre »Geschenke« angenommen und sie dann doch verurteilt. Es ist höchst verwunderlich, daß eine der bedeutendsten juristischen Geistesgrößen jenes Jahrhunderts nicht einsehen konnte, daß man kaum ungestraft Bestechungsgelder annehmen kann, wenn man nicht bereit ist, an Justitias Waagschalen zu tippen. Wenn Bacons öffentliche Laufbahn auch ein Ende hatte, so verschaffte ihm seine öffentliche Schande doch Zeit, seinen persönlichen Interessen nachzugehen. Da es ihm untersagt war, ein öffentliches Amt zu bekleiden, schlug er die literarische Laufbahn ein und schrieb seine zukunftsweisenden *Essays* zu Themen wie Freundschaft, Liebe, Ehrgeiz, Atheismus und Wahrheit. Vor allem machte er sich an das große Projekt, eine neue Philosophie der Wissenschaft zu entwickeln. Wie Kepler in Deutschland und Galileo in Italien war Bacon ein Vorreiter aller, die eine neue Naturauffassung forderten.

Wie Mersenne und Descartes betonte Bacon, daß die Wissenschaft dem Glauben dienen könne. Und im besonderen glaubte er, sie könne zur Rettung der Menschheit beitragen. Wollte Newton der Menschheit das ursprüngliche, adamische Wissen über die Natur zurückgeben, so war Bacon bestrebt, ihr das zurückzugeben, was er für die ursprüngliche adamische Macht über die Natur hielt. Er war der Meinung, durch die Wissenschaft könne die Menschheit den Zustand der Gnade – und die dazugehörige Macht – zurückgewinnen, die sie im Garten Eden vor dem Sündenfall besessen hatte. Das Ziel der Wissenschaft, erklärte Bacon, sei kein geringeres als die »Wiedererlangung und Wiedereinsetzung des Menschen in den Zustand der Herrschaft und Macht ... den er zu Beginn der Schöpfung besessen hatte«. Die Überzeugung, daß die Wissenschaft die Menschheit wieder in den gnadenreichen Zustand vor dem Sündenfall zurückversetzen könnte, gründete sich auf den Glauben, die Wissenschaft würde allerlei Techniken hervorbringen, um die materiellen Lebensumstände der Menschen zu verbessern. Die Wissenschaft würde uns »erretten«, indem sie uns die Macht verleihen würde, unser Leben glücklich, gesund und voller Annehmlichkeiten zu gestalten – kurz, eben paradiesischer. Wenn der Mensch durch die Naturwissenschaft zum Subjekt der Macht würde, dann wäre das Objekt die Natur. Laut Bacon würde uns die Naturwissenschaft ermöglichen, die Natur »zu erobern und zu unterwerfen«. An anderer Stelle kündigt er an: »Ich bin in Wahrheit gekommen, um euch zur Natur mit all ihren Kindern zu führen, um sie euch untertan und zu eurer Sklavin zu machen.«

Seine Vision von der Welt, die die Wissenschaft schaffen würde, hat er in seiner berühmten Abhandlung *Nova Atlantis* (1627) umrissen, eine kurze Erzählung, die sich eher wie ein Kapitel aus *Gullivers Reisen* liest. Wie der Swiftsche Klassiker beginnt auch Bacons Geschichte mit der Beschreibung des Erzählers, wie sein Schiff von einem gewaltigen Sturm an die Ufer eines wunderbaren Landes gespült wurde: Neu-Atlantis. Dort leben die Bürger in einer idealen Gesellschaft das Leben vorbildlicher Christen. Dies alles wird ermöglicht durch ein wissenschaftliches Institut, das gleichzeitig eine mönchische Siedlung ist, genannt Salomons Haus. Diese Phantasie-Organisation wurde später zum Vorbild für die Gründer der Royal Society. In *Neu-Atlantis* leben alle Menschen harmonisch zusammen, es gibt keine Verbrechen und keine Promiskuität. Kein Mensch beraubt seinen Nachbarn oder greift ihn an. Und außer im Sakrament der Ehe leben alle keusch. »Du wirst sehen, daß man unter der Sonne kaum noch ein so keusches Volk findet«, keines, das »so rein von jedem Schmutz und jeder Befleckung ist«, berichtet uns der Erzähler. Als Beispiel für die erhabene Lebensweise der Einwohner in *Neu-Atlantis* beschreibt der Erzähler eine komplizierte Zeremonie, die abgehalten wird, wenn ein Mann schließlich dreißig lebende Nachkommen hat. Ein solcher Mann erhält vom König »Einkünfte, Privilegien, Freistellungen und besondere Ehrungen«. Zu den königlichen Gaben gehört auch ein Zweig goldener Weintrauben. Von nun an wird diese goldene Traube immer von einem seiner Söhne als »Ehrenzeichen« vor ihm hergetragen, wenn der Vater in der Öffentlichkeit auftritt. Während Kinder, Freunde und Regent den Vater ehren, bleibt die Mutter hinter einem Wandschirm, von wo aus sie sehen kann, aber »verborgen sitzt«. In *Neu-Atlantis* kennen die Frauen nicht nur ihren Platz, sondern sind anscheinend auch zufrieden damit, unsichtbar zu sein. Daher überrascht es nicht, wenn sie in der ruhmvollsten Beschäftigung dieser edlen Menschen keine Rolle spielen: in der naturwissenschaftlichen Forschung.

Der Ort dieser entscheidenden Tätigkeit, Salomons Haus, hat starke Ähnlichkeit mit einem mönchischen Orden. Das Herz dieser Einrichtung bildet eine Gruppe von sechsunddreißig »Vätern«, die sich selbst die Aufgabe gestellt haben, »die Erkenntnis der Ursachen und Bewegungen sowie der verborgenen Kräfte in der Natur« zu finden und mit solchem Wissen »die Erweiterung der menschlichen Herrschaft bis an die Grenzen des überhaupt Möglichen«. Die Väter in Salomons Haus wollen ihre Kenntnis der Natur vor allem zur Besserung der Bürger in *Neu-Atlantis* einsetzen. Und da sie nicht nur Naturwissenschaftler, sondern auch Priester sind, führt ihre emsige Tätigkeit zu einer moralisch und auch materiell besseren Welt.

Im Hause Salomons scheinen »alle Dinge« möglich. Künstliche Metalle, Schmucksteine und Steine werden ebenso produziert wie wunderbare neue Materialien und Keramik. Alle Arten von Motoren und Maschinen werden gebaut: fliegende Maschinen, Unterseeboote und Maschinen, die die Bewegungen lebender Tiere nachahmen, etwa Vögel oder Fische. Es gibt auch Kriegsmaschinen und neue Arten von Schießpulver. Außer diesen Methoden zur Auslöschung haben die Väter auch eine große Anzahl von Medikamenten geschaffen, um Kranke zu heilen und Leben zu verlängern. Wunderbare optische Geräte werden hergestellt: Brillen, Fernrohre, Mikroskope und Vorrichtungen zur Beleuchtung. Dazu gibt es noch Geräte, die das Hören erleichtern und die den Ton durch Rohre über lange

Entfernungen leiten. Die Väter simulieren atmosphärische Phänomene wie Wind, Regen, Hagel, Schnee, Donner und Blitz, sogar das Feuer der Sonne und der Sterne ahmen sie nach. Sie können Naturkatastrophen wie Erdbeben, Überschwemmungen, Krankheiten und Epidemien vorhersagen und so die Bevölkerung zu Vorsichtsmaßnahmen anweisen.

Erstaunlich ist, wie viele von Bacons Vorstellungen von der modernen Wissenschaft verwirklicht worden sind. Die Liste der Errungenschaften der Väter verblüfft, weil sie so umfassend ist: Es fehlt eigentlich nur der Computer. Sehr großen Weitblick bewies Bacon mit seiner Vorstellung, wie Wissenschaftler in der Praxis mit Lebewesen verfahren würden. Die Väter in Salomons Haus kreuzen nicht nur verschiedene Tiere zu phantastischen Wesen, sie machen sie auch »künstlich größer und länger, als sie von Natur aus sind, andere wieder umgekehrt zwergenhaft klein ... Auch in Farbe, Gestalt und Gemütsart verändern [sie sie] auf vielerlei Art und Weise.« Ebenso führen die Väter »Versuche« an Tieren durch, um »den menschlichen Körper besser schützen zu können«. Sie machen insbesondere »an diesen Tieren Versuche mit allen Giften, Gegengiften und anderen Heilmitteln«. Hier wurde also erstmals die Idee geäußert, daß an Tieren Medikamente und andere Chemikalien getestet werden könnten.

Bacons Vision von der Wissenschaft in *Nova Atlantis* ist allein schon wegen ihrer Größenordnung erstaunlich. Für meteorologische Experimente haben die Väter ganze Berge ausgehöhlt und große Höhlen unter der Erde gegraben, manche mit »einer Gesamttiefe von drei Meilen«, und riesige Türme errichtet, die bis in die oberen Schichten der Atmosphäre reichen. In ihren Laboratorien und Werkstätten werden sie von zahlreichen »Dienern und Gehilfen« unterstützt. Den Vätern scheinen unbegrenzte Ressourcen zur Verfügung zu stehen. Diese Männer, die die Sonne nachahmen können, haben die absolute Freiheit, werden als Hohepriester verehrt und wie Könige behandelt.

Erscheint einer der Väter in der Öffentlichkeit, kommt die ganze Bevölkerung zusammen, um ihn zu grüßen, und er wird »in einem prachtvollen Armstuhle ohne Räder … getragen … aus Zedernholz, mit Gold beschlagen und mit Bergkristall verziert; ferner wies er an der Vorderseite Vierecke aus Saphiren, die mit Gold versetzt waren, auf, hinten aber ähnliche aus Smaragden von peruanischer Farbe«. Fünfzig junge Männer, in weißen Satin gekleidet, begleiten ihn, vor der Sänfte gehen weitere Diener und tragen einen Krummstab, die Insignie eines Bischofs, vor ihm her. Ist es angesichts solcher Verehrung und solchen Reichtums verwunderlich, wenn die Gründer der Royal Society dieser fiktiven Bruderschaft nacheifern wollten?

Doch obwohl die Vision einer Naturwissenschaft als verändernde Kraft seit Anfang des 17. Jahrhunderts lebendig war, wurde sie doch erst am Ende des 19. Jahrhunderts im größeren Maßstab verwirklicht. In der Zwischenzeit erlangten die Physiker eine Menge theoretisches Wissen, doch wenig von diesem Wissen wurde in konkreten technischen Fortschritt umgesetzt. Uhren, Fernrohre, Pumpen und Bergbaugeräte wurden verbessert. Doch bis Mitte des 19. Jahrhunderts hatte die neue Physik noch keine technische Revolution ausgelöst. Die moderne »Naturwissenschaft« hatte das Denken im Westen verändert, aber sie ließ die materiellen Grundlagen des Alltagslebens unberührt. Doch in der zweiten Hälfte des 19. Jahrhunderts stellte die Physik dann endlich durch eine technische Revolution das Leben zuerst in der westlichen Welt auf den Kopf, und zunehmend auch in den anderen Teilen der Welt. Der Mathematische Mann war nun nicht nur ein pythagoreisches Wesen, sondern auch ein Baconsches.

Diese Revolution Baconscher Prägung wurde durch einen neuen physikalischen Forschungszweig eingeleitet: die Thermodynamik. Die Thermodynamik untersucht den Fluß der Wärme, und obwohl dies immer noch einer der weniger aufsehenerregenden Bereiche der Physik ist, hat keine andere Forschung unser tägliches Leben so stark verändert. Denn erst die Kenntnisse in Thermodynamik haben den Entwurf und die Konstruktion effizienter Dampfmaschinen ermöglicht. Die Dampfmaschine wurde Anfang des 18. Jahrhunderts erfunden, um Wasser aus Bergwerken heraufzupumpen. Doch zu Beginn des 19. Jahrhunderts wurden Dampfmaschinen auch in Getreidemühlen, Sägewerken, Zuckerrohrpressen, Entkernungsmaschinen für Baumwolle und in Dreschmaschinen eingesetzt. Damit nahm die Industrielle Revolution ihren Anfang. Aber diese ersten Maschinen arbeiteten äußerst ineffektiv und somit auch nicht sehr kostengünstig. Wenn auf der Basis von Dampfkraft eine Industrie entstehen sollte, waren Verbesserungen nötig.

Der Durchbruch gelang im Jahre 1824, als der junge französische Ingenieur Nicolas Léonard Sadi Carnot wissenschaftliche Prinzipien für die Bewertung der Arbeitseffektivität von Wärmekraftmaschinen entwickelte. In den nächsten fünfzig Jahren wurden die Gesetze der Thermodynamik entwickelt, auf deren formalisierter mathematischer Grundlage der Maschinenbau verbessert werden konnte. Dieses theoretische Wissen ermöglichte den Bau großer, leistungsfähiger und effizienter Dampfmaschinen. Damit hatte der Mathematische Mann die Grundlage für eine Mechanisierung geschaffen, die mit ihrem explosionsartigen Wachstum die späte Phase der Industriellen Revolution kennzeichnete. Verbesserte Maschinen, das hieß bessere Maschinen für die Landwirtschaft, dampfbetriebene Schiffe und bessere Dampflokomotiven. Vor allem aber konnte mit den leistungsfähigen Maschinen die Industrie in bis dahin nicht erträumten Maßstäben betrieben werden. Korn und Holz konnten in großen, zentralisierten Betrieben und in großen Mengen auf einmal verarbeitet werden und nicht mehr nur in kleinen Anlagen. Ebenso konnten sekundäre Güter in riesigen Fabriken und in Massen produziert werden.

Der nächste Baconsche Durchbruch kam aus völlig unerwarteter Richtung. Anders als die Begründer der Thermodynamik hatten die Theoretiker des Elektromagnetismus nicht versucht, praktische Probleme zu lösen, sondern waren nur den rätselhaften Phänomenen von Magnetismus und Elektrizität nachgegangen. Doch aus diesen Bestrebungen entwickelte sich der bedeutendste Anwendungsbereich der modernen Naturwissenschaft: die Elektrizität.

Der Magnetismus und die Phänomene der Elektrostatik wurden schon zur Zeit der Griechen diskutiert, aber Anfang des 19. Jahrhunderts waren diese Rätsel noch immer ungelöst, weil sie nur schwer ins Newtonsche Weltbild eingefügt werden konnten. Die moderne und entschieden nicht Newtonsche Erklärung dieser Phänomene stammte von einem anderen hochbegabten Engländer, Michael Faraday (1791–1867). Faraday stammte aus ärmlichen Verhältnissen, und seine Kindheit war von Hunger geprägt. Nach einer einfachen Schulbildung kam er im Alter von vierzehn Jahren zu einem Buchbinder in die Lehre und nutzte hier die Gelegenheit, die Bücher zu lesen, die in die Werkstatt kamen. Besonders die neuen Forschungen zur Elektrizität fesselten seine Aufmerksamkeit. Aber zu Faradays Zeiten war die Beschäftigung mit der Naturwissenschaft immer noch weitgehend den Adligen und wohlhabenden Bürgern vorbehalten, und für einen Buchbinder ohne besondere Schulbildung waren die Chancen gleich Null. Aber er ließ sich nicht abschrecken, und nachdem er eine Reihe öffentlicher Vorlesungen des führenden englischen Chemikers Sir Humphry Davy gehört hatte, schickte er Davy eine gebundene Niederschrift der Notizen, die er sich in den Vorlesungen gemacht hatte. Der Chemiker war beeindruckt, und als eine Stelle frei wurde, bot er dem jungen Mann an, sein Laborassistent zu werden. Mit diesem unbekannten jungen Mann bewies Davy eine glückliche Hand.

Der ehemalige Buchbinder zeigte von Anfang an einen fast unheimlichen Instinkt für elektrische und magnetische Phänomene. Der dänische Physiker Hans Christian Ørsted hatte kurz zuvor herausgefunden, daß ein Draht sich wie ein Magnet verhält, wenn man elektrischen Strom durch ihn leitet. Faraday schloß, wenn elektrischer Strom Magnetismus hervorrufen könne, dann müßte auch das Gegenteil der Fall sein, und Magnetismus müsse elektrischen Strom erzeugen können. Diese intuitive Einsicht basierte nicht so sehr auf Vernunft als vielmehr auf einem fast religiösen Glauben an die Einheit der Natur. Dieser Glaube wurde belohnt. 1831 beobachtete Faraday folgendes: Wenn er einen Magneten in eine Drahtspule hinein- und herausbewegte, konnte er im Draht eine elektrische Strömung hervorrufen. Auf der Basis dieser Entdeckung baute er den ersten Dynamo der Welt, den Vorläufer aller elektrischen Generatoren. Und mit der Umkehrung dieses Vorgangs baute er den ersten Elektromotor.

Aber Faradays weitreichende Entdeckungen führten noch nicht unmittelbar zur industriellen Nutzung der Elektrizität. Erstens konnte sich noch niemand vorstellen, daß es möglich sein könnte, Strom über weite Distanzen zu übertragen. Dies wurde erst am Ende des Jahrhunderts möglich, nachdem die Physiker eine formale mathematische Erklärung dafür lieferten, wie Magnetismus und Elektrizität zusammenhingen. Im Zentrum dieser Erkenntnisse lag eine glänzende Idee Faradays. Er wußte, wie heute jedes Schulkind, daß sich Eisenspäne auf einem Stück Pappe, das auf einen Magneten gelegt wird, zu einem bestimmten Muster anordnen. Daraus schloß Faraday, daß ein Magnet von einem Einflußbereich umgeben ist, den die Physiker heute Magnetfeld nennen. Ähnlich schloß er auch, daß elektrische Ladungen von einem elektrischen Feld umgeben sind. Faraday entwickelte die Idee von Feldern, aber ihm fehlte die Ausbildung, diese Vorstellung in einer mathematischen Formel auszudrücken. Diese Aufgabe löste der brillante schottische Physiker James Clerk Maxwell (1831–1879). Einstein verglich einmal die aufeinander aufbauenden Leistungen von Faraday und Maxwell mit Galileo und Newton: In beiden Fällen hatte der erste intuitiv die Ideen vorweggenommen, die der zweite in eine strenge mathematische Form brachte. In beiden Fällen wurde so eine Erkenntnis in Gleichungen gefaßt.

Wie die Gesetze der Thermodynamik die theoretische Grundlage zum Bau besserer und effektiverer Maschinen lieferten, so bildeten die Maxwellschen Gleichungen den theoretischen Rahmen, der die Einrichtung einer Industrie ermöglichte, die mit elektrischem Strom betrieben wurde. Und jeder von uns, der heute das Licht, das Fernsehgerät oder die Stereoanlage anschaltet, sollte Maxwell für seine eleganten Gleichungen dankbar sein. Mit der Elektrifizierung hat die moderne Physik jedem Menschen in der entwickelten Welt den Strom in die Hand gegeben. Doch die Elektrizität hat nicht nur das Alltagsleben, sondern vor allem die Industrie revolutioniert. Nun mußte nicht mehr jede Fabrik ihren eigenen Strom durch Verbrennung von Kohle selbst erzeugen, um die Dampfmaschinen antreiben zu können, sondern der Strom konnte direkt an die Fabrik geliefert werden. Es ist hier nicht möglich, die ungeheuren Veränderungen zu beschreiben, die die Elektrizität im Bereich der Industrie ausgelöst hat, aber man kann sicherlich sagen, daß die modernen Produktionsmethoden auf der Verfügbarkeit extern produzierter Elektrizität basieren. Durch die Elektrizität wurde Energie zu einer Annehmlichkeit, die nun wie Wasser in jede Wohnung, jedes Büro und in jede Fabrik geleitet werden kann, und das vierundzwanzig Stunden am Tag. Für uns, die wir damit aufgewachsen sind, ist dies nichts Außergewöhnliches, aber keine andere Technik, außer der Druckerpresse, hat den Alltag der Menschen so nachhaltig verändert.

Maxwells Arbeiten lieferten nicht nur die theoretische Grundlage für industrielle Produktionsweisen, die mit Strom arbeiten, sondern auch für einen weiteren bedeutenden Bereich der modernen Technik, die Telekommunikation. Aus seinen Gleichungen zog Maxwell den brillanten Schluß, daß *Licht* aus

Wellen elektrischer und magnetischer Felder besteht, die sich zusammen ausbreiten. Maxwell erkannte aus seinen Gleichungen, daß neben den sichtbaren elektromagnetischen Wellen auch andere Wellen existieren könnten. Unglücklicherweise starb der begabte Physiker, ehe seine Erkenntnis bestätigt werden konnte, doch im Jahre 1887 generierte Heinrich Hertz solche Wellen und nannte sie *Radiowellen*. In den zwanziger Jahren des folgenden Jahrhunderts brachten diese Radiowellen erstmals Sprache und Musik in die Wohnungen von Millionen (später Milliarden) von Menschen. Erstmals in der Geschichte erfuhren die Menschen von Ereignissen, die gleichzeitig auf der anderen Seite des Globus stattfanden. Später übertrugen diese Radiowellen auch Bilder, das heutige Fernsehen wurde aus dieser Technik entwickelt.

Dampfmaschinen, Elekrizität und Radio waren wesentliche Schritte zur Verwirklichung Baconscher Visionen von den unbegrenzten Einsatzmöglichkeiten der Naturwissenschaft. Bei der Entdeckung der Geheimnisse der Natur lernten die Mathematischen Männer ihre verborgenen Kräfte zu beherrschen und daraus eine Vielzahl lebensverändernder Technologien zu entwickeln. Im ausgehenden 19. Jahrhundert wuchs der Glaube, eine »bessere« Zukunft könne aus der Anwendung der Naturwissenschaft entstehen, Hoffnungen, die Bacon bereits entworfen hatte. Dieser Optimismus kam in Alfred Wallaces Buch *The Wonderful Century,* das 1898 erschien, zum Ausdruck. Darin führte der Pionier der Evolutionstheorie die Erfolge und Niederlagen der Naturwissenschaft des 19. Jahrhunderts auf. Wallace räumte zwar ein, daß die Naturwissenschaft die eine oder andere Katastrophe hervorgerufen habe, aber seine generelle Einschätzung ist bereits in dem schwärmerischen Buchtitel enthalten. Er verglich die technischen Fortschritte seiner eigenen Zeit mit denen der Vergangenheit und schrieb dazu: »Wenn man einmal die Zahl und Bedeutung dieser Errungenschaften vergleicht, so kommt man zu dem Schluß, daß unser

Jahrhundert nicht nur allen vorherigen überlegen ist, sondern daß man es auch am ehesten mit der gesamten historischen Zeit vergleichen kann. Deshalb müssen wir annehmen, daß es den Beginn einer neuen Ära menschlichen Fortschritts darstellt.«

In den ersten Jahrzehnten des 20. Jahrhunderts gewann die Vorstellung, die Naturwissenschaft sei der Schlüssel zu einer »besseren« Zukunft, immer mehr an Boden. Im Jahre 1928 schrieb der Genetiker J. B. S. Haldane, »die Zivilisation, wie wir sie kennen, ist eine kümmerliche Sache. Wenn etwas verbessert werden soll, dann liegt die einzige Hoffnung in den Naturwissenschaften … Die Physik und die Chemie machen uns reich, die Biologie gesund und die Anwendung naturwissenschaftlicher Denkweisen auf die Moral durch Männer wie Bentham hat mehr zu unserer Verbesserung beigetragen als ein Dutzend Heiliger. Dieser Prozeß kann nur weitergehen, wenn die Naturwissenschaften Fortschritte machen.« Für Haldane wie für Bacon lag in der Naturwissenschaft der Schlüssel zu einer besseren materiellen Welt wie auch zu einer tugendhafteren Gesellschaft. »Wir sind bei weitem nicht perfekt«, schrieb er, aber »wir bringen nicht hungernde Kinder an den Galgen, weil sie Essen gestohlen haben, wir fallen nicht in den Küsten Afrikas ein, um Sklaven zu deportieren, und wir kerkern keinen Schuldner lebenslang ein. Dieses sind mittelbare und unmittelbare Auswirkungen der Naturwissenschaft.« Laut Haldane und auch Bacon war es deshalb die moralische Verpflichtung der Menschheit, die Naturwissenschaften bereitwillig anzunehmen.

Aber es gab einen großen Unterschied zwischen der »besseren« Zukunft, die Bacon im Blick hatte, und der, die die Verfechter der Naturwissenschaft sich im 19. und 20. Jahrhundert vorstellten. Bacon hatte die Naturwissenschaft als Vorreiterin eines neuen Zeitalters der Christenheit gesehen – für ihn stand die Naturwissenschaft eindeutig im Dienste der Religion. Aber im ausgehenden 19. Jahrhundert wuchs die Überzeugung, Naturwissenschaft und Religion seien unvereinbar. Erstmals in der Geschichte betrachteten Wissenschaftler die Religion nicht nur als einen für die Wissenschaft unwesentlichen und von ihr völlig abgetrennten Bereich, sondern auch als eine Konkurrenz. Diese Menschen erhofften Rettung allein aus der Naturwissenschaft, unabhängig von jedem christlichen Rahmen. Für sie wurde die Wissenschaft selbst zur neuen Religion.

Die Saat der Feindschaft zwischen Naturwissenschaft und Religion war tatsächlich in der Aufklärung gesät worden, als Männer wie David Hume, Denis Diderot und der Marquis de Condorcet ihre Verachtung für das Christentum zum Ausdruck gebracht hatten. Aber bis zum englischen Bürgerkrieg »sahen nur wenige Naturwissenschaft und Religion als Feinde an«, so die Historikerin Ann Braude. Erst um das Jahr 1860 kam es zu offenen Feindseligkeiten zwischen beiden Bereichen. Auslöser für diese unerhörte Spaltung war die Veröffentlichung von Charles Darwins *Über die Entstehung der Arten durch natürliche Zuchtwahl oder die Erhaltung der begünstigten Rassen im Kampf ums Dasein.* Die Vorstellung, daß der Mensch nicht nach dem Bilde Gottes geschaffen wurde, sondern sich aus »niedrigeren« Lebensformen entwickelt hat, traf den christlichen Glauben empfindlicher als alle Entdeckungen der Physiker, und in christlichen Kreisen verursachte dieses Buch einen Aufruhr. Unter Papst Pius IX. zog sich die katholische Kirche auf konservative theologische Positionen zurück, viele Protestanten schlossen sich an. Und angesichts dieser feindseligen Reaktion der Kirche erklärten ihr einige Verfechter dieser neuen naturwissenschaftlichen Erkenntnisse den Krieg.

Die erste Salve in dieser tragischen Geschichte feuerte John Draper ab, Professor für Chemie und Biologie an der Universität von New York. Nachdem er persönlich in einen erbitterten Streit mit dem vehementen Gegner der Evolution Bischof Samuel Wilberforce verwickelt war, schrieb er ein Buch mit dem Titel *History of The Conflict Between Religion and Science*

(1874). Draper stellte die katholische Kirche von Anfang bis Ende als Feindin der Wissenschaft dar, die »mit Scheiterhaufen und Schwert jeden Versuch zum Fortschritt grausam unterdrückt«. Laut Draper »watet der Vatikan im Blut« derer, die versucht hatten, den Weg der Wahrheit und des Fortschritts zu beschreiten. In seiner Litanei angeblicher Verbrechen der Kirche gegen die Naturwissenschaft lieferte Draper auch seine eigene Version von der Geschichte Kopernikus', Galileos und Brunos. Kopernikus, schrieb er, hat »unbestreitbar die Theorie des Heliozentrismus aufgestellt«, und »die Inquisition verurteilte [sein Buch] als häretisch«. Galileo »kam ins Gefängnis [und wurde] mit unbarmherziger Strenge behandelt«, und Bruno wurde für seine naturwissenschaftlichen Überzeugungen auf dem Scheiterhaufen verbrannt. Wie der heutige Leser weiß, entsprang vieles davon Drapers lebhafter Phantasie, aber die Leser im 19. Jahrhundert mußten annehmen, es handele sich um das Ergebnis sorgfältiger Recherchen, schließlich war Draper ein angesehener Wissenschaftler der Universität von New York.

Drapers Beschuldigungen und Thesen wurden bald von anderen Gelehrten aufgenommen, besonders vom Präsidenten der Cornell Universität, dem Historiker Andrew Dickson White, der 1896 sein einflußreiches Buch *History of the Warfare of Science with Theology in Christendom* veröffentlichte. Für White war der Konflikt »ein Krieg von längerer Dauer, mit hartnäckigeren Belagerungen und schlaueren Taktiken als andere, eher vorübergehende Kriege von Cäsar oder Napoleon«. Obwohl White sich nicht gegen die Religion an sich, sondern gegen die »dogmatische Theologie« wandte, ging diese Unterscheidung doch schnell unter, und schließlich verlieh seine überlegene Gelehrsamkeit und sein vernünftiger Ton der Vorstellung von einem Krieg zwischen Naturwissenschaft und Religion ungeheure Glaubwürdigkeit.

White und Drapers Ziel war es, speziell Religion in ihrer *organisierten* Form zu diskreditieren. Draper stellte die tausend

Jahre römisch-katholischer Vorherrschaft als Zeitalter intellektuellen Stillstands dar. Als paradigmatisches Beispiel für die »Dunkelheit« dieser Ära diente ihm der angeblich sehr hartnäckige Glaube der Menschen des Mittelalters, die Erde sei eine Scheibe. Wie aber der Historiker Jeffrey Burton Russell gezeigt hat, hat kein ernstzunehmender mittelalterlicher Gelehrter jemals an die Erde als flache Scheibe geglaubt. Natürlich gab es, wie auch heute, einige wenige Fanatiker, die das glaubten. Es ist jedoch ein Mythos, daß alle Menschen im Mittelalter die Erde für eine Scheibe hielten.

Im Gegensatz zur angeblichen Ignoranz der Kirche und ihrer Nachfolger schrieb Draper der Naturwissenschaft nicht nur große Verdienste hinsichtlich der Wahrheit zu, sondern auch das Ende der Sklaverei in Amerika und das Ende der Leibeigenschaft in Rußland. Kurz, laut Draper hatte die Naturwissenschaft allen Völkern, die in ihrem Licht wandelten, Würde und Freiheit gebracht. Draper und White wollten ihre Zeitgenossen davon überzeugen, daß die Naturwissenschaft die einzige Hoffnung für ihre materielle und moralische Rettung sei. Anders als der Theologe, der die Menschheit in Unwissenheit und Dunkelheit halten wollte, setzte sich der edle Naturwissenschaftler bei Draper und White unerschrocken für Wahrheit und Fortschritt ein. Das Ideal war hier der mythisch überhöhte Galileo: der Mathematische Mann als Symbol für alles Gute im menschlichen Geist.

Am Schluß seines Buches verkündete Draper, die Menschheit sei an einem Punkt angelangt, wo sie sich zwischen Katholizismus und Naturwissenschaft entscheiden müsse: »Die Zeit kommt, wo die Menschen sich zwischen einem stillen, bewegungslosen Glauben und einer ständig fortschreitenden Naturwissenschaft entscheiden müssen – den Glauben mit seinen mittelalterlichen Tröstungen, die Wissenschaft, die unaufhörlich ihre materiellen Segnungen auf dem Weg des Lebens verteilt und das Los des Menschen verbessern sowie die menschliche Rasse vereinen wird.« Für Draper war keine Verbindung zwischen der römisch-katholischen Kirche und der Wissenschaft möglich, nur für die Protestanten räumte er Chancen ein. White dagegen wetterte gegen beide Kirchen. Diese Polemik schuf letztendlich scheinbar unlösbare Spannungen zwischen der Naturwissenschaft und jeder organisierten Form von Religion. Tatsächlich stand die westliche Welt nun vor einem faustischen Handel: Die Religion und ihr Versprechen auf ewiges Leben im Himmel aufzugeben für das Versprechen, den Himmel hier auf Erden zu bekommen. Letztere Möglichkeit gewann zunehmend an Boden.

So ist Bacons Vision von einem christlich-naturwissenschaftlichen Priestertum ins Weltliche transformiert worden: Die Naturwissenschaft würde uns »retten«, aber nicht, indem sie uns zu einer idealen christlichen Gesellschaft verhalf, sondern indem sie uns Elektrizität, Maschinen, Autos, Flugzeuge, Radio und Fernsehen verschaffte. Die Philosophin Mary Midgley hat angemerkt, daß der Traum einer irdischen Errettung durch die Naturwissenschaft im 20. Jahrhundert ungeheure Bedeutung gewonnen hat, und allen voran gingen dabei die Physiker. Ab und zu versprachen sie verblüffende neue Erfindungen: unbegrenzte Energiequellen (Kernfusion, kalte Kernfusion, Sonnenenergie), Fortbewegung mit Überschallgeschwindigkeit, batteriebetriebene Autos, die die Umwelt nicht verschmutzen, noch leistungsfähigere Mikrochips, Raumstationen und Reisen ins All. Tatsächlich suchen wir im 20. Jahrhundert immer mehr bei den Naturwissenschaften Trost und die Hoffnung auf eine »bessere« Zukunft und immer weniger bei der Religion.

Mit den neuentwickelten Anwendungsmöglichkeiten wurde im ausgehenden 19. Jahrhundert aus der Naturwissenschaft ein Berufszweig, nachdem sie zuvor fast ausschließlich eine Beschäftigung für Adlige und Wohlhabende gewesen war. Als abzusehen war, in welchem Ausmaß die Naturwissenschaft für die Industrie genutzt werden konnte, daß man damit ein Vermögen verdienen konnte, wenn man die Prinzipien begriff und daraus Produkte machte, entstand ein hoher Bedarf an naturwissenschaftlich ausgebildeten Männern. Um diese Nachfrage zu befriedigen, wurden in der zweiten Hälfte des 19. Jahrhunderts viele der größten technischen Hochschulen der Welt gegründet: das Massachusetts Institute of Technology (MIT), das Royal College of Science in London und die Technische Universität in Berlin, um nur einige zu nennen. Die Naturwissenschaft war nicht mehr nur ein vornehmer Zeitvertreib, sondern auch ein erfolgversprechender Berufszweig. Dieser Trend war auch an einer dramatischen Zunahme der Ingenieurberufe abzulesen. Ingenieure, die durch die praktische Anwendung naturwissenschaftlicher Prinzipien Probleme in der realen Welt lösen können, sind gefragte Spezialisten. Heute gibt es in den USA mehr Ingenieure als Grundlagenforscher. Und hier spielt wieder der Mathematische Mann eine zentrale Rolle, denn bei vielen bedeutenden Bereichen der Ingenieurwissenschaften handelt es sich eigentlich um angewandte Mathematik: Maschinenbau, Elektrotechnik, Tiefbau und Flugzeugbau. Die mathematischen Zweige der Ingenieurwissenschaften kann man heute als den Baconschen Strang der exakten Naturwissenschaft sehen.

Doch diese Professionalisierung der Naturwissenschaften schloß die Frauen einmal mehr aus. Ende des 19. Jahrhunderts hatten sie endlich Zugang zur Universitätsausbildung in den Naturwissenschaften erhalten, doch nun war der Zugang zu den neuen technischen Berufen erschwert. Insbesondere gelang es nur sehr wenigen Frauen mit naturwissenschaftlicher Ausbildung, im 19. Jahrhundert in der Industrie zu arbeiten. Wie der männliche Klerus den Weg zu religiöser Erlösung beherrscht hatte, so hatten nun die männlichen Naturwissenschaftler den Weg zur Erlösung durch die Technik fest im Griff. Das galt besonders für die Ingenieurwissenschaften, die bis heute zu den am stärksten männlich dominierten Berufsfeldern zählen.

Wenn schon der pythagoreische Strang der exakten Wissenschaften für Frauen schwer zugänglich gewesen war, so war es im Baconschen sicher nicht einfacher.

Im Fall der englischen Physikerin Mary Somerville (1780–1872) werden die Schwierigkeiten deutlich, mit denen sich Frauen im 19. Jahrhundert konfrontiert sahen, wenn sie in die Naturwissenschaften drängten. Mit nur rudimentärer Schulbildung, ein Jahr im Internat von Miss Primrose, dürstete Mary Somerville (geborene Fairfax) nach mehr. Zunächst brachte sie sich selbst Latein bei, dann aber fühlte sie sich zur Mathematik hingezogen. Sie war fest entschlossen, diesen Geheimnissen nachzugehen, und erarbeitete sich auch die Grundlagen der Mathematik selbständig aus den Schulbüchern ihres Bruders. Ihre Eltern waren über diese Entwicklung so besorgt, daß sie die Kerzen aus ihrem Zimmer entfernten, damit sie abends nicht lesen konnte. Aber Somerville lernte daraufhin die Bücher auswendig und löste die Probleme im Kopf. Erst als sie einen Preis in einem Mathematikwettbewerb gewonnen hatte, begann man ihr Interesse ernst zu nehmen.

Mary Somervilles wichtigster Beitrag zur Physik war ihre Übersetzung von Laplaces Monumentalwerk zur Himmelsmechanik aus dem Französischen ins Englische – in der Bedeutung vergleichbar mit Châtelets Newton-Übersetzung. Wie Châtelet fügte Somerville für ihre Landsleute ausführliche Erläuterungen und mathematische Ableitungen bei. Indem sie diesen bedeutenden Text auf Englisch zugänglich machte, hat Mary Somerville dazu beigetragen, Großbritannien in einem Bereich wieder auf den neuesten Stand zu bringen, in dem es dramatisch zurückgefallen war. Im folgenden Jahrhundert gehörte ihr Buch zu den Standardwerken für fortgeschrittene Physikstudenten an der Universität von Cambridge. Als Frau war ihr jedoch der Zugang zu diesen heiligen Hallen verwehrt. Als Anerkennung für ihren Beitrag zur Wissenschaft gab die Royal Society eine Büste von ihr in Auftrag, die dann in der Eingangshalle aufgestellt wurde. Dieser Entschluß wurde ihr in einem Brief mitgeteilt mit der Erklärung, die Mitglieder wollten »der Naturwissenschaft, ihrem Land und sich selbst die Ehre erweisen, indem sie dem Vermögen des weiblichen Geistes ihre Hochachtung bezeigten«: Aber die Hochachtung vor ihrem Geist ging eindeutig nicht weit genug, seiner Besitzerin selbst die Tore zu öffnen.

Erst nach Mary Somervilles Tod begann sich die Lage der Frauen in der Naturwissenschaft zu verbessern. Nun war Amerika bahnbrechend und nicht Europa. Nachdem der Ruf nach einer Hochschulausbildung für Frauen fast zweihundert Jahre lang nicht verstummt war, wurden die ersten Colleges für Frauen eröffnet, und einige dieser Schulen legten besonderen Wert auf naturwissenschaftliche Fächer. Eine der ersten war das Mount Holyoke Seminary (später College), das 1837 von Mary Lyon, einer eifrigen Verfechterin der Ausbildung für Frauen, gegründet wurde. Auch sie bestand auf naturwissenschaftlichen Fächern im Lehrplan. Bis zum amerikanischen Bürgerkrieg waren die meisten Colleges für Frauen keine in dem Sinne akademischen Einrichtungen, sondern Seminare, wo junge Frauen zu Lehrerinnen oder Missionarinnen ausgebildet wurden. Die Historikerin Margaret Rossiter berichtet: »Den eigentlichen Anstoß zur gleichberechtigten Universitätsausbildung für Frauen gab erst die Eröffnung des Vassar College« im Jahre 1865, und ab den siebziger Jahren des letzten Jahrhunderts öffneten auch viele der neuen »State Universities« ihre Tore für Frauen. Diese Tendenz zu koedukativer Ausbildung war zum großen Teil der Tatsache zu verdanken, daß Schul- und Hochschulwesen säkularisiert wurden und somit auch die Universitäten aus der Hand der Kleriker an Laien übergingen. Auch Andrew Dickson White unterstützte diese Entwicklung: Er öffnete die Cornell Universität für Frauen und machte sie so zu einem der ersten Zentren der Koedukation.

Die neuen Colleges für Frauen bildeten nicht nur Frauen in

den Naturwissenschaften aus, sondern stellten auch Frauen als Lehrkräfte an. Leider entwickelten sich diese ersten Erfolge der Gleichberechtigung nicht wie erhofft weiter, denn die Stellen an den Frauen-Colleges blieben fast die *einzigen* Stellen, die Frauen mit einem naturwissenschaftlichem Abschluß im 19. Jahrhundert offenstanden. Weder die Colleges für Männer wie Harvard oder Yale noch die koedukativen Schulen und Universitäten wollten diesen Schritt tun. Und in einer Zeit, als man von Frauen immer noch in erster Linie erwartete, daß sie Mütter und Ehefrauen waren, kamen Stellen in der Industrie überhaupt nicht in Frage. Um es mit Rossiter zu sagen, die amerikanische Gesellschaft »zeigte weitaus mehr Bereitschaft, Frauen in den Naturwissenschaften auszubilden, als sie in diesem Bereich auch zu beschäftigen«. Anstatt mit Männern gleichberechtigt in den neuen naturwissenschaftlich-technischen Berufsfeldern arbeiten zu können, fanden sich die Naturwissenschaftlerinnen auf einen kleinen, eindeutig ungerecht aufgeteilten Bereich verwiesen. Eine Folge davon war, daß nur sehr wenige Frauen an Instituten wie dem MIT angestellt waren, die im Zentrum der neuen technischen Ausbildung und des neuen Denkens standen. So wurde den Frauen die Teilnahme an den Entwicklungen verwehrt, die das tägliche Leben revolutionieren sollten.

Die damaligen Restriktionen für Naturwissenschaftlerinnen werden deutlich am Fall von Harriet Brooks, einer Physikerin am Barnard College. Wie für männliche Akademiker im Mittelalter galt für Wissenschaftlerinnen an den Frauen-Colleges, daß sie nicht heiraten durften. Zwar durften die männlichen Akademiker an diesen Schulen heiraten, aber Frauen mußten sich zwischen Universität und Familie entscheiden. Viele Frauen waren so froh, eine Stelle zu bekommen, daß sie sich mit diesen Bedingungen einverstanden erklärten, aber im Jahre 1906 wandte sich Harriet Brooks gegen diese Regelung. Mit ihrer Verlobung gab sie auch ihre Absicht bekannt, weiter zu arbeiten. »Ich bin es meinem Berufsstand und meinen Geschlechtsgenossinnen schuldig«, schrieb sie, »zu zeigen, daß eine Frau ein Recht auf Ausübung ihres Berufes hat und nicht zur Aufgabe gezwungen werden kann, nur weil sie heiratet.« Zu dieser Zeit hatte sie bereits zusammen mit dem führenden englischen Physiker Ernest Rutherford einige Arbeiten zur Radioaktivität veröffentlicht, und er und der Nobelpreisträger J. J. Thomson waren der Meinung, sie stünde am Anfang einer großartigen Karriere als Physikerin. Aber die Dekanin von Barnard, Laura Gill, vertrat die Ansicht, eine verheiratete Frau solle »ihre Hausarbeit zu ihrem Beruf machen und nicht annehmen, sie könne zwei volle Berufe gleichzeitig ausfüllen«. Ein Mann konnte sehr wohl berufstätig sein und eine Familie haben, aber eine Frau offensichtlich nicht. Schließlich kündigte Brooks und beschäftigte sich nicht mehr mit Physik.

Die Professionalisierung in den Naturwissenschaften führte auch zu einer Professionalisierung der naturwissenschaftlichen Fakultäten an den Universitäten. Die Forschung spaltete sich in Dutzende spezialisierter Bereiche auf, und die Universitäten richteten für jeden Bereich eine Fakultät ein. Bald gab es auch die Promotion in den Naturwissenschaften, die in den USA in der Regel an einer Graduate School erworben werden konnte. Auch diese beiden Neuerungen hatten den Effekt, daß Frauen weiter an den Rand gedrängt wurden, denn die Promotionsstudiengänge wurden fast immer an den gut ausgestatteten und finanziell bessergestellten Colleges für Männer eingerichtet. Die meisten Frauen-Colleges konnten sich keine spezialisierten Studiengänge leisten. Doch die Promotion wurde zunehmend von Bedeutung, wenn man eine gute Anstellung in den Naturwissenschaften suchte. Und ohne diesen Abschluß blieb Frauen eine Karriere versagt.

Als sich die ersten Frauen an den Graduate Schools bewarben, erklärte man ihnen schlicht, es gäbe keinen Präzedenzfall für ihre Zulassung, und lehnte sie ab. Zum Beispiel bewarb sich

Ellen Swallow im Jahre 1870 am MIT für ein Aufbaustudium in Chemie, aber sie wurde abgelehnt, weil die Fakultät offensichtlich verhindern wollte, daß eine Frau bei ihnen den höheren Abschluß machen würde. Im Jahre 1879 weigerte sich die Johns Hopkins Universität, der Mathematikerin Christine Ladd einen Doktortitel zu verleihen, obwohl sie die Kurse besucht und eine exzellente Dissertation geschrieben hatte. Der Kampf um den Zugang zur Promotion hielt über zwanzig Jahre an, bis im Jahre 1890 viele Universitäten schließlich aufgaben und ihre Tore für Frauen öffneten, dennoch waren Graduate Schools für Frauen kein einfacher Weg. Bis zum Jahr 1900 erhielten nur drei Frauen in den USA einen Doktortitel in Physik, zusätzlich gingen zwei weitere in Astronomie und neun in Mathematik an Frauen. Im Ingenieurwesen hatten es die Frauen sogar noch schwerer. Obwohl bereits im Jahre 1876 eine Amerikanerin als erste Frau einen Abschluß im Ingenieurwesen erlangte (Elizabeth Bragg im Bauingenieurwesen von der Universität von Kalifornien), wagten sich im 19. Jahrhundert doch sehr wenige Frauen auf dieses Gebiet vor, und das änderte sich auch nicht bis ins 20. Jahrhundert. Wenn die naturwissenschaftlichen Technologien die Menschheit »retten« könnten, so würden Frauen zu den Geretteten zählen und nicht zu den Rettern – wie in Bacons Neu-Atlantis.

Bei abschließender Betrachtung ergibt sich, daß trotz allem, was Frauen in diesem »wundervollen Jahrhundert« zweifellos erreicht hatten, eine Gerechtigkeit zwischen den Geschlechtern noch immer nicht erreicht war. Mary Whitney, Astronomin und frühe Verfechterin der Ausbildung für Frauen, schrieb im Jahre 1882: »Wir müssen zugeben, daß trotz der wunderbaren Aufklärung hinsichtlich der Fähigkeiten und der Stellung der Frauen in der Öffentlichkeit während der letzten fünfzig Jahre, immer noch beträchtliche Zurückhaltung besteht zu glauben, daß Frauen sich in den führenden Berufen als so tüchtig wie ein Mann erweisen können oder werden.«

Aber eine Frau gab es im 19. Jahrhundert, die sich in höchst spektakulärer Weise als so tüchtig wie jeder Mann erwiesen hat: die polnische Physikerin Marie Sklodowska Curie - der erste Mensch überhaupt, der zwei Nobelpreise in den Naturwissenschaften erhielt. Wie Laura Bassis sind auch Marie Curies Errungenschaften ein Beweis dafür, was Frauen in der Naturwissenschaft hätten erreichen können, wenn sie nur bessere Möglichkeiten gehabt hätten. Marie Curies Beitrag war nicht nur theoretischer Natur, sondern war auch praktisch anzuwenden. Das Radium, das sie entdeckt hatte, wurde zur Grundlage für eine neue medizinische Disziplin, und die Radioaktivität (der sie den Namen gab und deren Erforschung sie ihr Leben widmete) brachte einen neuen Zweig der Energie- und der Waffenindustrie hervor. Ob sie zu guten oder schlechten Zwecken genutzt wurde, so hat die Radioaktivität doch wie keine andere naturwissenschaftliche Entdeckung Francis Bacons Vision vom Naturwissenschaftler als aktivem Handelnden, der die verborgenen Kräfte der Natur in den Dienst der Menschheit stellt, verwirklicht.

Marie Curies Leben (1867–1934) verlief in jeder Hinsicht außerordentlich, nicht nur wegen ihrer Errungenschaften in der Wissenschaft, sondern auch im Hinblick darauf, was sie durchmachen mußte, um in diesem Bereich zunächst Fuß zu fassen. Einem armen jungen Mann wie Michael Faraday konnte es gelingen, eine Stelle als Laborlehrling zu erhalten, doch einer armen jungen Frau bot sich keine derartige Möglichkeit. Als Tochter eines Physiklehrers an einem Gymnasium und der Leiterin einer Mädchenschule war Marie in einer Umgebung aufgewachsen, wo auf Gelehrsamkeit viel Wert gelegt wurde. Und besonders in Polen war es sehr wichtig, daß die Wissenschaften gefördert wurden, denn in den Jahren russischer Vorherrschaft hatte die polnische Kultur beträchtlichen Schaden genommen. Schon früh gehörte Marie einer Bewegung an, die sich zum Ziel gesetzt hatte, durch Bildung die polnische Kultur zu retten, bis die Russen gewaltsam zurückgedrängt werden konnten. Marie träumte davon, für ihr Land zur Universität zu gehen, Naturwissenschaften oder Literatur zu studieren. Ihre Schwester Bronia wollte Medizin studieren. Aber um 1880 waren die polnischen Universitäten den Frauen verschlossen, und die einzige Hoffnung der Schwestern war es, ins Ausland zu gehen, am liebsten an die Sorbonne.

Der Vater der Mädchen, Wladyslaw, hatte allen seinen Kindern die Liebe zur Wissenschaft mit auf den Weg gegeben, und nichts wäre ihm lieber gewesen, als Marie und Bronia an der Sorbonne zu sehen. Aber woher sollte das Geld dafür kommen? Marie heckte schließlich einen Plan aus. Sie wollte als Gouvernante arbeiten und Bronia während ihres Medizinstudiums finanziell unterstützen. Wenn Bronia ihren Abschluß hätte, könnte sie Marie bei *ihrer* Ausbildung unterstützen. Wenn man bedenkt, was für ein undankbares Leben eine Gouvernante führt, war dies ein außerordentlich großzügiges Angebot, eines, das Marie auszeichnete. Sie arbeitete von 1885 bis 1888 weit entfernt von ihren Freunden und ihrer Familie und sparte jeden Pfennig, um Bronia in Paris zu unterstützen. Es waren Jahre harter Arbeit, Einsamkeit und intellektueller Isolation. Ab 1888 brauchte Bronia Maries Unterstützung nicht mehr, denn ihr Vater hatte die schwierige, aber gutbezahlte Aufgabe als Direktor einer Reformschule übernommen, um sie selbst zu unterstützen.

Nun drängte Bronia Marie, für ihr eigenes Studium zu sparen, aber zu dieser Zeit verlor Marie den Mut und hätte ihren Traum fast aufgegeben. Schließlich sammelte sie neue Kräfte. Nach zwei weiteren Jahren harter Arbeit hatte sie genügend Geld für ein Jahr in Paris angespart. Als sie sich 1891 an der Sorbonne einschrieb, war Marie vierundzwanzig Jahre alt. Das war sehr spät für den Beginn einer Ausbildung in den Naturwissenschaften – und sie war schlecht vorbereitet für die anspruchsvollen Kurse in Mathematik und Physik. So mußte sie all ihre Zeit dem Studium widmen. Außerdem mußte sie jeden Pfennig zweimal umdrehen, denn ihre Ersparnisse reichten nur für das Nötigste. Manchmal lebte sie wochenlang von Brot und Tee, und im Winter konnte sie sich keine Kohle zum Heizen leisten. Trotzdem erinnerte sich Marie an diese Studentenzeit in Armut als die schönste Zeit ihres Lebens. Im Jahre 1893 bestand sie die *Licence* in Physik (entspricht der Prüfung nach dem Grundstudium) und war dabei die Beste in ihrem Kurs, und im folgenden Jahr bestand sie die *Licence* in Mathematik, diesmal als Zweitbeste.

In diesem Jahr lernte Marie Sklodowska Pierre Curie kennen, und damit begann die größte Liebesgeschichte in der Geschichte der Naturwissenschaften. Als sie sich kennenlernten, waren sowohl Marie wie auch Pierre überzeugt, sie seien dazu bestimmt, unverheiratet zu bleiben. Marie hatte die Absicht, nach ihrem Abschluß nach Warschau zurückzukehren, um sich um ihren alternden Vater zu kümmern und dort Naturwissenschaften zu lehren. Pierre gehörte inzwischen, im Alter von vierunddreißig Jahren, zu den führenden jungen Physikern in Frankreich und war überzeugt, er würde niemals eine Frau finden, die seine vollständige Hingabe an die Naturwissenschaften tolerieren könnte. Er änderte als erster seine Meinung. Ihm wurde klar, daß er in diesem ernsten polnischen Mädchen die Frau seiner Träume gefunden hatte. Nach einem Jahr inständiger Bitten willigte sie ein, seine Frau zu werden. Zusammen sollten sie ihr Leben der Wissenschaft widmen.

Im Jahre 1897 brachte die Geburt ihrer Tochter Irène Unruhe in diese traumhaften Pläne. Die Historikerin Helena Pycior hat dazu bemerkt: »Anfang dieses Jahrhunderts fand die Karriere einer Frau ihr Ende mit der Heirat, und wenn das nicht der Fall war, so doch spätestens mit der Mutterschaft.« Doch Marie wollte ihre wissenschaftliche Arbeit nicht aufgeben, und sie sagte von Pierre: »Mein Mann denkt nicht im Traum daran.« Schließlich löste Pierres Vater, Dr. Eugène Curie, das Dilemma.

Er zog zu dem Paar und übernahm die Verantwortung für Irène und später auch für die zweite Tochter Eve. Dies ermöglichte dem Paar ein Familienleben und – gleichberechtigt – eine Karriere in der Forschung. Die Haltung der Curie-Männer ist bewundernswert. Eugène und Pierre Curie, wie auch Maries Vater, sind leuchtende Beispiele ihrer eigenen Zeit wie auch für jedes andere Zeitalter.

Im Jahr, als Irène geboren wurde, begann Marie sich für das Thema zu interessieren, das sie für den Rest ihres Lebens beschäftigen sollte – die Radioaktivität. Henri Becquerel hatte dieses rätselhafte Phänomen erst ein Jahr zuvor entdeckt, und es war ein großes Wagnis für eine junge Wissenschaftlerin, sich eines solchen Themas anzunehmen: Obwohl die Radioaktivität auf Interesse gestoßen war, erschien das Thema zu dieser Zeit doch nur wenig zukunftsträchtig. Becquerel hatte mit Uran gearbeitet, aber Marie Curie entdeckte bald, daß Thorium ebenfalls radioaktiv war. Zu dieser Zeit formulierte sie ihre gewagte Hypothese, die Radioaktivität sei eine Eigenschaft der Atome. Im Rahmen ihrer Experimente untersuchte sie schließlich das Mineral Pechblende, und sie fand heraus, daß es viermal so radioaktiv war wie Uran. Noch einmal stellte die junge Studentin in der Forschung, noch ohne einen Doktortitel, der ihr mehr Glaubwürdigkeit verliehen hätte, eine gewagte Hypothese auf – daß Pechblende ein bislang unentdecktes Element enthalten müsse. Zu jener Zeit glaubten die Chemiker, sie hätten alle Elemente isoliert, also war es tatsächlich gewagt, ihnen zu widersprechen.

Nun ließ Pierre seine eigenen Forschungsarbeiten liegen und arbeitete mit an diesem Projekt. Die Vorstellung, es könnte ein neues Element geben, fanden er und Marie gleichermaßen aufregend. Die nächsten vier Jahre arbeiteten Pierre und Marie unter schlechten Bedingungen in einem Schuppen mit undichtem Dach. Sie arbeiteten sich sorgfältig durch Tonnen von Pechblende. Schließlich gelang es ihnen, zwei neue Elemente zu isolieren: Polonium, benannt nach Maries Heimatland, sowie eine sehr stark radioaktive Substanz, die sie Radium nannten. Die Arbeit der Curies eröffnete neue Arbeitsfelder in Physik und Chemie, und in Anerkennung ihrer Pionierarbeit erhielten die Curies zusammen mit Becquerel im Jahre 1903 den Nobelpreis für Physik. Das war der größtmögliche Triumph für eine Frau in den Naturwissenschaften, und beide Curies waren darauf bedacht, daß die institutionalisierte Wissenschaft sowohl Maries wie auch Pierres Rolle bei der Forschung anerkannten.

Trotzdem war es Pierre, dem ein neuer Lehrstuhl für Physik an der Sorbonne angeboten wurde. Marie sollte die Leiterin des Labors werden, das die Universität für ihn bauen wollte. Aber am 19. April 1906, nur wenige Monate nachdem Pierre seine Stelle angetreten hatte, kam er bei einem tragischen Unfall mit einem Fuhrwerk ums Leben. Mit Pierre Curie verlor die Welt einen außergewöhnlichen Mann, und eine der besten Partnerschaften in der Geschichte naturwissenschaftlicher Forschung fand ein jähes Ende. Von nun an war Marie Curie allein den Untiefen der naturwissenschaftlichen Welt ausgesetzt.

Obwohl sie (im Jahre 1904) promoviert und den Nobelpreis erhalten hatte, wurde Marie Curie weithin nur als Pierres Frau gesehen. Sein Tod stellte die wissenschaftliche Gemeinschaft vor ein nie dagewesenes Dilemma: Was sollte man mit einer Frau ohne Ehemann anfangen, die den angesehensten Preis der Welt gewonnen hatte? Zuerst nahm die französische Regierung an, sie würde sich zurückziehen, und man bot ihr eine Witwenrente an. Aber Marie machte deutlich, daß sie mit ihren Forschungen fortfahren wollte, und nach intensiver Fürsprache von Freunden, darunter auch von Pierres Bruder, wurde ihr Pierres Lehrstuhl angeboten. So kam die Universität von Paris im Jahre 1906, siebenhundert Jahre nach ihrer Gründung, zu ihrer ersten Professorin.

Marie Curie machte das Laboratoire Curie zu einem der führenden Forschungszentren der Welt. Hier entdeckte ihre Tochter Irène (zusammen mit ihrem Mann) die künstliche Radioaktivität, wofür sie im Jahre 1935 den Nobelpreis in Chemie erhielten. Im Jahre 1911 hatte Marie für die Entdeckung des Radiums ebenfalls einen Nobelpreis in Chemie erhalten. Keine Frau war zuvor und ist seitdem so hoch ausgezeichnet worden. Und doch wurde Marie nicht in die Académie des Sciences aufgenommen, und ihr Leben lang verfolgten sie Anspielungen, die schöpferische Arbeit sei eigentlich allein Pierres Werk gewesen. Die Fakultät für Physik in Harvard lehnte es im Jahre 1920 ab, ihr die Ehrendoktorwürde zu verleihen: Man wollte damit andeuten, die Nobelpreise gehörten rechtmäßig Pierre. Obwohl Curie nie Wert darauf gelegt hatte, im Rampenlicht zu stehen, war sie übler Nachrede ausgesetzt, wie sie kein männlicher Physiker jemals ertragen mußte. Noch 1971 konnte ein bekannter Physiker bei einer Zusammenkunft der American Physical Society sagen: »Wenn ich mit Pierre Curie verheiratet gewesen wäre, wäre ich eine Marie Curie geworden!«

Das Radium, das Curie entdeckt hatte, stand bald im Brennpunkt des Interesses der Industrie, besonders wegen seiner Anwendungsmöglichkeiten in der Medizin. Während andere mit den Entdeckungen der Curies reich wurden, verdiente Marie Curie keinen Pfennig an dieser Arbeit, weil sie und ihr Mann sich geweigert hatten, den Prozeß zur Extraktion von Radium patentieren zu lassen, den sie so mühsam entwickelt hatten. Als wahre Idealisten hatten sie der Welt ihr Wissen geschenkt. Marie selbst war sehr an den Anwendungsmöglichkeiten der Radioaktivität bei Krankheiten interessiert, und sie war stolz darauf, daß ihre Entdeckungen dazu dienten, Leben zu retten. Ganz wie in Bacons Traum vom Einsatz der Wissenschaft zum Wohle der Menschheit konnte sich Marie Curie zu den wissenschaftlichen Retterinnen zählen.

Marie Curie war zwar die berühmteste Mathematische Frau des späten 19. und frühen 20. Jahrhunderts, aber sie war bei weitem nicht die einzige. Unter anderen sind vor allem zu nennen:

Sophie Germain, die französische Mathematikerin, die einen Beitrag zum Verständnis der Elastizität lieferte, Sophia Kovalevsky, ein mathematisches Genie aus Rußland, die den Prix Bordin gewann, eine Art Nobelpreis des 19. Jahrhunderts; Margaret Maltby, die erste Amerikanerin, die in Europa in Physik promovierte, und Hertha Marks Ayrton, eine englische Elektroingenieurin, die erste Frau, die vor der Royal Society einen Vortrag hielt.

Wie Marie Curie mußten alle diese Frauen gewaltige Hindernisse überwinden, um an den mathematischen Naturwissenschaften mitzuwirken. Wenn aber selbst eine so geniale und entschlossene Frau wie Curie schon fast aufgab, ehe sie nur den Fuß in einen Vorlesungsraum der Universität gesetzt hatte, wie unüberwindlich mußten die Barrieren erst den meisten anderen aufstrebenden Physikerinnen erschienen sein? Und was ist mit den unzähligen anderen? Wer weiß, welche Talente vergeudet wurden, weil nicht mehr Frauen gerechten Zugang zu Ausbildung und Karriere hatten? Wer weiß, welche Einsichten und Erfindungen verlorengegangen sind, weil nicht mehr Frauen an der großen technischen Revolution des 19. Jahrhunderts teilhatten? Sogar heute noch bleiben Physikerinnen auf den akademischen Bereich beschränkt, nur wenige arbeiten in der Industrie. Außerdem ist der Bereich des Ingenieurwesens bei den angewandten mathematischen Wissenschaften sehr stark von Männern dominiert. Noch in den siebziger Jahren dieses Jahrhunderts waren weit weniger als 1 Prozent aller amerikanischen Ingenieure Frauen, und 1988 stellten sie immer noch weniger als 5 Prozent aller Ingenieure in den Bereichen Elektrotechnik, Elektronik, Flugzeugbau, Tiefbau, Kernkraft und Maschinenbau. An der Wende zum 21. Jahrhundert ist der Baconsche Bereich der exakten Wissenschaften immer noch durch die scharfe Trennung geprägt, die in Bacons *Neu-Atlantis* vorgezeichnet war. Die Väter in Salomons Haus werfen in der Tat lange Schatten.

Albert Einstein im November 1908 an seinem Arbeitspult im Eidgenössischen Amt für geistiges Eigentum. (Foto: Lucien Chavan)

Emmy Noether 1933 bei ihrer Abreise aus Deutschland auf dem Bahnsteig in Göttingen. (Foto Otto Neugebauer)

DER HEILIGE WISSENSCHAFTLER

Während Marie und Pierre Curie bei ihrer Suche nach dem Radium ans Ziel gelangten, mühte sich ein weiterer, unbekannter junger Physiker um eine ganz andersgeartete und schwer faßbare Beute. Nicht die Entdeckung eines neuen Elements war sein Ziel, sondern eine neue theoretische Synthese. Während die Curies mit ihren Entdeckungen zur Radioaktivität dazu beitrugen, eine neue Denkweise über die Materie zu prägen, erschloß Albert Einstein mit seinen Gleichungen eine neue Denkweise über Raum und Zeit – und schließlich über den gesamten Kosmos. Seit Newton hatte kein Physiker mehr die Welt in ein ganz neues glorreiches Licht getaucht. Nun endlich wurde der pythagoreische Traum Wirklichkeit, den Kosmos anhand einer Reihe mathematischer Relationen begreifen zu können.

Einsteins Theorie des Kosmos machte ihn zu einer der bekanntesten Gestalten unserer Zeit. Als Protagonist von Theaterstücken, Filmen, Romanen, Opern und Werbung erkennt man ihn sofort: Rund um den Globus ziert das berühmte Gesicht T-Shirts, Poster und Kaffeebecher. Nicht einmal Newton wurde zu seinen Lebzeiten im 17. Jahrhundert dermaßen gefeiert. Zwar verehrten ihn seine englischen Landsleute, doch erst nach Newtons Tod fanden seine Ideen weltweit Anerkennung. Einstein hingegen erlebte noch, daß die Welt nicht nur seine Theorien aufnahm, sondern auch seine Person. Kurz nach seinem Tod erschien in der *Washington Post* eine Karikatur: Ein durch den Weltraum fliegender Erdball, mit einem Schild versehen, das in riesigen Lettern verkündet: »Hier lebte Albert Einstein.«

Warum verdient ausgerechnet Einstein solche Aufmerksamkeit, die man nur als Verehrung bezeichnen kann? Warum hat dieser triefäugige Deutsche mit seinem wilden Haarschopf die Phantasie des Publikums dermaßen in Bann geschlagen? Warum etwa kennt jedes Schulkind den Namen Einstein, aber nicht die Namen Faraday, Maxwell, Heisenberg, Bohr oder Schrödinger? Warum schließlich ist der Name *Einstein* inzwischen ein Synonym für Genie? Der Grund dafür ist vor allem, daß Einstein erneut die Transzendenz in die Wissenschaft eingeführt hat. Nach einem Jahrhundert, in dem sich die Physiker zunehmend mit prosaischen und praktischen Fragen beschäftigt hatten, lenkte Einstein ihren Blick wieder zum Sternenhimmel empor. Mit der allgemeinen Relativitätstheorie schuf er eine ausgesprochen moderne und mathematisch ausgefeilte Version der pythagoreischen Idee einer Sphärenharmonie. Mit seinen eleganten Gleichungen setzte er die alte Frage nach der mathematischen Form der Existenz abermals auf die Tagesordnung der Wissenschaft und entfachte erneut ein quasi religiöses Interesse an der Physik – nur ging es diesmal nicht um deren praktische Anwendungen, sondern um ihren wesentlichen Gehalt. Nachdem der Baconsche Geist ein Jahrhundert lang die Physik beherrscht hatte, schlug Einstein wieder einen pythagoreischen Ton an und ließ in den Köpfen der Mathematischen Männer die Vorstellung eines »göttlichen« Schöpfungsplans wieder aufleben. Zwar blieb dieser Gedanke zunächst auf einen kleinen Kreis beschränkt, doch die Nachfolger Einsteins, an vorderster Front Stephen Hawking, verbreiten ihn seit einigen Jahren mit größtem Eifer. Kurz, die geradezu obsessive Beschäftigung der heutigen Physiker mit dem »Geist Gottes« hat ihre Wurzeln in den Theorien Einsteins.

Albert Einstein (1879–1955) war wohl kein Wunderkind, denn nach außen war kaum erkennbar, was einmal aus ihm werden sollte. Doch das Kind selbst bemerkte schon früh Anzeichen für sein künftiges Schicksal. Eines Tages zeigte der Vater dem etwa vierjährigen Knaben einen Kompaß. Sechzig Jahre später, in einer autobiographischen Skizze, erinnerte sich Einstein an das »Wunder«, das dieser Kompaß in ihm auslöste. »Ich erinnere mich noch jetzt«, schrieb er, »– oder glaube mich zu erinnern –, daß dieses Erlebnis tiefen und bleibenden Eindruck auf mich gemacht hat. Da mußte etwas hinter den Dingen sein, das tief verborgen war.« Mit zwölf erlebte Albert ein »zweites Wunder«, als er »ein Büchlein über Euklidische Geometrie … in die Hand bekam«. Später bezeichnete er diesen Text als »heiliges Geometriebüchlein«. In diesem Werk begegnete er zum erstenmal der Mathematik, und die Inspiration, die er durch sie erfuhr, prägte sein ganzes Leben. Seine Vision der Welt sollte er in der Sprache der Mathematik ausdrücken. Und keiner hat mit ihren Werkzeugen ein schöneres Bild geschaffen. Obwohl Einstein keineswegs ein großer Mathematiker war, schuf er eine mathematische Beschreibung des Universums, die als einer der Höhepunkte der westlichen Kultur ihren ästhetischen Rang neben den Fresken Giottos, den Porträts Leonardos und den Madonnen Raffaels einnimmt.

Doch bevor Albert Künstler werden konnte, mußte er zur Schule, und das war die Hölle für ihn. Er verabscheute das strenge deutsche Gymnasialsystem dermaßen, daß er mit fünfzehn von der Schule ging und anschließend ein Jahr in Italien umherstreifte. Entgegen all den Mythen, die sich um ihn ranken, war der junge Einstein kein Faulpelz. Ein idealer Schüler war er wohl auch nicht, doch immerhin brachte er sich selbst ausreichende mathematische und naturwissenschaftliche Kenntnisse bei, um sich mit sechzehn – nach den Vorschriften eigentlich zwei Jahre zu früh – am angesehenen Zürcher Polytechnikum zu bewerben und die einschlägigen Prüfungen mit fliegenden Fahnen zu meistern. Nur wegen seiner unzulänglichen Sprachkenntnisse wurde er nicht aufgenommen. Als er ein Jahr später den Zugang schaffte, mußte er feststellen, daß der Unterricht fast so langweilig war wie einst am Gymnasium. Wiederum schob Einstein das Curriculum beiseite und ging seinen eigenen Studien nach. Auf diese Weise brachte er sich wie Newton die naturwissenschaftlichen Kenntnisse weitgehend selbst bei. Wie einst Newton sich seinen Weg durch die Werke Galileos, Keplers und Descartes' gebahnt hatte, vertiefte sich Einstein jetzt in die Arbeiten Maxwells.

Dieses bewundernswerte Zeugnis von Eigeninitiative hatte nur einen Haken: Wenn er am Ende des Studiums einen Abschluß erhalten wollte, mußte er die Prüfungen bestehen. Daher suchte Einstein die Hilfe seines guten Freundes Marcel Großmann, eines hervorragenden jungen Mathematikers und vorbildlichen Studenten. Schon früh erkannte Großmann die verborgenen Talente seines unangepaßten Studienkameraden, und er lieh ihm seine sorgfältig geführten Vorlesungsmitschriften zum Büffeln. Mit seiner Hilfe bestand Einstein die Prüfungen.

Einstein war von den Lehrern am Polytechnikum keinesfalls beeindruckt, doch dasselbe galt auch umgekehrt. Nach seinem Abschluß waren sie nicht bereit, ihn in seinen Bemühungen um eine akademische Position zu unterstützen. Es folgten schwierige Jahre, in denen er sich als Aushilfslehrer an Gymnasien den Lebensunterhalt bestreiten mußte. In dieser Zeit jedoch wandte er sein Interesse mit neuerwachter Leidenschaft abermals der Physik zu und veröffentlichte bald darauf drei originäre Forschungsaufsätze. Die akademische Welt zeigte sich freilich ungerührt, und er blieb weiterhin ohne Stelle. Die wenigen Freunde, mit denen er seine Ideen diskutierte, stießen sich an seiner absurden Lage, und wiederum dank der Unterstützung Großmanns bot man ihm schließlich eine Stelle beim Eidgenössischen Amt für geistiges Eigentum in Bern an. Nun konnte er sich auf seine Forschungen konzentrieren, ohne sich um die Miete für den nächsten Monat sorgen zu müssen – natürlich mußte er dafür den ganzen Tag arbeiten. Später, als er berühmt geworden war, blickte er mit Vergnügen auf diese Zeit im Patentamt zurück, das er als »das weltliche Kloster« bezeichnete, »wo ich meine schönsten Gedanken ausgebrütet habe«. Dazu gehörte auch die spezielle Relativitätstheorie. Seine Stellenbezeichnung damals lautete: »technischer Experte – III. Klasse.«

Während der Zeit im Patentamt veröffentlichte Einstein Aufsätze in den angesehenen *Annalen der Physik* und tat damit der Welt weiterhin seine revolutionären Ansätze kund. Die ersten Artikel zur Relativitätstheorie erschienen und gerieten wieder in Vergessenheit, ohne die etablierte Wissenschaft auch nur zu einem Raunen zu bewegen. Erst 1909, nachdem Einstein die spezielle Relativitätstheorie abgeschlossen und die allgemeine Relativitätstheorie in Angriff genommen hatte, bot ihm die Universität Zürich eine Stelle an. Heute scheint es unglaublich, daß ihm die akademische Welt so lange die kalte Schulter gezeigt hatte. Nicht weil er »Einstein!« war, sondern weil er bis zu diesem Zeitpunkt schon ein Dutzend bahnbrechender Artikel veröffentlicht hatte, von denen die meisten absolut brillant waren. Angesichts der mäßigen Qualität der Arbeiten, mit denen sich allzu häufig Wissenschaftler die akademische Leiter emporhangeln, bleibt das Widerstreben der Universitäten, den überragenden jungen Einstein in ihre Reihen aufzunehmen, bis heute eine der größten Absurditäten der Wissenschaftsgeschichte. Warum, ließe sich fragen, gab Einstein nicht auf? Während seiner sieben Jahre im Patentamt gab es in der Tat Zeiten, in denen er an der Hoffnungslosigkeit verzweifelte, jemals eine Stelle an der Universität oder auch nur einen Doktortitel zu erlangen. Woran er jedoch niemals zweifelte, war die Qualität seiner Arbeit. Entgegen all den Mythen über Einsteins Bescheidenheit war er, zumindest was seine wissenschaftliche Arbeit anging, ein vor Selbstbewußtsein strotzender junger Mann – manche bezeichneten ihn sogar als hochgradig arrogant. Was er tat, das wußte er von Anfang an, war von höchster Bedeutung.

Allein an seinem Amtsschreibtisch, nutzte Einstein die Zeit zwischen seinen offiziellen Verpflichtungen, um über eben jenes Problem nachzudenken, das die besten Physiker der Welt irritierte: die immer beunruhigendere Kluft, die sich zwischen der Physik Newtons und der Maxwells auftat. Obwohl es zunächst so ausgesehen hatte, als ob Maxwells elektromagnetische Gleichungen sich harmonisch in das Newtonsche Weltbild einfügen würden, war gegen Ende des 19. Jahrhunderts klar, daß die beiden Weltsichten schlechthin unvereinbar waren. Der Mathematische Mann der Moderne war gegen seinen ersten großen Stolperstein gelaufen.

Das Dilemma, mit dem sich Einstein konfrontiert sah, läßt sich am Beispiel zweier Autos erläutern, die einander auf der Straße entgegenfahren. Wenn das eine 80 Stundenkilometer und das andere 60 Stundenkilometer schnell fährt, dann beträgt ihre Geschwindigkeit relativ zueinander 140 Stundenkilometer. In der Newtonschen Physik wie auch in der Alltagserfahrung summieren sich die beiden Geschwindigkeiten, weshalb Frontalzusammenstöße meist tödliche Folgen haben. Maxwells Gleichungen zufolge beträgt die Lichtgeschwindigkeit im Vakuum 300 000 Kilometer in der Sekunde. Die Physiker gingen nun von der durchaus vernünftigen Annahme aus, daß sich wie bei den Autos auch bei Lichtwellen die Geschwindigkeiten summieren. Würde ich also mit 1000 Sekundenkilometern einer Lampe entgegenrasen, wäre die Geschwindigkeit des von ihr ausgesandten Lichts relativ zu mir 300 000 plus 1000 Kilometer pro Sekunde, also 301 000 Sekundenkilometer. Doch als diese Annahme experimentell überprüft wurde, stellte sich heraus, daß im Falle des Lichts die Geschwindigkeiten nicht addiert werden konnten. Ganz unabhängig von der jeweiligen Bewegung der Lichtquelle oder des Beobachters schien das Licht immer 300 000 Kilometer in der Sekunde zurückzulegen – relativ zu allem.

Für die wenigen Physiker, die den Mut hatten, sich diesem Dilemma zu stellen, bedeutete dies, daß entweder die Gesetze Newtons oder die Maxwells modifiziert werden mußten. Eine ganze Reihe der weltbesten Physiker versuchte sich zwar an Maxwell, doch Newton war inzwischen derart unantastbar, daß keiner bereit war, Hand an sein Theoriegebäude zu legen. Im Rückblick wird deutlich, daß mehrere Physiker einer Lösung recht nahe kamen, doch am Ende schreckten sie alle vor dem letzten großen Schritt zurück, der sie zum Ziel geführt hätte. Während in der akademischen Welt die Räder heißliefen, machte sich der technische Experte III. Klasse im Berner Patentamt, Albert Einstein, an die Aufgabe, die Theorien der beiden unumstrittenen Meister der modernen Physik zu vereinheitlichen. Ein unerschütterlicher Glaube an die Einheit und Harmonie der Natur trieb ihn dabei an.

Vor allem war zu klären, warum Licht *immer* und relativ zu *allem* dieselbe Geschwindigkeit hatte. Zum Beispiel wenn ich mich mit *anderer* Geschwindigkeit als Sie bewege, wie kommt es dann, daß sich das Licht mit *derselben* Geschwindigkeit relativ zu uns beiden bewegt? Diese Frage, einer Alice im Wunderland würdig, schlug der normalen Logik ins Gesicht. Einstein erkannte schließlich, daß das Problem nicht bei Maxwell lag, sondern bei Newton. Die Physiker waren immer den Bahnen des großen englischen Genies gefolgt und hatten unbeirrt geglaubt, Zeit und Raum seien etwas Absolutes. Einstein dagegen erkannte, daß sich das Problem löst, wenn sich nicht alle in derselben Raumzeit bewegen, sondern jede Person in ihrer eigenen Zeit und ihrem eigenen Raum. Denn in der *eigenen* Raumzeit jeder Person bliebe die Lichtgeschwindigkeit konstant. Daher, sagte Einstein, sind Zeit und Raum keine absoluten, universellen Phänomene; sie hängen davon ab, wie schnell sich die Beobachter bewegen. Je größer die relative Geschwindigkeit zwischen zwei Personen ist, desto größer ist auch der Unterschied der jeweiligen Räume und Zeiten. Konkret heißt dies, je schneller sich eine Person relativ zu Ihnen bewegt, desto stärker wird sich für Sie als Beobachter ihr Raum zusammenziehen, und desto länger wird sich Ihre Zeit ausdehnen. Anders gesagt, die Person erscheint zusammengedrückt und abgebremst. Das ist der Kern der speziellen Relativitätstheorie, die Einstein im Jahre 1905 der Welt verkündete.

Die erste Reaktion war schierer Unglaube. Wie konnte jemand ernsthaft behaupten, Zeit und Raum seien Privatangelegenheiten, die von der Geschwindigkeit abhingen? Für die meisten Physiker überspannte Einstein damit den Bogen. Das Problem war freilich, daß die Relativitätstheorie funktionierte. Einstein erklärte nicht nur das Rätsel der konstanten Lichtgeschwindigkeit, sondern konnte anhand seiner Gleichungen auch noch Voraussagen machen – etwa zum Verhalten von Elektronen im Magnetfeld – die bald darauf experimentell bestätigt wurden. So beunruhigend die Schlußfolgerungen aus der Relativitätstheorie auch sein mochten, ihr überwältigender empirischer Erfolg bedeutete, daß sie nicht ignoriert werden konnte. Das erstaunlichste Postulat der Einsteinschen Theorie war die Äquivalenz von Masse und Energie, zum Ausdruck gebracht durch die berühmte Formel $E = mc^2$. Dieser Gleichung zufolge ist jedes Stückchen Materie ein gewaltiges Energiereservoir, weil jedes subatomare Teilchen in einen Impuls reiner Energie verwandelt werden kann. Als Einstein diese Formel entdeckte, gab es noch keine Möglichkeit, dieses Postulat zu überprüfen, doch im Jahre 1945 wurde es schließlich mit erschreckender Gründlichkeit bestätigt. Die in die Mauern von Hiroshima und Nagasaki gebrannten Schatten sind ein grausiger Beweis der Äquivalenz von Masse und Energie und damit auch ein beeindruckendes Symbol für den Zusammenhang von Raum und Zeit.

Die Ironie ist, daß die Konzepte des absoluten Raums und der absoluten Zeit von Anfang an umstritten waren. Als Newton den Begriff einführte, verwarfen ihn eine ganze Reihe von Wissenschaftlern, vor allem sein deutscher Rivale Gottfried Leibniz. Doch für Newton hatte die Absolutheit von Raum und Zeit mehr als nur wissenschaftlichen Stellenwert. Für ihn war, so erinnern wir uns, der Raum das Sinnesorgan Gottes, das Medium, kraft dessen die Gottheit allsehend und allwissend war. Absoluter Raum und absolute Zeit gewährten nicht allein Gott den Standpunkt der Allwissenheit, sondern auch den Physikern. Obwohl sie Newtons Gedanken einer Verknüpfung der Absolutheit von Raum und Zeit mit Gott bald verwarfen, behielten sie das Bedürfnis nach einem gottesähnlichen Grundzusammenhang der Wirklichkeit bei. Ihr Verlangen nach göttlicher Allwissenheit war so groß, daß sie zwei Jahrhunderte lang die sehr berechtigte Kritik an diesem Begriffsgebäude schlichtweg ignorierten. Ein Außenseiter mußte kommen, um sie aus ihren pseudoreligiösen Bahnen zu werfen. Ironischerweise war es allerdings Einstein selbst, der der Physik einen gottesähnlichen Standort zurückeroberte.

Noch immer im Patentamt, wurde Einstein zunehmend unzufrieden mit seiner ersten Theorie. Zwar hatte er Newtons Bewegungsgesetze mit Maxwells elektromagnetischen Gleichungen in Einklang gebracht, doch nur für den Spezialfall konstanter Geschwindigkeiten. Die spezielle Relativitätstheorie umfaßte nicht die Fälle variierender oder beschleunigter Bewegung. Schon 1907 begann Einstein davon zu träumen, seine Theorie auf den allgemeinen Fall aller möglichen Bewegungen auszudehnen. Es war gewiß eine der brillantesten Einsichten in der Wissenschaftsgeschichte, daß die Schwerkraft mit in die Theorie aufgenommen werden mußte, denn eine wesentliche Eigenschaft der Gravitation ist, daß sie die Beschleunigung von Körpern verursacht. Erneut war er davon überzeugt, daß es tieferliegende Gesetze der Natur geben mußte, die einer Entdeckung harrten, und wiederum betrieb er allein auf sich gestellt die Suche nach einer vereinheitlichenden theoretischen Vision. Jedoch war diesmal die angestrebte Synthese weitaus schwieriger, und selbst mit seiner außerordentlichen Einsicht in den Kern der physikalischen Probleme kostete es ihn zehn Jahre unablässiger Arbeit, eine relativistische Theorie der Gra-

vitation zu entwickeln, die offiziell als allgemeine Relativitätstheorie bezeichnet wird.

Diese zehn Jahre sind der Beweis, daß die Physik nicht nur
vom »Genie« vorangetrieben wird. Zu erinnern ist an die zehn-
jährige Suche Keplers nach der elliptischen Umlaufbahn des
Mars. Noch tief in den Problemen steckend, schrieb Einstein
an einen Freund: »Aber das eine ist sicher, dass ich mich im Leben noch nicht annähernd so geplagt habe … Gegen dieses Problem ist die ursprüngliche Relativitätstheorie eine Kinderei.«
Kaum ein Wissenschaftler sah sich jemals einem so gewaltigen
mathematischen Kampf gegenüber, und wiederum wandte er
sich an seinen Freund Marcel Großmann. Großmann war inzwischen Experte für Tensor-Kalkül, eben jenes exotische Gebiet der Mathematik, in dem sich Einstein kundig machen
mußte. Nachdem Großmann seinen alten Kommilitonen in
dieses Feld eingeführt hatte, schloß er sich ihm der Suche nach
dem Lösungsweg an. Während der folgenden Jahre wurde Einstein auch von anderen hervorragenden Mathematikern unterstützt. Endlich, im Jahre 1916, konnte er mit einer mathematischen Theorie aufwarten, die Gravitation und die spezielle
Relativitätstheorie miteinander verknüpfte. Die Frucht seiner
Arbeit bestand aus zehn kompakten und schönen Gleichungen
– eine für jedes Jahr seiner Bemühungen.

Mit der speziellen Relativitätstheorie hatte Einstein eine
neue Vorstellung von Raum und Zeit eingeführt, doch mit der
allgemeinen Relativitätstheorie schuf er eine ganz neue Kosmologie und letztlich eine neue Sicht auf den Platz der
Menschheit im kosmischen Gefüge. Zwar gehört sie bis heute
zu den am schwersten zugänglichen Errungenschaften der Physik, doch wir alle sind deutlich geprägt von diesem Einsteinschen Meisterwerk. Die allgemeine Relativitätstheorie versah
die Existenz selbst mit einer Zeitgrenze. Und letztlich war es
auch Einsteins Theorie, die den Begriff der kosmischen *Schöpfung* in die wissenschaftliche Diskussion einbrachte.

Seit dem späten 18. Jahrhundert hatten die meisten Physiker das Universum als ewig und statisch betrachtet – eine endlose, mit Sternen durchsetzte Weite, die sich seit undenkbarer Zeit im selben Zustand befand und es auch bis in alle Ewigkeit bleiben würde. Wie auch immer man die Sache drehen und wenden mochte, die Vorstellung, das Universum habe einen Anfang, erforderte offenbar eine »erste Ursache« jenseits der Natur – eine übernatürliche Kraft, welche die Wissenschaft per definitonem nicht fassen konnte. Die Philosophen im Gefolge der Aufklärung hatten dieses Problem schlicht umgangen, indem sie einfach abstritten, daß es einen Ursprung gegeben habe. Ohne Beginn brauchte man auch keinen Schöpfer und mußte daher auch nicht das Feld für die Theologen räumen.

Doch die Gleichungen der allgemeinen Relativitätstheorie führten nun unausweichlich zu dem Gedanken an einen Beginn des Universums – an eine kataklystische Singularität, die wir heute als Big Bang bezeichnen. In dieser Singularität entstanden nicht nur die Materie, sondern auch Raum und Zeit. Seit diesem Ereignis, so verkündeten Einsteins Gleichungen, expandiert das Universum, es wird größer und kälter. Der Kosmos war nun keineswegs statisch und ewig, er besaß vielmehr eine bestimmte Geschichte. Mit der allgemeinen Relativitätstheorie wurde der Begriff einer kosmischen Genesis in die wissenschaftliche Arena geworfen, und der Mathematische Mann war gezwungen, sich diesem Jahrhundertereignis von biblischem Ausmaß auf seinem eigenen Feld zu stellen. Diese Vorstellung lief dem zeitgenössischen wissenschaftlichen Denken jedoch dermaßen zuwider, daß Einstein zum erstenmal die Nerven verlor. Er frisierte seine Gleichungen und führte einen äußerlichen Terminus ein, um das relativistische Universum in einen statischen Zustand zu zwingen. Später bezeichnete er dies als »den größten Fehler seines Lebens«. Erst als der Astronom Edwin Hubble die Bewegungen der Galaxien untersucht und auf eigenem Wege entdeckt hatte, daß das Universum tatsäch-

endgeschichtliche · Katastrophe

lich expandierte, kehrte Einstein zur ursprünglichen Version seiner Gleichungen zurück. Erst jetzt akzeptierte er, was seine schönen Formeln ihm immer schon gesagt hatten.

Seitdem gehört es zu den Hauptbeschäftigungen der Astrophysiker, die kosmische Zeitlinie seit dem Big Bang (vor etwa 15 Milliarden Jahren) bis heute zu vermessen. Die Mathematiker verändern damit auch die Art und Weise, wie wir uns in diesem Kosmos sehen. In der christlichen Kosmologie werden Adam und Eva am sechsten Tag erschaffen, und somit ist die Menschheit fast von Beginn an Teil des Universums. Doch auf der Zeitlinie der relativistischen Kosmologie erscheint die Menschheit erst nach 15 Milliarden Jahren. Für Urzeiten gab es nur subatomare Teilchen; später nur Atome und Sterne. Die Menschheit nimmt in der relativistischen Kosmologie keinesfalls eine zentrale Stellung ein, sondern wird auf einen kleinen Funken am Schweifende der Existenz reduziert. Offenbar kündet die moderne Kosmologie also weniger von der geringen Bedeutung der Menschheit im Raum als vielmehr in der Zeit. Die endlosen Tiefen des Weltraums lassen die Menschen und die Erde verschwindend klein erscheinen, doch die Vorstellung, daß das Universum Milliarden von Jahren ohne uns existierte, trifft mitten ins Herz der christlichen Selbstwahrnehmung.

Die allgemeine Relativitätstheorie enthüllte nicht nur, daß das Universum zeitlich begrenzt ist, sondern auch, daß es eine bestimmte räumliche Gestalt besitzt. An Stelle der formlosen Unendlichkeit des Newtonschen Weltbildes läßt die allgemeine Relativitätstheorie den Kosmos als elegante vierdimensionale Form erscheinen, in der Raum und Zeit eine Synthese bilden, die als Raumzeit bezeichnet wird. Vor Einstein hatten die Physiker den Raum als eine unbewegte, eigenschaftslose Leere betrachtet, doch die Relativitätstheorie zeigte ihn nun als eine komplexe und dynamische Struktur, die sich anmutig dehnend und streckend auf die Körper einstellt, die sie beherbergt. Wir können uns von dieser Raumzeit-»Landschaft« ein Bild machen, indem wir uns ein hochflexibles Gummilaken vorstellen, das ausgespannt ist wie ein Trampolin. Wenn wir eine Bowlingkugel darauflegen, wird sich das Gummi an der entsprechenden Stelle dehnen und eine Senke ausbilden. Der allgemeinen Relativitätstheorie zufolge hat eine gewaltige Masse wie die Sonne im »Gewebe« der Raumzeit eine analoge Wirkung. Die Raumzeit reagiert wie das Gummilaken auf die Bewegung der Himmelskörper. Doch im Unterschied zum Gummilaken mit den wahrnehmbaren Vertiefungen sind die Einbuchtungen in der Raumzeit unsichtbar. Sie manifestieren sich in Gestalt der *Gravitation*. Der allgemeinen Relativitätstheorie zufolge ist die Schwerkraft keine Eigenschaft der Materie selbst, sondern ein Nebenprodukt der Form der Raumzeit, die sie umgibt – der Form, welche die Materie der Raumzeit aufprägt.

Die letzte Folgerung aus der allgemeinen Relativitätstheorie ist, daß das gesamte Universum von der in ihm enthaltenen Materie geprägt ist. Im gesamten Universum gestaltet die Materie die Raumzeit zu einer bestimmten vierdimensionalen Form. Daher besitzt der Kosmos eine bestimmte Geometrie. Die genauen Eigenschaften dieser Geometrie herauszufinden, ist eine der Hauptaufgaben der gegenwärtigen Kosmologie. Es handelt sich nicht um die euklidische Geometrie (wie wir sie in der Schule lernen), der Einstein damals im »heiligen Geometriebüchlein« begegnete, sondern um die viel exotischere Wissenschaft der gekrümmten Oberflächen. Mit seinen Gleichungen hatte Einstein erreicht, was sich Pythagoras vor langer Zeit erträumt hatte: Er hatte eine Reihe mathematischer Relationen gefunden, welche sogar die Gestalt des Himmels beschrieben.

Die allgemeine Relativitätstheorie eignete sich von Beginn an gut für religiöse Deutungen. Vor zweieinhalbtausend Jahren hatte Platon verkündet, daß Gott geometrisch denkt. Keine Worte hätten diese Überzeugung besser stützen können als Einsteins Gleichungen. Und so wurde die allgemeine Relativitätstheorie trotz der säkularen Grundstimmung des frühen 20. Jahrhunderts rasch mit dem Nimbus eines quasireligiösen Diskurses versehen. Keiner trug stärker dazu bei als Einstein selbst. Zumindest schon im Jahre 1919, als die allgemeine Relativitätstheorie zum erstenmal empirisch überprüft wurde, verknüpfte er die Relativität mit dem Gedanken an Gott. Damals schuf eine Sonnenfinsternis ideale Bedingungen für die aus der Theorie abgeleitete Prognose, das Licht von einem fernen Stern werde beim Passieren der Sonne abgelenkt. Als Einstein ein Telegramm erhielt mit der Nachricht, daß seine Voraussage sich bestätigte, fragte ihn eine damals anwesende Doktorandin, wie er sich im *andern* Falle gefühlt hätte. Er antwortete schlicht: »Da könnt' mir halt der liebe Gott leid tun, die Theorie stimmt doch.« Dies bedeutete nichts anderes, als daß er mit der allgemeinen Relativitätstheorie den Schöpfungsplan entdeckt hatte, den Gott hätte verwenden *sollen*.

Einstein nährte sein ganzes Leben lang die Überzeugung, mit seiner Physik den »göttlichen« Schöpfungsplan ans Licht zu bringen. 1921 erfuhr er von einem Experiment, dessen Resultate seiner geliebten Theorie offenbar widersprachen. Wiederum war er nicht beunruhigt, sondern er verkündete zuversichtlich: »Raffiniert ist der Herrgott, aber boshaft ist er nicht.« Und abermals stellte sich heraus, daß die ihm gerüchteweise zugetragenen Ergebnisse nicht korrekt waren. Auch hatte Einstein ganz bestimmte Vorstellungen vom Plan des »Schöpfers«. Zu seinen berühmtesten Aussprüchen gehört das oft zitierte »Gott würfelt nicht«, mit dem er seine Einwände gegen die Quantenmechanik prägnant zusammenfaßte. Es gibt eine englische Übersetzung dieser Bemerkung, die mit einem schwer übertragbaren Wortspiel die Stoßrichtung des Einsteinschen Denkens noch deutlicher macht – »God casts the die, not the dice« (Gott prägt die Gußform, aber er würfelt nicht). Dies ist der Kern der Einsteinschen Naturphilosophie: Das Universum ist eine göttliche Schöpfung, und der Physiker hat die Aufgabe, die mathematische Gußform zu entdecken, die ihm zugrunde liegt. Dieser im Grunde pythagoreische Traum inspiriert heute unter anderem auch Stephen Hawking.

Daß Einstein <u>Gott und Physik miteinander verknüpfte</u>, entsprang durchaus ernsthafter Überzeugung, denn er betrachtete die Wissenschaft als ein im Grunde <u>religiöses Streben</u>. Einmal schrieb er: »Die Wissenschaft kann nur von denen aufgebaut werden, die durch und durch von dem Streben nach Wahrheit und Erkenntnis erfüllt sind. Die Quelle dieser Gesinnung entspringt aber wiederum auf religiösem Gebiet.« Einstein bezeichnete seine eigene, ziemlich unorthodoxe Spiritualität als »kosmische Religiosität«. Näher beschrieben hat er dies folgendermaßen:

> Die religiösen Genies aller Zeiten waren durch diese kosmische Religiosität ausgezeichnet, die keine Dogmen und keinen Gott kennt, der nach dem Bild des Menschen gedacht wäre. Es kann daher auch keine Kirche geben, deren hauptsächlicher Lehrinhalt sich auf die kosmische Religiosität gründet ... Wie kann kosmische Religiosität von Mensch zu Mensch mitgeteilt werden, wenn sie doch zu keinem geformten Gottesbegriff und zu keiner Theologie führen kann? Es scheint mir, daß es die wichtigste Funktion der Kunst und der Wissenschaft ist, dies Gefühl unter den Empfänglichen zu erwecken und lebendig zu erhalten.

Wie aus dieser Passage hervorgeht, betrachtete Einstein die kosmische Religion als Alternative zu ihren traditionellen Formen. Auch er war nämlich der Überzeugung, daß die Anhänger der traditionellen Religionen Gegner der Wissenschaft seien, und verkündete <u>seine »kosmische Religiosität« als den einzig *wahren* Glauben.</u> Der oben zitierte Artikel endet mit folgendem Bekenntnis: »Ein Zeitgenosse hat nicht zu unrecht gesagt, daß die ernsthaften Forscher in unserer im allgemeinen materialistisch eingestellten Zeit *die einzigen tiefreligiösen Menschen seien.*« [Hervorhebung M. W.]

In den letzten Jahren wird Einstein zunehmend als Gestalt gewordener wissenschaftlicher Hohepriester betrachtet. Seine Kosmologie, seine als Zitate bestens geeigneten Bemerkungen zu Gott und die rätselhaften Stellungnahmen zum Gang der Wissenschaft dienten dazu, aus ihm die populäre Gestalt des Physikers als religiösem Mystiker zu zimmern – ein Image, dessen Grundsteine er selbst gelegt hat. Die Arbeit des Physikers bestimmte er folgendermaßen:

Höchste Aufgabe der Physiker ist... das Aufsuchen jener allgemeinsten elementaren Gesetze, aus denen durch reine Deduktion das Weltbild zu gewinnen ist. Zu diesen elementaren Gesetzen führt kein logischer Weg, sondern nur die auf Einfühlung in die Erfahrung sich stützende Intuition... Der Gefühlszustand, der zu solchen Leistungen befähigt, ist dem des Religiösen oder Verliebten ähnlich.

Seit Einsteins Tod ist ein Personenkult entstanden, der ihm die Züge eines Heiligen verlieh. Zahllose Artikel und Biographien zeichnen das Bild eines sanften Genies, das sich für den Weltfrieden engagierte, sich über den Rassismus empörte und der Wahrheit und Freiheit verpflichtet war. Auch wird er als Mensch porträtiert, der so sehr mit transzendenten Gedanken beschäftigt war, daß er die gewöhnlichen Sorgen des Alltagslebens hinter sich ließ – das klassische Signum eines Mannes, der sich angeblich vollständig höheren Dingen widmete.

Die Kanonisierung Einsteins ist keine ausschließlich persönliche Angelegenheit; es geht vielmehr um die Konstruktion des Bildes von der Physik in der Öffentlichkeit. Der Aufbau dieses Images wurde zu weiten Teilen von der Physik selbst betrieben, denn nicht zuletzt waren es Physiker, die die lobrednerischsten Bücher über Einstein geschrieben haben: Abraham Pais, Banesh Hoffmann und Carl Seelig, um nur drei zu nennen. Daß die Physiker dieses heiligengleiche Bild eines weltabgewandten Einstein nach Kräften aufrechterhalten, geht meiner Auffassung nach darauf zurück, daß viele von ihnen selbst gern so gesehen werden wollen. In einer Zeit, da viele Menschen sich nach einer Annäherung von Spiritualität und Wissenschaft sehnen, scheint Einstein die ideale Vereinigung von beidem darzustellen. Als der »heilige Wissenschaftler« ist er zum perfekten Werbemaskottchen für die gegenwärtige Physik geworden.

Leider ist dieses Bild Einsteins verzerrt. Trotz seines aufrichtigen Humanismus und seines klaren Blicks war Albert Einstein sicher kein Heiliger. In den achtziger Jahren kam bisher unbekanntes Material über sein Privatleben ans Licht, das ihn als einen Mann zeigt, der häufig auf empörende Weise mit den Menschen umging, die ihn liebten, vor allem mit seiner ersten Frau Mileva und den beiden gemeinsamen Söhnen. Privat konnte Einstein arrogant und höchst selbstsüchtig sein. Außerdem besaß er einen nicht unbedeutenden frauenfeindlichen Charakterzug. Einer Freundin sagte er einmal: »Bei Euch Weibern sitzt das Produktionszentrum nicht im Gehirn.« Ein andermal verkündete er: »Es wäre doch möglich, daß die Natur ein Geschlecht ohne Hirn erschaffen hätte.« Ich gebe dies schweren Herzens wieder, denn der Architekt der allgemeinen Relativitätstheorie war von Kindesbeinen an mein Held. Doch in Wahrheit war Einstein kein Held, sondern ein durchaus fehlbarer Mann. Daß die Physik bis heute ein fast gottähnliches Bild von ihm propagiert, sagt weniger über ihn aus, als über eine fortdauernde Religiosität in diesem Bereich der Wissenschaft. Der Mythos des heiligen Wissenschaftlers ist nicht bloß eine literarische Fiktion, sondern ein mächtiges kulturelles Sinnbild, mit dem die Physik in der Öffentlichkeit beharrlich als göttliche oder heilige Aufgabe vermittelt wird.

Auch für die Frauen hatte Einsteins Erneuerung einer quasi-religiösen Haltung zur Physik tiefgreifende Konsequenzen. Gerade als sie endlich zu den Naturwissenschaften durchdrangen, gab diese Haltung der überkommenen Ansicht Nahrung, der mathematische Naturwissenschaftler sei eine Art Hohepriester. Diese Auffassung hat sich, wie ich glaube, während des ganzen 20. Jahrhunderts gegen das Fortkommen von Frauen auf diesem Gebiet ausgewirkt, denn die Physik ist bis heute die Naturwissenschaft mit dem bei weitem niedrigsten Frauenanteil. Der American Physical Society zufolge besetzten Frauen in den USA im Jahre 1994 nur 5 Prozent der akademischen Positionen im Bereich Physik und nur 3 Prozent der Physikprofessuren. Hingegen waren 1990 immerhin 36,9 Prozent Frauen im gesamten naturwissenschaftlichen Bereich tätig.

Warum haben die amerikanischen Frauen ein Jahrhundert, nachdem sie sich den Zugang zu den Hochschulen erkämpften, und nach einem Vierteljahrhundert intensiv betriebener Förderungsprogramme nicht größere Gebiete dieser immer noch so angesehenen Wissenschaft erobert? Ich denke, die Gründe dafür sind vor allem in den immer noch bestehenden religiösen Unterströmungen dieser Wissenschaft zu suchen. Wie wir festgestellt haben, spielte die Religion in den mathematisch fundierten Naturwissenschaften von den Ursprüngen an eine Rolle, und im Gefolge Einsteins hatte sie an Kraft gewonnen. Doch bevor wir die heutige Situation der Physikerinnen erörtern, zunächst ein Blick auf die Situation von Einsteins Zeitgenossinnen.

Es ist kein Zufall, daß Amerika, zu Beginn des 20. Jahrhunderts weltweit führend in der höheren Bildung für Frauen, in den Naturwissenschaften damals keineswegs Weltrang einnahm. Dies gilt besonders für die Physik. Erst mit dem Zweiten Weltkrieg übernahmen die Vereinigten Staaten die Führung in dieser Wissenschaft. Davor lag der Schwerpunkt in Europa (vor allem in Deutschland, wo Einstein zwei Jahrzehnte lang arbei-

tete), das wiederum, wenn es um den Zugang zur Hochschul-
bildung für Frauen ging, meist deutlich hinter den Vereinigten
Staaten zurücklag. Bis weit in das 20. Jahrhundert hinein blieb
es für Frauen in Europa schwierig, akademische Grade in den
Naturwissenschaften zu erwerben. Die Universität Cambridge
zum Beispiel gewährte erstmals 1926 einer Frau – Katharine
Burr Blodgett – den Doktortitel in Physik, und sie war keine
Engländerin, sondern Amerikanerin. In Deutschland (dem
Zentrum der europäischen Wissenschaft) ließen die meisten
Universitäten erst im Jahre 1910 Frauen zu und bis in die zwanziger Jahren gab es nur wenige Gymnasien, die auch Mädchen
auf das Studium vorbereiteten. Mit einigen wenigen Ausnahmen blieb den europäischen Frauen vor dem Ersten Weltkrieg
der Zugang zu einer höheren wissenschaftlichen Ausbildung
versagt.

Im Bereich der Physik hatte diese Ungleichbehandlung
schwerwiegende Folgen, denn die ersten Jahrzehnte des
20. Jahrhunderts waren eine Zeit, in der die europäischen Physiker unser mathematisches Weltbild fast vollständig umkrem-
pelten. In der Kosmologie gewann die allgemeine Relativitätstheorie an Boden, und in der Atomforschung wurde die
Quantenmechanik entwickelt. Diese radikal neue Physik
zeichnete ein Bild der subatomaren Welt, das den bisherigen
Vorstellungen der Physiker nicht im entferntesten ähnelte. Im
Quantenbereich sind Teilchen nämlich keine säuberlich abgegrenzten Objekte, sondern Wellen, und umgekehrt. Außerdem
folgt hier alles dem Gesetz der Wahrscheinlichkeit. (Diese ei-
gentümliche Welt wird im folgenden Kapitel näher behandelt.)
Innerhalb weniger Jahrzehnte kehrte sich das Bild, das die Wissenschaft seit Newton heilig gehalten hatte, völlig um, und an
seiner Stelle entstand ein ganz neues Gebilde. Doch abermals
wurde dieses neue Weltbild allein von *Männern* erschaffen. Unter den Begründern der Quantenmechanik und den frühen
Pionieren der relativistischen Kosmologie war keine einzige

Frau. Angesichts der Tatsache, daß die Physik seither weitgehend damit beschäftigt ist, die Erkenntnisse aus dieser bahnbrechenden Epoche zu vertiefen, war der Ausschluß der Frauen in dieser Zeit fast so folgenschwer wie ihre Abwesenheit im 17. Jahrhundert.

Wie stark der Widerstand gegen Frauen innerhalb der europäischen Wissenschaftsgemeinschaft im 20. Jahrhundert war, läßt sich ermessen, wenn man Einsteins Leben mit dem zweier Zeitgenossinnen vergleicht – der deutschen Mathematikerin Emmy Noether und der österreichischen Physikerin Lise Meitner. Mag der Widerstand der akademischen Elfenbeintürme gegen Einstein noch so heftig gewesen sein, er verblaßt, wenn man sich vor Augen führt, was diesen beiden Frauen an Abwehr entgegenschlug.

Wie Einstein kam auch Emmy Noether (1882–1935) aus einer gutsituierten deutsch-jüdischen Familie der Mittelschicht. Sie trat in die Fußstapfen ihres Vaters, eines Mathematikers an der Universität Erlangen, und wurde schließlich eine der Großen des Jahrhunderts. Als Einstein sich mit den mathematischen Grundlagen der allgemeinen Relativitätstheorie herumschlug, gehörte sie zu denjenigen, die er zu Rate zog. Zwar wurde Noether vor allem durch ihre revolutionären Arbeiten zur Algebra bekannt, doch sie entwickelte auch ein mathematisches Konzept, das heute sowohl für die Teilchenphysik als auch für die Suche nach einer einheitlichen Theorie der allgemeinen Relativität und der Quantenmechanik von zentraler Bedeutung ist. Von ihrer Persönlichkeit und ihrem familiären Hintergrund her hatte Noether mit ihrem berühmteren Landsmann vieles gemein. Ihrer Biographin Sharon Bertsch McGrayne zufolge mißachtete Noether »alle für Frauen damals gültigen Konventionen. Sie war übergewichtig, enthusiastisch und eigensinnig. Sie war schlampig, unmodisch gekleidet und bequem. Sie war jedoch auch liebevoll, ganz und gar unegoistisch und freundlich.« Und sie ging vollkommen in ihrer Arbeit auf.

Während also Noether viele jener Qualitäten besaß, für die Einstein immer gelobt wird, wurde sie gerade durch diese Charakterzüge zum Spott der Leute. Die konservativen deutschen Professoren wußten nicht, wie sie mit einer Frau umgehen sollten, die ihren Vorstellungen von Weiblichkeit so wenig entgegenkam.

Wie Marie Curie verlor Noether zunächst einmal wertvolle Jahre, weil sie eine Frau war. Doch im Gegensatz zu Curies Familie dachte in der Familie Noether keiner, daß Emmy auf mehr Anspruch habe als auf eine Höhere Töchterschule, mit der deutsche Mädchen aus der Mittelschicht meist abgespeist wurden. Daher nahm sie nach dem Schulabschluß die Sache selbst in die Hand. Zunächst unterzog sie sich einer dreijährigen Ausbildung zur Lehrerin, eine der wenigen ihr zugänglichen Bildungsmöglichkeiten. Nach dem Abschluß ging sie an die Universität Erlangen. Zu jener Zeit waren Frauen in Deutschland noch nicht offiziell zum Studium mit Universitätsabschluß zugelassen, doch mit Genehmigung freundlich gesinnter Professoren durfte sie an den Vorlesungen als außerordentliche Studentin, eine Art Gasthörerin, teilnehmen. Dabei hatte Noether noch Glück, denn viele deutsche Professoren verhielten sich weiblichen Studierenden gegenüber ablehnend. Einer Untersuchung von 1895 zufolge glaubte die Mehrheit der Professoren, ein Universitätsstudium überfordere die geistigen Kapazitäten von Frauen. Es klingt nach tiefstem Mittelalter, wenn ein Akademiker verkündet: »Die Tore der Universitäten für die Invasion der Frauen zu öffnen... wäre ein schändliches Zeugnis der Schwäche.«

In Erlangen hatte Noether die Möglichkeit, Mathematik zu studieren, und wie zuvor ihr Vater und ihr Bruder erkannte auch sie diese Wissenschaft als ihre Berufung. Doch erst 1904, nach fünf Jahren als Gasthörerin, konnte sie sich offiziell einschreiben. Der berühmte Mathematiker und Relativitätstheoretiker Hermann Weyl bezeichnete ihre Dissertation später als ehrfurchtgebietendes Stück Arbeit, und die Prüfer in Erlangen waren so beeindruckt, daß sie ihr die höchste Auszeichnung verliehen. Doch als Frau in Deutschland ausgebildet zu werden war das eine; etwas ganz anderes war es, eine Anstellung zu finden. Die beruflichen Chancen einer Frau waren noch eingeschränkter als in Amerika, und so arbeitete Noether in den folgenden acht Jahren ohne Stelle und Bezahlung im Umkreis ihres Vaters. Sie betreute Doktoranden, hielt Vorträge und trieb ihre eigenen Forschungen voran, deren Ergebnisse sie in Artikeln veröffentlichte, die heute als Klassiker gelten. Als es ihrem Vater gesundheitlich schlechter ging, übernahm sie, immer noch ohne formelle Anerkennung, dessen Pflichten.

Im Jahre 1914 wurde David Hilbert, einer der größten Mathematiker aller Zeiten, auf sie aufmerksam. Als Noether zum erstenmal mit Hilbert zusammentraf, steckten er und sein Kollege Felix Klein mitten in dem Versuch, Einstein in seinem mathematischen Ringen um eine relativistische Theorie der Schwerkraft zu unterstützen. Da gerade Noethers Fachgebiet hier einschlägig war, baten sie die Kollegin, sich der Arbeitsgruppe an der Göttinger Universität anzuschließen. In den darauffolgenden Jahren half sie, die eleganten mathematischen Formeln für eine Reihe wichtiger Begriffe der allgemeinen Relativitätstheorie zu entwickeln – immer noch ohne Stelle und Bezahlung. Ihr einziges Einkommen verdankte sie einem kleinen Treuhandfonds, den die Brüder ihrer Mutter für sie eingerichtet hatten. Der Preis dieser für eine Frau unorthodoxen Berufswahl waren lebenslange finanzielle Engpässe.

Hilbert und Klein waren sich der Ungerechtigkeit dieser Lage bewußt und betrieben nach Kräften die offizielle Ernennung Noethers zum Mitglied der Fakultät. Klein hatte sich schon gegen Ende des 19. Jahrhunderts für eine höhere Bildung von Frauen eingesetzt und dafür, daß die Universität Göttingen Doktortitel an einige Amerikanerinnen in den 1890er Jahren verlieh, und kann daher als Vorkämpfer der Universitätsbildung

für Frauen gelten. Doch trotz der Unterstützung dieser Geistesgrößen regte sich heftiger Widerstand gegen Noether. Im Laufe
der Auseinandersetzung taten mehrere Professoren kund, eine
Frau gehöre in den Haushalt, wo sie gute deutsche Söhne auf-
zuziehen habe. Auf Hilberts Drängen hin gab die Fakultät
schließlich ihre Absicht bekannt, Noether auf die untergeord-
nete Stelle einer Privatdozentin zu berufen. Die Professoren anderer Fachbereiche waren jedoch keineswegs einverstanden.
Einer verkündete: »Einmal Privatdozentin, kann sie auch Professorin und Mitglied des Senats werden. Soll es erlaubt sein,
daß eine Frau Zutritt zum Senat hat?« Hilbert antwortete:
»Meine Herren, ich sehe nicht, weshalb das Geschlecht der
Kandidatin ein Argument gegen ihre Zulassung sein sollte. Der
Senat ist schließlich keine Badeanstalt!«

Trotz Hilberts Unterstützung hielt das Kultusministerium
zur alten Garde. Erst 1921, als Deutschland den Krieg verloren
und das politische Klima sich radikal verändert hatte, erhielt
Noether ihre Stelle. Doch immer noch ohne Bezahlung! Während ihrer achtzehn Jahre in Göttingen erhielt diese Mathematikerin von Weltrang nie eine volle Professur oder ein ordentliches Gehalt. Sie wurde nicht verbeamtet und erhielt auch
keine entsprechenden Zuwendungen oder eine Pension. Auch
die Gesellschaft der Wissenschaften zu Göttingen weigerte sich,
wiederum zur Empörung Hilberts, Noether als Mitglied aufzunehmen, und ihr Name tauchte nie im Impressum der von ihr
mitherausgegebenen internationalen Zeitschrift für Mathematik auf.

Während der Zeit in Göttingen entwickelte sich Noether zu
einer Begründerin ihrer Disziplin, der abstrakten Algebra, die
schließlich in stark vereinfachter Form unter dem Namen
»New Math« an jeder amerikanischen Schule gelehrt werden
sollte. Einen Nobelpreis für Mathematik gibt es nicht, doch gäbe es einen, dann wäre Emmy Noether dafür sicher in Betracht
gezogen worden. Unter Mathematikern ist sie für ihr bahnbre-

chendes Werk in der Algebra bekannt, bei den Physikern jedoch für das sogenannte Noether-Theorem. Dieses elegante Theorem bezieht grundlegende physikalische Erhaltungssätze (etwa der Energie und des Impulses) auf eine als Symmetrie bezeichnete mathematische Eigenschaft. Die auf diesem Theorem basierenden Einsichten sind heute von zentraler Bedeutung bei der Suche nach einer einheitlichen Theorie der Kräfte und Teilchen – die Relativitätstheorie und Quantenmechanik zu einem umfassenden Theoriegebäude vereinen würde.

Zu Beginn der dreißiger Jahre hatte Noether bei den Mathematikern weltweit als tragende Gestalt Anerkennung gefunden. Doch als 1933 Hitler an die Macht kam und »Nichtarier« aus den Universitäten verbannt wurden, gehörte sie zu den ersten, die gehen mußten. Als Frau, als Jüdin, als Liberale und als Pazifistin stellte Noether alles dar, was die Braunhemden verachteten, und so mußte sie sich bald verzweifelt um eine Stelle im Ausland bemühen. Im Gegensatz zu Einstein und Hermann Weyl, die ans Institute for Advanced Study in Princeton gingen, konnte Noether keine Forschungsstelle finden. Schließlich erhielt sie eine Gastprofessur am Frauen-College Bryn Mawr, wo sie Studentinnen unterrichtete, doch aller Welt war klar, daß sie eine Position benötigte, bei der sie ihre Forschungen weiterbetreiben konnte. Im Jahre 1935, gerade als das Institute for Advanced Study offenbar bereit war, sie einzustellen, starb Emmy Noether an den Komplikationen nach Entfernung einer Gebärmutterzyste. Während die meisten Mathematiker in jungen Jahren ihre besten Leistungen erbringen, war Noether auch damals noch auf der Höhe der »angeborenen Produktivkraft ihres mathematischen Genies«, wie es in Weyls Nachruf heißt. Die Welt hatte nicht nur eine große Mathematikerin verloren, sondern, wie Weyl feststellte, auch »eine große Frau«.

Lise Meitner (1878–1968) widmete ihr Leben der Physik, und deshalb treten die Gegensätze zum Schicksal Einsteins bei ihr noch deutlicher hervor als bei Emmy Noether. Auch Meitner hatte als Kind, ähnlich wie Einstein mit dem Kompaß, eine Art Schlüsselerlebnis. Bei ihr war der Katalysator eine Wasserpfütze, die mit einem Ölfilm bedeckt war. Das vom Öl reflektierte Licht ließ die Pfütze in allen Farben des Regenbogens leuchten. Was, so fragte sich Lise, konnte dieses zauberhafte Schimmern hervorrufen? Die Antwort, die sie erhielt, versetzte sie in Träumereien, und sie gelangte zu der Überzeugung, daß auch sie schließlich die Gesetze der Natur verstehen würde, wenn sie nur hart genug arbeitete. Die Gesetze Österreichs ließen es jedoch nicht zu, daß Mädchen die höheren Schulen besuchten, auf denen die Jungen auf die Universität vorbereitet wurden. Während Einstein trotz allem im Polytechnikum vorankam, mußte Meitner zu Hause bleiben und abwarten.

Die einzige Laufbahn, für die eine österreichische Frau sich zu interessieren hatte, war die Ehe, doch nach dem Schulabschluß verspürte Meitner nicht die geringste Neigung dazu. Besorgt um ihre Zukunft, fragte der Vater, wie sie gedenke, sich ihren Lebensunterhalt zu verdienen. Sie wolle Physik studieren, lautete ihre Antwort – die kaum geeignet war, seine Besorgnis zu lindern. Dennoch war er bereit, einen Tutor anzustellen, der sie auf die Abiturprüfung vorbereiten sollte. Doch zunächst mußte sie dem Willen des Vaters nachkommen und, ähnlich wie Noether, eine dreijährige Ausbildung als Lehrerin absolvieren, um sich wenigstens Chancen auf eine Anstellung zu sichern. Meitner nannte diese Zeit später ihre »verlorenen Jahre.« Sie war überzeugt, daß ihr ganzes Berufsleben unter dem Verlust dieser wertvollen Jugendzeit gelitten hatte. Im Jahre 1901 endlich – die österreichischen Universitäten ließen nun seit kurzem auch Frauen zu – konnte sie sich in Wien einschreiben. Obwohl sie und Einstein gleichaltrig waren, *begann* sie ihr Studium ein Jahr, nachdem er das seine *abgeschlossen* hatte.

Im Jahre 1905 erlangte Meitner den Doktortitel in Physik. Das Thema Radioaktivität fesselte sie in der Folgezeit so sehr, daß sie die Eltern bat, ihr weiterführende Studien im Ausland zu ermöglichen. Diese Leidenschaft beeindruckte den Vater, der sich bereit erklärte, ihr eine kleine Summe für den Lebensunterhalt zu zahlen, so daß sie mit neunundzwanzig (als die meisten Männer ihres Fachgebiets sich die Karriere schon gesichert hatten) das Elternhaus verlassen und ihr Leben der Physik widmen konnte. Zunächst bewarb sie sich bei Marie Curie, die ihr jedoch absagte, und daraufhin bei Max Planck an der Universität Berlin. Planck, einer der besten Physiker Deutschlands und der erste Quantentheoretiker, erklärte sich bereit, Meitner aufzunehmen, doch schon beim ersten Zusammentreffen machte er ihr deutlich, daß er von Frauen an der Universität nichts hielt. In einem Fragebogen von 1897 hatte er geschrieben: »Im allgemeinen kann nicht genug betont werden, daß die Natur selbst der Frau ihre Aufgabe als Mutter und Hausfrau vorschreibt und daß die Naturgesetze nicht ignoriert werden können.« Beim ersten Treffen mit Meitner kanzelte er sie ab: »Sie sind doch schon Doktorin! Was wollen Sie denn noch mehr?« In aller Bescheidenheit antwortete sie: »Ich möchte die Physik wirklich verstehen.« Lise Meitner hatte nicht die Absicht, sich das Wissen um die Gesetze der Natur entgehen zu lassen.

Während sie die Vorlesungen Plancks besuchte, tat sie sich mit dem jungen Chemiker Otto Hahn zusammen, um Experimente zur Radioaktivität durchzuführen. Gemeinsam bemühten sie sich um einen Laborplatz bei Emil Fischer, dem Leiter des chemischen Instituts, doch Fischer war strikt gegen die Anwesenheit von Frauen in seinem Gebäude. Schließlich kam es zu einem Kompromiß: Meitner dürfe außer Sicht der Kollegen im Keller arbeiten, erhielt jedoch keinen Zugang zu den anderen Räumen mit den richtigen Labors. Gelegentlich brach die schüchterne Österreicherin diese Regel und schlich sich nach oben, wo sie sich zwischen den Sitzreihen des Auditoriums versteckte und einer Vorlesung lauschte. Sie und Hahn, die in den ersten beiden Jahren ihrer Zusammenarbeit neun Artikel schrieben, gewannen als Arbeitsgruppe rasch Weltrang. Später entdeckten sie gemeinsam das Protactinium, ein seltenes radioaktives Element, und Meitner alleine entdeckte das Thorium D.

Im Jahre 1908 ließen die preußischen Universitäten offiziell Frauen zu, und so öffnete Emil Fischer sein Haus für Lise Meitner. Er ließ sogar eine eigene Toilette für sie einrichten und wurde einer ihrer größten Förderer. Seinem Einfluß ist es zu verdanken, daß Hahn und Meitner 1912 an das neugegründete Kaiser-Wilhelm-Institut für Chemie überwechseln konnten. Doch Meitner arbeitete noch immer als unbezahlte Gastforscherin, und nach dem Tode ihres Vater wurde diese Lage für sie unhaltbar, da sie nun den finanziellen Rückhalt verloren hatte. Wie Noether und Curie bezahlte sie ihre Entschlossenheit, die wissenschaftliche Laufbahn zu verfolgen, mit schweren finanziellen Nöten. Erst als die Universität Prag ihr eine Stelle mit ordentlichem Gehalt anbot, willigte die Kaiser-Wilhelm-Gesellschaft ein, sie zu bezahlen.

Nach dem Ersten Weltkrieg verbesserte sich die Position weiblicher Akademiker in Deutschland sichtlich. 1922 erhielt Meitner die Erlaubnis, ihre erste Vorlesung an der Universität Berlin zu halten, und 1926 wurde sie die erste deutsche Professorin für Physik. Hertha Sponer war zwar schon »inoffizielle« Universitätslehrerin gewesen, doch Meitner war die erste offizielle (jedoch außerordentliche und nichtbeamtete) Professorin.

Hahn und Meitner hatten ihre Zusammenarbeit inzwischen beendet, und sie setzte ihre Forschungen zur Radioaktivität alleine fort. Unter ihrer Leitung avancierte das Kaiser-Wilhelm-Institut in den zwanziger Jahren zu einem physikalischen Forschungszentrum ersten Ranges, das mit Curies Institut in Frankreich und Rutherfords Labor in England konkurrierte. Einstein nannte Meitner »unsere Madame Curie«, und in jenen Jahren war sie auch für den Nobelpreis im Gespräch.

Dann plötzlich, im Jahre 1934, stieß das Forschungsfeld der

Radioaktivität auf eine bahnbrechende Neuerung, und Meitner befand sich nun im Zentrum einer epochalen Herausforderung für die Physik des 20. Jahrhunderts. Der italienische Physiker Enrico Fermi hatte entdeckt, daß sich beim Beschuß von Uran mit Neutronen einige der Uranatome in ein anderes Element verwandelten. Mit dieser Elementumwandlung wurde ein jahrhundertealter Traum der Alchimisten Wirklichkeit. Die Frage war nun, in was genau sich das Uran verwandelte. Alle Fachleute, auch Meitner, glaubten zunächst, die Uranatome würden die Neutronen absorbieren und zu noch größeren Atomen werden. So kam es zu einem Wettlauf darum, wer als erster diese exotischen Atome dingfest machen würde. Da Meitner erkannte, daß sie nicht nur physikalisches, sondern auch chemisches Wissen benötigte, forderte sie Hahn auf, erneut mit ihr zusammenzuarbeiten. Und zusammen mit dem jungen Chemiker Fritz Straßmann konkurrierten sie mit Fermis Arbeitsgruppe in Italien und mit dem Kreis um Irène Joliot-Curie in Frankreich um die Lösung des Uran-Rätsels.

Unglücklicherweise mußte sich Meitner als Jüdin damals auch gegen den wachsenden Antisemitismus zur Wehr setzen. Als Ausländerin und Mitarbeiterin eines privaten Instituts schien sie zunächst vor den Säuberungen der Nazis sicher zu sein. Doch als es 1938 zum »Anschluß« Österreichs kam, wurde sie gemäß dem neuen Recht deutsche Staatsbürgerin. Da sie noch lange nach der Flucht der meisten jüdischen Wissenschaftler in Deutschland geblieben war, befand sie sich nun in einer gefährlichen Lage. Zu ihrem Glück fanden Freunde im Ausland Mittel und Wege, sie aus Deutschland herauszuschleusen. Hahn und Straßmann blieben zurück und setzten die Arbeit fort. Obwohl Meitner nach Schweden ins Exil ging, hielt sie mit Briefen fast tägliche Verbindung zu ihren Kollegen.

Ein paar Monate nach ihrer Flucht berichteten ihr Hahn und Straßmann von einer ganz eigenartigen Entdeckung. Anstatt auf die erwarteten Transurane zu stoßen, hatten sie Hinweise dafür gefunden, daß sich die Uranatome in viel kleinere Bariumatome verwandelt hatten. Doch wie konnte dies geschehen? Wie konnte sich ein großes Atom in ein kleines verwandeln? Sie drängten Meitner, die Physikerin, dieses seltsame Ergebnis zu erklären. Ein paar Wochen später, als Meitner das Rätsel bei einem Spaziergang mit ihrem Neffen, dem Physiker Otto Frisch, erörterte, ging ihr plötzlich ein Licht auf. Was wäre, wenn ein Uranatom das Neutron nicht absorbieren, sondern in zwei Teile spalten würde? Die beiden hielten auf der Stelle inne und begannen auf ein paar Fetzen Papier zu rechnen. Ja, es würde funktionieren. Uran konnte in Barium und Krypton gespalten werden. Meitner und Frisch hatten den Vorgang der *Kernspaltung* entdeckt – ein Ausdruck, den sie wenige Wochen später in einem gemeinsamen Artikel prägten. Dieser Prozeß ist die Grundlage der Kernkrafterzeugung und der Atombombe.

Die Bedeutung der Kernspaltung war so offensichtlich, daß Otto Hahn im Jahre 1944 den Nobelpreis erhielt. Und nur Otto Hahn! Weder Meitner noch Straßmann wurden erwähnt. Meitner – die das Team überhaupt erst zu dieser Forschungsarbeit angeregt hatte, die treibende Kraft gewesen war und die Kernspaltung theoretisch erklärt hatte –, sie wurde ausgeschlossen. Die Entscheidungen des Nobel-Komitees hatten zwar schon häufig Anlaß zum Stirnrunzeln geboten, doch nach übereinstimmender Auffassung vieler Physiker hätte Meitner eindeutig mitbedacht werden müssen. Spekulationen, warum sie nicht berücksichtigt wurde, gibt es genügend, doch die Frage läßt sich nicht umgehen: Wäre sie ein Mann gewesen, hätte man ihr diese Ehre dann ebenfalls so umstandslos verweigert? Lise Meitners Geschichte zeugt wie die Marie Curies von der schwierigen Position der Frauen in der Physik in der ersten Hälfte dieses Jahrhunderts.

Obwohl die Physikerwelt Curie und Meitner schließlich anerkannte, mußten beide größte Widerstände überwinden, bis sie die Stellung und die Achtung gewannen, die sie verdienten.

Doch auch bei späteren Gelegenheiten wurden sie herablassend behandelt. Sowohl die französische Académie des Sciences als auch die amerikanische National Academy of Science weigerten sich, Curie als Mitglied aufzunehmen. Als Ernest Rutherford Meitner und Hahn besuchte, lud er die Kollegin nicht zum wissenschaftlichen Gespräch ein, sondern erwartete von ihr, daß sie mit seiner Frau einkaufen ging. Für Wissenschaftlerinnen im frühen 20. Jahrhundert war auch die Heirat ein Problem. Weil wenige auf das Glück hoffen konnten, einen Pierre Curie zu treffen, hörten viele nach der Heirat auf. Es ist kein Zufall, daß weder Noether noch Meitner heirateten. Doch ein Leben ohne Ehemann und Kinder, mit geringen Beschäftigungschancen und ohne sicheren Arbeitsplatz, war ein hoher Preis für das Privileg, an der Entwicklung der Wissenschaft beteiligt zu sein. Da selbst geniale Frauen kaum ein besseres Schicksal erwarten konnten, überrascht es nicht, daß es in der damaligen Physik nur sehr wenige Frauen gab.

Auffallend ist vor allem, daß keine Frauen an der in den zwanziger und dreißiger Jahren entwickelten Quantenphysik mitarbeiteten. Im Gegensatz zur Relativitätstheorie, die der Idee und der Leistung eines Individuums zu verdanken ist, war die Quantenmechanik das Werk einer großen, auf verschiedene Länder verteilten Gruppe. Unter anderen gehörten dazu: Max Planck, Albert Einstein, Niels Bohr, Werner Heisenberg, Erwin Schrödinger, Louis de Broglie, Wolfgang Pauli, Paul Dirac, Max Born, Enrico Fermi und Satyendra Bose. Wie in der wissenschaftlichen Revolution des 17. Jahrhunderts wurde das Bild der Wirklichkeit, das dieser »neuen Physik« entsprang, allein von Männern geschaffen.

Warum hätte es einen Unterschied gemacht, wenn Frauen an der Konstruktion dieses Weltbilds beteiligt gewesen wären? Der Grund ist die Tatsache, daß das Weltbild der Quantenphysik nicht nur eine Frage objektiver, gesicherter »Wissenschaft« ist, sondern auch das Resultat menschlicher Deutungen. Ich möchte hier nicht den Schluß nahelegen, die von den Quantenphysikern entdeckten mathematischen Relationen seien erfunden worden; eine rein relativistische Sicht der Wissenschaft vertrete ich nicht. Was ich allerdings behaupte ist, daß die *Interpretation* dieser Relationen – und daher auch die »Wirklichkeit«, die sie angeblich beschreiben – in der Tat eine kulturelle Konstruktion darstellt, ebenso wie das mechanistische Weltbild des 17. Jahrhunderts. Dies ist im Fall der Quantenmechanik besonders wichtig, weil es unter den Physikern von Anfang an heftigen Widerstand gegen die Standardinterpretation der Quantengleichungen gab. Auch heute bleibt es umstritten, welche Art von Wirklichkeit die Quantenmechanik beschreibt.

Die feministische Wissenschaftsphilosophin Evelyn Fox Keller vertritt die Auffassung, daß Frauen durchaus neue Perspektiven in den Prozeß der Interpretation der Natur hineintragen könnten. Keller ist nicht der Meinung, daß Frauen von ihrem Wesen her anders denken als Männer, vielmehr lautet ihr Argument: Da Frauen häufig anders *akkulturiert* werden, besitzen sie auch oft andere Seh- und Deutungsweisen. Angesichts der andersartigen kulturellen Erfahrungen von Frauen wäre es durchaus denkbar, daß sie etwas Neues zu den von der Quantenmechanik ausgelösten Debatten um das Bild der Wirklichkeit beizutragen hätten.

Trotz aller Fortschritte von Frauen in den Wissenschaften waren zu Beginn der dreißiger Jahre nur wenige in den mit Deutungsmacht versehenen Kern der Physikergemeinschaft vorgedrungen, wo das mathematische Weltbild umgestaltet wurde. Und obwohl heute mehr Frauen als jemals zuvor diesem Kern angehören, bleibt ihre Gesamtzahl verhältnismäßig klein. Vermutlich hat dies auch mit der quasireligiösen Geisteshaltung zu tun, die Einstein von neuem in den Diskurs über die Physik hineingetragen hat. Wie wir im folgenden Kapitel sehen werden, wurde die Entwicklung des Weltbildes des Mathematischen Mannes in der zweiten Hälfte dieses Jahrhunderts vor

allem durch die Bemühung vorangetrieben, die Quantenmechanik mit der allgemeinen Relativitätstheorie zu vereinen.
Und bei dieser Suche nach der allumfassenden Einheit ist die
religiöse Unterströmung der Physik mit aller Macht ins Zentrum der Auseinandersetzung eingebrochen.

Lise Meitner

9
QUANTENMECHANIK UND DIE
»THEORIE VON ALLEM«

Albert Einstein war kein Mann mit bescheidenen Ambitionen. Er hatte Gleichungen entdeckt, durch die der ganze Kosmos in einem neuen Licht erschien, doch sein Traum ging weit darüber hinaus. In den zwanziger Jahren begann er eine Theorie zu entwerfen, die nicht nur Raum und Zeit, sondern auch die darin enthaltene Materie beschreiben sollte. Was Einstein vorschwebte, war eine kompakte Reihe von Gleichungen, die alle Phänomene im physikalischen Universum einschließen sollte: Raum, Zeit, Materie, Bewegung und Kraft. In dieser unglaublich kühnen Vision sollte jedes subatomare Teilchen, jedes Atom, jede Galaxie, jeder Stern, jeder Planet und schließlich jedes Lebewesen als eine komplexe Vibration innerhalb eines universellen Kräftefelds begriffen werden. Alles Seiende sollte schließlich eingebettet sein in ein riesiges, summendes Energiefeld. Diese Theorie wäre die Verwirklichung von Pythagoras' Traum: das gesamte Universum als Gestalt gewordene Mathematik.

Einsteins Vorstellung, durch eine Erweiterung seiner allgemeinen Relativitätstheorie könne ihm diese Synthese gelingen, war keineswegs anmaßend. Im Rahmen dieser Theorie hatte er nämlich Gleichungen aufgestellt, die Raum, Zeit und Schwerkraft schon umfaßten. Zweierlei fehlte jedoch. Am schwersten wog die Auslassung der Materie selbst. Obwohl die Materie der allgemeinen Relativitätstheorie zufolge der Raumzeit Gestalt gibt, konnte Einstein mit seinen Gleichungen nicht erklären, woher sie kam oder was sie war. Um dieses Rätsel zu lösen, stellte er sich die Materieteilchen nicht als harte kleine Masse, losgelöst von der Raumzeit, vor, sondern als Fluktuationen oder Vibrationen eben dieses Hintergrundfelds. Zum zweiten fehlte der allgemeinen Relativitätstheorie eine Erklärung der elektromagnetischen Kraft. Einstein hatte bereits gezeigt, daß die Schwerkraft eine Auswirkung der Form der Raumzeit ist, und das gleiche hoffte er für den Elektromagnetismus nachweisen zu können. Seiner Vision gemäß sollten diese beiden Kräfte und die Materie als Erscheinungsformen der Raumzeit erklärt werden, als Auswirkungen der Struktur des Existierenden, die allem zugrunde liegt. Einstein bezeichnete seine Vision als »einheitliche Feldtheorie« und verbrachte die letzten vier Jahrzehnte seines Lebens mit der Suche nach dieser Synthese. Doch er scheiterte; dieses eine Mal führte ihn sein legendärer Blick für das Wesen der Natur nicht zum ersehnten Ziel.

Das Problem war, daß Einstein nicht glauben wollte, daß eine einheitliche Theorie der Physik die Einsichten der im Entstehen begriffenen Quantenmechanik würde aufnehmen müssen. Eine umfassende Synthese von Kraft und Materie konnte ihm nach seiner Überzeugung gelingen, wenn er nur das Schema der allgemeinen Relativitätstheorie erweiterte und die einem Glücksspiel ähnlichen Eigentümlichkeiten der Quantenwelt ignorierte. Weil die Überzeugung »Gott würfelt nicht« für ihn endgültig war, durfte eine endgültige Theorie des Universums keinesfalls diesen verabscheuten Aspekt des quantenmechanischen Weltbilds in sich aufnehmen. Doch die Zeit ging weiter, und es stellte sich immer deutlicher heraus, daß Gott tatsächlich ein Spieler ist.

Keine Theorie in der Geschichte der Wissenschaften war empirisch erfolgreicher als die Quantenmechanik. Auf ihren Stärken beruht die Mikrochiptechnologie und damit die ganze Computerindustrie. Das Verständnis des Quantenbereichs ermöglichte auch die Entwicklung der Lasertechnologie und somit des Glasfaserkabels, des CD-Players, der Strichcode-Technik, der Laserchirurgie und der lasergesteuerten Waffen. Die

Zukunft dieser Technologie wird vermutlich Computer auf optischer Basis bringen, ebenso wie Quantenskalpelle zum Bau künstlicher Atome, Quanteninterferenzgeräte zur Messung von Gehirnfunktionen und die Quantenkryptographie. Einstein mochte noch so gewichtige Einwände gegen das Weltbild der Quantenphysik erheben, gegen Ende der dreißiger Jahre war jedenfalls klar, daß keine einheitliche Theorie der Physik das Wissen um diesen Bereich ausschließen durfte.

Einstein wandte sich gegen die Quantenmechanik, da sie ein der allgemeinen Relativitätstheorie vollständig zuwiderlaufendes Bild der Wirklichkeit zeichnete. Im Gegensatz zur ebenmäßigen und bruchlosen Welt der Relativitätstheorie war die der Quantentheorie zerklüftet und aus den Fugen geraten. In der relativistischen Welt bewegen sich die Objekte gleichmäßig – ein Ball rollt über ein Feld, ein Planet dreht sich um eine Sonne –, doch in der Quantenwelt schlingern die subatomaren Teilchen umher, verschwinden plötzlich von ihrem Ausgangspunkt und tauchen wie von Zauberhand geführt ganz woanders wieder auf. Im subatomaren Bereich herrscht der Zufall. Die mathematischen Gleichungen zur Beschreibung des Quantenbereichs ermöglichen den Physikern keine genauen Berechnungen künftiger Zustände, wie etwa bei den Bewegungen der Himmelskörper. Die Quantengleichungen liefern nur die statistische Wahrscheinlichkeit verschiedener möglicher Zustände. Sich im Quantenbereich zu bewegen ähnelt tatsächlich dem Würfelspiel in einem seltsamen Spielkasino.

In der Quantenwelt sind die Teilchen keine säuberlich abgegrenzten Objekte mit wohldefinierten Bewegungsbahnen, sondern vielmehr wellenartige Entitäten, die sich auf nebligen und schlecht abgegrenzten Pfaden bewegen. In vielen Fällen ist die Bewegung eines atomaren Teilchens von A nach B gar nicht zu verfolgen; man kann es nur an Punkt A beobachten und dann, etwas später, an Punkt B. Wie es genau dorthin kommt, ist ein Rätsel. In dieser Welt verhalten sich die Teilchen manchmal ganz und gar wie Wellen und umgekehrt. Diese Äquivalenz von Teilchen und Wellen ist verwandt mit der von Einstein entdeckten Äquivalenz von Masse und Energie. Beide treten sie in Form einzelner Päckchen auf, die als Quanten bezeichnet werden. Die Materiepäckchen bestehen aus verschiedenartigen Teilchen – Elektronen, Protonen, Quarks usw.; die Energiepäckchen werden Photonen genannt. Diese Quanten verhalten sich nach den Gesetzen der Wahrscheinlichkeit. Während nach der allgemeinen Relativitätstheorie der Kosmos noch als imposante Erscheinungsform einer anmutigen Geometrie gelten konnte, als eleganter mathematischer Walzer, zeichnete die Quantenmechanik den subatomaren Bereich als eigentümlichen stochastischen Steptanz. Konnte die Natur denn beides zugleich sein? Konnten denn beide Bilder zutreffen? Und warum sollte eines davon falsch sein?

Durch die Entwicklung der allgemeinen Relativitätstheorie und der Quantenmechanik wurde das Weltbild des Mathematischen Mannes zweigeteilt. Es war, als existierten zwei völlig verschiedene Wirklichkeiten in ein und demselben Raum. Die Einheit des Newtonschen Weltbildes war der Bipolarität gewichen. Doch überraschenderweise waren die Mathematischen Männer von den zwanziger bis hinein in die sechziger Jahre zu begeistert vom Erfolg der Quantenmechanik, um darüber nachzudenken, daß deren Bild der Wirklichkeit mit dem der relativistischen Kosmologie kollidierte. So blieben die meisten Quantenphysiker durch das Schisma im Kern ihrer Wissenschaft völlig ungerührt, dieses Problem ließ jedoch Einstein keine Ruhe. Die zweite Hälfte seines Lebens ist ein Trümmerfeld gescheiterter Versuche, eine einheitliche Theorie zu entwickeln. Während dieser Jahre waren viele Physiker davon überzeugt, Einstein verhalte sich wie ein aus der Bahn geratenes Genie.

Einstein muß mit immenser Zuversicht an seinem Glauben festgehalten haben, eine einheitliche Theorie sei trotz so geringer Fortschritte in dieser Richtung immer noch möglich. Heute können wir die ganze Kraft seiner Feststellung ermessen, daß »die Sehnsucht nach… Harmonie… die Quelle der unerschöpflichen Ausdauer und Geduld« sei, die der Physiker seiner Aufgabe widme. In seinem Falle zahlten sich diese Tugenden nicht aus, doch er gab die Suche nach der ersehnten Synthese niemals auf. Inzwischen ist dieses Verlangen nach einer vereinheitlichten Theorie bei vielen Mathematischen Männern zu einer veritablen Obsession geworden. Während man Einstein wegen des sturen Festhaltens an seinem Traum belächelte, nimmt eben dieser Traum heute die Kräfte eines großen Teils der weltbesten Physiker in Anspruch. Sogar ein Name hat sich dafür gefunden: Theorie von allem, »theory of everything« oder kurz TOE. Diesem großspurigen Namen zufolge, der eher zu einer Persiflage von Monty Python's paßt, ist die »Theorie von allem« der gegenwärtige Versuch des Mathematischen Mannes, die Existenz in ein säuberlich geschnürtes logisches Paket zu packen. Der Nobelpreisträger Leon Lederman hat der Hoffnung Ausdruck verliehen, die Physiker würden am Ende in der Lage sein, diese Theorie als eine einzige Gleichung zu formulieren, die man auf ein T-Shirt drucken könnte – die im Grunde pythagoreische Suche nach universeller mathematischer »Harmonie« würde dann als modische Kleidungszierde ihr Ende finden.

Während es Einstein auf seiner Suche nach Vereinheitlichung mit zwei physikalischen Kräften zu tun hatte, der Gravitation und dem Elektromagnetismus, muß eine TOE heute *vier* verschiedene Kräfte miteinander in Einklang bringen. In den dreißiger Jahren entdeckten die Physiker nämlich zwei weitere in den Atomkernen wirksame Kräfte – die schwache und die starke Wechselwirkung, die unten näher erörtert werden. Diese Kräfte waren deshalb nicht schon früher entdeckt worden, weil sie nur in der Größendimension atomarer Kerne wirken. Wie der Elektromagnetismus sind auch sie Quantenkräfte. Die Physiker glauben inzwischen, daß diese vier Kräfte die »Grundkräfte« der Natur bilden. Sie umfassen alle Dimensionen der physikalischen Welt: die kosmologische (Gravitation), die atomare (elektromagnetische Kraft) und die nukleare (schwache und starke Wechselwirkung).

Doch obwohl diese Kräfte sehr unterschiedlich sind, glauben die TOE-Physiker, sie seien letztlich nur verschiedene Erscheinungsformen einer allumfassenden Kraft, die oft als Urkraft bezeichnet wird. Eine Theorie von allem wäre die mathematische Darstellung dieser Urkraft. In dieser Verschmelzung der einzelnen Kräfte steckte dann die Energie und Potenz aller zugleich. Dem englischen Physiker Paul Davies zufolge ist die Urkraft »die Quelle alles Existierenden«. Protonen, Pulsaren und Personen, alle wären in dieser Theorie die Auswirkungen dieser allumfassenden Kraft, deren Funktionsweise in einer mathematischen Beziehung in der Theorie von allem beschrieben würde.

Zwar erscheint diese Vorstellung einer von einem universellen Naturgesetz bestimmten, allen Phänomenen zugrundeliegenden Kraft als durchaus modern, doch handelt es sich keineswegs um einen neuen Traum des Mathematischen Mannes. Zweihundert Jahre vor Einstein hatte ein Jesuitenpriester namens Rudjer Boškovič eine ähnliche Vision, und gegen Mitte des 18. Jahrhunderts versuchte er zu beschreiben, wie eine solche Kraft funktionieren würde. Sein Werk war der erste Ansatz zu einer mathematischen Theorie von allem. Boškovič entwickelte seine Theorie ein Jahrhundert vor Maxwells Einsicht in die elektromagnetische Kraft und ganze zwei Jahrhunderte vor der Entdeckung der Kernkräfte. Im einzelnen konnte Boškovičs' Theorie über diese Zeit hinweg keinen Bestand haben, doch nach Geist und Anlage ist sie Vorläuferin der heutigen Versuche. Tatsächlich gehört er zu einer Traditionskette, die bei Newton beginnt und über viele der größten Gestalten in der Geschichte der modernen Physik bis zu den heutigen Protagonisten der TOE reicht. Und ebenso wie Newton war Boškovič ein tiefreligiöser Mann, dessen Physik starke religiöse Untertöne besaß. Während die heutigen Physiker, die vom »Plan Gottes« reden, in Einsteins Fußstapfen treten, folgte dieser wiederum dem Weg Boškovičs.

Rudjer Boškovič (1711–1787) war ein Slawe wie Kopernikus. Heute beanspruchen ihn die Serben, die Kroaten und die Dalmatiner gleichermaßen als einen der ihren. Seine Nationalität ist sicher ein wesentlicher Grund dafür, daß dieser visionäre Physiker heute nicht berühmter ist – kaum vorzustellen, daß ein angelsächsischer Wissenschaftler seiner Bedeutung dem Rampenlicht so fern geblieben wäre. Der größte Teil des Werks von Boškovič ist nicht aus dem Lateinischen übersetzt, und viele seiner Schriften sind bis heute nicht wissenschaftlich ausgewertet. In den meisten neueren Wissenschaftsgeschichten wird er nicht erwähnt, doch seit 1758, als er sein Hauptwerk, *Theoria philosophiae naturalis*, veröffentlichte, bis ins späte 19. Jahrhundert hinein übte er mit seinen Vorstellungen gewaltigen Einfluß aus. Es ist eine Ironie der Geschichte, daß er gerade in unserem Jahrhundert, als seine Ideen endlich zu ihrem Recht kamen, aus dem Bewußtsein der Wissenschaftler verschwunden ist.

Rudjer Josip Boškovič wurde in der Republik Dubrovnik geboren. Als jüngster Sohn von neun Kindern wuchs er in einer intelligenten, kultivierten und gutsituierten Familie auf. Auf beiden Seiten des familiären Stammbaums finden sich Dichter, und auch Boškovič entwickelte sich zu einem gediegenen Dichter, dessen literarische Hommage an die Wissenschaft als Synthese von Newton und Vergil bezeichnet wurde. Doch abgesehen von ihren kulturellen Neigungen waren die Boškovičs eine gläubige Familie, fromm katholisch wie viele Einwohner ihrer kleinen und reichen Republik, und so entschied sich Rudjer im Alter von vierzehn Jahren für eine kirchliche Laufbahn. Er wollte sich dem langen und schwierigen intellektuellen und religiösen Bildungsgang unterziehen, an dessen Ende die Aufnahme in den Jesuitenorden stand. Auch sein Bruder

Baro wurde Jesuit, der Bruder Iwan Dominikaner und die Schwester Marija Nonne im Katharinenkloster zu Dubrovnik.

Nach zwei Jahren strenger geistiger Prüfung gelobte der junge Novize Armut, Keuschheit und Gehorsam und begann seine offizielle Ausbildung, die ihn mit einigem Glück fünfzehn Jahre später ins Priesteramt führen sollte. Bošković trat im Jahre 1727, dem Todesjahr Newtons, in die Jesuitengemeinde ein. Keiner hat wohl geahnt, daß dieser energische slawische Junge eines Tages die Melodie des Meisters aufnehmen und daraus seine eigene mathematische Symphonie komponieren würde. Während die Jesuiten im 16. Jahrhundert noch eine führende Position in der neuen wissenschaftlichen Bewegung eingenommen hatten, war der Orden im 18. Jahrhundert weit zurückgefallen. Bošković machte sich die Newtonsche Physik zu eigen und setzte seine Kräfte daran, die Jesuiten erneut an die vorderste Front der Wissenschaft zu bringen. Schließlich wurde er einer der herausragenden wissenschaftlichen Protagonisten des Ordens.

Schon in jungen Jahren hatte Bošković in der Mathematik und den Naturwissenschaften geglänzt, doch im Gegensatz zu Newton konnte er sich nicht frei seinen Interessen widmen. Vom Zeitpunkt der Priesterweihe an war er an den jesuitischen Kodex gebunden und mußte der geistlichen Gemeinschaft nach Maßgabe der Oberen dienen. Da Bošković auch diplomatisches Geschick besaß, entschied man, ihn bevorzugt auf dem Feld der Politik einzusetzen. Das antiklerikale Klima des 18. Jahrhunderts verschärfte sich zusehends, die Jesuiten brauchten immer dringender diplomatische Talente, und so wurde Bošković häufig zum Repräsentanten an verschiedenen europäischen Höfen berufen. Einen Großteil seines Lebens verbrachte er auf machiavellistisch inspirierten Missionen in ganz Europa. Er bedauerte diese Geschäftigkeit keineswegs, sondern genoß seine kosmopolitische Rolle. Als brillanter und gewitzter Gesprächspartner, als Erzähler und Poet, der nach Gusto improvisieren konnte, glänzte er auf der gesellschaftlichen Bühne, wo er mit ausgesprochenem Vergnügen die weltliche Elite um sich scharte.

Dennoch gelang es Boškovič, weiterhin seine wissenschaftlichen Arbeiten zu verfolgen und mit einer ganzen Reihe von Schriften und Ideen hervorzutreten. Angesichts seiner diplomatischen Verpflichtungen und seines umtriebigen gesellschaftlichen Lebens ist es erstaunlich, daß er auch dafür noch Zeit fand. Nur wenige können sich eines solch breiten Spektrums von Errungenschaften rühmen, auch wenn man berücksichtigt, daß er sich als Priester nicht um eine Familie kümmern mußte. Boškovič leistete originäre Forschungsarbeit im Bereich der Astronomie, der Geodäsie, der Mathematik, der Optik und der Theorie der Materie. Auch als Ingenieur war er beschlagen, weshalb man ihn wegen der Erhaltung mehrerer bedeutender Kirchenbauwerke um Rat ersuchte, darunter der Petersdom, dessen Kuppel vermeintlich einzustürzen drohte. Er entwickelte einen Plan zur Trockenlegung der Pontinischen Sümpfe, entwarf ein astronomisches Observatorium, verbesserte Teleskoplinsen, stellte Messungen zu Größe und Form der Erde an und war Fachmann für die Erstellung von Landkarten. Zu Lebzeiten veröffentlichte er über hundert Bücher und Aufsätze. Doch vor allem träumte Rudjer Boškovič von einer universellen Kraft der Natur.

Im frühen 18. Jahrhundert war die Gravitation die einzige von den Physikern erkannte Kraft. Doch wurde bald deutlich, daß man die Phänomene im atomaren Bereich nicht mit der Schwerkraft erklären konnte. Der Atombegriff war damals noch heftig umstritten, doch waren die Wissenschaftler überzeugt, daß die verschiedenen Eigenschaften von Materialien durch unterschiedliche Gefüge verschiedener Atomtypen verursacht waren. Das Problem war nur, daß niemand wirklich erklären konnte, wie es zu den verschiedenen Atomgefügen kam. Welche Kraft war für die Ordnung im atomaren Bereich verantwortlich? Die Schwerkraft allein bot offenbar keine befriedigende Antwort.

Gründete man die Erklärung einzig auf die Schwerkraft, stand man vor der Schwierigkeit, daß sie die Materie meist zu kugelförmigen Klumpen zusammenzieht. Sterne und Planeten etwa sind alle mehr oder weniger kugelförmig. Doch die Wissenschaftler glaubten damals, daß die ganze Vielfalt der Stoffe nur erklärt werden konnte, wenn sich die Atome zu Gebilden ganz unterschiedlicher Form zusammenfügten (die wir heute als Moleküle bezeichnen). Die Form der Atomgefüge sollte dann die Vielfalt der stofflichen Eigenschaften wie Härte, Dichte, Farbe usw. erklären. Damit unterschiedliche molekulare Gebilde überhaupt zustande kommen, so überlegte Bošković, muß eine abstoßende Kraft existieren, die mit der anziehenden Kraft der Gravitation zusammenwirkt; die molekulare Form entspringt dann dem Ausgleich der Anziehungs- und Abstoßkräfte zwischen den einzelnen Atomen. Angesichts der immensen Vielfalt materieller Eigenschaften kam Bošković jedoch zu dem Schluß, daß zwei Kräfte zur Erklärung nicht hinreichen und eine ganze Reihe anziehender und abstoßender Kräfte nötig ist. Doch obwohl er von einer Vielzahl atomarer Kräfte ausging, glaubte er fest an die Einheit der Natur. So stellte er die These auf, daß sämtliche atomare Kräfte nur verschiedene Erscheinungsformen einer allumfassenden Grundkraft seien. Weiterhin müsse diese Urkraft von einem einzigen Naturgesetz bestimmt sein.

Die von Bošković vermutete Kraft war im Grunde genial einfach zu beschreiben: Es sollte sich um eine verallgemeinerte Variante der Newtonschen Gravitation handeln. Der slawische Priester war ein großer Verehrer des englischen Physikers, und besser konnte er ihn nicht würdigen als durch eine Erweiterung des Newtonschen Gravitationsgesetzes in den atomaren Bereich hinein. Boškovičs Konzept läßt sich am besten begreifen, wenn man sich zwei im Raum schwebende Atome vorstellt. Nach Newtons Gesetz ist die zwischen ihnen wirksame Kraft immer anziehend. Bošković schlug eine kleine Modifikation vor: Wenn sich die Atome sehr nahe kommen, solle sich die Anziehung in Abstoßung verwandeln, diese bei noch größerer Nähe wiederum in Anziehung, dann wieder umgekehrt, so daß es zu einem Oszillieren der beiden Kräfte kommt. Eine einzige oszillierende Kraft liegt also Boškovič zufolge den kosmischen wie den atomaren Erscheinungen zugrunde. Die einheitliche Naturkraft, so wissen die Physiker heute, muß auf viel komplexere Weise funktionieren; dennoch ist Boškovičs Vision einer universellen, die Gravitation und die verschiedenen atomaren Kräfte einschließenden Kraft im Konzept der Urkraft noch heute lebendig.

Im 19. Jahrhundert übten Boškovičs Entwürfe starke Wirkung auf Michael Faraday aus. Zwar ist Faraday heute vorwiegend als experimenteller Physiker bekannt, doch er selbst betrachtete sich als »Naturphilosophen«. Hinter seiner Entdeckung der elektromagnetischen Induktion und der darauffolgenden Erfindung des Elektromotors und des Dynamos steckte eine tiefer reichende Fragestellung. Faraday glaubte aufrichtig an die Einheit der Natur, und Boškovič folgend war er überzeugt, daß alle Naturkräfte Erscheinungsformen einer einzigen universellen Kraft sein müßten. Tatsächlich kann Faradays ganze wissenschaftliche Karriere als Suche nach der Einheit bezeichnet werden, die den verschiedenen Kräften zugrunde liegt.

Zu Faradays Zeit waren den Physikern drei Kräfte bekannt: Gravitation, elektrische Kraft und magnetische Kraft. Viele Wissenschaftler glaubten, das Licht werde durch eine weitere Kraft verursacht. Faraday, überzeugt von deren innerem Zusammenhang, suchte unablässig nach Verknüpfungen. Keiner hat den Gedanken der Einheit der Natur weiter vorangetrieben. Faraday zeigte nicht nur, daß elektrische und magnetische Kraft miteinander verkoppelt sind, er trug als erster den Gedanken vor, daß sie auch dem Licht zugrunde liegen. Weiterhin zeigte er mit seinen bahnbrechenden elektrolytischen Experimenten, daß die Materie von keiner anderen als der elektrischen Kraft zusammengehalten wird. Heute wissen wir, daß es die positiven und negativen Ladungen innerhalb der Atome sind, die sie zusammenhalten und zu Molekülen verbinden. Genau wie Bošković vermutete, liegen den verschiedenen Formen des atomaren Bereichs komplexe Gleichgewichte zwischen anziehenden und abstoßenden Kräften zugrunde.

Faraday wies nach, daß die Elektrizität, der Magnetismus, das Licht und die Materie durch unsichtbare Wirkungen auf vielfältige Weise miteinander verknüpft sind. Außerdem schuf er mit dem später so genannten Konzept der »Kraftfelder« die Voraussetzungen für einen formellen Begriff dieser Wirkungen. Doch im 19. Jahrhundert waren nur wenige Physiker an der Idee einer einheitlichen Naturkraft interessiert. Faraday fand daher zwar Anerkennung als experimenteller Physiker, doch die wissenschaftliche Gemeinschaft ignorierte seine theoretischen Spekulationen zur Vereinheitlichung, die sie eher als verrückte Erfindungen betrachtete. Anfang des folgenden Jahrhunderts zeigten die Kollegen Einstein ebenfalls die kalte Schulter. James Clerk Maxwell bestätigte dann natürlich einige Jahrzehnte später Faradays Einheitsgedanken, als er zeigte, daß elektrische und magnetische Kraft und das Licht Erscheinungsformen einer umfassenden *elektromagnetischen* Kraft sind.

Der Traum von einer einheitlichen Theorie der Naturkräfte wurde gleichsam wie der Stab in einem Staffellauf vom 18. ins 20. Jahrhundert hinein weitergereicht, von Bošković über Faraday und Maxwell bis zu Einstein. Diese vier Physiker hatten sich vom orthodoxen Denken ihrer Zeit gelöst, die Physik umgestaltet und ihr ein *Ziel* gegeben – ein Ziel, das sich in den vergangenen drei Jahrzehnten die gesamte Physikergemeinschaft zu eigen gemacht hat.

Daß diese frühen Vorkämpfer einer einheitlichen Krafttheorie, besonders die ersten beiden, alle tiefreligiöse Männer waren, ist meiner Auffassung nach keineswegs bedeutungslos. Bošković war Priester und Faraday Mitglied der »Sandemanians«, einer kleinen, aber glaubenseifrigen christlichen Sekte. Die »Sandemanians« nahmen ihre Sache ausgesprochen ernst. Als Faraday einmal die seltene Ehre hatte, mit Königin Viktoria zu speisen, und er dafür den sonntäglichen Gottesdienst ausfallen ließ, verlangten die Sektenführer, daß er seine Reue bekunde. Faraday, der sich ebenfalls stur zeigen konnte, weigerte sich und wurde zur Strafe einige Zeit aus der Sekte ausgeschlossen. Dennoch blieb er ihr ein Leben lang treu ergeben und diente schließlich auch im Ältestenrat der »Sandemanians«. Auch Maxwell war ein strenggläubiger Mann, der das Christentum als elementaren Teil seines Lebens betrachtete. Einstein schließlich hatte sich, wie erörtert, einer eigenen eigentümlichen, idiosynkratischen Religiosität verschrieben. Der Gedanke, es *müsse* eine letztlich für alles Geschehen und alle Formen im Universum verantwortliche Kraft geben, kann als wissenschaftliche Parallele zum Monotheismus gelten. Meines Erachtens ist es kein bloßer Zufall, daß ein solches Ziel innerhalb der jüdisch-christlichen Kultur aufgetaucht ist. Das Verlangen nach einem allumfassenden kosmischen Gesetz ist vermutlich das Erbe von mehr als drei Jahrtausenden Glauben an ein allumfassendes Prinzip namens Gott. Und wir sollten nicht übersehen, daß diese Vorstellung von einem Priester in die moderne Physik eingeführt wurde.

Daß es Einstein nicht gelang, Gravitation und elektromagnetische Kraft unter ein theoretisches Dach zu bringen, erscheint heute weniger als persönliches Scheitern als offenbar zu seinen Lebzeiten, denn bis heute konnte niemand diese beiden Kräfte auf eine einzige zurückführen. Da die Physiker zudem noch die beiden Kernkräfte entdeckt haben, ist heute klar, daß das Problem der Vereinheitlichung noch um einiges komplexer ist, als Einstein es sich vorstellte. Obwohl die Gravitation als erste Kraft entdeckt wurde, wird sie wohl die letzte sein, die in das gesamte Theoriegebäude eingebaut wird. Weder Einstein noch Boškovič konnten nämlich wissen, daß die Schwerkraft keineswegs ein gutes Modell zum Verständnis der Kernkräfte ist, sondern eher die Außenseiterrolle spielt. Die Geschichte hat ihnen schlechte Karten in die Hand gegeben. Die meisten Physiker des späten 20. Jahrhunderts, die sich mit der einheitlichen Theorie befaßten, konzentrieren sich nämlich nicht auf die Schwerkraft, sondern auf die drei »atomaren« Kräfte – den Elektromagnetismus sowie die starke und die schwache Kernkraft (auch Wechselwirkung).

Die erste der beiden Kernkräfte, die sich den Physikern erschloß, war die starke. In den frühen dreißiger Jahren hatten Experimente ergeben, daß der Atomkern nicht, wie man zunächst geglaubt hatte, ein harter, fester Klumpen war, sondern ein Gefüge verschiedener Teilchen – aus positiv geladenen Protonen und nicht geladenen Neutronen. Durch diese Entdeckung wurde ein ernstes Problem aufgeworfen, denn ihrer Natur gemäß stoßen sich Teilchen mit derselben Ladung voneinander ab. Was für Magnete gilt, gilt auch für elektrische Ladungen: Gegensätzliche Ladungen ziehen sich an, gleiche stoßen sich ab. Warum flogen dann die Atomkerne nicht auseinander? Was hielt sie zusammen? Der japanische Physiker Hideki Yukawa schlug im Jahre 1935 eine Lösung vor. Er stellte die These auf, daß innerhalb des Kerns eine weitere starke Kraft die elektrische Abstoßung zwischen den Protonen ausgleicht und sie aneinander bindet. Die von Yukawa angenommene Kraft erhielt die Bezeichnung starke Kernkraft. Nicht gerade ein poetisch klingender Name, doch gewiß treffend. (Später wurde die starke Kernkraft mit den als Quarks bezeichneten Teilchen in Verbindung gebracht, aus denen, wie man heute weiß, sowohl die Protonen als auch die Neutronen bestehen.)

Nach der Entdeckung der starken Kernkraft bildete die Reihe der bekannten Kräfte ein übersichtliches Schema: die Gravitation beherrschte den kosmischen, die elektromagnetische Kraft den atomaren und die starke Kernkraft den nuklearen Bereich. Doch war es mit dieser Ordnung nicht getan, denn gewisse Teilchen, darunter das Neutron, erwiesen sich als instabil. Dieses Phänomen war die Ursache der Radioaktivität von Elementen wie dem Uran. Die Physiker erkannten bald, daß man die Instabilität nicht mittels der starken Kernkraft erklären konnte, und so postulierten sie die Existenz einer zweiten, im Vergleich zur anderen als schwach bezeichneten Kernkraft. Glücklicherweise scheinen zwei Kernkräfte auszureichen, und gegenwärtig sind sich die meisten Physiker einigermaßen sicher, daß wir in einem Universum mit vier – und nur vier – Kräften leben, auf deren Grundlage die ganze Bandbreite des natürlichen Geschehens erklärt werden kann. Angesichts der Schwierigkeiten Einsteins, nur zwei davon zu vereinheitlichen, besteht wohl kaum Grund zum Jubel. Doch sollten wir nicht vergessen, daß es noch schlimmer hätte kommen können. Es hätte auch sieben Kräfte geben können oder siebzehn, vielleicht auch siebzig. Die nicht gerade überwältigende Zahl Vier erinnert an Einsteins Bemerkung, Gott sei »raffiniert«, aber nicht »boshaft«. Das von den vier Kräften aufgegebene Rätsel der Existenz ist keineswegs trivial, doch gewährt es zumindest ein wenig Hoffnung, daß seine Lösung die Möglichkeiten des menschlichen Verstandes nicht übersteigt.

Das Rätsel ist jedoch sehr viel anspruchsvoller, als es auf den ersten Blick erscheinen mag. Eine vereinheitlichte Theorie muß nicht nur diese vier Kräfte vereinheitlichen. Da Kräfte und Teilchen sehr eng miteinander zusammenspielen, muß jede solche Theorie auch die Vielfalt der Teilchen erklären. Und in diesem Falle mag »Gott« durchaus boshaft sein, denn seit die Physiker mit ihren Teilchenbeschleunigern in den Innereien der Materie herumwühlen, haben sie eine ausgesprochen beunruhigende Zahl von Teilchen, nämlich mehrere hundert, entdeckt. Die ungezügelte Inflation subatomarer Teilchen in den fünfziger und sechziger Jahren veranlaßte Enrico Fermi zu der Bemerkung, er hätte Botaniker werden sollen, um sich all ihre Namen merken zu können.

Kräfte und Teilchen sind deshalb so eng aufeinander bezogen, weil die Teilchen durch die Kräfte in Wechselwirkung treten und die Teilchen die Objekte sind, auf die die Kräfte einwirken. Außerdem faßt die gegenwärtige Quantentheorie die Kräfte selbst als krafttragende Teilchen auf, sogenannte Bosonen. Photonen etwa sind die krafttragenden Teilchen (oder Bosonen) der elektromagnetischen Kraft. Weil die TOE-Physiker dem Glauben anhängen, die Natur sei im Kern einfach, ist ihnen der Gedanke an mehrere hundert »Elementar«-Teilchen natürlich unangenehm. Paul Davies hat festgestellt, daß die Idee der Elementarteilchen »gerade deshalb so attraktiv« sei, weil man »nur eine Handvoll verschiedene davon braucht. Die Komplexität der Materie wird dann nicht aus der Vielfalt der Bestandteile erklärt, sondern aus der Vielfalt der Kombinationen.« Die Physiker glauben also, daß es eine nicht so zahlreiche, jedoch »elementarere« Gruppe von Teilchen geben müsse, die gegenwärtig noch nicht nachzuweisen ist. Und weil Teilchen und Kräfte nicht unabhängig voneinander zu betrachten sind, ist die Suche nach den »wirklich elementaren« Teilchen eng mit der Bemühung verknüpft, den Zusammenhang der Kräfte zu verstehen.

Wovon Boškovič nur träumen konnte, können die heutigen Physiker in die Tat umsetzen: Die direkte Untersuchung der »atomaren« Kräfte. Die Werkzeuge, dank derer sie auf dem Weg zur Einheitstheorie endlich Fortschritte gemacht haben, sind die Teilchenbeschleuniger. In den sechziger Jahren ermöglichte ein verbessertes Verständnis der Wechselwirkung von Teilchen die Entwicklung einer Theorie, welche die elektromagnetische und die schwache Kernkraft zusammenführte. Wie Maxwell in den sechziger Jahren des 19. Jahrhunderts gezeigt hatte, daß elektrische und magnetische Kraft als verschiedene Aspekte einer umfassenden elektromagnetischen Kraft begriffen werden konnten, zeigten nun Steven Weinberg, Abdus Salam und Sheldon Glashow, daß die elektromagnetische und die schwache Kernkraft als verschiedene Aspekte einer umfassenden elektroschwachen Kraft aufzufassen sind. Damit verringerte sich die Zahl der Kräfte von vier auf drei.

Der Erfolg der elektroschwachen Theorie spornte die Physiker an, darüber nachzudenken, wie diese kombinierte Kraft mit der starken Kernkraft zu vereinen wäre. Die Ansätze in dieser Richtung werden große vereinheitlichte Theorien oder GUTs (»Grand Unified Theories«) genannt. Eine im Grunde hübsche Idee: ein einziges Gesetz zur Beschreibung einer Kraft, die der gesamten Quantenwelt zugrunde liegt. Dies wäre dann tatsächlich eine umfassende Theorie für den subatomaren Bereich. Momentan gibt es viele potentielle Kandidaten für eine GUT, alle untermauert mit außerordentlich komplizierter Mathematik, und die Physiker versuchen herauszufinden, welcher Kandidat, falls überhaupt einer, brauchbar sein könnte.

Während nun die einen sich noch mit den GUTs abmühen, betreiben andere mathematische Grundlagenforschung mit dem Ziel, alle vier Kräfte auf eine zurückzuführen. In einer gelungenen TOE wären nicht nur alle Kräfte, sondern auch alle Teilchen vereint – alles wäre eins und eins wäre alles. Die Urkraft wäre also nicht nur die grundlegende Macht des Universums, sondern ihren theoretischen Protagonisten zufolge auch die grundlegende Substanz – das Destillat aller verschiedenen Teilchen, der Wesenskern der Materie. Eine TOE würde daher Kraft und Materie in einem grundlegenden Gesetz vereinen. Die besten Kandidaten für ein solches Konzept sind als Superstring-Theorien bekannt. Wie die GUTs sind sie sehr komplex, und einige der besten mathematischen Köpfe unserer Zeit sind gegenwärtig dabei, sich durch ihre labyrinthischen Gleichungen zu kämpfen.

Eine erfolgreiche TOE, wie auch immer sie aussehen mag, wäre ihren Pionieren zufolge die letztgültige mathematische Beschreibung der Wirklichkeit. Steven Weinberg nannte sie die »abschließende Theorie« der Natur, mit der »die alte Suche nach jenen Prinzipien zu Ende gebracht würde, die nicht wiederum aufgrund tieferer Prinzipien erklärt werden können«. Das Theoriegebäude würde nicht nur alle Kräfte und Teilchen in sich vereinen, sondern auch Raum und Zeit. Wie im Falle der Gravitation in der allgemeinen Relativitätstheorie würden die vier Naturkräfte als Erscheinungsformen der zugrundeliegenden Geometrie der Raumzeit dargestellt. Auch sämtliche Elementarteilchen würden als mikroskopisch feine Vibrationen in diesem Feld begriffen. Wie Einstein es sich vorgestellt hatte, wäre alles als Wirkung der universellen Struktur der Raumzeit erklärt – die nun auch Quantenform besitzen würde.

Die Suche nach einem mathematischen Konzept, das sowohl die Quanten- als auch die relativistische Perspektive einschließt, war eine respektgebietende Aufgabe, doch glauben die TOE-Physiker inzwischen eine Lösung gefunden zu haben. Danach hätten wir uns das Universum nicht wie üblich als vierdimensional vorzustellen (mit drei Dimensionen des Raumes und einer der Zeit), sondern als zehndimensional. So viele Dimensionen verlangt nämlich die Superstring-Theorie. Deren heutigem Stand zufolge nehmen wir die weiteren sechs Dimensionen normalerweise nicht wahr, weil sie nicht auf kosmische Größe ausgedehnt, sondern winzig sind.

Diese recht verblüffende Behauptung läßt sich vielleicht am besten durch einen langen und sehr dünnen Schlauch veranschaulichen. Aus größerer Entfernung sieht ein dünner Schlauch wie eine Linie aus, doch beim Näherkommen stellen wir fest, daß er auch eine Dicke besitzt. Die Linie hat also eine *zweite* Dimension, in der sich jeder ihrer Punkte als kleiner Kreis erweist. Wenn wir diese Einsicht auf höhere Dimensionen übertragen, können wir verdeutlichen, daß jeder Punkt im gewohnten dreidimensionalen Raum im Grunde kein Punkt ist, sondern eine mehrdimensionale Variante des kleinen Kreises. Ein solches Gebilde wird als Hypersphäre bezeichnet. Der Superstring-Theorie zufolge ist jeder Punkt im herkömmlichen Raum eine kleine, sechsdimensionale Hypersphäre, deren Eigenschaften die verschiedenen Quantenkräfte und subatomaren Teilchen erzeugen. Das gegenwärtige Weltbild des Mathematischen Mannes zeigt also im Kern ein zehndimensionales, aus vier »ausgedehnten« und sechs »eingepackten« Dimensionen bestehendes Universum. Die vier ausgedehnten Dimensionen bestimmen die Form des Kosmos, die sechs eingepackten die Formen des subatomaren Bereichs.

Die Physiker haben sich verständlicherweise ein wenig in dieses äußerst elegante Bild verliebt. Fraglich ist nur, ob dieses hübsche mathematische Konstrukt irgendeinen Bezug zur wirklichen physischen Welt hat. Über zehn Dimensionen zu reden scheint den TOE-Physikern Spaß zu machen, doch Tatsache bleibt, daß noch keiner von ihnen etwas jenseits der vier herkömmlichen Dimensionen entdeckt hat. Die TOE-Gemeinde trägt weiterhin eine schwere Beweislast. Ihr Hauptproblem ist, daß die postulierte vereinheitlichte Kraft nur bei extrem hohen Temperaturen – das Sonneninnere würde vergleichsweise zur Antarktis – zur Geltung kommen soll. Deshalb können wir nur vier scheinbar verschiedene Kräfte beobachten und nicht eine einheitliche Urkraft. Die Temperaturen im gegenwärtigen Universum sind für eine Vereinheitlichung zu niedrig. Wer als Physiker diese Einheit beobachten und die zehndimensionalen Theorien bestätigt sehen will, muß die Temperaturen in die Höhe treiben, um die verschiedenen Kräfte »zusammenzuschmelzen«. In diesem Sinne können Teilchenbeschleuniger als riesige Erhitzer betrachtet werden: Sie dienen dazu, Elementarteilchen mit derart hohen Energien aufeinanderzuschießen, daß bei den Kollisionen gewaltige Temperaturen entstehen – die Bedingung für eine Vereinheitlichung.

Die Vertreter dieses Ansatzes konnten in den Jahren 1983–84 ihren größten Erfolg verbuchen, als Physiker am europäischen Laboratorium für Teilchenphysik (CERN) in der Nähe von Genf die von der Theorie der elektroschwachen Kraft postulierten

W- und Z-Bosonen nachweisen konnten. Für die Mathematischen Männer war damit nachgewiesen, daß es eine erste Stufe der Vereinheitlichung gibt. Doch für die nächste Phase, die Bestätigung der großen vereinheitlichten Theorie (GUT), sind derart hohe Temperaturen erforderlich, daß ein hinreichend energiereicher Beschleuniger beim gegenwärtigen Stand der Technologie nicht zu bauen ist. Zwar ist denkbar, daß so hohe Energien in Zukunft mit einer weit fortgeschrittenen Technologie zu erzeugen sind, doch eine vollständige Vereinheitlichung nach Maßgabe der TOE würde fast unvorstellbare Energien verlangen. Glücklicherweise unterliegt die Natur nicht den menschlichen Grenzen, und so hat sie den ultimativen Teilchenbeschleuniger und damit die volle Vereinheitlichung bereits zustande gebracht – nämlich im Urknall.

Die heutige Physik ist der Überzeugung, daß alle Materie des Universums durch dieses entscheidende Ereignis geschaffen wurde. Das buchstäblich größte Teilchenexperiment überhaupt war also der Urknall. Die gewaltige Energie, aus der die Materie entsprang, war ursprünglich in einem kleinen Funken von so großer Hitze komprimiert, daß dort eine vollkommene Kräftevereinheitlichung herrschte. Wenn also die Physiker diesen Zustand in den Beschleunigern nicht beobachten können, so glauben sie doch, daß er im Blick zurück auf den Beschleuniger der Natur untersucht werden kann. Je weiter wir in die Vergangenheit zurückgehen, desto kleiner und heißer wird das Universum. Die TOE-Physiker sind der Auffassung, daß mit der zeitlichen Annäherung an den Urknall die Umgebungstemperatur zunächst hoch genug steigt, um die elektroschwache Vereinheitlichung zu bewirken, dann die große Vereinheitlichung und schließlich die vollständige Vereinheitlichung. Nähert man sich dem Big Bang, verschmelzen die Kräfte also schrittweise zur Urkraft.

Angesichts dieses in der Zeit *ablaufenden* Prozesses glauben die Physiker die Entstehung des Universums erklären zu können. Die Suche nach einer vereinheitlichten Theorie der vier Kräfte führte somit zur modernen wissenschaftlichen Erklärung der Genesis. »Im Anfang«, so lautet diese Geschichte, wurde das Universum in einem Zustand vollkommener Einheit geschaffen. Nichts existierte außer der ungebrochenen Ganzheit der Urkraft: keine Materie, keine Teilchen, keine Schwerkraft, kein Elektromagnetismus und keine Kernkräfte. Doch diese Vollkommenheit herrschte nur für den Bruchteil eines Augenblicks, denn durch die gewaltige Explosion der Schöpfung dehnte sich das neugeborene Universum fortwährend aus, bis es sich abkühlte und damit die ursprüngliche Einheit zerstörte. Die Urkraft entzweite sich zunächst in Gravitation und Quantenkräfte, dann löste sich die starke Kernkraft von ihren Quantengeschwistern, und schließlich brachen die schwache Kernkraft und die elektromagnetische Kraft auseinander. Energie verdichtete sich zu Materie. Als das Universum sich noch weiter abkühlte, fügten sich die Teilchen zu einfachen Wasserstoff- und Heliumatomen zusammen, die allmählich riesige Wolken bildeten. Im Laufe der Äonen verdichteten sich diese Wolken zu Galaxien, Sternen und Planeten. Auf diese Weise entstand das Universum – dem Mathematischen Mann zufolge.

Die TOE-Physiker bezeichnen die Aufsplitterung der Urkraft mit dem technischen Ausdruck »Symmetriebruch«. Am Anfang habe »vollkommene Symmetrie« geherrscht, die jedoch bald zerbrach und einer »gebrochenen Symmetrie« Platz machte. Der Symmetriebegriff rührt von den mathematischen Eigenschaften der Theorie selbst her – eben diese Charakteristika beschreibt Emmy Noether in ihrem berühmten Theorem. Daß im Anfangszustand des Universums vollkommene Symmetrie geherrscht habe, heißt physikalisch gesehen, daß es keine Differenzierung gab. Im vollkommenen Urmoment waren alle vier Kräfte und alle zehn Dimensionen gleich. Das Universum hätte in allen »Richtungen« gleich ausgesehen, wie eine vollkommene Kugel. Der Symmetriebegriff ist im Grunde eine mathematische Formalisierung der Eigenschaft Gleichheit. Wer auf der Suche nach der Urkraft ist, glaubt, daß der ursprüngliche Schöpfungsfunke ein Zustand undifferenzierter Gleichheit war. Die überwältigende Vielgestaltigkeit des gegenwärtigen Universums sei daher eigentlich nur der Scherbenhaufen einer ursprünglich »vollkommenen« Einheit.

Man braucht nicht viel Phantasie, um den christlichen Unterton dieser Vorstellungswelt zu erkennen. Die TOE-Physiker stellen sich die Geschichte des Universums wie die Vertreibung Adams und Evas aus dem Garten Eden vor, nämlich als Verlust einer ursprünglichen Vollkommenheit. Und wie in der christlichen Tradition sehnen sie die Rückkehr in diesen »Gnadenstand«, in ihr mathematisches Eden herbei. Und wiederum sollten wir diesen Unterton der TOE nicht als bloßen Zufall betrachten. Physik wird nicht in einem außergesellschaftlichen Vakuum betrieben, und die Träume der Physiker werden durch weit zurückreichende kulturelle Traditionen geprägt. Warum, so müssen wir fragen, sind sie gerade von diesem Traum so fasziniert? Warum glauben sie inzwischen mit solcher Inbrunst, daß das Universum in einem Zustand undifferenzierter Einheit begonnen haben *muß* und alles in letzter Instanz von einer einzigen allmächtigen Kraft verursacht sein *muß*?

Eine solche Vorstellung liegt keineswegs auf der Hand, denn selbst mit ihren Hochenergiebeschleunigern finden die Physiker weiterhin nicht die Einheit, sondern eine verwirrend reichhaltige Vielheit, etwa in Gestalt der ständig wachsenden Fülle subatomarer Teilchen. Angesichts dieser offensichtlichen Beweise für das Gegenteil von Einheit ist schon einen gewaltiger Willensakt nötig, zu glauben, hinter dieser Fülle herrsche ein einziges Prinzip. Meiner Auffassung nach kann dieser Glaube nicht ausschließlich auf wissenschaftlichen Erfahrungen beruhen, er ist in kulturellen Traditionen verwurzelt, namentlich im jüdisch-christlichen Monotheismus. Schließlich gibt es a priori keinen Grund, weshalb das Universum nicht auf einer

Vielheit von Prinzipien beruhen sollte – was einer wissenschaftlichen Version des Polytheismus entspräche. Das soll nicht heißen, es gebe in der Forschung keine Hinweise auf die Einheit der Kräfte; die gibt es gewiß, doch sind sie keineswegs überzeugend, und der fast fanatische Glaube der TOE-Physiker an die Einheit strapaziert den heutigen Erkenntnisstand. Die bloße Tatsache, daß direkte Beweise für die grundlegende Einheit so schwer zu erhalten sind (trotz eines Vierteljahrhunderts der Forschung unter Einsatz von vielen Milliarden Dollar), zeigt, wie stark der Glaubensfaktor wirklich ist.

Die religiösen Züge des TOE-Unternehmens bleiben jedoch nicht unter der Oberfläche; die TOE-Physiker selbst bringen die vereinheitlichte Theorie immer offener mit Gott in Verbindung. Der berühmteste Vertreter dieser Auffassung ist Stephen Hawking. In der Einleitung zu dessen Weltbestseller *Eine kurze Geschichte der Zeit* macht Carl Sagan die Leser darauf aufmerksam, daß »das Wort Gott… auf diesen Seiten überall präsent [ist]. Hawking stellt sich Einsteins berühmter Frage, ob Gott irgendeine Wahl gehabt habe, das Universum zu erschaffen. Hawking versucht, wie er ausdrücklich festlegt, ›Gottes Plan‹ zu verstehen.« Dem ganzen Buch liegt die Annahme zugrunde, eine vereinheitlichte Theorie könne den Raum und die Zeit *transzendieren* und gewissermaßen »jenseits« der materiellen Erscheinungswelt existieren – eine Eigenschaft, die traditionell nur Gott zugeschrieben wird.

Hawking füllt viele Seiten der *Kurzen Geschichte der Zeit* mit Überlegungen, welche Freiheiten ein Gott wohl gehabt haben mochte oder auch nicht. Durch seine Arbeit zur Vereinigung von allgemeiner Relativitätstheorie und Quantenmechanik ist er zum Konzept einer vereinheitlichten Theorie gelangt, die »tiefgreifende Auswirkungen auf Gottes Rolle als Schöpfer« habe und den Gedanken nahelege, ein »Schöpfer« habe vielleicht gar keine »Wahl« gehabt. Hawkings Äußerungen zu Gott haben nichts vom demütigen Ton Kopernikus', der ernsten

Hingabe Newtons oder der ekstatischen Prosa Keplers. Er schreibt über einen Gott, als erzähle er den Lesern von einem pfiffigen älteren Bruder, den er zwar bewundert, dessen Leistungen er jedoch ohne weiteres nachvollziehen kann. Hawking hat Einsteins Manier, kumpelhaft über Gott zu reden, auf die Spitze getrieben, so daß man am Ende der *Kurzen Geschichte der Zeit* den Eindruck nicht los wird, Hawking und sein Gott müßten wohl in derselben Liga spielen.

Der überwältigende Erfolg von *Eine kurze Geschichte der Zeit* – mehr als fünf Millionen verkaufte Exemplare weltweit – und der Beifall der Öffentlichkeit für die Person Hawking sind meiner Meinung nach zum Teil dem religiösen Unterton zuzuschreiben, in dem er das Unternehmen moderne Physik präsentiert. Obwohl er sich erst zum Schluß des Buches über »Gottes Plan« ausläßt, steht diese Frage am Anfang des Films, der aus dem Buch entstand. Wie dessen Produzenten richtig erkannten, übt die Gestalt des Physikers als Hoherpriester eine starke Faszination aus in einer Zeit, da viele nach einer Annäherung von Spiritualität und Wissenschaft suchen. Und wie Einstein nimmt sich Hawking in dieser Rolle sehr überzeugend aus. Er hat sich mit einer fast mystischen Aura umgeben, in seinem Falle noch verstärkt durch den extremen Gegensatz zwischen der Kraft seines Intellekts und der Schwäche seines Körpers. Er stellt damit eine in vielen Kulturen der Welt vorhandene archetypische Gestalt dar – die des gelähmten oder verkrüppelten Sehers. Hawking mag an einen Rollstuhl gefesselt sein, doch sein Intellekt sprüht vor Energie. Auch viele Physiker haben Schwierigkeiten, sein Konzept der »imaginären Zeit« zu verstehen. Er ist ein Wesen, das offenbar an der Kreuzung des Menschlichen, des Unmenschlichen und des Übermenschlichen steht – und viele wollen einfach glauben, daß uns dieser behinderte Physiker zu Gott führen kann.

Erstaunlicherweise weist Hawking selbst darauf hin, daß nach seiner relativistischen Quantenkosmologie die Notwendigkeit eines »Schöpfers« überflüssig werden könnte. Sein Ziel scheint zwiespältig: Er möchte Gott aus dem Universum vertreiben, und doch spielt er zwischen den Zeilen unablässig auf ihn an. Aus *Eine kurze Geschichte der Zeit* geht nicht klar hervor, ob Hawking wirklich an einen Gott glaubt oder sich nur gerne mit ihm vergleicht. Im Gegensatz zu Kopernikus, Kepler und Newton (und auf seine Art auch Einstein) ist Hawking kein ernsthafter theologischer Denker – zumindest nach seinen veröffentlichten Arbeiten zu schließen. Doch wie auch immer er sich wirklich zu Gott stellen mag, viele Menschen sehen ihn heute als wissenschaftlichen Hohepriester und berühmtesten Erben Einsteins.

Hawkings Gott gleicht ebensowenig wie der Einsteins dem spirituellen Erlöser des traditionellen Christentums, sondern ist nur ein mathematischer Schöpfer des Materiellen: ein pythagoreischer Gott, dem alle psychologischen und ethischen Qualitäten fehlen, ein Gott, dessen einzige Funktion (wenn überhaupt) darin besteht, ein gänzlich auf mathematischen »Gesetzen« beruhendes Universum zur materiellen Erscheinung zu bringen. Auf diesen Gott spielte der Physiker James Jeans an, als er sagte: »Betrachtet man die Kerntatsachen seiner Schöpfung, erscheint der Große Architekt des Universums immer deutlicher als reiner Mathematiker.« Dieser zeitgenössische Gott läßt sich offenbar auch von strengen ästhetischen Grundsätzen leiten, denn wie die alten Pythagoreer soll auch er ganz auf Symmetrie versessen sein. Kopernikus und Kepler waren davon überzeugt, daß der biblische Gott sein Universum ausschließlich nach Prinzipien mathematischer »Vollkommenheit« erschaffen habe. Und Hawking und seine TOE-Mitstreiter bleiben dieser pythagoreischen Vorstellung einer mathematischen »Vollkommenheit« des Kosmos verhaftet.

Glaubt man den TOE-Physikern, dann werden sie uns nicht nur bald den »Plan« der Schöpfung enthüllen, sondern auch zeigen, wie Gott diesen kosmischen Plan verwirklichte – wie er seine »Idee« in Materie verwandelte. Unklar bleibt, ob die TOE-Physiker wirklich an einen Gott glauben, doch jedenfalls verleiten sie das Publikum, die wissenschaftliche Klärung der kosmischen Evolution mit der Entdeckung eines göttlichen Plans gleichzusetzen. Als der Astronom George Smoot im Jahre 1992 die lange gesuchten »Rippeln« entdeckt hatte, kleine Schwankungen der kosmischen Hintergrundstrahlung im Mikrowellenbereich (die Echos des Urknalls sind), verkündete er sogleich der Presse: »Es war, als hätte ich ins Antlitz Gottes geschaut!« In gleicher Tonlage bezeichnet der mit dem Nobelpreis ausgezeichnete Physiker Leon Lederman ein als Higgs-Boson bekanntes Teilchen als »Gottesteilchen« (God particle). Den gegenwärtigen Einheitstheorien zufolge spielte das Higgs-Boson eine entscheidende Rolle bei der Zersplitterung der Urkraft nach dem Big Bang.

Es entbehrt nicht einer gewissen Ironie, daß die Physiker, nachdem sie die kosmischen Schöpfungs- und die damit verbundenen Gottesvorstellungen zwei Jahrhunderte lang abgelehnt haben, heute beflissentlich zur Vorstellung eines schöpferischen Urknalls zurückkehren, hinter dem sich wiederum ein Gott denken ließe. In den vergangenen Jahren wurde dieser Gott immer häufiger zu Public-Relations-Aktivitäten herangezogen. Immer häufiger wird verlautbart, Gott sei das letzte Ziel der naturwissenschaftlichen Forschung. Und dies ist auch die unterschwellige Botschaft der *Kurzen Geschichte der Zeit*. Wenn wir die Suche nach einer vereinheitlichten Theorie zu Ende bringen, so deutet Hawking an, werden wir das »Bewußtsein Gottes« sehen. Noch emphatischer äußerte sich Leon Lederman. Sein 1993 erschienenes Buch *The God Particle* (dt. *Das schöpferische Teilchen*) war im Grunde eine ausführliche Erklärung, warum die Vereinigten Staaten den inzwischen stillgelegten, zehn Milliarden Dollar teuren »Supraleitenden Supercollider« finanzieren sollten, einen Teilchenbeschleuniger, der hauptsächlich zur Bestätigung der Einheitstheorie dienen sollte.

Bei diesem Unternehmen ging es hauptsächlich darum, das Higgs-Boson aufzuspüren, Ledermans »Gottesteilchen«. Gebt uns die zehn Milliarden, so schien Lederman zu fordern, und wir liefern euch den Herrgott frei Haus.

Ledermans Buch ist durchsetzt mit Passagen aus einer Schrift, die er »Das sehr neue Testament« nennt. Bei der Vorstellung des Supercolliders führt er auch diesen erfundenen Text ein, aus dem das folgende »Zitat« stammt: »Und der Herr stieg herab und sah den Beschleuniger, den die Kinder der Menschen bauten. Und der Herr sagte, Siehe, die Menschen entwirren meine Verwirrung. Und der Herr seufzte und sagte, Voran, gehen wir hin und geben ihnen das Gottesteilchen, worauf sie sehen mögen, wie schön das Universum ist, das ich geschaffen habe« (Das Sehr Neue Testament, $11:1$). Im ganzen Buch nimmt Lederman Gott recht freizügig in Anspruch; ein Kapitel über seine Forschungsarbeit betitelt er sogar mit: »Wie wir das Paritätsgesetz an einem Wochenende verletzten … und Gott entdeckten.« Die unmißverständliche Implikation ist, daß die Teilchenphysik der direkte Weg zu Gott sei.

Lederman verstärkt den religiösen Unterton noch, indem er zustimmend seinen Kollegen Robert Wilson zitiert, der Teilchenbeschleuniger mit Kathedralen assoziiert. »Kathedralen wie Beschleuniger«, schreibt Wilson, »werden aus Glaubensgründen unter großen Kosten gebaut. Beide bieten geistige Erhebung, Transzendenz und Offenbarung im Gebet.« Ledermans gedankliche Verknüpfung der Teilchenbeschleuniger mit Stätten des Glaubens, die Erfindung eines pseudoreligiösen Dokuments und der Titel seines Buches sind sicherlich auch aus dem Versuch entstanden, ein ansonsten eher dichtgepacktes und technisches Werk für ein breiteres Publikum attraktiver zu machen. Ob er wirklich glaubt, das Higgs-Boson sei Gottes schöpferisches Teilchen, ist nicht zu erkennen. Wie bei Hawking bleibt völlig unklar, ob die theologischen Anspielungen wirklicher Religiosität entspringen oder wissenschaftlicher Anmaßung – oder schlicht dem Wunsch, die Auflage in die Höhe zu treiben. Auf jeden Fall hat Lederman offensichtlich begriffen, daß die Verbindung von Physik und Gott beim Publikum äußerst erfolgreich ist. Dem ganzen Unternehmen liegt die Annahme zugrunde, Physiker besäßen die Autorität, über Gott zu reden, und die Öffentlichkeit werde sie in dieser theologischen Rolle anerkennen.

Stephen Hawking, Leon Lederman und George Smoot sind Männer, die zum inneren Kreis der aktuellen physikalischen Forschung zählen. Smoot ist einer der angesehensten Astronomen der Welt, Lederman Nobelpreisträger und Hawking ein erstrangiger Theoretiker. Diese Männer bringen übereinstimmend und explizit die Suche nach einer vereinheitlichten Theorie in Verbindung mit der Suche nach Gott. Und damit stehen sie wiederum nicht alleine. Tatsächlich ist den heutigen Physikern dieses Ansinnen fast zur zweiten Natur geworden – zumindest was die populärwissenschaftliche Seite angeht. Auch der englische Physiker Paul Davies hat sich in seinen Büchern *Gott und die moderne Physik* und *Der Plan Gottes* mit diesem Thema beschäftigt. Frank Tipler, Spezialist für die allgemeine Relativitätstheorie, ging 1994 weiter als alle anderen und veröffentlichte ein Buch mit dem Titel *Die Physik der Unsterblichkeit: moderne Kosmologie, Gott und die Auferstehung der Toten*. Darin behauptet er, »eine beweisbare physikalische Theorie« für einen »allgegenwärtigen, allwissenden, allmächtigen Gott« gefunden zu haben.

Einige dieser Männer, darunter Paul Davies, sind aufrichtig um eine Annäherung von Physik und Spiritualität bemüht. Dazu gehören auch der Teilchenphysiker und anglikanische Priester John Polkinghorne, Autor von *The Faith of a Physicist*, sowie der Physiker und Theologe Robert John Russell, Begründer des Center for Theology and the Natural Sciences in Berkeley. Doch viele Physiker, die den Gottesbegriff als Joker einsetzen, haben keinen ernsthaften theologischen oder spirituellen Hintergrund. Sie folgen einer jahrtausendealten Tradition, in der die mathematische Naturwissenschaft mit Gott verknüpft wird, und halten es daher für legitim, ihre Tätigkeit in einem religiösen Licht darzustellen. Im unserem säkularen 20. Jahrhundert fordern viele Physiker von neuem Anerkennung als Hohepriester, die die Menschheit zur Transzendenz, ja sogar zum göttlichen Weltwissen »hinaufführen« könnten.

Von Pythagoras bis Newton verlief die Suche nach den mathematischen Relationen, die der Welt zugrunde liegen, in einem religiösen Rahmen. Es überrascht mich nicht, ich halte es sogar für unvermeidlich, daß eine religiöse Unterströmung heute von neuem an die Oberfläche dringt. Wie in jedem Menschen aus Fleisch und Blut steckt auch im Mathematischen Mann eine gewisse psychische Trägheit. So wie wir alle ins Erwachsenenalter tragen, was unsere Kindheit und Jugend prägte, trägt auch der Mathematische Mann die Prägungen seiner Vergangenheit mit sich herum. Doch die Erneuerung des religiösen Rahmens der Physik hindert meiner Überzeugung nach die Frauen am Zugang zu diesem Forschungsbereich. Unter den Begründern der Relativitätstheorie und der Quantenmechanik gab es keine Frauen, und auch heute noch sind sehr wenige an der Suche nach der »Theorie von allem« beteiligt. Am Vorabend des 21. Jahrhunderts wird unser mathematisches Weltbild *immer noch* von Männern geschaffen, und Frauen stellen *immer noch* einen sehr kleinen Teil des inneren, weltdeutenden Kerns der physikalischen Forschung.

Chien-Shiung Wu

10

Der Aufstieg der Mathematischen Frau

Im 20. Jahrhundert mußten Frauen fortwährend darum kämpfen, zur Gemeinschaft der Physiker zugelassen zu werden und dort Anerkennung zu finden. Das ist bis heute so geblieben. Die Nuklearphysikerin Fay Ajzenberg-Selove schreibt in ihrer kürzlich erschienenen Autobiographie: »Es wäre ein großer Schritt voran, wenn eines Tages fachlich hervorragende Frauen nicht mehr größere Schwierigkeiten hätten als Männer, feste Stellen an den Physikfakultäten der Forschungsuniversitäten zu bekommen.« Ajzenberg-Selove kennt den eisigen Wind der Geschlechterdiskriminierung nur zu gut. In den fünfziger Jahren teilte ihr der Dekan des Fachbereichs Physik der Universität Harvard freundlich, aber bestimmt mit, daß sie als Frau nicht für eine Dozentenstelle in Frage komme. Ebenfalls in den fünfziger Jahren luden Kollegen in Princeton sie ein, mit dem fachbereichseigenen Zyklotron eine Reihe von Experimenten durchzuführen. Dies war jedoch nur nachts in aller Heimlichkeit möglich, weil der Dekan die Bestimmung erlassen hatte: Keine Frauen im Haus.

Offene Diskriminierung dieser Art findet in den Vereinigten Staaten keine Unterstützung mehr, doch versteckte Geschlechterdiskriminierung ist in den Naturwissenschaften leider noch immer üblich. Das physikalische Institut der Universität Harvard nahm erst in den siebziger Jahren, als man durch Antidiskriminierungsgesetze dazu gezwungen wurde, Frauen auf, freilich nur als Assistenzkräfte mit befristeten Verträgen. Erst im Jahre 1992 wurde erstmals eine Physikerin in Harvard fest angestellt, während im Fachbereich Physik in Princeton auch noch Anfang 1995 keine Frau einen unbefristeten Vertrag hatte.

Zweifellos würden die betreffenden Fakultäten behaupten, die Qualifikation der in Frage kommenden Frauen sei nicht ausreichend gewesen, doch Ajzenberg-Selove weist darauf hin, daß es »in Harvard und anderswo genug zweitklassige männliche Fakultätsmitglieder gibt«. Recht sarkastisch merkt sie an: »Ich werde erst dann glauben, daß mit der Diskriminierung von Frauen Schluß ist, wenn auch zweitklassige weibliche Lehrkräfte eine Festanstellung bekommen.« Obwohl sie in ihrer Autobiographie des öfteren schildert, wie Männer sie in ihrer langen und glänzenden Karriere als Nuklearphysikerin unterstützt haben (besonders Tom Lauritsen am Caltech und ihr Mann, der Teilchenphysiker Walter Selove), werden Frauen in der Physik noch immer nicht als gleichrangig akzeptiert.

Am Beispiel der brillanten chinesisch-amerikanischen Teilchenphysikerin Chien-Shiung Wu, die nach Ansicht vieler Kollegen einen Nobelpreis verdient hätte, lassen sich beispielhaft die Hindernisse aufzeigen, die einer Frau des 20. Jahrhunderts auf dem Feld der Physik noch immer entgegenstehen. Wu wurde 1912 in China geboren, zu einer Zeit, als es durchaus üblich war, kleinen Mädchen die Füße einzubinden. Doch wie bei vielen in diesem Buch vorgestellten Frauen war ihr Vater Wu Zhongyi ein sehr aufgeklärter Mann, der für die Gleichberechtigung der Frauen eintrat. Zhongyi gab seine Tätigkeit als Ingenieur auf, um an der Chinesischen Revolution von 1911 teilzunehmen, und kehrte dann in seine Heimatstadt Liuhe zurück, wo er die erste Mädchenschule der Region gründete. Wus Mutter, Fan Fuhua, arbeitete ebenfalls an dieser Schule. Zudem besuchte sie Familien in der Region und drängte die Eltern, die Füße ihrer Töchter nicht mehr einzubinden und ihnen eine Ausbildung zu gestatten. Nach einem außergewöhnlich guten Schulabschluß gewährte man der jungen Chien-Shiung Wu einen Platz an der elitären chinesischen Nationaluniversität, an der sie Physik studierte und einen ersten Abschluß machte. Da chinesische Universitäten jedoch keine Möglichkeit boten, in Physik zu promovieren, war ihr klar, daß sie ins Ausland gehen mußte, um weiterzukommen. Wiederum erhielt sie Unterstützung von einem aufgeklärten Mann – ihrem Onkel, der das erste Busreiseunternehmen in China gegründet hatte und damit reich geworden war. Er bot ihr an, einen Studienaufenthalt in Amerika zu finanzieren.

Wu beabsichtigte zunächst, in den Vereinigten Staaten zu promovieren und dann zurückzukehren, um an der Modernisierung ihres Landes mitzuarbeiten. Wie Marie Curie wollte sie die Wissenschaft zum Nutzen ihres Volkes einsetzen. Ihr ursprüngliches Ziel war die University of Michigan, doch bei ihrer Ankunft in Amerika im Jahr 1936 erfuhr sie, daß den dortigen Studentinnen der Zutritt zum Gebäude der Studentenvereinigung verwehrt war, und so schrieb sie sich statt dessen in Berkeley ein. Dort schloß sie sich der Kernforschungsgruppe um Emilio Segrè an und erwarb 1940 den Doktortitel. Schon bald war sie als qualifizierte Physikerin auf dem Gebiet der Kernspaltung bekannt (Robert Oppenheimer bezeichnete sie als »die Autorität«), doch das physikalische Institut verweigerte ihr eine Anstellung als Professorin. Anfang der vierziger Jahre gab es an den zwanzig ranghöchsten amerikanischen Forschungsuniversitäten keine einzige Professorin – und Berkeley wollte hier nicht der Vorreiter sein. Segrè, ein künftiger Nobelpreisträger, war empört über die Haltung der Fakultät, doch angesichts der antiasiatischen Stimmung in den USA während des Zweiten Weltkriegs waren ihre Chancen noch schlechter.

Schließlich holte man Wu als Expertin in Fragen der Kernspaltung in die Rüstungsforschung. Sie war an einer Arbeitsgruppe der Columbia University beteiligt, die empfindliche Strahlungsdetektoren für das Manhattan-Projekt entwickelte. Nach Kriegsende war sie eine der wenigen Mitarbeiter des Projekts, denen angeboten wurde, weiter als Wissenschaftler an der Universität zu arbeiten, jedoch nicht als ordentliches Mitglied der Fakultät. Erst 1952 – inzwischen zählte man Chien-Shiung

Wu zu den besten Kernphysikern der Welt – bot man ihr wenigstens eine außerordentliche Professur an. Sie blieb bis zu ihrer Emeritierung 1981 an der Columbia University. Wu besaß eine erstaunliche Arbeitskraft, war auf Höchstleistungen geradezu versessen und heizte ihre Studenten an wie eine »Sklaventreiberin« – Eigenschaften, die ihr den Spitznamen Drachen-Lady einbrachten. Doch diese kleine und zarte Frau, die immer traditionelle chinesische Kleidung aus Seide trug, führte schwierige Experimente mit beispielloser Präzision durch.

Eben diese Kompetenz war 1956 gefragt, als zwei junge chinesisch-amerikanische Physiker eine verblüffende These aufstellten. Tsung Dao Lee und Chen Ning Yang äußerten die Vermutung, daß bei bestimmten Teilchenreaktionen ein elementares Gesetz der Physik verletzt werden könnte. Es handelte sich um das Prinzip der Parität. Ihm zufolge müßten Teilchenreaktionen immer symmetrisch sein, doch Lee und Yang vermuteten, daß es bei gewissen Reaktionen zu Asymmetrien kommen *könnte* – und sie drängten die experimentellen Physiker, die vermeintlich unumstößliche Auffassung zu überprüfen. Die meisten Physiker, auch Lee und Yang, waren allerdings überzeugt, daß das Paritätsgesetz einer genauen Überprüfung standhalten würde, und da die einschlägigen Experimente so schwierig waren, war niemand bereit, seine Zeit damit zu vergeuden, etwas zu »beweisen«, was alle schon wußten. Doch Wu hielt das Problem für schwerwiegend genug, um die Sache ernst zu nehmen: Zumindest würden die Experimente die Gültigkeit des Symmetriegesetzes ein für allemal beweisen. Sie stellte umgehend ein Team zusammen, das sich im National Bureau of Standards einrichtete, und trieb die Arbeit zügig voran. Anfang 1957 hatten sie nachgewiesen, daß Teilchenreaktionen entgegen allen Erwartungen nicht immer symmetrisch sind. In manchen Fällen wird die Parität verletzt. Dieser Befund erschütterte die Vorstellungswelt der Physiker nachhaltig. Wus Arbeitsgruppe hatte nicht bloß ein vermeintlich grundlegendes Naturgesetz widerlegt, ihre Resultate waren auch bedeutsam für das Verständnis der schwachen Kernkraft. Nur zehn Monate später erhielten Lee und Yang mit dem Nobelpreis die Anerkennung für ihre Entdeckung.

Doch nur sie. Laut Sharon Bertsch McGrayne, Autorin von *Nobel Prize Women in Science,* hat »das Nobelpreiskomitee auch schon früher solche Entscheidungen getroffen«. Der Preis wurde allein den Theoretikern zugesprochen, und die Experimentalphysiker, die deren Ideen bestätigt hatten, blieben unberücksichtigt. Doch in diesem Falle war das Experiment die Hauptsache, denn selbst die Theoretiker hatten das *gegenteilige* Resultat erwartet. Zu allem Unglück für Wu waren auch noch Gerüchte über ihre vielversprechenden Ergebnisse in Umlauf gekommen, woraufhin andere Kollegen dieselben Experimente starteten. Eine technisch besser ausgestattete Arbeitsgruppe unter Leon Lederman erzielte ähnliche Ergebnisse, die dann ein paar Tage vor Wus offizieller Verlautbarung präsentiert wurden. Wu, die die ersten Hinweise auf die Paritätsverletzung gefunden und auch als erste das Experiment als überhaupt lohnenswert erachtet hatte, wurde durch Ledermans Erstveröffentlichung ausgestochen. Chien-Shiung Wu erhielt zwar keinen Nobelpreis, aber einige andere bedeutende Auszeichnungen auf ihrem Gebiet, darunter den Wolf-Preis und den prestigeträchtigen Comstock Award der National Academy of Sciences. Auch war sie die erste Frau, die zur Präsidentin der American Physical Society ernannt wurde – und in Anerkennung ihres Erfolgs gewährte man ihr schließlich eine Stelle als ordentliche Professorin in Columbia. Allerdings hat kein anderer Preis den Nimbus des Nobelpreises, und Wu war bitter enttäuscht, ihn nicht gewonnen zu haben.

Neben Marie Curie hat bisher nur eine Frau den Nobelpreis für Physik gewonnen, die deutsch-amerikanische Wissenschaftlerin Maria Göppert-Mayer, die sich den Preis 1963 mit Hans Jensen und Eugene Wigner für ihre Arbeiten zur Schalentheorie des Atomkerns teilte. Maria Göppert (1906–1972) wurde in Deutschland geboren und promovierte 1930 in Göttingen. Im selben Jahr heiratete sie den jungen amerikanischen Chemophysiker Joseph Mayer und folgte ihm in die Vereinigten Staaten. Trotz ihrer brillanten Doktorarbeit zur Quantenmechanik mußte auch sie die Erfahrung machen, daß keine amerikanische Universität sie als Professorin beschäftigen wollte. Wie Emmy Noether arbeitete sie daher unbezahlt als inoffizielles Mitglied verschiedener akademischer Fachbereiche. In ihrem Falle dauerte dieser Zustand fast dreißig Jahre an. Erst 1960, zehn Jahre nachdem sie ihre nobelpreiswürdigen Forschungen abgeschlossen hatte, bekam diese erstrangige Theoretikerin eine vollbezahlte Universitätsstelle angeboten. Bis dahin hatte sie sich mit ehrenamtlicher Mitarbeit und der Unterstützung ihres Ehemanns zufriedengeben müssen. In Joe Mayer hatte sie in der Tat einen verständnisvollen Partner gefunden. Obwohl er auf einem anderen Gebiet arbeitete, erkannte er ihr außergewöhnliches Talent und ermunterte sie unablässig, die eigenen Forschungen voranzutreiben. Es ist kein Zufall, daß die beiden einzigen Frauen, die den Nobelpreis in Physik gewonnen haben, mit besonders fortschrittlich denkenden Männern verheiratet waren, die ihre Arbeit unterstützten.

Seit den siebziger Jahren haben sich die Bedingungen für Frauen in der Physik wie auch in den anderen Naturwissenschaften deutlich verbessert. Doch auch in unserer vom feministischen Denken geprägten Zeit bleibt die Physik weitgehend von Männern beherrscht. Obwohl es heute in jedem Forschungsbereich mehr Physikerinnen gibt als je zuvor, bleibt die Physik die Wissenschaft mit dem niedrigsten Frauenanteil. Nach den Angaben des American Institute of Physics entfielen im Jahre 1992 nur 15 Prozent der Collegeabschlüsse (bachelor's degrees) und 11 Prozent der Doktortitel in Physik auf Frauen, und sie besetzten nur 3 Prozent der ordentlichen Professorenstellen in diesem Bereich! Zwei Jahre später (1994) hatte sich dieser Anteil der Professorinnen nicht verändert, Frauen hatten nun jedoch auch 8 Prozent der außerordentlichen Professuren und 10 Prozent der Assistenzprofessuren inne. Auch auf Promotionsstellen und in akademischen Nachwuchspositionen sind Frauen inzwischen stärker vertreten. Das läßt hoffen, daß der Anteil von Frauen in der Physik künftig größer wird. Doch auch wenn dies Grund zur Hoffnung gibt, die Wachstumsraten werden niedriger, und wir dürfen nicht genügsam werden.

Der geringe Anteil von Frauen in der Physik fällt ganz besonders auf, wenn wir die anderen Naturwissenschaften zum Vergleich heranziehen. Während im Jahre 1991 Frauen nur 15 Prozent der Collegeabschlüsse (bachelor's degrees) in Physik erlangten, holten sie sich 40 Prozent der entsprechenden Abschlüsse in Chemie, 47 Prozent in Mathematik und Statistik und 51 Prozent in den Biowissenschaften. Bei den Doktortiteln sieht es ähnlich aus: 1992 machten nur 11 Prozent Frauen einen Ph. D. in Physik und Astronomie, hingegen 19 Prozent in Mathematik, 23 Prozent in den Umweltwissenschaften, 26 Prozent in Chemie, 39 Prozent in den Biowissenschaften und 47 Prozent in den Sozialwissenschaften. In den vergangenen Jahrzehnten haben Frauen in den Sozial- und Biowissenschaften enorme Fortschritte gemacht, ohne auch nur in vergleichbarem Maße in die Physik vordringen zu können. Wir nähern uns dem 21. Jahrhundert, und noch immer sind die Frauen überproportional in den sogenannten »weichen« Wissenschaften vertreten. Warum? Und warum bleibt von allen Wissenschaften die Physik am deutlichsten von den Männern dominiert?

In allen Naturwissenschaften und ganz besonders in der Physik werden Frauen noch immer Hindernisse in den Weg gelegt. Die Soziologin Harriet Zuckerman und ihre Mitautorinnen schreiben in *The Outer Circle: Women in the Scientific Community,* daß trotz der in diesem Jahrhundert von Frauen errungenen Erfolge »die Wissenschaft von Männern dominiert bleibt, nicht allein zahlenmäßig, sondern auch was Autorität,

Macht und Einfluß betrifft«. Durch nichts läßt sich dies besser verdeutlichen als durch die Statistik der Nobelpreisträger. Seit den Anfängen im Jahre 1901 haben über 400 Männer einen Nobelpreis im Bereich der Naturwissenschaften bekommen. (Es gibt drei Kategorien: Physik, Chemie und Physiologie oder Medizin, und jedes Jahr können bis zu drei Wissenschaftler je Kategorie ausgezeichnet werden.) Neben diesen mehr als 400 Männern gibt es nur 10 Frauen. Man kann sie also an den Fingern abzählen. Wenn wir schon dabei sind, wollen wir auch ihre Leistungen anerkennen. Von Ginger Rogers sagt man, sie mußte alles können, was Fred Astaire konnte, allerdings in hochhackigen Schuhen und rückwärts. Die Nobelpreisträgerinnen mußten ebenfalls ihre männlichen Kollegen noch übertreffen, um denselben Beifall zu bekommen, also, um im Bild zu bleiben, in hochhackigen Schuhen, mit verbundenen Augen und rückwärts einen steilen Hang hinauflaufen. Es sind: Marie Sklodowska Curie, Physik, 1903; Chemie, 1911; Irène Joliot-Curie (ihre Tochter), Chemie, 1935; Gerty Radnitz Cori, Medizin, 1947; Maria Göppert-Mayer, Physik, 1963; Dorothy Crawfoot Hodgkin, Chemie, 1964; Rosalyn Sussman Yalow, Medizin, 1977; Barbara McClintock, Medizin, 1983; Rita Levi-Montalcini, Medizin, 1986; Gertrude B. Elion, Medizin 1988 und Christiane Nüsslein-Volhard, Medizin, 1995.

Diese kleine Zahl von weiblichen Nobelpreisträgern in den Naturwissenschaften verdeutlicht ein Problem, mit dem auch andere Frauen konfrontiert sind, die einen naturwissenschaftlichen Beruf anstreben: den Mangel an Vorbildern. Bis heute würde den meisten nur Marie Curie einfallen, wenn sie Wissenschaftlerinnen nennen sollten. Dem gängigen Geschichtsbild zufolge waren die Wissenschaften – besonders die »harten« Naturwissenschaften – immer die Domäne von Männern, und diese Vorstellung wird heute durch die Medien noch verstärkt. In Filmen, im Fernsehen, in Comics und selbst in Musikvideos sind die mathematisch-naturwissenschaftlichen »Genies« immer männlich. Wo sind die weiblichen Gegenstücke zu Mr. Spock oder Data aus *Star Trek* oder zu Dr. Who aus der englischen Fernsehserie? Aus Hollywood kamen zwar einige Filme über geniale, mathematisch begabte kleine Jungen, in jüngster Zeit etwa *Das Wunderkind Tate* und *Searching for Bobby Fischer,* doch ein Film über ein Mädchen als Mathematikgenie ist mir nicht bekannt.

An den Schulen bekommen die Mädchen oft kaum etwas Besseres vorgesetzt. Das Forscherpaar Myra und David Sadker hat eine brillante, wenn auch traurig stimmende Untersuchung zur Geschlechterungleichheit im amerikanischen Schulwesen vorgelegt: *Failing at Fairness: How America's Schools Cheat Girls.* Sie weisen nach, daß die Lehrer dazu neigen, die Jungen in Mathematik und Naturwissenschaft stärker zu fördern als die Mädchen. Dies gilt für Lehrerinnen und Lehrer gleichermaßen und findet sich auch in australischen und europäischen Studien bestätigt. Die Sadkers zeigen, daß die Lehrer überall in den Vereinigten Staaten Jungen öfter als Mädchen auffordern, eine Frage zu beantworten, daß sie die Jungen länger reden lassen und intensiver auf ihre Antworten eingehen. Zwar ist diese Ungleichbehandlung keineswegs nur auf die mathematischen und naturwissenschaftlichen Fächer beschränkt, doch dort kommt sie besonders drastisch zur Geltung. Als typisches Beispiel schildern die Sadkers, wie ein Lehrer in einer Grundschule eine Gruppe von Mädchen aus dem Arbeitsraum verwies, damit die Jungen dort ihre Matheaufgaben machen konnten. Solche Vorfälle sind den Sadkers zufolge auf allen Ebenen des Schulsystems üblich.

In einer 1992 veröffentlichten Umfrage des Magazins *Glamour* gaben 74 Prozent der Befragten an, sie hätten »einen Lehrer, der Mädchen benachteiligt oder Jungen mehr Aufmerksamkeit widmet«. Diese Ungleichbehandlung käme besonders im Fach Mathematik zum Tragen. In den ohnehin unruhigen Klassen dürften die Jungen länger reden, sie dürften andere häufiger unterbrechen und mehr Lernmittel an sich reißen. Zwar sind nicht alle Jungen mit großem Eifer dabei und nicht alle Mädchen zurückhaltend, doch im allgemeinen erleben Jungen und Mädchen den mathematischen und naturwissenschaftlichen Unterricht ganz unterschiedlich. Den Sadkers zufolge wird den Jungen mehr Zeit, mehr Aufmerksamkeit und vor allem mehr Zuspruch gewährt als den Mädchen.

Nach dem Schulabschluß sehen sich die Frauen in den Naturwissenschaften allzu häufig mit weiteren schwer überwindbaren Hindernissen konfrontiert. Zuckerman und andere Beobachter der gegenwärtigen Wissenschaftskultur stellen fest, daß die wichtigen Aktivitäten in den Naturwissenschaften zumeist informell betrieben werden und Frauen, selbst wenn sie eine Stelle haben, häufig nicht in diese entscheidenden Kommunikationsnetze eingebunden werden. Die Anthropologin Sharon Traweek schreibt in ihrer ethnographischen Studie über Kernphysiker, in Japan sei es für Physikerinnen gesellschaftlich nicht akzeptabel, mit ihren männlichen Kollegen zum Essen zu gehen, doch gerade bei solchen Anlässen würden die wichtigen Dinge besprochen. Zwar stellt ein gemeinsames Essen von Kolleginnen und Kollegen beispielsweise in den USA kein gesellschaftliches Problem dar, aber in der Welt der Wissenschaft gibt es auch heute noch viele Seilschaften der »alten Hasen«. Ajzenberg-Selove schreibt in ihrer Autobiographie, daß Physikerinnen immer noch seltener zu Kolloquien eingeladen werden als ihre männlichen Kollegen. Zuckerman und andere berichten, daß Wissenschaftlerinnen weniger Vorabdrucke von Zeitschriftenartikeln erhalten. Daher erfahren sie die »heißen« Neuigkeiten in ihrem Fachgebiet häufig erst nach ihren männlichen Kollegen, und da es in den Naturwissenschaften sehr wichtig ist, mit den neuesten Entwicklungen Schritt zu halten, kann sich dies sehr nachteilig auswirken.

Auch die Redaktionsgremien der meisten wissenschaftlichen Zeitschriften sind von Männern dominiert, und es gibt Hinweise darauf, daß Artikel von Frauen seltener angenommen werden. Vor allem jedoch ist es für Frauen schwieriger, Mentoren unter den männlichen Fakultätskollegen zu finden. Mentoren spielen jedoch häufig eine wichtige Rolle zu Beginn der Karriere eines jungen Wissenschaftlers. Frauen werden zwar befördert, wenn sie in ihrem Fachgebiet bleiben, doch im Durchschnitt dauert dies einige Jahre länger als bei Männern. Meist haben sie auch weniger Assistenten, eine schlechtere Ausstattung und sogar weniger Raum zum Arbeiten. Hinzu kommt, daß die offene Diskriminierung keineswegs verschwunden ist. Anläßlich einer Studie schickte man führenden Wissenschaftlern an den Universitäten fiktive Lebensläufe zu – den einen mit dem Vornamen Joan, den anderen mit John – und bat sie um ein Empfehlungsschreiben für eine Stellenbewerbung. John wurde, bei ansonsten vollkommen gleichen Lebensläufen, häufig für eine außerordentliche Professur vorgeschlagen, Joan dagegen nur für eine Assistenzprofessur.

Doch trotz all dieser Hindernisse machen die Frauen heute in den meisten Naturwissenschaften tatsächlich große Fortschritte. Warum nicht in der Physik? Ich finde es erstaunlich, daß in den vergangenen dreißig Jahren Frauen zwar Regierungschefinnen wurden, etwa in Indien, Großbritannien, Norwegen, Kanada und sogar in Pakistan und der Türkei, daß jedoch im selben Zeitraum nicht eine einzige Frau den Nobelpreis in Physik gewonnen hat. Hingegen wurden in diesen Jahren fünf Nobelpreise für Medizin an Frauen vergeben. Wenn Frauen heute in zwei muslimischen Ländern an die Spitze der Regierung vordringen können, warum dringen sie dann nicht auch an die Spitze der Forschung in Physik vor? Warum ist diese Wissenschaft, die das Weltbild des Westens entscheidend prägt, immer noch so stark von Männern dominiert?

In der Literatur wird häufig ein Faktor genannt, der gewiß auch weiterhin die Teilnahme von Frauen in der Physik erschwert: der hartnäckige Glaube, die mathematischen Fähigkeiten seien bei Männern stärker ausgeprägt als bei Frauen. Obwohl sich inzwischen die Auffassung durchgesetzt hat, daß Frauen genauso intelligent sind wie Männer, herrscht weiterhin die Meinung, daß sich Frauen von den natürlichen Voraussetzungen her leichter sprachliche Fertigkeiten aneignen, während bei den Männern das mathematische Denkvermögen besser sei. Da die Physik die mathematischste aller Wissenschaften ist, bestärkt diese Auffassung das traditionelle kulturelle Denkmuster, sie sei eine Domäne der Männer. In den letzten Jahren erforschte man erneut die Unterschiede des männlichen und des weiblichen Gehirns, und mit einer Reihe von Untersuchungen wurde die Geschlechterungleichheit in den mathematischen Fähigkeiten bewiesen. Die kanadische Psychologin Doreen Kimura berichtete, Männer schnitten bei Tests besser ab, in denen »mathematisches Denken« und die Fähigkeit zur Analyse komplexer räumlicher Beziehungen geprüft werden.

Kimura und andere folgerten aus den einschlägigen Untersuchungen, Männer seien von ihren natürlichen Anlagen her besser für mathematische Spitzenleistungen ausgestattet. Zum Ausgleich verfügten die Frauen über bessere »Wahrnehmungsfähigkeit« und sprachliche Kompetenzen. Diese Bipolarität von wahrnehmungs- und sprachstarkem weiblichem und analytisch-mathematischem männlichem Gehirn ist im Grunde eine Neuauflage der im 18. Jahrhundert so beliebten Theorie der Komplementarität. Wiederum heißt es, Männer und Frauen seien im Kern gleich, jedes Geschlecht sei jedoch in bestimmten Bereichen zu ganz besonderen Leistungen begabt, und die Mathematik falle »natürlich« in das Reich des Mannes.

Auf den ersten Blick mag dieses Argument triftig sein, sieht man jedoch genauer hin, zeigen sich einige Probleme. Zum Beispiel läßt sich bei Mädchen und Jungen im Kindesalter anhand mathematischer Leistungstests kein Unterschied feststellen. Seit Ende der sechziger Jahre untersuchte das amerikanische National Assessment of Educational Progress (NAEP) die Leistungsfähigkeit von Schülern in wichtigen Fächern, darunter Mathematik und Naturwissenschaften. Dabei wurden Schüler im Alter von neun, dreizehn und siebzehn Jahren getestet. Den Zahlen der NAEP für 1990 zufolge lag die mathematische Kompetenz von Mädchen im Schnitt bei 230,2 von möglichen 500 Punkten, die der Jungen bei 229,1. In einem Bericht des Instituts wird betont: »Das Leistungsniveau von Jungen und Mädchen in dieser Altersgruppe liegt bemerkenswert nahe beieinander.« Dies gilt auch für die Gruppe der Dreizehnjährigen.

Doch schon bei den Siebzehnjährigen hat sich eine leichte Differenz herausgebildet: Die Mädchen bleiben nun um ein Prozent hinter ihren männlichen Altersgenossen zurück. Dieser kleine Unterschied sagt jedoch noch nicht alles, denn die Mädchen rangieren gegen Ende der Schulzeit zwar *im Durchschnitt* nicht weit hinter den Jungen, doch gehören dem Test zufolge weit weniger Mädchen zur Spitzengruppe, und dementsprechend belegen relativ wenige Mädchen die Mathematik-Leistungskurse. Der in den Vereinigten Staaten für die spätere Laufbahn wichtige Scholastic Assessment Test oder SAT (der für die Zulassung zu den meisten Colleges obligatorisch ist) ergibt außerdem, daß die jungen Männer ihre Altersgenossinnen im Fach Mathematik durchschnittlich um 50 Punkte übertreffen. Und dennoch zeigt ein Blick auf das weiterführende Bildungssystem, daß es bei Studenten keine großen Unterschiede zwischen Männern und Frauen gibt. In den Vereinigten Staaten erwerben Frauen heute knapp die Hälfte aller Collegeabschlüsse (bachelor's degrees) in Mathematik und Statistik. Erst bei höheren Abschlüssen, etwa der Promotion (Ph. D.), ist der Anteil der Frauen sehr viel geringer.

Sowohl die Zahlen des NAEP als auch die Statistik der ersten akademischen Abschlüsse zeigen, daß die Frauen den Männern in den mathematischen Fähigkeiten *nicht* von Natur aus unterlegen sind, sondern daß die mathematischen Talente der Frauen beim Gang durch das Bildungssystem nicht so stark gefördert werden wie die der Männer. Auch die Forschungsresultate der

Sadkers stützen diese Ansicht. Immer wieder mußten sie feststellen, daß Mädchen, sobald sie in die Pubertät kommen, ihre Intelligenz herunterspielen – besonders in Mathematik und in den Naturwissenschaften. Denn als »Intelligenzbolzen« werden sie schnell zu Außenseitern. Teenager beider Geschlechter halten besonderes Engagement in Mathematik und Naturwissenschaften für unweiblich, und viele aufgeweckte Mädchen entziehen sich diesem abwertenden Urteil lieber. Sie schlagen einen gesellschaftlich eher akzeptierten Weg ein und halten sich in diesen Fächern zurück.

Die Sadkers dokumentieren jedoch auch die Geschichte einer jungen Frau, die genau dies nicht tun wollte. Ashley Rider wurde 1991 als amerikanische Landessiegerin im prestigeträchtigen Westinghouse Talent Search für ihre Forschungsarbeiten in Mathematik ausgezeichnet. Zu dieser Auszeichnung gehört auch ein von den Organisatoren arrangiertes Gespräch mit einer vom Preisträger ausgewählten Person. Die meisten jungen Wettbewerbssieger möchten einen prominenten Naturwissenschaftler treffen, doch Rider bat um ein Gespräch mit den Sadkers, denen sie ihre Geschichte erzählte. Sie hatte sich geweigert, in der Schule die dumme Nuß zu spielen, und fand sich schließlich als Außenseiterin wieder. Sie war erleichtert, als sie hörte, daß diese Erfahrung weit verbreitet ist.

Selbst die »wissenschaftlichen« Beweise für die mathematische Unterlegenheit von Frauen werden in Zweifel gezogen. Anne Fausto-Sterling, Professorin für Biologie und Medizin an der Brown University, hat viele der einschlägigen Untersuchungen analysiert und ist zu dem Schluß gekommen, daß die meisten einer gründlichen Prüfung nicht standhalten. Fausto-Sterling behauptet nicht, Kimura und ihre Mitstreiter würden die Resultate verfälschen, vielmehr lassen statistische Verfahren häufig auch andere Interpretationen zu. Wenn man einen Unterschied zwischen zwei Gruppen von Menschen finden *will* und man genug Vergleichsmethoden heranzieht, so Fausto-

Sterling, dann *kann* man meist auch einen Unterschied ausmachen. Allerdings gehe es im Grunde darum, welche begründeten Schlüsse aus solchen Statistiken gezogen werden können. Zeigen sie wirklich einen angeborenen biologischen Unterschied in den mathematischen Fähigkeiten von Männern und Frauen?

Nach Fausto-Sterling und einer Reihe anderer Forscher auf diesem Gebiet gibt es *keine* klaren Beweise für eine angeborene Geschlechterdifferenz in bezug auf mathematische Fähigkeiten. In den Studien, die eine echte Differenz nachweisen, ist diese ausnahmslos *sehr klein* – nicht mehr als ein paar Prozentpunkte. Fausto-Sterling zufolge können solche Differenzen nicht biologisch, sondern ohne weiteres durch unterschiedliche Sozialisation erklärt werden. So bekommen Jungen häufiger als Mädchen Spielzeug wie etwa Legosteine, die helfen, komplexe räumliche Beziehungen zu verstehen. Die Jungen werden auch auf andere Weise informell an mathematisches Denken herangeführt, etwa durch Holz- und Metallarbeiten oder durch Sportarten wie Baseball und Basketball. Die Spiele der Mädchen dagegen sind hierfür oft wenig geeignet. Wenn also, wie Fausto-Sterling ausführt, erwachsene Frauen bei den Tests zur räumlichen Wahrnehmung etwas schlechter abschneiden, dann liegt dies nicht unbedingt an einem *angeborenen* Mangel an mathematischen Fähigkeiten. Die Ursache sei nicht ein Defizit der entsprechenden neuronalen Strukturen, sondern einfach mangelnde Erfahrung.

Auch ein Vergleich mit der Mathematik macht deutlich, daß der geringe Frauenanteil in der Physik *nicht* durch Biologie erklärt werden kann. In der Mathematik sind Frauen auf allen Ebenen weitaus stärker vertreten als in der Physik. Wie schon erwähnt, gehen heute 47 Prozent der Collegeabschlüsse (bachelor's degrees) in Mathematik und Statistik an Frauen, dagegen nur 15 Prozent in Physik. Bei den Doktortiteln (Ph. D.) gehen in Mathematik und Statistik 19 Prozent an Frauen, in Physik nur 11 Prozent. Das ist kein neues Phänomen. Seit die amerikanischen Frauen Zugang zur höheren Bildung haben, sind sie in der Mathematik besser vertreten. Im Who's Who der amerikanischen Naturwissenschaften von 1921, treffenderweise mit *American Men of Science* betitelt, finden sich 42 Mathematikerinnen, jedoch nur 21 Physikerinnen. In der Ausgabe von 1938 werden 151 Mathematikerinnen und nur 63 Physikerinnen angeführt. Nach diesen Zahlen gab es also immer mehr Frauen in der Mathematik als in der Physik – während es bei den Männern gerade umgekehrt ist. Die Prozentanteile zeigen diesen Unterschied drastisch. Während des ganzen 20. Jahrhunderts waren die Frauen in der Mathematik prozentual *mindestens doppelt so stark* vertreten wie in der Physik.

Für Frauen war es in fast jeder Hinsicht schwieriger, in den Bereich der Physik vorzudringen, als sich in der Mathematik zu etablieren. Wiederum läßt dies nicht auf einen angeborenen Mangel des weiblichen Geschlechts schließen, sondern auf starre Strukturen, die sich unverändert zum Nachteil der Frauen auswirken. Die Seilschaften der »alten Hasen«, die doppelten Maßstäbe, die in vielen Universitäten auch heute noch unterschwellig angelegt werden, und die geringe Zahl von Physikerinnen, die als Mentorinnen für junge Frauen geeignet wären – all diese Faktoren tragen zur Geschlechterungleichheit in der Physik bei. Doch in einer Zeit, da fast die Hälfte aller amerikanischen Bio- und Sozialwissenschaftler und über ein Viertel der Chemiker und Mathematiker Frauen sind, verlangt ihre deutliche Unterrepräsentation in der Physik nach einer weiteren Erklärung.

Eine meiner Thesen ist, daß die Schwierigkeiten, mit denen sich Frauen in den Naturwissenschaften jahrhundertelang konfrontiert sahen, mit den Hindernissen vergleichbar sind, die ihnen beim Zugang zu geistlichen Berufen entgegenstanden. Frauen mußten um das Recht kämpfen, das »Buch der Natur« zu interpretieren, wie sie auch um das Recht kämpfen mußten, die Heilige Schrift zu deuten. Heute sind Frauen in vielen konfessionellen Gruppierungen der christlichen Kirche in geistlichen Ämtern anerkannt. Und in vielen Bereichen der Naturwissenschaft können sie deutliche Erfolge verzeichnen. Im Sinne dieses Vergleichs entsprechen die Probleme von Frauen in der Physik den Schwierigkeiten, die sie noch immer in der katholischen Kirche haben. Sie haben es hier mit den beiden größten Bastionen männlicher Macht zu tun – die eine im Bereich der Wissenschaft, die andere in der Kirche –, die sich auch als letzte den Frauen öffnen werden.

Dies ist kein beliebiger Vergleich, denn die moderne Physik ist, wie ich aufgezeigt habe, seit ihrer Entstehung zumeist sehr eng mit dem Christentum verbunden. Es ist nicht zu erwarten, daß sich eine so dauerhafte Verbindung ohne weiteres auflöst – und wie sich gezeigt hat, ist die Physik auch heute stark von dieser Vergangenheit beeinflußt. Das katholische Priestertum ist noch immer von einer starken kulturellen Trägheit geprägt. Und diese Trägheit steckt auch hinter der Vorstellung eines wissenschaftlichen »Priestertums«, das den Männern vorbehalten bleibt.

Die kulturelle Trägheit, die das Fortkommen von Frauen in der Physik behindert, geht meiner Auffassung nach zurück auf die im westlichen Unterbewußtsein immer noch starke Verknüpfung der Dichotomie Himmel – Erde mit den Prädikaten männlich – weiblich. Seit dem Zeitalter Homers sind Frauen an das Materielle, das Körperliche und »Irdische« gebunden, während Männer mit den geistigen, intellektuellen und »himmlischen« Sphären kommunizieren. Nach Auffassung der meisten Griechen, besonders Aristoteles' und seiner Nachfolger, waren nur die Männer in der Lage, geistige Transzendenz anzustreben, während die Frauen mit ihren vermeintlich mangelhaften Seelen für immer in den materiellen Gefängnissen ihrer Körper gefangen waren. Seit Aristoteles hat sich einiges geändert, doch die westliche Gesellschaft erwartet auch heute von Frauen, daß sie im Körperlichen, Persönlichen und Häuslichen »verankert« bleiben. Und die alte Verknüpfung von Männlichkeit mit geistiger Transzendenz stützt weiterhin die männliche Vorherrschaft in den Naturwissenschaften.

Eben diese weltliche »Verankerung« von Frauen gewährte den männlichen Physikern häufig die Freiheit, sich ihrem Streben nach »Transzendenz« hinzugeben. Einstein war in der Lage, sich verächtlich über das Persönliche und Materielle zu äußern, da er in der zweiten Lebenshälfte eine Frau hatte, die sich nach Kräften um sein Wohlergehen kümmerte. Während er den kosmischen Harmonien nachspürte, kochte und putzte Elsa, erledigte den Haushalt und schuf für ihren Mann ein Reich häuslicher Behaglichkeit und Ruhe. Dieses Muster findet sich heute noch bei vielen Physikern. Traweek stellt in ihrer Studie über die (zu 95 Prozent männlichen) Teilchenphysiker fest, daß diese ihrem Ethos gemäß stabile Ehen bevorzugen, in denen die Frauen zu Hause bleiben und ihr Leben dem Haushalt und ihrem Ehemann widmen. Traweek berichtet, daß ähnlich wie im Falle von Elsa Einstein fast alle von ihr befragten Frauen sich geehrt fühlten, Männer zu unterstützen, die an vorderster Front bedeutsamer wissenschaftlicher Unternehmungen standen. Die wenigen Teilchenphysikerinnen waren meist mit männlichen Fachkollegen verheiratet oder zumindest mit anderen Physikern.

In der westlichen Kultur herrscht die Erwartung, daß Frauen auch *weiterhin* »verankert« bleiben, und diese Erwartung prägt fast jeden Aspekt ihres Lebens – auch den intellektuellen. Von Kindesbeinen an wird den Mädchen eingeschärft, sich um ihre äußerliche Erscheinung und um die Ordnung im Haushalt zu kümmern, mit anderen Worten, sich eingehend mit dem *Materiellen* zu befassen. Zwar sind die Jungen keineswegs frei von diesen Anforderungen, doch ihr Leben wird nicht im selben Maße von ihnen beherrscht. Die Suche nach den »kosmischen Harmonien« zielt auf etwas vollkommen *Körperloses* und *Imma-*

terielles. Sie ist das Gegenteil dessen, was Mädchen nach herrschender Auffassung wichtig nehmen sollten. Die moderne westliche Gesellschaft hat nicht das Ideal von geistiger Transzendenz bei Frauen. Im christlichen Westen ist dieses Motiv seit jeher mit dem männlichen Priestertum verknüpft. Angesichts dieser langen Geschichte überrascht es nicht, daß die Frauen, *als* sie schließlich in die Naturwissenschaften vordrangen, sich vor allem in den »irdischen« Wissenschaften vom Leben versammelten und daß die »himmlische«, auf der Mathematik gründende Naturwissenschaft der letzte männlich dominierte Bereich bleiben sollte.

Nachdem wir den langen Kampf der Mathematischen Frau beschrieben haben, müssen wir uns fragen: Was macht es für einen Unterschied, ob Frauen an der Physik teilhaben oder nicht? Was macht es für einen Unterschied, ob diese Wissenschaft vorrangig von dem einen oder dem anderen Geschlecht betrieben wird? Warum sollte uns das kümmern? Es gibt mehrere wichtige Gründe dafür. Zum einen, so meine ich, hat der sich selbst überlassene Mathematische Mann <u>ein unhaltbares Weltbild entwickelt</u>. Zweitens haben die Ziele, die sich die Physiker gegenwärtig setzen, schwerwiegende Folgen für die Gesellschaft, und meiner Auffassung nach wären Frauen wesentlich weniger geneigt, solche Ziele zu verfolgen. Besonders deutlich wird dies in der Frage einer vereinheitlichten Theorie der Naturkräfte. Bevor wir das allgemeine Weltbild der Physiker erörtern, möchte ich nach den Gründen fragen, die sie so versessen machen auf eine TOE.

Viele beteiligte Wissenschaftler vertreten inzwischen wie selbstverständlich die Haltung, es gehe hier um ein von der Gesellschaft zu finanzierendes Unternehmen – koste es, was es wolle. Deshalb geht diese Sache uns alle an, denn wir müssen die Steuergelder dafür aufbringen. Eine vereinheitlichte Theorie der Kräfte und Teilchen ist für sich genommen ein recht verheißungsvolles Ziel. Zwar ist es eindeutig überzogen, sie eine

Theorie von *allem* zu nennen, doch eine Theorie, die Kräfte, Teilchen, Raum und Zeit umfaßt, ist gewiß ein lohnenswertes Ziel. Allerdings hat sich inzwischen herausgestellt, daß weitere Schritte in diese Richtung Milliarden von Dollar kosten würden, denn solche Beträge sind zum Bau der Beschleuniger nötig, die zur Überprüfung der Theorien unabdingbar sind. In einer Welt, die kaum mit ihren drängendsten Problemen fertig wird – Umweltverschmutzung, Überbevölkerung, Hunger, Bodenverschlechterung, Entwaldung und Verlust der Artenvielfalt –, in einer solchen Welt müssen wir uns fragen: Ist es zu verantworten, Milliarden von Dollar für die Suche nach einer Theorie auszugeben, die, so schön sie auch sein mag, wahrscheinlich *keine* Anwendung im täglichen Leben finden wird? Weiterhin müssen wir fragen, ob wir unsere ohnehin knappen Forschungsmittel in dieses Vorhaben stecken wollen.

Die Kosten des Unternehmens einheitliche Theorie können anhand des inzwischen stillgelegten »Supraleitenden Supercollider« (SSC) ermessen werden, den amerikanische Physiker unter den texanischen Ebenen zu bauen begonnen hatten. Diese Anlage, so hatten sie gehofft, würde neue Beweise für die Kräftevereinheitlichung liefern. Die Kosten des SSC waren ursprünglich auf 2 Milliarden Dollar veranschlagt worden, doch Mitte 1993 waren sie auf über 10 Milliarden hochgeschossen, und manche Experten prognostizierten, die Fertigstellung werde 13 Milliarden verschlingen. An diesem Punkt zog der Kongreß die Notbremse und verweigerte die weitere Finanzierung. Ein schwerer Rückschlag für die TOE-Wissenschaftler, doch sind ihre Träume keineswegs gänzlich zerstoben. Höchstwahrscheinlich wird die Europäische Union ihren eigenen Superbeschleuniger bauen, den sogenannten Large Hadron Collider (LHC). Bei der Niederschrift dieses Buches diskutierten die beteiligten Regierungen noch die Finanzierungsregelungen. Der Preis für den LHC ist bescheidener, knapp zweieinhalb Milliarden Mark. Und obwohl er nicht so energiestark wie der SSC sein wird, glauben die Forscher, daß mit ihm ebenfalls neue Einsichten auf dem Gebiet der Kräftevereinheitlichung möglich sind. Die amerikanischen Teilchenphysiker haben ihren Traum vom eigenen Superbeschleuniger jedoch noch nicht aufgegeben. Gegenwärtig sind neue Technologien in der Entwicklung, und mit Sicherheit wird man sich eines Tages erneut an die Politiker wenden. Doch wie auch immer die neuen Verfahren aussehen mögen, man wird einer vereinheitlichten Theorie wahrscheinlich nicht näher kommen, ohne sehr viel Geld zu investieren.

Angesichts des wachsenden Widerstands der Steuerzahler entwickeln die Verfechter einer vereinheitlichten Theorie zusehends beunruhigende Taktiken zur Mobilisierung öffentlicher Unterstützung. Der Physiker Leon Lederman schrieb 1993 in einem Artikel in der *New York Times,* falls der Kongreß den SSC aufgebe, »verschwände etwas unermeßlich Wichtiges aus dem Feld der Wissenschaft«. Es sei einfach, »sich für die unmittelbare Notwendigkeit des Sparens zu entscheiden. Doch schwieriger ist es, für jene Nation zu kämpfen, die wir für unsere Enkel wollen: reicher, klüger und in harmonischem Einklang mit einem Universum, das wir verstehen.« Robert Wilson hatte zur Verteidigung des Fermilab-Beschleunigers eine ähnliche Taktik eingesetzt. Auf die Frage eines Senators, ob der Fermilab für die Sicherheit Amerikas von irgendwelcher Bedeutung sei, antwortete Wilson mit nein. Dann fuhr er fort: »Es geht nur um den Respekt, den wir uns gegenseitig schulden, die Würde des Menschen und unsere Liebe zur Kultur. Es geht darum, ob wir gute Maler, gute Bildhauer und große Dichter sind. Es geht um all das, was wir in unserem Lande wirklich hochhalten und was uns patriotisch stimmt. Das hat nichts mit der Verteidigung unserer Nation zu tun, nur damit, sie verteidigenswert zu machen.« In beiden Fällen wird der Schluß nahegelegt, das Unternehmen Teilchenphysik und die Suche nach einer vereinheitlichten Theorie seien unerläßlich für die künftige Integrität der amerikanischen Kultur. Und als sei dies des Guten nicht genug, lassen die TOE-Physiker immer wieder durchblicken, die Suche nach der vereinheitlichten Theorie werde uns am Ende zu Gott führen.

Da selbst die eifrigsten Verfechter der TOE zugeben, daß eine solche Theorie wahrscheinlich keine praktischen Anwendungen im Alltag haben und nicht einmal für militärische Zwecke brauchbar sein wird, ist es schiere Maßlosigkeit, die Gesellschaft aufzufordern, Milliarden für dieses Unterfangen auszugeben. Wäre das Ziel mit geringen Kosten zu erreichen, würde ich mich als erste für die Mittelvergabe aussprechen, denn seit ich die Relativitätstheorie und Quantenmechanik kenne, träume ich davon, sie eines Tages vereint zu sehen. Doch angesichts solch immenser Kosten in einer Zeit, da die Welt sich so vielen Problemen gegenübersieht, zu deren Lösung die Wissenschaft tatsächlich beitragen *kann,* wäre es ein Akt grober gesellschaftlicher Verantwortungslosigkeit, weitere Milliarden in dieses Unternehmen zu stecken. Grenzenlose Wißbegierde ist, wie grenzenlose Begierde überhaupt, nicht zu rechtfertigen. Diese übergroße Wißbegierde ist die eigentliche Sünde, um die es in der biblischen Geschichte vom Paradies geht. Obwohl ich persönlich von einer vereinheitlichten Theorie fasziniert wäre, ist die Gesellschaft *nicht* verpflichtet, dafür zu zahlen.

Die TOE-Physiker ähneln mit dieser unablässigen Forderung einer dekadenten Priesterkaste, die von der Bevölkerung den Bau immer prächtigerer und kostspieligerer Kathedralen erwartet und ihre Ansprüche ständig höher schraubt. Wie die Scholastiker des Mittelalters gehen sie fundamentalen und vertrackten Fragen zur Welt nach, doch je weiter sie ihren selbstgewählten Pfad beschreiten und je komplizierter die Fragen werden, desto weiter dringen sie in Gebiete vor, die für das Leben der meisten Menschen nicht nur bedeutungslos sind, sondern auch jenseits ihrer Auffassungsmöglichkeiten liegen. Trotzdem erwarten sie offenbar, daß der Rest der Welt sich mit der Rolle des Zuschauers abfindet, wenn sie ihre blitzartigen Einsichten und neuen Erkenntnisstufen erreichen. Offenbar sollen wir uns geehrt fühlen, weitere Schritte in einen wissenschaftlichen Himmel der Erkenntnis zu finanzieren und ihnen beim Aufstieg zuzusehen. Der Umstand, daß die meisten von uns ihnen nicht folgen können, scheint sie nicht zu stören. Sie werden das »Licht« finden, wie sie sagen, was den Rest der Welt – auch wenn er es nicht sehen kann – immens bereichern werde.

Wir brauchen in der Physik eine neue Kultur, die weniger auf quasi religiöse, hochabstrakte Ziele fixiert ist und sich stärker um die Bedürfnisse und Sorgen der Gesellschaft insgesamt kümmert. Ich denke, mehr Frauen in der Physik könnten zu einer Wende in diese Richtung beitragen. Zwar sind keineswegs alle Frauen fürsorgliche, teilende, nährende Wesen, die sich um das soziale Wohl kümmern, und ebensowenig sind alle Männer größenwahnsinnig in die Vorstellung vernarrt, den »Himmel« zu stürmen. Dennoch bin ich der Überzeugung, daß die Physik durch eine gleichrangige Einbindung von Frauen von ihrer besessenen Suche nach einer vereinheitlichten Theorie abzubringen wäre. Ein Grund dafür ist, daß Frauen von ihrer Sozialisation her nicht vorrangig diese Art von »Transzendenz« anstreben. Ich plädiere damit für eine stärkere »Weltverankerung« der Physik – eine Eigenschaft, die die Gesellschaft eher den Frauen anerzieht.

Der Wunsch nach der vereinheitlichten Theorie ist im Kern der Wunsch nach etwas *jenseits* der Natur – nach einer Reihe von Gleichungen, mit denen die allem materiellen oder »natürlichen« Dasein innewohnende Sterblichkeit und Veränderlichkeit transzendiert würde. Die alten Pythagoreer glaubten, die Zahlen seien zeitlose, unveränderliche, körperlose Blaupausen für materielle Formen. Die heute von Physikern angestrebte Theorie von allem ist die moderne Gestalt dieser Vorstellung. Ich denke, wir brauchen in der Physik eine Wissenschaftskultur, die nicht vor der Natur flieht, sondern auf sie zugeht, eine Kultur, die das *Verkörperte* schätzt und nicht so versessen ist auf die entkörperte Abstraktion. Wie ich anfangs festgestellt habe, ist das Problem der Physik nicht, daß sie auf mathematischer Grundlage unser Weltbild bestimmt, sondern wie und zu welchen Zwecken sie zur Beschreibung der Welt eingesetzt wird. Der mathematische Zugang zur Natur verlangt nicht unbedingt die Fixierung auf eine vereinheitlichte Theorie oder auf »transzendente« Abstraktionen. Wie alle Wissenschaften könnte auch die Physik andere Ziele verfolgen – und Frauen könnten viel dazu beitragen, neue Ideale für sie zu prägen.

Der zweite Grund, warum wir mehr Frauen ermutigen müssen, in die Physik zu gehen, ist eng mit dem ersten verflochten. Die TOE-Physiker sind so vernarrt in subatomare Teilchen und Elementarkräfte, weil diese in ihrem selbstgeschaffenen hierarchischen Weltbild die Spitze der Wertepyramide einnehmen. In den vergangenen vier Jahrhunderten haben die Physiker ein Bild von der Natur entworfen, in dem ein Gegenstand um so »fundamentaler« und somit auch wichtiger ist, je besser sie ihn mathematisch fassen können. Teilchen und Kräfte nehmen deshalb einen so hohen Stellenwert ein, weil sie die mathematisch am stärksten reduzierbaren Entitäten im Pantheon der Wissenschaften sind. Eben dieses hierarchische Weltbild muß in Frage gestellt werden – und ich glaube, daß Frauen dazu beitragen können.

Auch die Wissenschaftsphilosophie weist darauf hin, daß die hierarchische Seinsordnung der Physiker keineswegs in die Natur eingeschrieben ist, sondern ein gesellschaftliches Konstrukt darstellt. Obwohl die Physiker immer wieder versichern, ihre Wissenschaft entdecke rein objektives Weltwissen, ist der Begriff reiner Objektivität ein Mythos. Wissenschaft wird von subjektiven Menschen betrieben, nicht von objektiven Wesen, und alle Menschen bewegen sich in einem kulturellen Umfeld, das unweigerlich ihr Denken beeinflußt. Es gibt einfach keine kulturell neutrale Wissenschaft. Unser wissenschaftliches Weltbild besteht nicht nur aus empirischen Erkenntnissen, sondern ist das Resultat menschlicher Vorlieben und kulturell geprägter Denkweisen. Wie gesehen, entstand das hierarchische Weltbild der Physiker auch aus den gesellschaftlichen Umwälzungen des 17. Jahrhunderts, und diese neue Weltsicht war zutiefst von dem Wunsch nach einem Begriff der Natur motiviert, der zum Vorbild für eine hierarchische und patriarchalische gesellschaftliche Ordnung werden sollte.

Die hierarchische »Seinsordnung« der Physiker wird desweiteren auch von Vertretern der neuen Komplexitätstheorie (ein Ableger der Chaostheorie) in Frage gestellt, zu denen auch Physiker gehören. Eine bedeutende Entdeckung der Komplexitätstheorie ist, daß sich auf allen Ebenen der Natur Phänomene finden, die sich aus dem Verhalten der jeweils konstitutiven Elemente offenbar nicht erklären lassen. Lebewesen bestehen beispielsweise aus Atomen, doch ist ihr Verhalten nicht in die Atome selbst eingeschrieben. Protagonisten der Komplexitätstheorie wie der Physiker Paul Davies vertreten inzwischen die Auffassung, daß es auf *allen* Ebenen der Natur Phänomene und Gesetze gibt, die im eigentlichen Sinne als fundamental betrachtet werden müssen.

Wie viele feministische Wissenschaftsphilosophinnen bin auch ich der Überzeugung, daß wir ein weniger auf Hierarchien fixiertes Weltbild benötigen, in dem etwa, wie Evelyn Fox Keller schreibt, »Krankheit als ebenso fundamental betrachtet würde wie der subatomare Bereich« – und deren Erforschung finanziell als ebenso lohnenswert. Ich denke, daß Physikerinnen dazu beitragen können, ein weniger hierarchisches Weltbild zu entwickeln. Um es zu wiederholen: Der Punkt ist nicht, daß Frauen von Natur aus weniger hierarchisch wären, sondern daß sie auf andere Weise sozialisiert sind als Männer und von daher auch andere Perspektiven in die Physik einbringen könnten.

Wie diese Perspektiven im einzelnen aussehen könnten, ist

schwer vorherzusagen, und vielen Frauen behagt die Rede von der Geschlechterdifferenz überhaupt nicht. Sie sind ohnehin Außenseiterinnen und versuchen deshalb eher, die Gemeinsamkeiten mit ihren männlichen Kollegen und weniger die Unterschiede zu betonen. Karen Barad, eine theoretisch orientierte Physikerin am Pomona College in Kalifornien, gehört zu denen, die sich über die Frage der Differenz geäußert haben. Gerade weil Frauen Außenseiterinnen in der Physik sind, so stellt Barad fest, denken sie häufig über ihre Rolle in der Wissenschaftlergemeinschaft nach. Diese Selbstreflexion wird oft zum Anlaß, intensiver über das Forschungsgebiet nachzudenken, und führt möglicherweise zu einer größeren Bereitschaft, es in Frage zu stellen. So hat sie zum Beispiel festgestellt, daß ihre Arbeit zur Geschlechterfrage sie dazu veranlaßt hat, die Quantenmechanik auf andere Weise als bisher zu lehren. Barad berichtet auch von ihrer Beobachtung, daß Frauen in der Physik oft ganz andere Fragen stellen, ein Phänomen, das sie ebenfalls häufig bei nicht-weißen Männern feststellt. Seit dem 17. Jahrhundert wurde die Physik fast ausschließlich von weißen Männern aus der Oberschicht dominiert. Daher ist zu erwarten, daß andere kulturelle Gruppierungen neue Einsichten und Perspektiven hervorbringen können.

Eine größere kulturelle Vielfalt in der physikalischen Forschung könnte zu neuen philosophischen Einsichten und zu einer neuen *Naturwissenschaft* führen. Ein Gebiet, auf dem Frauen schon heute besser vertreten sind, ist die Astrophysik, zu der sie seit den sechziger Jahren eine beachtliche Zahl bedeutender Erkenntnisse beigetragen haben. Zu nennen sind vor allem Vera Rubin, die als eine der ersten die Existenz dunkler Materie im Kosmos nachgewiesen hat, und Sandra Faber, deren Forschungsgruppe entdeckte, daß der große Galaxienhaufen, zu dem die Milchstraße gehört, sich durch das Universum bewegt »wie ein riesiger Vogelschwarm«. Auch Beatrice Tinsley, Margaret Geller und Neta Bahcall sollen hier erwähnt werden. Der führende Astrophysiker Jeremiah Ostriker erklärte 1994 in einem Interview im *Scientific American,* vermutlich hätten deshalb so viele Frauen auf diesem Gebiet wichtige Entdeckungen gemacht, weil sie Außenseiterinnen waren. Als solche hätten sie nicht beachtet, daß gewisse Dinge für unmöglich gehalten wurden.

Der Gedanke, eine größere Anzahl von Frauen könnte die herrschende Wissenschaftskultur und damit deren Gehalt verändern, ist nicht rein hypothetisch: In den Biowissenschaften sind Frauen dabei, eben dies in die Tat umzusetzen. Seit den siebziger Jahren stellen Frauen verstärkt die Paradigmen der Biowissenschaften in Frage und wirken als Katalysatoren für die Entwicklung einer neuen Auffassung des Organischen. Inzwischen ist viel zu diesem Thema geschrieben worden, und ich will nur einige der wichtigsten Punkte erwähnen.

Eine der wichtigsten von Frauen durchgesetzten Änderungen in den Biowissenschaften besteht darin, daß sie ihr Augenmerk – von der Ebene der Zellen bis hin zur Ebene der Biosphäre – auf die Kooperation und weniger auf die Konkurrenz von Organismen legen. Seit Darwins *Entstehung der Arten* verkünden die Biologen, Konkurrenz sei der treibende Mechanismus sowohl der Evolution als auch des individuellen Verhaltens. Doch inzwischen können Wissenschaftlerinnen nachweisen, daß das Prinzip der Kooperation häufig ebenso wichtig ist. Die weltweit angesehene Zellbiologin Lynn Margulis hält Kooperation sogar für den *wichtigsten* Faktor der Evolution. So weist sie darauf hin, daß die Zellen, aus denen die Körper von Tieren bestehen, eine evolutionäre Anpassungsleistung mehrerer einfacher Zellsorten darstellen, die symbiotisch zusammenarbeiten.

Frauen revolutionierten auch unser Wissen über die Großaffen. Dian Fossey und andere haben gezeigt, daß sich unsere evolutionären Vettern viel kooperativer und sozialer verhalten, als die männlichen Primatenforscher angenommen hatten. Diese Entdeckung ist vor allem deshalb wichtig, weil das von

Wissenschaftlern vermittelte Bild der Menschenaffen häufig auch das Verständnis vom frühen Menschen prägte. Was die Wissenschaft über die Affen zu sagen hat, beeinflußt also auch unser Bild der menschlichen Evolution, und Frauen haben viele neue Perspektiven zu diesen Forschungen beigetragen. Bis vor kurzem haben die Evolutionstheoretiker das weibliche Geschlecht als passives Element in einem vom »jagenden Mann« vorangetriebenen Prozeß betrachtet. Doch heute zeigen Anthropologinnen wie Adrienne Zihlman, daß dieser männerzentrierte Blick ungerechtfertigt ist. Einige meinen sogar das Gegenteil zu erkennen und vertreten die Ansicht, die Kette der Evolution werde durch das weibliche Prinzip vorangetrieben. Und Frauen schreiben die Wissenschaft des weiblichen Körpers neu. Ihr anderer Blick auf die weibliche Physiologie liefert wichtige Anregungen für die Behandlung von Krankheiten wie Brust- und Gebärmutterkrebs und für die Erforschung von Schwangerschaft, Menstruation und Menopause. In dieser Hinsicht verdient auch die Arbeit der Nobelpreisträgerin Barbara McClintock Erwähnung. Gegen die Hauptströmung der klassischen Genetik stellte McClintock fest, daß der genetische Code eines Organismus keine unveränderliche Blaupause ist, die wie ein Buch gelesen werden kann, sondern ein flexibler, dynamischer Code, der auf die jeweilige Umwelt reagiert. Mit ihrem Begriff des dynamischen Genoms und »springender Gene« hat sie die Genetik revolutioniert.

McClintock selbst erklärte einmal, sie sei auf ihre Ideen gekommen, als sie ihre Maispflanzen »belauschte« und versuchte, die Welt aus deren Perspektive zu sehen. Evelyn Fox Keller hat darauf hingewiesen, daß McClintock hier offensichtlich einen traditionell als feminin betrachteten subjektiven Ansatz gewählt habe. Der Durchbruch gelang ihr, indem sie die etablierte wissenschaftliche Methode unbeachtet ließ. Genau wie McClintock bestimmte Dinge in der Symphonie der Gene »hörte«, die ihren männlichen Kollegen entgangen waren, könnten auch

Physikerinnen etwas in der mathematischen Symphonie der Natur »hören«, das die Männer bisher nicht feststellen konnten – oder dem sie einfach nicht weiter nachgehen wollten. Wenn Frauen in die Genetik und die Zellbiologie neue Einsichten eingebracht haben, läßt sich die Vorstellung, dies sei auch in der Physik möglich, nicht einfach abtun.

Vor allem jedoch haben die Frauen, die auf dieses Forschungsgebiet vorgedrungen sind, die *Kultur* der Biowissenschaften verändert, so daß heute auch Männer bemüht sind, die organische Welt auf neue Weise zu sehen. Ein hervorragendes Beispiel dafür ist James Lovelock, der Begründer der Gaia-Theorie der Erde. Lovelock, ein Kollege von Margulis, betrachtet die gesamte Biosphäre als einen ganzheitlichen Organismus, den er Gaia nennt. Dieser Auffassung zufolge sind nicht nur alle Tiere und Pflanzen, sondern auch die Atmosphäre, die Ozeane und der Boden in einem komplizierten Gewebe wechselseitiger Abhängigkeit miteinander verflochten. Diese Sichtweise hat zu beachtlichen Entwicklungen im wissenschaftlichen Verständnis chemischer Zyklen im Boden, im Wasser und in der Atmosphäre geführt. Wie sich hier zeigt, verändert eine größere Zahl von Frauen in einer bestimmten Wissenschaft deren geistiges Klima, so daß Vertreter *beider* Geschlechter beginnen, neue Perspektiven zu entwickeln.

In der Biologie ist eine solche Entwicklung schon zu verzeichnen, und ich bin davon überzeugt, daß eine stärkere weibliche Präsenz auch in der Physik einen Unterschied machen würde. Das soll nicht heißen, jede Physikerin werde oder solle diesen Wandel betreiben. Viele Frauen auf diesem Gebiet fügen sich ebenso wie viele Männer in den *mainstream* ein. Ob männlich oder weiblich, die meisten Praktiker eines wissenschaftlichen Fachgebiets schwimmen mit dem Strom. Und die Physikerinnen sollten keineswegs mit der Pflicht belastet werden, die Kultur ihres Faches zu ändern. Doch meiner Auffassung nach wird dasselbe geschehen, was sich schon in den Bio- und

Sozialwissenschaften beobachten ließ: Wenn Frauen in größerer Zahl auf das Gebiet der Physik vordringen, wird sich deren geistiges Klima über kurz oder lang ändern – auf welche Weise, kann niemand vorhersagen.

Eine stärkere Präsenz von Frauen in der Physik würde für die Gesellschaft insgesamt von Nutzen sein, und daher sollten wir ernsthaft überlegen, wie noch mehr Frauen ermutigt werden können, in die Physik zu gehen. Zunächst und in erster Linie brauchen wir unterstützende Maßnahmen für Mädchen und Frauen auf allen Ebenen des Bildungssystems. Wie die Sadkers und andere gezeigt haben, erhalten Mädchen in vielen amerikanischen Schulen nur eine zweitklassige Ausbildung in Mathematik und Naturwissenschaften. Die Lehrer müssen diskriminierende Verhaltensweisen gegenüber Mädchen ablegen und ihren Schülern beider Geschlechter die gleiche Zeit widmen. Da die Forschung gezeigt hat, daß viele Mädchen auf andere Weise lernen möchten als Jungen – so bekunden sie etwa eine stärke Vorliebe für Gruppenarbeit –, müssen für Mädchen attraktivere Unterrichtsmethoden in Mathematik und Naturwissenschaften entwickelt werden. Außerdem sollten sie in der Schule auch mit aktuellen und historischen Rollenvorbildern bekannt gemacht werden.

Diese unterstützenden Maßnahmen müssen auch an den Colleges und Universitäten weitergeführt werden. Ein Beispiel dafür ist Nina Bayers Kurs in Nuklearphysik an der UCLA (University of California in Los Angeles). Sie lehrt ihr Fachgebiet, indem sie die Frauen vorstellt, die auf diesem Feld gearbeitet haben, etwa Lise Meitner und Maria Göppert-Mayer. Angehende Physikerinnen brauchen vor allem Kontakt zu Professorinnen, die sich als Mentorinnen für sie einsetzen können. Selbstverständlich suchen nicht alle Frauen Unterstützung dieser Art, für viele ist sie jedoch ermutigend. Es ist inzwischen weithin anerkannt, daß Frauen in der Wissenschaft (besonders in den »harten« Wissenschaften) aktiv unterstützt und ermutigt werden müssen, und manche Schulen sind dabei, entsprechende Programme zu entwickeln. Ein vielversprechendes Modell ist das im Jahre 1994 an der Penn State University gegründete WISE Institute (für Frauen in den Natur- und Ingenieurwissenschaften), das verschiedene Ziele verfolgt. Als Netzwerk für Studentinnen und Dozentinnen dieser Fächer an der Universität werden die Zugangsmöglichkeiten von Frauen in den Naturwissenschaften erforscht und somit im lokalen, nationalen und internationalen Rahmen die Hindernisse aufgeklärt, die den Wissenschaftlerinnen entgegenstehen. Organisationen auf nationaler Ebene, etwa die »American Women in Science« und die »Graduate Women in Science«, bieten ebenfalls verschiedene Förderprogramme für Frauen.

Diese verschiedenen Initiativen haben tatsächlich Erfolg, so daß der Prozentanteil der Frauen in der Physik allmählich zunimmt. Allerdings sollten wir keineswegs davon ausgehen, diese Maßnahmen reichten aus, das Problem der mangelnden Präsenz von Frauen in der Physik zu beheben. Eines der Haupthindernisse besteht nämlich darin, daß viele Frauen die gegenwärtige Wissenschaftskultur der Physik für so befremdlich halten, daß sie ihr lieber nicht angehören wollen, selbst wenn man sie willkommen heißen würde. Ich selbst habe dieses Fach verlassen, weil ich die dort herrschende Kultur als unerträglich empfand – und ich mag diese Wissenschaft ausgesprochen gern. Wir sehen uns also einem komplexen Problem gegenüber: Wir müssen mehr Frauen in die Physik bringen, um eine Wissenschaftskultur zu schaffen, an der mehr Frauen teilhaben *wollen*.

Wissenschaftsphilosophen und -soziologen haben dieses schwerwiegende Dilemma erst in jüngster Zeit begriffen. In der Vergangenheit waren die weiblichen Pioniere in den Naturwissenschaften allgemein überzeugt, das Problem der Unterrepräsentation würde sich schnell lösen, wenn man ihnen nur die gleichen Chancen gewährte. Heute allerdings wird zusehends erkannt, daß, wie die Wissenschaftshistorikerin Londa Schiebinger sagt, das »Assimilationsmodell nicht funktioniert«. Um es offen zu sagen: Es geht nicht darum, den Frauen dabei zu helfen, sich anzupassen, damit sie sich in der Physik wohlfühlen, sondern auch darum, bewußt an einer Neuorientierung der Wissenschaftskultur zu arbeiten.

Laut Evelyn Fox Keller besteht das Problem im Kern darin, daß in der westlichen Kultur der letzten vier Jahrhunderte die Vorstellungen von »Wissenschaft« und »Weiblichkeit« zu polaren Gegensätzen geworden sind. Sie stellt fest: »Während die Wissenschaft mit Objektivität, Vernunft, Leidenschaftslosigkeit und Macht verknüpft wird, bedeutet Weiblichkeit inzwischen alles, was die Wissenschaft nicht ist: Subjektivität, Gefühl, Leidenschaft und Ohnmacht.« Diese Polarisierung kommt besonders in der »harten« Wissenschaft Physik zur Geltung. Viele Frauen haben den Eindruck, um Physikerinnen werden zu können, müßten sie genau jene Züge ablegen, die als weiblich betrachtet werden. Sie müßten also um des Erfolgs willen ihr »Frausein« verleugnen. Diese Befürchtung ist keineswegs unbegründet. Ein prominenter Physiker hat einmal verkündet: »Nur der knallharte, pfiffige Schweinehund hat in diesem Fach Erfolg.« Da die herrschende Vorstellung von Weiblichkeit gerade dem Gegenteil des »knallharten, pfiffigen Schweinehunds« entspricht, stellt sich hier ein echtes Problem. Keller betont zu Recht: Solange wir in einer Kultur leben, in der wissenschaftlicher Erfolg vermeintlich auf unweiblichen Qualitäten beruht, werden wir nie zu einer gleichrangigen Präsenz von Frauen in der Wissenschaft gelangen – egal, wie viele Förderungsprogramme es gibt.

Was könnte noch helfen? Zunächst einmal, stellt Keller fest, brauchen wir einen pluralistischeren Begriff des Erfolgs in der Naturwissenschaft. »Knallharte, pfiffige Schweinehunde« sind *nicht* die einzigen, die gut in diesem Beruf sind. Als Gegenbeispiele können Michael Faraday und James Clerk Maxwell genannt werden. Wir müssen uns diese Tatsache vor Augen halten

334

und versuchen, die unterschiedlichsten Charaktere für das Fach zu gewinnen. Um weiterzukommen, müssen wir auch unablässig der Meinung entgegentreten, Frauen seien von Natur aus weniger zum mathematischen Denken befähigt. Solange sich diese Meinung hält, werden viele Mädchen den Mut verlieren, bevor sie der Physik überhaupt eine Chance gegeben haben. Hier haben die Massenmedien eine wichtige Aufgabe: Film- und Fernsehproduzenten besitzen die Macht, auch attraktive weibliche Charaktere als mathematische Genies darzustellen.

Vor allem jedoch halte ich es für wichtig, die althergebrachte Vorstellung von der Physik als Suche nach dem »Transzendenten« zu hinterfragen, denn wie ich gezeigt habe, ist diese Auffassung weiterhin ein entscheidendes kulturelles Hindernis für Frauen. Die Lösung besteht meines Erachtens nicht darin, Wege um dieses Hindernis herum zu suchen, sondern es vollständig aus dem Weg zu räumen. Zweieinhalb Jahrtausende lang hat die westliche Kultur diese Vorstellung von einer der mathematischen Naturwissenschaft befürwortet; ich bin der Meinung, daß sie heute nicht länger gültig ist.

Diese Auffassung von der Physik beruht seit jeher auf der Vorstellung, die in der Natur entdeckten mathematischen Relationen existierten irgendwie jenseits oder über der Natur. Sie wurden als zeitloser, unveränderlicher Wesenskern der Natur und schließlich als Teil des transzendenten kosmischen Bauplans begriffen. Pythagoras betrachtete die Zahlen als Archetypen aller materiellen Formen, und im christlichen Zeitalter glaubten Wissenschaftler von Grosseteste bis Newton, ihre Arbeit sei die Erhellung eines göttlichen, transzendenten Plans. Auch Stephen Hawking trägt auf den letzten Seiten seiner *Kurzen Geschichte der Zeit* einen ähnlichen Gedanken vor. Wie Newton postuliert er, die Gleichungen der vereinheitlichten Theorie existierten unabhängig vom Universum und seien ihm ontologisch vorangestellt.

Dieser Überzeugung möchte ich allerdings entgegenhalten,

daß die von den Menschen entdeckten mathematischen Relationen in der Natur *nicht* jenseits von ihr existieren, sondern *Facetten* dieser Natur sind. Sie existieren nicht getrennt von der Natur und gehen ihr nicht voraus, sondern müssen wie jede andere wissenschaftliche Entdeckung aufgefaßt werden. Wenn etwa die Biologen herausfinden, wie sich ein befruchtetes Ei zu einem Kind entwickelt, schließen wir daraus auch nicht, daß der Plan für ein Kind im Bewußtsein Gottes vor der Schöpfung des Universums existierte. Wenn die christlichen Fundamentalisten diese Vorstellung propagieren, spotten die Physiker als erste darüber. Warum sollten wir dann also den Gedanken akzeptieren, der Entwicklungsprozeß von der ursprünglich vereinheitlichten Kraft hin zu den subatomaren Teilchen existiere im Bewußtsein einer Gottheit vor der Schöpfung des Universums? Warum schenken wir der Vorstellung Glauben, die Physik biete uns Einblick in das göttliche Bewußtsein, die Biologie aber nicht? Mit anderen Worten, warum sind wir bereit zu glauben, daß die subatomaren Teilchen von einer übernatürlichen Kraft vorherbestimmt seien, menschliche Wesen jedoch nicht?

Ich denke, die Physik kann dem religiös motivierten, privilegierten Status, den sie in unserer Kultur gewonnen hat, nicht wirklich Rechnung tragen. Und das mathematische Weltwissen ist keine höhere, transzendente Form des Wissens, sondern nur eine Form neben anderen. Wenn wir den Anspruch der Physiker auf eine höhere Wissensform zurückweisen würden, könnten wir sie wieder auf den Boden der Tatsachen holen. Damit wird zugleich ein großes kulturelles Hindernis für Frauen in diesem Bereich beseitigt.

Hinter meinem Plädoyer für eine »Verankerung« der Physik steckt also nicht nur der Wunsch nach gleicher Beteiligung von Frauen, sondern die wachsende Erkenntnis, daß die Auffassung von der Physik als transzendentem Wissen nicht mehr haltbar ist. Als ich vor mehreren Jahren die Arbeit an diesem Buch aufnahm, war ich eine klassische Pythagoreerin: Ich hielt die Physik für eine transzendente Wissenschaft, die einen irgendwie jenseits der Natur existierenden Plan enthüllt. Vor allem diese Idee faszinierte mich an der Physik. Doch im Laufe der Recherche für dieses Buch, bei der ich mich ausgiebig mit der Geschichte und Philosophie der Naturwissenschaften beschäftigte, bin ich zu einer anderen Auffassung der Physik gelangt. Mir wurde klar, daß es viele verschiedene Arten des Wissens gibt, und obwohl die Mathematik eine besonders nützliche (und für mich immer noch besonders faszinierende) Art und Weise ist, unsere Welt kennenzulernen, ist sie *nicht* fundamentaler oder »höher« als viele andere Disziplinen. Indem ich die Physik von außen und nicht von innen studierte, hat sich meine Sichtweise vollkommen verändert.

Damit stellt sich die Frage: Wie können wir auf die mächtigen religiösen Unterströmungen in der heutigen Physik reagieren? Und wiederum plädiere ich dafür, sie zu verwerfen.

Vor dem 18. Jahrhundert betrachteten die mathematischen Naturwissenschaftler ihre Arbeit als die Interpretation des Buchs der Natur, das traditionell als das andere Buch Gottes betrachtet wurde. Doch keiner von ihnen verlor aus den Augen, daß Gott zuerst und vor allem der spirituelle Erlöser der Menschheit ist, nicht der Schöpfer der materiellen Welt. Doch die mathematische Naturwissenschaft begründete keine eigene religiöse Lehre, sondern wurde – um mit Augustinus zu sprechen – zur »Magd« der traditionellen Theologie. Die Wissenschaftler betrachteten sich zuerst nicht als eigenständige Priesterkaste. Doch angesichts ihrer wachsenden Macht im 18. Jahrhundert erwarteten die Menschen von der Wissenschaft *Beweise* für ihren Glauben an die Existenz Gottes und weniger Unterstützung ihrer alten Glaubensgrundsätze. Während die Wissenschaft zuvor den Glauben nur *untermauern* sollte, gründete der Glaube an Gott nun zunehmend in der Naturwissenschaft selbst. Die heutigen Physiker, die eine Theorie von allem mit dem »Plan Gottes« gleichsetzen, gründen nicht nur ihre »Theologie« auf die Wissenschaft, sondern betrachten sich auch als eine Art Priesterkaste *eigenen Rechts*. Um die entsprechende Äußerung von Einstein zu wiederholen: »Ein Zeitgenosse hat nicht zu unrecht gesagt, daß die ernsthaften Forscher in unserer im allgemeinen materialistisch eingestellten Zeit die einzigen tiefreligiösen Menschen seien.«

Der jesuitische Theologe Michael Buckley vertritt hingegen die Meinung, die Naturwissenschaft könne niemals die Grundlage des Glaubens an Gott sein. Als sich die Religion der Wissenschaft zuwandte, um sich zu rechtfertigen, habe sie sich selbst verraten. Buckley schreibt: »Sie gestand implizit ihren wesensmäßigen Mangel an Glaubwürdigkeit ein.« Dies gelte bis heute. Buckley führt aus: »Wenn die Religion selbst nicht über die Prinzipien und Erfahrungen verfügt, um die Existenz Gottes offenbaren zu können … dann ist es im Grunde kontraproduktiv, außerhalb der Religion nach einer anderen Disziplin, einem Fach oder einer Kunst zu suchen, um sich zu vergewissern, daß es ›einen Freund hinter den Erscheinungen‹ gibt.«

Dies ist das eigentliche Problem, das hinter der Behauptung der Physiker steht, ihre wissenschaftlichen Erkenntnisse würden uns zu Gott führen. Wer an die Existenz Gottes glaubt, benötigt keinen wissenschaftlichen Beweis. Die Religion muß ihre Rechtfertigung in sich selbst finden, in dem, was Buckley »die Phänomenologie der religiösen Erfahrung« nennt. Keine Reihe mathematischer Gleichungen, egal wie schön oder umfassend, kann je als Begründung für den Glauben an einen »Freund hinter den Erscheinungen« herhalten. Gott ist nicht am Ende des Supraleitenden Supercolliders zu finden, wie Leon Lederman uns glauben machen will, und wer eine wirkliche Annäherung von Spiritualität und Wissenschaft herbeisehnt, muß der Versuchung widerstehen, die Physik zur Grundlage des religiösen Glaubens zu machen.

Und aus denselben Gründen kann sich auch die Physik nicht

auf religiöse Argumente für *ihre* Unternehmungen berufen. Einer der wenigen Physiker, die mutig genug waren, dies öffentlich einzugestehen, ist Steven Weinberg. Ebenso wie die Religion muß auch die Wissenschaft ihre Rechtfertigung in sich selbst finden. Wissenschaft und Religion sind gleichermaßen lohnende Unterfangen, doch sie dürfen nicht miteinander verwechselt werden, und wir sollten es den Physikern nicht erlauben, uns mit unklaren Theologien den Kopf zu verdrehen. In Anlehnung an Buckley ließe sich sagen: Wenn die Physiker sich der Religion zuwenden, um sich zu rechtfertigen, gestehen sie implizit ihren eigenen Mangel an Glaubwürdigkeit ein.

Doch auch wenn die Wissenschaft die Religion nicht begründen kann, bedeutet dies Buckley zufolge keineswegs, daß sie der Feind der Religion ist. Wie Kepler und Newton die mathematischen Relationen in der Natur als Nahrung für ihren Glauben an Gott betrachteten, kann auch die heutige Physik einen schon vorhandenen Glauben an ein höheres Wesen bereichern. Die Physik ist zwar nicht in der Lage, den Glauben zu *begründen,* doch sie kann ihm als *Magd* dienen. Eine der Botschaften, die ich in den Köpfen meiner Leserinnen und Leser hinterlassen möchte, ist, daß sie nicht zwischen Religion und Wissenschaft wählen müssen. Vorausgesetzt, man begreift die wirkliche Rolle beider und läßt nicht zu, daß die eine Kraft die andere verdrängt, dann gibt es keinen Grund, warum nicht beide Elemente in unserem Leben eine Rolle spielen sollten. Damit stelle ich nicht alle meine Leser vor die Aufgabe dieser schwierigen Synthese, doch für die vielen Amerikaner, die eine Annäherung dieser beiden Welten wünschen, lautet die Botschaft der Geschichte, daß sich die beiden Kräfte im Grunde genommen ergänzen.

Die wirklich schwierige und drängende Frage ist nicht, wie Physik und Religion zu vereinen sind, sondern wie die Physik in einen ethischen und gesellschaftlich verantwortlichen Rahmen gestellt werden kann. Traditionell war dies Aufgabe der

Religion, doch weil die Mehrheit der Physiker sich keiner formellen Religion mehr zuordnet und ein großer Teil der Forschungsgelder heutzutage von staatlicher Seite kommt (die in den USA offiziell von den Religionsgemeinschaften getrennt ist), brauchen wir einen säkularen ethischen Rahmen für diese Wissenschaft. Wie ich oben erläutert habe, brauchen wir eine Physik, die sich stärker um die Bedürfnisse und Probleme der Menschen kümmert, eine Physik, deren Vertreter sich stärker ihrer ethischen und gesellschaftlichen Verantwortung stellen, eine Physik also, die besser »verankert« ist. Ein solcher Vorschlag mag zunächst radikal klingen, doch in der Biologie ist die Vorstellung, daß die Wissenschaft gefordert ist, sich ethisch zu verantworten, üblich und anerkannt. In den letzten beiden Jahrzehnten sind die Zentren für Bioethik gleichsam aus dem Boden geschossen. Wenn die Biowissenschaften sich einer ethischen Kontrolle unterziehen sollen, warum dann nicht die Physik?

Die Physiker haben immer behauptet, ihre Wissenschaft sei ethisch neutral. Doch in den vergangenen Jahren haben die Wissenschaftsphilosophen – besonders die feministischen – diesen Anspruch in Frage gestellt. Wissen sei niemals neutral, so betonen sie, sondern immer das Ergebnis einer bestimmten Absicht, ob bewußt oder unbewußt. Evelyn Keller hat jüngst darauf hingewiesen, daß wir die wissenschaftlichen Projekte nach der gründlichen Überprüfung unserer Intentionen *bewußt* auswählen sollten. Anstatt es den Physikern zu überlassen, uns zu erklären, was sie beabsichtigen, und ihnen das Geld für Forschungen zu geben, müssen wir als Gesellschaft an der Entscheidung beteiligt sein, was wir von der Physik verlangen und welchen Zwecken sie dienen soll. Wir müssen sie *bewußt* auf eine gesellschaftlich verantwortlichere Position verweisen.

Obwohl es, wie betont, unmöglich ist vorauszusagen, welche Unterschiede Frauen in Kultur und Praxis der Physik machen würden, glaube ich doch, daß sie entschieden dazu beitragen könnten, beide ethischer zu gestalten. Und es ist wichtig, daß Frauen diesen Wandel an vorderster Front einfordern. Zu Beginn der Geschichte des Mathematischen Mannes, zur Zeit von Pythagoras, war er tatsächlich vorrangig ein ethisches Wesen. Der Mathematische Mann hat diese ethische Verankerung unter anderem deshalb verloren, weil ihm so lange eine weibliche Begleitung fehlte. Ich glaube nicht, daß eine stärkere Präsenz von Frauen die Physik plötzlich in eine ideale Wissenschaft verwandeln würde. Ich denke nur, daß Frauen – wie in allen Gemeinschaften – ausgleichend wirken. Wie in jeder Gesellschaft entspringen die besten Ziele den Träumen, die Männer und Frauen teilen. Nach zweieinhalbtausend Jahren ist es an der Zeit, daß der Mathematische Mann die Mathematische Frau als Gefährtin anerkennt. Die Zeit ist reif für eine mathematische Naturwissenschaft, die von beiden Geschlechtern gleichrangig geplant und praktiziert wird.

ANHANG

Anmerkungen

Einleitung

12 *Um den Historiker David Noble zu zitieren...* David F. Noble, *A World Without Women. The Christian Clerical Culture of Western Science*, New York 1992, S. 163.

13 *Genau diese Sichtweise...* Stephen W. Hawking, *A Brief History of Time. From the Big Bang to Black Holes*, New York/London 1988 [Dt.: *Eine kurze Geschichte der Zeit. Die Suche nach der Urkraft des Universums*, Reinbek b. Hamburg 1988].

Der Plan Gottes Paul Davies, *The Mind of God. The Scientific Basis for a Rational World. Science and the Search for Ultimate Meaning*, London/New York 1992 [Dt.: *Der Plan Gottes. Die Rätsel unserer Existenz und die Wissenschaft*, Frankfurt a.M./Leipzig 1995].

Gott und die moderne Physik Paul Davies, *God and the New Physics*, London 1983 [Dt.: *Gott und die moderne Physik*, München 1986].

Spielt Gott Roulette? Ian Stewart, *Does God Play Dice? The Mathematics of Chaos*, Oxford/Cambridge (Mass.) 1989, 1990[2] [Dt.: *Spielt Gott Roulette? Chaos in der Mathematik*, Basel 1990].

15 *Die Sehnsucht nach Harmonie...* Albert Einstein, »Prinzipien der Forschung« (1914), in: *Zu Max Plancks 60. Geburtstag. Ansprachen in der Deutschen physikalischen Gesellschaft*, Karlsruhe 1918, wieder abgedruckt in: *Mein Weltbild*, Berlin 1993[25], S. 109.

17 *Wie die Historikerin Constance Jordan...* Constance Jordan, *Renaissance Feminism. Literary Texts and Political Modells*, Ithaca 1990.

Um es mit den Worten der Philosophin Sandra Harding zu sagen... Sandra Harding, *The Science Question in Feminism*, Ithaca 1986, S. 31 [Dt.: *Feministische Wissenschaftstheorie. Zum Verhältnis von Wissenschaft und sozialem Geschlecht*, Hamburg 1990, S. 30].

18 *Einstein drückte es so aus...* Albert Einstein, »Religion und Wissenschaft«, *New York Times Magazine* vom 9.11.1930, S. 4. Wieder abgedruckt in: *Mein Weltbild*, Berlin 1993[25], S. 18.

21 *Der Nobelpreisträger Leon Lederman...* Leon Lederman/Dick Teresi, *The God Particle. If the Universe Is the Answer, What Is the Question?*, Boston 1993, S. 254 [Dt.: *Das schöpferische Teilchen. Der Grundbaustein der Schöpfung*, München 1995].

23 *Die Wissenschaftshistorikerin Elizabeth Fee hat einmal angemerkt...* Elizabeth Fee, »Women's nature and scientific objectivity«, in: Lowe, Marian/Hubbard, Ruth (Hg.), *Women's Nature. Rationalizations of Inequality*, New York 1981, S. 22.

Kapitel 1

27 *Er glaubte, das Universum durch die Eigenarten...* Pythagoras, zitiert in: Aristoteles, *Metaphysik*, I 5 985 b23–987 a9, gr./dt., hg. und übers. von Hermann Bonitz und Horst Seidl, Hamburg 1982², S. 28–37.

Seine Anhänger hielten ihn für einen Halbgott... Aristoteles, *Perì tôn Pythagoreíon*, zitiert in: Iamblichos, *Pythagoras*, VI,31, gr./dt., hg. und übers. von Michael von Albrecht, Stuttgart/Zürich 1963, S. 39.

Sogar in den Werken des besten Logikers... Aristoteles, zitiert in: *Die Fragmente der Vorsokratiker*, Edition von Hermann Diels/Walther Kranz, Berlin 1903, 1966¹², fr. 14.7, Bd. I, S. 98 f.

28 *Isidore Lévy hat vermutet...* Isidore Lévy, *La légende de Pythagore de Grèce en Palestine*, Paris 1927 (»Bibliothèque de L'École des Hautes Études«, Bd. 250), Kap. V (»L'Évangile«), S. 295–340.

29 *Wie auch immer, der Historiker David Lindberg...* David C. Lindberg, *The Beginning of Western Science. The European Scientific Tradition in Philosophical, Religious, and Institutional Context*, 600 B.C. to A.D. 1450, Chicago 1992, S. 13 [Dt.: *Von Babylon bis Bestiarium. Die Anfänge des abendländischen Wissens*, Stuttgart 1994, S. 15].

30 *Nach der Darstellung des Iamblichos...* Iamblichos, *Pythagoras*, III,13 f., gr./dt., hg. und übers. von Michael von Albrecht, Stuttgart/Zürich 1963, S. 25 ff.

Porphyrios, ein anderer, griechischer, Biograph... Porphyrios, *Vita Pythagorae* 7, gr./franz., hg. und übers. von Édouard des Places, Paris 1982, S. 39.

Porphyrios berichtet... Porphyrios, *Vita Pythagorae* 8, gr./franz., hg. und übers. von Édouard des Places, Paris 1982, S. 39.

31 *Nach dem Bericht des Porphyrios...* Porphyrios, *Vita Pythagorae* 12, gr./franz., hg. und übers. von Édouard des Places, Paris 1982, S. 41.

Lindberg stellt fest... David C. Lindberg, *The Beginning of Western Science. The European Scientific Tradition in Philosophical, Religious, and Institutional Context*, 600 B.C. to A.D. 1450, Chicago 1992, S. 14 [Dt.: *Von Babylon bis Bestiarium. Die Anfänge des abendländischen Wissens*, Stuttgart 1994, S. 16].

32 *Antike Quellen berichten...* Iamblichos, *Pythagoras*, XVII,72, gr./dt., hg. und übers. von Michael von Albrecht, Stuttgart/Zürich 1963, S. 79.

33 *Die pythagoreische Gemeinschaft in Kroton...* Porphyrios, *Vita Pythagorae* 18–19, gr./franz., hg. und übers. von Édouard des Places, Paris 1982, S. 44.

Theano zum Beispiel... Vgl. Lynn M. Osen, *Women in Mathematics*, Cambridge (Mass.), 1974, 1992², S. 16 f.

34 *Antike Verteidiger des Pythagoras...* Vgl. Iamblichos, *Pythagoras*, XXXV, 248–251 (vgl. auch 255–257/260 *passim*), gr./dt., hg. und übers. von Michael von Albrecht, Stuttgart/Zürich 1963, S. 239 ff. (S. 247 ff.).

41 *Die Historikerin Gerda Lerner hat sogar gezeigt...* Gerda Lerner, *The Creation of Patriarchy*, 1986, 1987², Kap. VII, S. 141–160 [Dt.: *Die Entstehung des Patriarchats*, Frankfurt/M. 1991, Kap. 7, S. 182–204].

45 *Eigentlich ist sogar noch heute...* Albert Einstein, »Prinzipien der Forschung« (1914), in: *Zu Max Plancks 60. Geburtstag. Ansprachen in der Deutschen physikalischen Gesellschaft*, Karlsruhe 1918, wieder abgedruckt in: *Mein Weltbild*, Berlin 1993²⁵, S. 109.

48 *Die Wissenschaftshistorikerin Margaret Alic hat festgestellt...* Margaret Alic, *Hypatia's*

Heritage. *A History of Women in Science from Antiquity to the Late Nineteenth Century*, London 1986, S. 41 [Dt.: *Hypatias Töchter. Der verleugnete Anteil der Frauen an der Naturwissenschaft*, Zürich 1991², S. 55].

50 *Eine Quelle aus dem 5. Jahrhundert* ... Socrates Scholasticus, *Historia ecclesiastica*, Kap. xv (»De Hypatia philosopha«), in: J.-P. Migne (Hg.), *Patrologia Graeca*, Paris, 1857–1866, Bd. lxvii (1864), Sp. 767–770. Zitiert nach: Margaret Alic, *Hypatias Töchter. Der verleugnete Anteil der Frauen an der Naturwissenschaft*, Zürich 1991², S. 59.

Kapitel 2

54 *Nach Darstellung der Historikerin Suzanne Wemple...* Suzanne F. Wemple, *Women in Frankish Society. Marriage and the Cloister 500–900*, Philadelphia 1981, S. 177.

57 *Die Verwendung des Lateinischen...* Walter J. Ong, »Latin language study as a Renaissance puberty rite«, in: *Studies in Philology*, Chapel Hill, Bd. LVI, 2, April 1959, S. 107.

Die psychologische Rolle des Lateinischen... Walter J. Ong, »Latin language study as a Renaissance puberty rite«, in: *Studies in Philology*, Chapel Hill, Bd. LVI, 2, April 1959, S. 109.

Latein war »geschlechtsspezifisch gebunden«... Walter J. Ong, *Orality and Literacy. The Technologizing of the Word*, London/New York 1982, S. 113 [Dt.: *Oralität und Literalität. Die Technologisierung des Wortes*, Opladen 1987, S. 113].

Nach den Maßstäben ihrer Zeit war Hrotsvit... Hrotsvit von Gandersheim, *Legenden*, »Vorwort«, in: *Hrotsvitha von Gandersheim*, dt. von Helene Homeyer, Paderborn 1973, S. 64.

58 *An anderer Stelle rechtfertigt sie ihre Kühnheit...* Hrotsvit von Gandersheim, *Dramen*, »Brief derselben an einige gelehrte Gönner dieses Buches«, in: *Hrotsvitha von Gandersheim*, dt. von Helene Homeyer, Paderborn 1973, S. 177 f.

Sie beschrieb diese Erfahrung so... Hildegard von Bingen, *Scivias/Wisse die Wege. Eine Schau von Gott und Mensch in Schöpfung und Zeit*, hg. und übers. von Walburga Storch, Augsburg 1990, S. 5.

59 *Dennoch beruhte ihr bemerkenswertes Ansehen...* David F. Noble, *A World Without Women. The Christian Clerical Culture of Western Science*, New York 1992, S. 141.

Die Historikerin Gerda Lerner hat betont... Gerda Lerner, *The Creation of Feminist Consciousness. From the Middle Ages to Eighteen-seventy*, New York 1993, S. 55 f. [Dt.: *Die Entstehung des feministischen Bewußtseins. Vom Mittelalter bis zur ersten Frauenbewegung*, Frankfurt 1993, S. 76 f.].

61 *Dennoch verliefen der Aufschwung der Prostitution und jener der Universitäten...* William Clark, »The Misogyny of Scholars«, in: *Perspectives on Science* 1, 1993, S. 349.

»Frauen«, so schrieb er... Walter Map, »Dissuasio Valerii ad Rufinum philosophum ne uxorem ducat«, in: *De Nugis Curialium* f. 46 v, bearbeitet von Thomas Wright, London 1850, S. 150 [Engl.: *Master Walter Map's Book »De Nugis Curialium«. The Advice of Valerius to Rufinus the Philosopher Not to Marry*, übers. F. von Tupper/M.B. Ogle, New York 1924, S. 193].

1290 mußte ein geschiedener Gelehrter... Die Episode wird zitiert in: Lynn Thorndike, *University Records and Life in the Middle Ages*, New York 1949, S. 119.

62 *Wie feministische Historikerinnen in jüngster Zeit dokumentiert haben...* Vgl. Londa Schiebinger, *The Mind Has No Sex? Women in the Origins of Modern Science*, Cambridge (Mass.) 1989, Kap. III [Dt.: *Schöne Geister. Frauen in den Anfängen der modernen Wissenschaft*, Stuttgart 1993², Kap. 3].

64 *Der Neuplatoniker Thierry von Chartres paraphrasierte...* Thierry von Chartres zitiert in: N. M. Haring, »The creation and creator of the world according to Thierry of Chartres and Clarembaldus of Arras«, in: *Archives d'histoire doctrinale et littéraire du Moyen Âge*, Paris, Bd. XXII, 1955, S. 196.

65 *Robert Grosseteste, ein Theologe des dreizehnten Jahrhunderts, drückte es so aus...* Ro-

bert Grosseteste zitiert in: Alistair C. Crombie, Robert Grosseteste and the Origins of Experimental Science, 1100–1700, Oxford 1953, 1962², S. 102.

Grosseteste nannte Gott auch… Robert Grosseteste zitiert in: Alistair C. Crombie, *Robert Grosseteste and the Origins of Experimental Science*, 1100–1700, Oxford 1953, 1962², S. 103.

66 *Einer zeitgenössischen Quelle zufolge…* Matthäus von Paris, *Historia maior*, bearbeitet von Henry Richard Luard, London 1872–1883, Bd. v, 1880, S. 227.

68 *Sein Ansatz inspirierte andere Gelehrte…* Dietrich von Freiberg, *Tractatus de iride et de radialibus impressionibus*, in: *Opera omnia*, bearbeitet von K. Flasch/B. Moysisch/R. Imbach u. a., Hamburg 1977–1985, Bd. IV 1985, S. 95–268.

Sein ganzes Leben lang war Bacon… Roger Bacon, *Opus maius ad Clementem Quartum Pontificem Romanum*, bearbeitet von John Henry Bridges, Oxford 1897–1900, ND Frankfurt/M. 1964 [Engl.: *The Opus Maius of Roger Bacon*, übers. von Robert B. Burke, Philadelphia 1928, ND New York 1962].

70 *Er nannte diese Kunst…* Roger Bacon, *Opus maius ad Clementem Quartum Pontificem Romanum*, bearbeitet von John Henry Bridges, Oxford 1897–1900, ND Frankfurt/M. 1964, Bd. I, Teil IV (»Mathematicae in physicis utilitas«), S. 211 [Engl.: *The Opus Maius of Roger Bacon*, übers. von Robert B. Burke, Philadelphia 1928, ND New York 1962].

Der Kunsthistoriker Samuel Edgerton hat herausgearbeitet… Samuel Y. Edgerton Jr., *The Heritage of Giotto's Geometry. Art and Science on the Eve of the Scientific Revolution*, Ithaca 1991, S. 48.

72 *Die Idee der Geschwindigkeit…* David C. Lindberg, *The Beginning of Western Science. The European Scientific Tradition in Philosophical, Religious, and Institutional Context*, 600 B.C. to A. D. 1450, Chicago 1992, S. 295 [Dt.: *Von Babylon bis Bestiarium. Die Anfänge des abendländischen Wissens*, Stuttgart 1994, S. 305 f.].

73 *Der Streit erreichte im Jahr 1277 seinen Höhepunkt…* Étienne Tempier zitiert in: Eduard J. Dijksterhuis, *The Mechanization of the World Picture. Pythagoras to Newton*, Princeton 1986, S. 173–176 [Dt.: *Die Mechanisierung des Weltbildes*, Berlin/Göttingen/Heidelberg 1956, S. 181–183].

74 *In letzter Zeit haben einige Historiker vermutet…* Vgl. David F. Noble, *A World Without Women. The Christian Clerical Culture of Western Science*, New York 1992, S. 158.

Die Bücher, die Christine las… Christine de Pisan, *Le Livre de la Cité des Dames*, Kap. I [Dt.: *Das Buch von der Stadt der Frauen*, München 1990, S. 37].

75 *Sobald sie Bildungsmöglichkeiten bekämen…* Christine de Pisan, *Le Livre de la Cité des Dames*, Kap. XXVII [Dt.: *Das Buch von der Stadt der Frauen*, München 1990, S. 94]. *Nach Meinung des großen holländischen Physikhistorikers Eduard Dijksterhuis…* Eduard J. Dijksterhuis, *The Mechanization of the World Picture. Pythagoras to Newton*, Princeton 1986, S. 226 [Dt.: *Die Mechanisierung des Weltbildes*, Berlin/Göttingen/Heidelberg 1956, S. 251].

76 *Beide sahen das wichtigste Ziel bei der Beschäftigung mit der Mathematik darin…* Nicolaus Cusanus, *De docta ignorantia*, hg. von E. Hoffmann/R. Klibansky, Leipzig 1932, Buch I, Kap. X, S. 21 [Dt.: *Die belehrte Unwissenheit*, lat./dt., hg. und übers. von P. Wilpert/H. G. Senger, Hamburg 1979³, S. 41].

In seiner Schrift Der Laie *…* Nicolaus Cusanus, *Idiota de sapientia, Idiota de mente, Idiota de staticis experimentis*, hg. von R. Steiger/L. Baur, Hamburg 1982 [Dt.: *Der*

Laie über die Weisheit, lat./dt., hg. und übers. von R. Steiger, Hamburg 1988; Der Laie über den Geist, lat./dt., hg. und übers. von R. Steiger, Hamburg 1995; Der Laie über die Experimente mit der Waage, lat./dt., hg. und übers. von F. Hoffmann, in: F. Hoffmann, In menschlicher Weise zum Göttlichen führen. Hinführung zu Nikolaus von Kues, Leipzig 1985]. Zu den Experimenten vgl. genauer Eduard J. Dijksterhuis, The Mechanization of the World Picture. Pythagoras to Newton, Princeton 1986, S. 233 f. [Dt.: Die Mechanisierung des Weltbildes, Berlin/Göttingen/Heidelberg 1956, S. 259 f.].

78 *Man hat vermutet, daß ...* Vgl. Shmuel Sambursky, *The Physical World of the Greeks,* Princeton 1987, S. 223.

Ähnliches hat auch Joseph Needham ... Joseph Needham/Wang Ling, *Science and Civilization in China,* Cambridge 1956–1984, Bd. III, 1959, S. 150–168.

79 *Leonardo flehte: »Oh, Studenten« ...* Leonardo da Vinci, ms. An C I 7r/W. 19066 [Ital.: *Scritti scelti,* bearbeitet von Anna Maria Brizio, Turin 1952, S. 614].

Kapitel 3

83 *Die Astronomen gehörten zu den ersten...*   Vgl. Owen Gingerich, *The Eye of Heaven.*
Ptolemy, Copernicus, Kepler, New York 1993, S. 163.

84 *Die Früchte seiner Arbeit...*   Nikolaus Kopernikus, *De revolutionibus orbium coelesti-*
um/Über die Kreisbewegungen der Weltkörper, lat./dt., hg. und übers. von G. Klaus,
Berlin 1959.

85 *Die Araber waren so beeindruckt...*   Claudius Ptolemaeus, *Syntaxis mathematica,* hg.
von J. L. Heiberg, Leipzig 1898 [Dt.: *Des Claudius Ptolemaeus Handbuch der Astrono-*
mie, übers. und erkl. von K. Mauritius, Leipzig 1912, ND Leipzig 1963].
Kopernikus erklärte im Einleitungskapitel...   Nikolaus Kopernikus, *De revolutionibus*
orbium coelestium/Über die Kreisbewegungen der Weltkörper, lat./dt., hg. und übers. von
G. Klaus, Berlin 1959, Vorrede.
Davon überzeugt, daß Gott...   Ebenda.

86 *...durch die ihr innewohnende »Symmetrie«...*   Nikolaus Kopernikus, *De revolutioni-*
bus orbium coelestium, zitiert nach: Thomas S. Kuhn, *Die kopernikanische Revolution,*
Braunschweig/Wiesbaden 1981, S. 152 f.
Kopernikus begehrte gegen diese Haltung auf...   Nikolaus Kopernikus, *De revolutioni-*
bus orbium coelestium/Über die Kreisbewegungen der Weltkörper, lat./dt., hg. und übers.
Von G. Klaus, Berlin 1959, Vorrede.
Letztendlich, so erklärte er, diene das Wissen...   Nikolaus Kopernikus, *De revolutioni-*
bus orbium coelestium/Über die Kreisbewegungen der Weltkörper, lat./dt., hg. und übers.
von G. Klaus, Berlin 1959, Buch 1, Anfang.

87 *Um den Historiker Fernand Hallyn zu zitieren...*   Fernand Hallyn, *The Poetic Struc-*
ture of the World. Copernicus and Kepler, New York 1990, S. 94 [Franz.: *La structure*
poétique du monde. Copernic, Kepler, Paris 1987].
Nach der klassischen Lehre...   Marcus Vitruvius Pollio, *De architectura libri decem/*
Zehn Bücher über Architektur, lat./dt., übers. und hg. von C. Fensterbusch, Darmstadt 1991⁵, Buch 1, Kap. 2,4.
Er kritisierte das System des Ptolemäus...   Nikolaus Kopernikus, *De revolutionibus or-*
bium coelestium/Über die Kreisbewegungen der Weltkörper, lat./dt., hg. und übers. von
G. Klaus, Berlin 1959, Vorrede.
Das Ergebnis dieses Stückwerks...   Nikolaus Kopernikus, *De revolutionibus orbium*
coelestium, zitiert nach: Thomas S. Kuhn, *Die kopernikanische Revolution,* Braun-
schweig/Wiesbaden 1981, S. 138 f.

89 *Tycho Brahe nahm Kopernikus' Kritik an Ptolemäus wieder auf...*   Tycho Brahe, Brief
an Christopher Rothmann, August 1590, in: *Epistularum astronomicarum libri,* hg.
von G. A. Hagemann/Johann Räder, in: *Opera omnia,* hg. von John Louis Emil
Dreyer, Kopenhagen 1913–1929, Bd. VI, 1, 1919, S. 221 f.
Andere Astronomen hatten andere Einwände...   Owen Gingerich, *The Eye of Heaven.*
Ptolemy, Copernicus, Kepler, New York 1993, S. 183.

91 *Kopernikus erfand zwar nicht das heliozentrische Weltbild...*   Fernand Hallyn, *The*
Poetic Structure of the World. Copernicus and Kepler, New York 1990, S. 136 [Franz.:
La structure poétique du monde. Copernic, Kepler, Paris 1987].

92 *Als Newton erklärte...*   Isaac Newton, Brief an Robert Hooke, 5. Februar 1675
[1676], in: *The Correspondence,* hg. von H. W. Turnbull u. a., Cambridge 1959–
1977, Bd. 1, Brief 154, S. 416.

92 *Den Spuren »unserer wahren Lehrer Platon und Pythagoras« folgend...* Johannes Kepler, *Prodromos dissertationum mathematicarum continens Mysterium cosmographicum, de admirabili proportione orbium coelestium,* hg. von Max Caspar, in: *Gesammelte Werke,* hg. von Walther von Dyck/Max Caspar, München/Berlin 1937ff., Bd 1, 1938, S. 9 [Dt.: *Mysterium cosmographicum/Das Weltgeheimnis,* lat./dt., hg. und übers. von Max Caspar, München/Berlin 1936, Praefatio].

93 *Arthur Koestler, Keplers Biograph, schreibt...* Arthur Koestler, *The Sleepwalkers. A History of Man's Changing Vision of the Universe,* London 1959, S. 234 [Dt.: *Die Nachtwandler,* Bern/Wien/Stuttgart, 1959].

95 *Warum Worte verschwenden...* Johannes Kepler, *Harmonice mundi libri quinque,* hg. von Max Caspar, in: *Gesammelte Werke,* hg. von Walther von Dyck/Max Caspar, München/Berlin 1937ff., Bd. VI, 1940, S. 223 [Dt.: *Harmonice Mundi/Weltharmonik,* übers. und eingeleitet von Max Caspar, München 1939, 1982⁴, Buch IV, Kap. 1].

Wo also »Materie ist, da ist Geometrie«... Johannes Kepler, *De fundamentis astrologiae certibus,* hg. von Max Caspar/Franz Hammer, in: *Gesammelte Werke,* hg. von Walther von Dyck/Max Caspar, München/Berlin 1937ff., Bd. IV, 1941, S. 15.

Es ist absolut notwendig... Johannes Kepler, *Mysterium cosmographicum,* hg. von Max Caspar, in: *Gesammelte Werke,* hg. von Walther von Dyck/Max Caspar, München/Berlin 1937ff., Bd 1, 1938, S. 23 [Dt.: *Mysterium cosmographicum/Das Weltgeheimnis,* lat./dt., hg. und übers. von Max Caspar, München/Berlin 1936, Kap. 1].

Kepler erklärte, daß die Geometrie... Johannes Kepler, *Harmonice mundi libri quinque,* hg. von Max Caspar, in: *Gesammelte Werke,* hg. von Walther von Dyck/Max Caspar, München/Berlin 1937ff., Bd. VI, 1940, S. 223 [Dt.: *Harmonice Mundi/Weltharmonik,* übers. und eingeleitet von Max Caspar, München 1939, ND Darmstadt 1967, Buch IV, Kap. 1].

Für Kepler war der »menschliche Verstand... Johannes Kepler, *Astronomiae pars optica,* hg. von Franz Hammer, in: *Gesammelte Werke,* hg. von Walther von Dyck/Max Caspar, München/Berlin 1937ff., Bd. II, 1939, S. 16.

In einem Brief an seinen alten Lehrer... Johannes Kepler, Brief an Michael Mästlin, 3. Oktober 1595, hg. von Max Caspar, in: *Gesammelte Werke,* hg. von Walther von Dyck/Max Caspar, München/Berlin 1937ff., Bd. XIII, 1945, Brief 23, S. 40 [Dt.: Caspar, Max/v. Dyck, Walther, *Johannes Kepler in seinen Briefen,* 2 Bde., München 1930].

99 *Schließlich entdeckte er nach vielem Hin und Her...* Johannes Kepler, *Astronomia nova aitiologétos, seu Physica coelestis, tradita commentariis de motibus stellae Martis,* hg. von Max Caspar, in: *Gesammelte Werke,* hg. von Walther von Dyck/Max Caspar, München/Berlin 1937ff., Bd. III, 1937, S. 366 [Dt.: *Neue Astronomie/Nova Astronomia,* übers. v. Max Caspar, München/Berlin 1929, ND Darmstadt 1990, Teil IV, Kap. 58].

103 *Ihr Hauptziel dabei war...* Johannes Kepler, *Tabulae Rudolphinae,* hg. von Franz Hammer, in: *Gesammelte Werke,* hg. von Walther von Dyck/Max Caspar, München/Berlin 1937ff., Bd. X, 1969.

So mußte den späteren Ausgaben ein Vorwort vorangestellt werden... Elias von Löwen, »Maritus ad lectorem«, in: Maria Cunitz, *Urania propitia, sive tabulae astronomicae mire faciles, vim hypothesium physicarum a Kepplero proditarum complexae,* Oels 1650, [11v–12r].

Als Hevelius starb... Elisabetha Koopmann, »Epistola dedicatoria«, in: Johannes Hevelius, *Prodromus astronomiae, exhibens fundamenta, quibus additus est uterque catalogus stellarum fixarum,* Danzig 1690, ff. 1r–3v.

105 *Im privaten Kreis...* Gottfried Kirch, *Kurtze Betrachtung derer Wunder am gestirnten Himmel, welche veranlasset der itzige recht merkwürdige neue Comet,* Leipzig 1677; *Neue Himmels-Zeitung, darinnen von den zweien neuen großen im 1680. Jahr erschienenen Cometen,* Nürnberg 1681.

106 *Die Aussage des Akademiesekretärs Johann Jablonski...* Johann T. Jablonski, Brief an Gottfried Wilhelm Leibniz vom 1. November 1710, in: Adolf Harnack, »Berichte des Secretärs der brandenburgischen Societät der Wissenschaften Johann T. Jablonski an den Präsidenten Gottfried Wilhelm Leibniz (1700–1715) nebst einigen Antworten von Leibniz«, in: *Philosophische und historische Abhandlungen der Königlichen Akademie der Wissenschaften,* Berlin, Bd. III, 1897, S. 79f.

Kapitel 4

109 *In der Einleitung zu seinem berühmten Buch...* Nikolaus Kopernikus, *De revolutionibus orbium coelestium libri sex*, Nürnberg 1543. [Dt.: Kopernikus, Nikolaus, *Das neue Weltbild*, darin: »De revolutionibus orbium coelestium« (lat./dt.), Hamburg 1990, S. 73, 173].

112 *Das Dokument ist heute unter der Bezeichnung...* *Corpus Hermeticum*, hg. v. Arthur Darby Nock/André Jean Festugière, Paris 1946–1954 [Lat.: Marsilio Ficino, *Mercurii Trismegisti Liber de potestate et sapientia Dei*, Treviso 1471].

113 *Als Ficino das Corpus Hermeticum...* Frances Amelia Yates, *Giordano Bruno and the Hermetic Tradition*, London 1964; Chicago 1979, S. 6.
Frances Yates bezeichnete... Frances A. Yates, *Giordano Bruno and the Hermetic Tradition*, S. 2 ff. [auch in: *Giordano Bruno in der englischen Renaissance*, Berlin 1989, S. 11].

114 *Ein Sonnenbild zeigte...* Picatrix (XII. Abschn.) Lat.: XV. Abschn. Buch II, Kap. 10; zitiert in Frances A. Yates, *Giordano Bruno and the Hermetic Tradition*, Chicago 1979, S. 52–53.

115 *Ficino stellte in seinem Buch...* Marsilius Ficinus, *De vita libri tres*, Florenz 1489.

117 *Ein Historiker hat einmal bemerkt...* Keith Thomas, *Religion and the Decline of Magic. Studies in Popular Beliefs in Sixteenth and Seventeenth Century England*, London 1971; New York 1971, S. 320.
Die Kunst der Magie... Walter Raleigh, *The History of the World*. London 1614, Kap. XI (»Of Zoroaster, supposed to have beene the chiefe author of magick arts: and of the divers kinds of magicke«), II (»Of the name of magia: and that it was anciently farre divers from coniuring and witchcraft«), S. 201.

118 *Pedro Garcia, ein spanischer Bischof...* Petrus Garsias, *In determinationes magistrales contra conclusiones apologales Joannes Pici Mirandulani concordie comitis*, Rom 1489.

119 *Katholiken wie Protestanten...* David F. Noble, *A World Without Women. The Christian Clerical Culture of Western Science*, New York 1992, S. 197.

120 *Die Historikerin Carolyn Merchant...* Carolyn Merchant, *The Death of Nature. Women, Ecology and the Scientific Revolution*, New York 1980; London 1982, Kap. 5.2 [Dt.: *Der Tod der Natur: Ökologie, Frauen und neuzeitliche Naturwissenschaft*. München 1987, S. 154].

121 *... daß nicht seine Ansichten über die Naturwissenschaft...* Frances A. Yates, *Giordano Bruno and the Hermetic Tradition*, Chicago 1979, S. 444–445 .

122 *David Noble zufolge...* David F. Noble, *A World Without Women. The Christian Clerical Culture of Western Science*, New York 1992, S. 218.

123 *Gassendi reagierte auf Mersennes Bitte...* Petrus Gassendi, *Epistolica exercitatio, in qua Principia philosophiae Robert Fluddi Medici reteguntur; et ad recentes illius Libros, adversus R. P. F. Marinum Mersennum Ordinis Minimorum Sancti Francisci de Paula scriptos respondetur:* Paris 1630. In: *Opera Omnia*, hg. v. Henri Ludovic Habert de Montmor/ F. Henri, Lyon 1658, Bd. III *(Philosophica Opuscula)*, S. 211–268.

124 *... der religiöse Aspekt bei Mersennes Arbeit...* Peter Dear, *Mersenne and the Learning of the Schools*, Ithaca 1988, S. 3–4.
Gott ist nicht... Petrus Gassendi, *Syntagma Philosophicum* (1658); in *Opera Omnia*, hg. v. Henri Ludovic Habert de Montmor/F. Henri, Lyon 1658, Bd. I, S. 158.
In der griechischen Version... William B. Ashworth Jr., »Catholicism and early

modern Science«, in David C. Lindberg/Ronald L. Numbers (Hg.), God and Nature. Historical Essays on the Encounter between Christianity and Science, Berkeley 1986, S. 141.

125 *In der neuplatonischen Überlieferung...*   Carolyn Merchant, *Der Tod der Natur: Ökologie, Frauen und neuzeitliche Naturwissenschaft.* München 1987, S. 142–164.

    ... daß Gott diese Gesetze so eingerichtet hat...   René Descartes, Brief an Mersenne, 15. April 1630. In: *Œuvres*, hg. v. Charles Adam/Paul Tannery, Paris 1897–1913; Bd. 1/1897 (*Correspondance*, 1 Avril 1622 - Février 1638), Brief XXI, S. 135. Auch in *Correspondance*, hg. v. Charles Adam/Gérard Milhaud, Paris 1936–1963, Bd. 1/1936, Brief 28, S. 129. [Dt.: Max Bense (Hg.), Fritz Baumgart (Übers.), *Briefe 1629–1650*, Köln und Krefeld 1949, S. 49].

    ...fiel der Aufstieg der mechanistischen Weltanschauung...   Carolyn Merchant, *Der Tod der Natur: Ökologie, Frauen und neuzeitliche Naturwissenschaft.* München 1987, S. 207.

126 *Die politischen Implikationen...*   Thomas Hobbes, *Leviathan, or the Matter, Forme and Power of a Commonwealth, Ecclesiasticall and Civill*, London 1651; hg. v. Richard Tuck, Cambridge 1991 [Dt.: Thomas Hobbes, *Leviathan oder Stoff, Form und Gewalt eines bürgerlichen und kirchlichen Staates*, hg. v. Iring Fetscher, o. O. 1966, S. 115, 119].

127 *... nach Ansicht des Historikers Edwin Burtt...*   Edwin Arthur Burtt, *The Metaphysical Foundations of Modern Physical Science. A Historical and Critical Essay*, London 1924; New York 1952, S. 105.

    ... daß allein in der Mathematik...   Adrien Baillet, *La vie de Monsieur Descartes*, Paris 1691, Bd. I, S. 81/115.

    Da aber nicht allen...   René Descartes, *Discours de la méthode, pour bien conduire sa raison, et chercher la vérité dans les sciences*, Leiden 1637, Teil IV, S. 33 [Lat.: *Specimina philosophiae, seu Dissertatio de methodo recte regendae rationis et veritatis in scientia investigandae*, Amsterdam 1644; Dt.: *Abhandlung über die Methode des richtigen Vernunftgebrauchs und der wissenschaftlichen Wahrheitsforschung.* Übers. v. Kuno Fischer, Stuttgart 1961].

128 *Als Mechanisten und Mathematiker...*   Frances A. Yates, *Giordano Bruno and the Hermetic Tradition*, Chicago 1979, S. 454–455.

131 *David Noble und andere haben angemerkt...*   David F. Noble, *A World Without Women. The Christian Clerical Culture of Western Science*, New York 1992, S. 212–215. *Die Historikerin Martha Ornstein führt aus...*   Martha Ornstein, *The Role of Scientific Societies in the Seventeenth Century.* Chicago 1928, S. 75.

    Später wurde diese Regelung...   Vgl. Federico Cesi, *Lynceographum* (1605); zit. in Domenico Carutti, *Breve storia delle Accademia dei Lincei*, Rom 1883, S. 7.

132 *...eine Art naturwissenschaftliches Kloster...*   John Evelyn, *Brief an Robert Boyle*, 3. Sept. 1659; in: *The Works*, hg. v. Thomas Birch, London 1744, Bd. V, S. 398; ferner in *Diary and Correspondence*, hg. v. William Bray, London/New York 1906, S. 590.

    Graf in Mönchskleidern...   David F. Noble, *A World Without Women. The Christian Clerical Culture of Western Science*, New York 1992, S. 225.

133 *Ihr seid wahre Hyänen...*   Walter Charleton, *The Ephesian Matron*, London 1659, S. 112.

    ...eine männliche Philosophie...   Henry Oldenburg, »The Publisher to the Reader«, in: Robert Boyle, *Experiments and Considerations Touching Colours*, London 1664, folio A8 r.

133 *Fast dreihundert Jahre...* Londa Schiebinger, *The Mind Has No Sex? Women in the Origins of Modern Science*, Cambridge (Mass.) S. 26 [Dt.: *Schöne Geister. Frauen in den Anfängen der modernen Wissenschaft.* Stuttgart 1993, S. 49].

134 *Die unvergleichliche Excellenz...* René Descartes, *Principia philosophiae*, Amsterdam 1644, »Serenissimae principi Elisabethae«, folio *3 v [Frz. Hg. v. Claude Picot, *Les principes de la philosophie*, Paris 1647]; in: *Œuvres*, hg. v. Charles Adam/Paul Tannery, Paris 1897–1913; neuere Ausg. v. B. Roghot/P. Costabel/J. Beaude/A. Gabey, Paris 1964–1974, Bd. 8/1905, S. 3.

Londa Schiebinger hat darauf hingewiesen... Londa Schiebinger, *The Mind Has No Sex? Women in the Origins of Modern Science*, Cambridge (Mass.) 1989, S. 170 [Dt.: *Schöne Geister. Frauen in den Anfängen der modernen Wissenschaft*, Stuttgart 1993, S. 244].

135 *Mit den Lehrsätzen des Kartesianismus...* Londa Schiebinger, *Schöne Geister. Frauen in den Anfängen der modernen Wissenschaft*, Stuttgart 1993, S. 251 (Poullain und die anonyme Engländerin).

Poullain argumentierte, Frauen seien in der Lage... François Poullain de la Barre, *De l'égalite de deux sexes. Discours physique et morale, ou l'on voit l'importance de se défaire des préjugez*, Paris 1673, Teil 1 (»Où l'on montre que l'opinion vulgaire est un préjugé, & qu'en comparant sans interest ce que l'on peut remarquer dans la conduite des hommes & des femmes, on est obligé de reconnaître entre les deux sexes une égalité entiere«), S. 1–75.

... wie der Fall von Margret Cavendish... Margaret Lucas Cavendish, *Poems and Fancies*, London 1653; *Philosophical Fancies*, London 1653; *The Philosophical and Physical Opinions*, London 1655; London 1663; *Grounds on Natural Philosophy*, London 1668; *Nature's Pictures drawn by Fancies Pencil to Life*, London 1656; London 1671; *Philosophical Letters, or Modest Reflections upon Some Opinions in Natural Philosophy, Maintained by Several Famous and Learned Authors of This Age*, London 1664; *Observations upon Experimental Philosophy, to which is added, the Description of a New Blazing World*, London 1666; London 1668.

Kapitel 5

141 *... und 1663 ...* René Descartes, *Meditationes de prima philosophia, in qua Dei existentia et animae immortalitas demonstrantur*, Paris 1642; wie auch: *Meditationes de prima philosophia, in quibus Dei existentia, et animae humanae a corpore distinctio, demonstrantur*, Amsterdam 1642 [Frz.: Hg. v. Louis Charles d'Albert de Luynes/C. Clerselier, *Les Méditations métaphisiques touchant la première philosophie, dans lesquelles l'existence de Dieu, et la distinction réelle entre l'âme et le corps de l'homme, sont démonstrées*, Paris 1647.]; in: *Œuvres* hg. v. Charles Adam/Paul Tannery, Paris 1897–1913, Bd. VII/ 1904; hg. v. G. Lewis, Paris 1946.

144 *... für das Stipendium ...* Arthur Koestler, *The Sleepwalkers. A History of Man's Changing Vision of the Universe*, London 1959, S. 354 [*Die Nachtwandler*, Bern/ Wien/Stuttgart, 1959].

147 *Galileo setzte die Welt ...* Galileo Galilei, *Sidereus Nuncius*, Venedig 1610; in: *Opere*, hg. v. Franz Brunetti, Turin 1964, 1980², Bd. 1, S. 263–319 [Dt.: *Nachricht von neuen Sternen*, hg. v. Hans Blumenberg, Frankfurt/Main 1980].
Die Teleskope damals ... Arthur Koestler, *The Sleepwalkers. A History of Man's Changing Vision of the Universe*, London 1959, S. 369 [*Die Nachtwandler*, Bern/ Wien/Stuttgart, 1959]

148 *Wie der Historiker Mario Biagioli gezeigt hat ...* Mario Biagioli, *Galileo Courtier. The Practice of Science in the Culture of Absolutism*, Chicago 1993.

149 *... veröffentlichte er im Jahre 1623 ...* Galileo Galilei, *Dialoghi sopra i due massimi sistemi del mondo, tolemaico e copernicano*, Florenz 1632; in Opere, hg. v. Franz Brunetti, Turin 1964, 1980², Bd. II, S. 7–552 [Dt.: *Dialog über die beiden hauptsächlichsten Weltsysteme, das ptolemäische und das kopernikanische*, hg. v. Roman Sexl und Karl von Meyenn, Darmstadt 1982].

150 *In dieser Zeit schrieb er das Buch ...* Galileo Galilei, *Discorsi e dimonstrazioni matematiche intorno a due nouve scienze attenenti alla mecanica et i movimenti locali*, Leiden 1638; hg. v. Enrico Giusti, Turin 1990 [Dt.: *Unterredungen und mathematische Demonstrationen*, hg. v. Arthur von Oettingen, Darmstadt 1985].

152 *Der Historiker Edwin Burtt vermutet ...* Edwin Arthur Burtt, *The Metaphysical Foundations of Modern Physical Science. A Historical and Critical Essay*, London 1924; New York 1952, S. 38.

155 *Der Newton-Biograph ...* Richard Samuel Westfall, *Never at Rest. A Biography of Isaac Newton*, Cambridge 1980, S. 58.
Westfall erkennt im ... Ebenda, S. 62.

158 *Richard Westfall merkt dazu an ...* Ebenda, S. 155.

161 *... in seinem naturwissenschaftlichen Hauptwerk ...* Isaac Newton, *Philosophiae naturalis principia mathematica*, London 1687; Cambridge 1713; London 1726; hg. v. Alexandre Koyrè/I. Bernard Cohen, Cambridge 1972 [Dt. Erstausg.: *Mathematische Prinzipien der Naturlehre*, hg. v. J. Ph. Wolfers, Berlin, 1872; *Mathematische Grundlagen der Naturphilosophie*, übers. u. hg. v. Ed Dellian, Hamburg 1988].

162 *... sah Newtons eigener Arzt ...* Derek Gjertsen, »Newton's success«, in: John Fauvel/Raymond Flood/Michael Shortland/Robin Wilson (Hg.), *Let Newton Be! A New Perspective on His Life and Works*, Oxford 1988, S. 35 [Dt.: Derek Gjertsen, »Newtons Erfolg« in: *Newtons Werk. Die Begründung der modernen Naturwissenschaft*, Basel/Boston/Berlin 1993, S. 53].

162 *...ein Soziologe des 18. Jahrhunderts...* Charles-Louis de Montesquieu, *L'esprit des lois*, Genf 1784 [Dt.: *Vom Geist der Gesetze*, 1891].

Neben seinen naturwissenschaftlichen und alchimistischen Werken... Isaac Newton, *Theological Manuscripts*, hg. v. Herbert McLachlan, Liverpool 1950.

163 *Sir, als ich meine Abhandlung...* Isaac Newton, Brief an Richard Bentley, 10. Dezember 1692; in: *The Correspondence*, hg. Von H. W. Turnbull u. a., Cambridge 1959–1977, Bd. III/1961 (1688–1694), Brief 398, S. 233.

164 *Eine so systematische Ordnung...* Isaac Newton, *Philosophiae naturalis principia mathematica*, »Scholium generale«; hg. v. Alexandre Koyrè/I. Bernard Cohen, Cambridge 1972, Bd. II, S. 760 [Dt.: *Mathematische Grundlagen der Naturphilosophie*, übers. u. hg. v. Ed Dellian, Hamburg, 1988, S. 226].

165 *Für ihn war die Antwort eindeutig Gott...* Ebenda, S. 763 [Dt.: S. 229].

In Newtons Worten... Ebenda, S. 761 [Dt.: S. 227].

166 *Newtons Religion sei...* Edwin Arthur Burtt, *The Metaphysical Foundations of Modern Physical Science. A Historical and Critical Essay*, London 1924; New York 1952, S. 284.

Die Historikerin Penelope Gouk... Penelope Gouk, »The harmonic roots of Newtonian science«, in: John Fauvel/Raymond Flood/Michael Shortland/Robin Wilson (Hg.), *Let Newton Be! A New Perspective on His Life and Works*, Oxford 1988, S. 120 [Dt.: Penelope Gouk, »Die harmonischen Wurzeln von Newtons Wissenschaft« in: *Newtons Werk. Die Begründung der modernen Naturwissenschaft*, Basel/Boston/Berlin 1993, S. 160].

167 *Hermes Trismegistos habe an...* Isaac Newton, zitiert in: David Gregory, *Memoranda; in: The Correspondence*, hg. von H. W. Turnbull u. a., Cambridge 1959–1977, Bd. III, 5/6/7 Mai 1694, S. 336–338.

Sobald die Menschen... Tiyo Rattansi, »Newton and the wisdom of the ancients«, in: John Fauvel/Raymond Flood/Michael Shortland/Robin Wilson (Hg.), *Let Newton Be! A New Perspective on His Life and Works*, Oxford 1988, S. 199. [Dt.: Tiyo Rattansi, »Newton und die Weisheit der Alten« in: *Newtons Werk. Die Begründung der modernen Naturwissenschaft*, Basel/Boston/Berlin 1993, S. 255]

169 *Newtons Errungenschaften wären...* Richard Samuel Westfall, *Never at Rest. A Biography of Isaac Newton*, Cambridge 1980, S. 407–408.

Kapitel 6

174 *Im Jahre 1699...* John Craig, *Theologiae Christianae principia mathematica*, London 1699.

Jeder Mensch ist bemüht... Ebenda, S. 10 [hier zitiert aus Derek Gjertsen, »Newtons Erfolg« in: John Fauvel/Raymond Flood/Michael Shortland/Robin Wilson (Hg.), *Newtons Werk. Die Begründung der modernen Naturwissenschaft*, Basel/Boston/Berlin 1993, S. 46].

Hinter dieser offensichtlichen Nachahmung... Derek Gjertsen, »Newton's success«, in: John Fauvel/Raymond Flood/Michael Shortland/Robin Wilson (Hg.), *Let Newton Be! A New Perspective on His Life and Works*, Oxford 1988, S. 31 [Dt.: Derek Gjertsen, »Newtons Erfolg«, in: *Newtons Werk. Die Begründung der modernen Naturwissenschaft*, Basel/Boston/Berlin 1993].

175 *Nach einer Menge komplizierter Überlegungen...* Ebenda [Dt. Ausg., S. 47].

Eckstein einer liberalen... Margaret C. Jacob, »Christianity and the Newtonian worldview«, in: David C. Lindberg, Ronald L. Numbers (Hg.), *God and Nature. Historical Essays on the Encounter between Christianity and Science*, Berkeley 1986, S. 243.

176 *Clarke kündigte zu Beginn seiner Vorlesungen an...* Samuel Clarke, *Sixteen Sermons on the Being and Attributes of God, the Obligations of Natural Religion, and the Truth and Certainty of the Christian Revelation, preached in the Years 1704 and 1705, at the Lecture founded by the Honourable Robert Boyle*, hg. v. John Clarke, in: *The Works*, London 1738, Bd. II, Vorwort. S. 517.

... wie der Historiker Roger Hahn... Roger Hahn, »Laplace and the mechanistic universe«, in: David C. Lindberg/Ronald L. Numbers (Hg.), *God and Nature. Historical Essays on the Encounter between Christianity and Science*, Berkeley 1986, S. 263.

177 *Im Jahre 1714...* Bernard Nieuwentijt, *Het Regt Gebruik der Werelt Beschouwingen*, Amsterdam 1717 [Dt.: Bernhard Nieuwetyt, *Rechter Gebrauch der Welt-Betrachtung*, übers. v. Dr. Joh Andreas Segner, Jena 1747.]

179 *Die kosmische Ordnung...* Margaret C. Jacob, »Christianity and the Newtonian worldview«, in: David C. Lindberg/Ronald L. Numbers (Hg.), *God and Nature. Historical Essays on the Encounter between Christianity and Science*, Berkeley 1986, S. 245.

180 *... versicherten sie den versammelten Vermögenden...* Ebenda.

182 *... mußten die Vertreter der Naturwissenschaft...* Mary Terrall, »Gendered spaces, gendered audiences. Inside and outside the Paris Academy of Sciences«, Clark Library Workshop *Gender und Science in Early Modern Europe*, Los Angeles, Februar 1994.

In seinem äußerst erfolgreichen... Bernard Le Bovier de Fontenelle, *Entretiens sur la pluralité des mondes*, Paris 1686; hg. v. A. Calame, Paris 1966; 1991 [Dt.: *Herrn von Fontenelles Unterredungen über die Mehrheit der Welten, ein astronomisches Handbuch für das Schöne Geschlecht*, Halle 1794].

... wirbt er mit der fiktiven Gestalt... Mary Terrall, »Gendered spaces, gendered audiences. Inside and outside the Paris Academy of Sciences«, Konferenz des Clark Library Workshop *Gender und Science in Early Modern Europe*, Los Angeles, Februar 1994.

Einer der erfolgreichsten... Francesco Algarotti, *Il neutonianismo per le dame, ovvero*

Dialoghi sopra la luce in colori, Neapel 1737. (Später *Dialoghi sopra l'ottica neutoniana);* hg. v. Ettore Bonara, in: Opere, Mailand/Neapel, Bd. XLVI/1970 (Illuministi italiani), Bd. II (Opere die Francesco Algarotti e di Saverio Bettinelli), S. 11–177; ferner Turin 1977.

183 *... so grenzte er doch ...* Mary Terall, »Gendered spaces, gendered audiences. Inside and outside the Paris Academy of Sciences«, Clark Library Workshop *Gender und Science in Early Modern Europe*, Los Angeles, Februar 1994.

Châtelet envies sich ... François-Marie Arouet de Voltaire, *Eléments de la philosophie de Neuton. Mis à la portée de tout le monde*, Amsterdam 1738.

184 *Im Jahre 1783 ...* Gabrielle-Émilie le Tonnelier de Breteuil du Châtelet, *Institutions de physique*, Paris 1740.

Trotz dieses Rückschlags ... Isaac Newton, *Philosophiae naturalis principia mathematica;* frz. v. Gabrielle-Émilie le Tonnelier de Breteuil du Châtelet, *Principes mathématiques de la philosophie naturelle*, Paris 1759.

185 *Im Jahre 1722 ...* René Descartes, *Principia philosophiae;* italienische Übersetzung von Giuseppa Eleonora Barbapiccola, *I principi della Filosofia di Renato Descartes. Tradotti dal Francese, col confronto del Latino in cui l'Autore li scrisse*, Turin [Neapel] 1722.

Ich wollte dieses ... Ebenda, »La traduttrice ai lettori«, S. VIII.

... im gleichen Jahrhundert ... Stephen Hales, *Vegetable Staticks, or An Account of Some Statical Experiments on the Sap in Vegetables. Also a Specimen of an Attempt to Analyse the Air*, London 1727. Ital. von Marie Angela Ardinghelli, *La statica dei vegetali e l'analisi dell'aria*, Neapel 1756 [Dt.: *Statick der Gewächse oder angestellte Versuche mit dem Saft in Pflanzen. Nebst Proben von der in Körpern befindlichen Luft*, von Herrn Stephan Hales 1748].

Die Historikerin Paula Findlen ... Paula Findlen, »Translating the new science. Women and the circulation of knowledge in Enlightenment Italy«, Clark Library Workshop *Gender And Science in Early Modern Europe*, Los Angeles, Februar 1994.

186 *Sie wurde bekannt als ...* Zitiert in Paula Findlen, »Science as a career in Enlightenment Italy. The strategies of Laura Bassi«. Isis. *An International Review devoted to the History of Science and its Cultural Influences*, Chicago, Bd. 84, Nr. 3, September 1993, S. 448.

187 *... die Universität habe sie ...* Paula Findlen, ebenda, S. 450–451.

Diese Vorstellung rief ... Ebenda, S. 454.

188 *Ihre Rolle an der Universität ...* Ebenda, S. 464.

189 *Obwohl sie ...* Ebenda, S. 468.

Nachdem die männlichen ... Ebenda, S. 467.

190 *... zwei Bücher verfaßt ...* Maria Gaetana Agnesi, *Propositiones philosophiae*, Mailand 1738; *Instituzioni analitiche ad uso della gioventù italiana*, Mailand 1748 [Frz.: Pierre Thomas Antelmy (Übers.), *Traités élementaires de calcul différentiel et de calcul integral*, Paris 1775; Engl.: John Colson (Übers.), *Analytical Institutions*, London 1801].

193 *Die Bestätigung für die Autarkie ...* Pierre-Simon de Laplace, *Théorie de Jupiter et de Saturne*, Paris 1787.

Nach Kant konnten ... Immanuel Kant, *Allgemeine Naturgeschichte und Theorie des Himmels*, Königsberg/Leipzig 1755; in: *Werke*, hg. v. Wilhelm Weischedel, Wiesbaden 1956–1964, Bd. I/1960, S. 219–396.

194 *Im Jahre 1796 legte Laplace ...* Pierre-Simon de Laplace, *Exposition du système du monde*, Paris 1796.

194 *Ich brauche diese Hypothese nicht...* Pierre-Simon de Laplace, zitiert in: Roger Hahn, »Laplace and the mechanistic universe«, in: David C. Lindberg/Ronald L. Numbers (Hg.), *God and Nature. Historical Essays on the Encounter between Christianity and Science*, Berkeley 1986, S. 276.

195 *Bekannt ist seine Aussage...* Pierre-Simon de Laplace, *Mémoires de mathématique et de physique presentés à l'Académie Royale des Sciences par divers savans*, Paris, Band VII/ 1773, S. 113.

196 *Roger Hahn hat darauf hingewiesen...* Roger Hahn, »Laplace and the mechanistic universe«, in: David C. Lindberg/Ronald L. Numbers (Hg.), *God and Nature. Historical Essays on the Encounter between Christianity and Science*, Berkeley 1986, S. 269.

Dieser Vorgang hatte schon... Edmund Halley, »In viri praestantissimi Isaaci Newtoni«, in: *Isaac Newton, Philosophiae naturalis principia mathematica*, hg. v. Alexandre Kyoré/I. Vernard Cohen, Cambridge 1972, S. 14.

198 *An anderer Stelle schrieb er...* Immanuel Kant, *Beobachtungen über das Gefühl des Schönen und Erhabenen*, Königsberg 1764, S. 51–52 passim; in: *Werke*, hg. v. Wilhelm Weischedel, Wiesbaden 1956–1964, Bd. I/1960, S. 852.

... er hoffe Europa vom... Christoph Meiners, *Geschichte des weiblichen Geschlechts*, Hannover 1788–1800.

... aber unter sich führten sie... Jean-Jacques Rousseau, *À M. d'Alembert sur son article «Genève», dans le VII vol. de l'Encyclopédie«, et particulièrement sur le project d'établir un théâtre de comédie en cette ville* (20 mars 1758), Amsterdam 1758. Hg. v. Bernard Gagnebin/Jean Rousset, *J.-J. Rousseau citoyen de Genève à M. d'Alembert*, in: *Œuvres complètes*, hg. v. Bernard Gagnebin/Marcel Raymond, Paris 1959–1995, Bd. V/ 1995 (*Écrits sur la musique, la langue et le théâtre*), S. 96.

199 *Durch die Frauen...* Denis Diderot, *Sur les femmes*, (1772), in: *Œuvres complètes*, hg. v. J. Assezat, Paris 1875–1877, Bd. II/1875, S. 262.

... hatte Buffon bereits... Georges-Louis Leclerc de Buffon, *Histoire naturelle, générale et particulière*, Paris 1749–1804 [Dt.: *Allgemeine Historie der Natur nach allen ihren besonderen Teilen abgehandelt*, Halle 1750–81].

Mitte des folgenden Jahrhunderts... Londa Schiebinger, *The Mind Has No Sex? Women in the Origins of Modern Science*, Cambridge (Mass.) 1989, S. 153 [Dt.: *Schöne Geister*, Stuttgart 1993, S. 226].

Schiebinger hat jedoch hervorgehoben... Ebenda, S. 154 [Dt.: *Schöne Geister*, Stuttgart 1993, S. 227].

200 *Tatsächlich glaubten Rousseau...* Ebenda, S. 236 [Dt.: *Schöne Geister*, Stuttgart 1993, S. 330].

202 *Die Historikerin Joan Landes...* Joan D. Landes, *Women and the Public Sphere in the Age of the French Revolution*, Ithaca 1988, Kap. 4 (»Women and the Revolution«), S. 93–151.

Kapitel 7

210 *Da es ihm untersagt war* ... Francis Bacon, *Essays, Religious Meditations, Places of Persuasion and Dissuasion*, London 1597; auch *Essayes*, London 1612; auch *The Essayes or Counsels Civill and Morall*, London 1625 [Dt.: Helmut Winter (Hg.), *Essays* (in der überarbeiteten Fassung der Übertragung von Paul Melchers), Frankfurt/ Leipzig 1993].

Das Ziel der Wissenschaft ... Francis Bacon, *Valerius Terminus. Of the Interpretation of Nature* (Ms. *1603*); in: *Letters and Remains of the Lord Chancellor*, hg. v. Robert Stephens, London 1734, Kap. 1 (»Of the ends and limits of knowledge«), S. 406–407.

211 *An anderer Stelle* ... Francis Bacon, *Temporis partus masculus* (Ms. *1602–1603*), in: *Scripta in naturali et universali philosophia*, hg. v. Isaac Gruter, Amsterdam 1653.

Seine Vision von der Welt ... Francis Bacon, *New Atlantis, A Worke Unfinished* (Ms. *1614–1617*), hg. v. William Rawley in *Sylva Sylvarum. Or a Naturall Historie in Ten Centuries*, London, Lee, 1627; hg. v. Alfred B. Gough, Oxford 1915 [Dt.: *Neu-Atlantis*, in: Klaus J. Heinisch (Hg.), *Der utopische Staat*, Reinbek 1960].

Und außer im Sakrament ... Ebenda, S. 26, hg. v. Alfred B. Gough, Oxford 1915, S. 32 [Dt.: S. 200].

Ein solcher Mann erhält ... Ebenda [Dt.: S. 197].

212 *Während Kinder, Freunde und Regent* ... Ebenda, S. 22–24 passim; hg. v. Alfred B. Gough, Oxford 1915, S. 27–29 [Dt.: Ebenda].

Das Herz dieser Einrichtung ... Ebenda, S. 31; hg. v. Alfred B. Gough, Oxford 1915, S. 35. [Dt.: S. 205]

213 *Die Väter in Salomons Haus* ... Ebenda, S. 35–36 passim; hg. v. Alfred B. Gough, Oxford 1915, S. 39–39 [Dt.: S. 208].

Für meteorologische Experimente ... Ebenda, S. 31–32; hg. v. Alfred B. Gough, Oxford 1915, S. 36.

In ihren Laboratorien ... Ebenda, S. 45; hg. v. Alfred B. Gough, Oxford 1915, S. 46 [Dt.: S. 214].

214 *Erscheint einer der Väter* ... Ebenda, S. 29 passim; hg. v. Alfred B. Gough, Oxford 1915, S. 33 [Dt.: S. 203].

217 *Einstein verglich einmal* ... Albert Einstein, *Autobiographisches – Autobiographical Notes*, in: *The Library of Living Philosophers*, hg. v. Paul Arthur Schlipp, Evanston (Ill.), 1939–1967, Bd. VII/1949 (*Albert Einstein: Philosopher – Scientist*), S. 32–35.

219 *Dieser Optimismus* ... Alfred Russel Wallace, *The Wonderful Century. Its Successes and Its Failures*, London 1898, New York 1898.

Wenn man einmal ... Ebenda, Vorw., S. VII.

220 *Im Jahre 1928 schrieb der Genetiker* ... John Burdon Sanderson Haldane, *Possible Worlds and Other Papers*, London 1927; New York 1928, S. 302.

221 *Aber bis zum englischen Bürgerkrieg* ... Ann Braude, *Radical Spirits. Spiritualism and Women's Rights in Nineteenth-Century America*, Boston 1989, S. 4–5.

Auslöser für diese unerhörte Spaltung ... Charles Robert Darwin, *On the Origin of Species By Means of Natural Selection, or the Preservation of Favoured Races in the Struggle for Life*, London 1859 [Dt.: *Über die Entstehung der Arten durch natürliche Zuchtwahl oder die Erhaltung der begünstigten Rassen im Kampf ums Dasein*, Darmstadt 1988].

222 *Draper stellte die katholische Kirche...* John William Draper, *History of the Conflict between Religion and Science*, New York 1872; London 1875, S. x–xi [Dt.: *Geschichte des Conflicts zwischen Religion und Wissenschaft*, Leipzig 1875].

In seiner Litanei... Ebenda, S. 335, 364.

...Präsidenten der Cornell Universität... Andrew Dickson White, *A History of the Warfare of Science with Theology in Christendom*, New York 1896; London 1896, S. 7 [Dt.: *Geschichte der Fehde zwischen Wissenschaft und Theologie in der Christenheit*, Leipzig 1911].

223 *Wie aber der Historiker Jeffrey Burton Russell gezeigt hat...* Jeffrey Burton Russell, *Inventing the Flat Earth. Columbus and Modern Historians*, Westport (Conn.) 1991, S. xiii/2.

Am Schluß seines Buches... John William Draper, *History of the Conflict between Religion and Science*, New York 1872; London 1875, S. x–xi [Dt.: *Geschichte des Conflicts zwischen Religion und Wissenschaft*, Leipzig, 1875].

224 *Die Philosophin Mary Midgley...* Mary Midgley, *Science as Salvation. A Modern Myth and Its Meaning*, London 1992.

226 *Mary Somervilles wichtigster Beitrag...* Pierre-Simon de Laplace, *Mécanique céleste* [Engl. v. Mary Fairfax Somerville, *Mechanism of the Heavens*, London 1831].

227 *Die Historikerin Margaret Rossiter berichtet...* Margaret Walsh Rossiter, *Women Scientists in America, Struggles and Strategies to 1940*, Baltimore 1982, S. 9.

228 *...die amerikanische Gesellschaft...* Ebenda, S. xvi.

Mit ihrer Verlobung... Harriet Brooks, *Brief an die Präsidentin Laura Gill*, 18. Juli 1906; in: *Departmental Correspondence 1906–1908*, Abschnitt 41 (Barnard College Archives).

229 *Aber die Dekanin...* Laura Gill, *Brief an Harriet Brooks*, 23. Juli 1906; in: *Departmental Correspondence 1906–1908*, Abschnitt 41 (Barnard College Archives).

230 *...Astronomin und frühe Verfechterin der Ausbildung für Frauen...* Mary W. Whitney, »Scientific study and work for Women«, *Education*, Mobile (Al.), Bd. iii/1882, S. 67.

233 *Anfang dieses Jahrhunderts...* Helena M. Pycior, »Marie Curie's ›anti-natural path‹: time only for science and family«, in: Pnina G. Abir-Am, Dorinda Outram (Hg.), *Uneasy Careers and Intimate Lives. Women in Science 1789–1978*, New Brunswick (NJ) 1987, S. 199.

Sie sagte von Pierre... Eve Curie, *Madame Curie*, Paris 1938, S. 125.

Kapitel 8

241 *Hier lebte Albert Einstein...* *The Washington Post*, 18. April 1955.

243 *Ich erinnere mich noch jetzt...* Albert Einstein, *Autobiographisches,* in: Paul Arthur Schilpp (Hg.), *Albert Einstein als Philosoph und Naturforscher,* Braunschweig und Wiesbaden 1983, S. 3.

... heiliges Geometriebüchlein... Ebenda, S. 4.

244 *... das weltliche Kloster...* Brief an Michele Besso, Berlin, 12. Dezember 1919, zitiert in: Albrecht Fölsing, *Albert Einstein,* Frankfurt am Main 1993, S. 123.

245 *... technischer Experte – III. Klasse...* Albrecht Fölsing, *Albert Einstein,* Frankfurt am Main 1993, S. 121.

250 *Aber das eine ist sicher...* Brief an Arnold Sommerfeld vom 29. Oktober 1912, zitiert in: Albrecht Fölsing, *Einstein,* Frankfurt am Main 1993, S. 357.

254 *Da könnt' mir halt...* Ilse Rosenthal-Schneider, *Begegnungen mit Einstein, von Laue, Planck,* Braunschweig 1988, S. 60.

Raffiniert ist der Herrgott... Albrecht Fölsing, *Albert Einstein,* Frankfurt am Main 1993, S. 579.

God casts the die... Ursprüngliche Version: »Die [Quanten]Theorie liefert viel, aber dem Geheimnis des Alten bringt sie uns kaum näher. Jedenfalls bin ich überzeugt, daß der nicht würfelt.« Brief an Max Born vom 4. Dezember 1926, in: Albert Einstein, Hedwig und Max Born, *Briefwechsel 1916–1955,* München 1969, S. 129 f.

255 *Die Wissenschaft kann...* Albert Einstein, »Naturwissenschaft und Religion«, in: *Aus meinen späten Jahren,* Stuttgart 1952, S. 31.

Die religiösen Genies... Albert Einstein, »Religion und Wissenschaft«, in: *Mein Weltbild,* Berlin 1993[25], S. 16.

Ein Zeitgenosse hat nicht zu unrecht gesagt... Ebenda, S. 18.

256 *Höchste Aufgabe der Physiker ist...* Albert Einstein, »Prinzipien der Forschung«, in: *Mein Weltbild,* Berlin 1993[25], S. 109.

257 *Bei Euch Weibern...* Brief von Hedwig Born an Einstein vom 9. Oktober 1944, in: Einstein, Born, *Briefwechsel,* München 1969, S. 209.

Es wäre doch möglich... Alexander Moszkowski, *Einstein. Einblicke in seine Gedankenwelt,* Berlin 1921, S. 21.

260 *... alle für Frauen damals gültigen Konventionen...* Sharon Bertsch McGrayne, *Nobel Prize Women in Science. Their Lives, Struggles, and Momentous Discoveries,* New York 1993, S. 64.

261 *Die Tore der Universitäten...* Ebenda, S. 68.

262 *... ehrfurchtgebietendes Stück Arbeit...* Hermann Weyl, »Obituary of Emmy Noether«, in: *Beihefte zur Zeitschrift ›Elemente der Mathematik‹* 13, (1970), S. 53–72.

263 *Einmal Privatdozentin...* McGrayne, *Nobel Prize Women,* New York 1993, S. 72.

264 *... angeborenen Produktivkraft...* Hermann Weyl, »Obituary of Emmy Noether«, in: *Beihefte zur Zeitschrift ›Elemente der Mathematik‹* 13, (1970), S. 53–72.

265 *... verlorenen Jahre...* McGrayne, *Nobel Prize Women,* New York 1993, S. 38.

266 *Im allgemeinen kann...* Ebenda, S. 43.

Sie sind doch schon... Ebenda, S. 42 f.

267 *... unsere Madame Curie...* Ebenda, S. 48.

Kapitel 9

274 *... einheitliche Feldtheorie...*   Albert Einstein, »Einheitliche Feldtheorie und Hamiltonsches Prinzip«, in: *Sitzungsberichte der Preußischen Akademie der Wissenschaften zu Berlin*, 1929, S. 156–159.

277 *... die Sehnsucht nach Harmonie...*   Albert Einstein, »Prinzipien der Forschung«, in: *Mein Weltbild*, Berlin 1993[25], S. 109.

278 *... die Quelle alles Existierenden...*   Paul Davies, *Superforce: The Search for a Grand Unified Theory of Nature*, New York 1984, S. 168 [Dt.: *Die Urkraft. Auf der Suche nach einer einheitlichen Theorie der Natur*, Hamburg 1987].

288 *... Idee der Elementarteilchen...*   Paul Davies, *Superforce*, New York 1984, S. 89.

289 *... die »abschließende Theorie« der Natur...*   Steven Weinberg, *Dreams of a Final Theory: The Search for the Fundamental Laws of Nature*, New York 1992, S. 18 [Dt.: *Der Traum von der Einheit des Universums*. München, 1995].

295 *... das Wort Gott...*   Carl Sagan, »Einleitung«, in: Stephen Hawking, *Eine kurze Geschichte der Zeit*, Berlin 1993, S. 12.

... tiefgreifende Auswirkungen...   Ebenda, S. 216.

Gottes Plan...   Ebenda, S. 218.

297 *Auf diesen Gott spielte der Physiker...*   James Jeans, *The Mysterious Universe*, New York 1930, S. 134.

298 *Es war, als hätte ich...*   Interview mit George Smoot, in: *Time Magazine*, 28. September 1992.

299 *Bei der Vorstellung des Supercolliders...*   Leon Lederman/Dick Teresi, *The God Particle*, Boston 1993, S. 24 [Dt:. *Das schöpferische Teilchen. Der Grundbaustein der Schöpfung*, München 1995]

Wie wir das Paritätsgesetz an einem Wochenende verletzten...   Ebenda, S. 256–273.

Kathedralen wie Beschleuniger...   Ebenda, S. 254.

300 *... eine beweisbare physikalische Theorie...*   Frank J. Tipler, *The Physics of Immortality: Modern Cosmology, God, and the Resurrection of the Dead*, New York 1994, S. 1. [Dt.: *Die Physik der Unsterblichkeit: moderne Kosmologie, Gott und die Auferstehung der Toten*, München 1994, S. 24.]

Kapitel 10

303 *Es wäre ein großer Schritt...* Fay Ajzenberg-Selove, *A Matter of Choice: Memoirs of a Female Phycisist*, New Brunswick 1994.

304 *... in Harvard und anderswo...* Ebenda.

305 *Robert Oppenheimer bezeichnete sie als »die Autorität«...* zitiert nach McGrayne, *Nobel Prize Women*, New York 1993, S. 264.

307 *Laut Sharon Bertsch McGrayne...* Ebenda, S. 277.

310 *... die Wissenschaften... immer die Domäne von Männern...* Harriet Zuckerman/Jonathan R. Cole/John T. Bruer (Hg.), *The Outer Circle: Women in the Scientific Community*, New Haven 1992.

311 *... gaben 74 Prozent der Befragten an...* »This is what you thought: were any of your teachers biased against females?«, in: *Glamour*, August 1992, S. 157.

315 *Das Leistungsniveau von Jungen und Mädchen...* National Science Foundation, *Women and Minorities in Science and Engineering: An Update*, Washington 1994.

322 *Bei der Niederschrift...* Das Projekt ist beschlossen, die Finanzierung jedoch immer noch nicht ganz geklärt, vor allem die deutsche Beteiligung soll nach Meinung des Forschungsministers Jürgen Rüttgers in den nächsten Jahren weiter reduziert werden (Stand Januar 1997).

323 *... verschwände etwas unermeßlich Wichtiges...* Leon M. Lederman, »Science and the bottom line«, in: *The New York Times*, 16. September 1993.
Es geht nur um den Respekt... Robert R. Wilson, Gespräch mit Senator John Pastore, in: Leon Lederman/Dick Teresi, *The God Particle*, Boston 1993, S. 199.

327 *Krankheit als ebenso fundamental...* Evelyn Fox Keller, *Reflections on Gender and Science*, New Haven 1985 [Dt.: *Liebe, Macht und Erkenntnis: männliche oder weibliche Wissenschaft*, München 1986.]

328 *... wie ein riesiger Vogelschwarm...* Margaret Wertheim, »Falling for the Stars«, Interview mit Sandra Faber, in: *Vogue Australia*, März 1993, S. 90.

334 *... Assimilationsmodell nicht funktioniert...* Persönliche Mitteilung an die Autorin.
Während die Wissenschaft... Evelyn Fox Keller, »The woman scientist«, in: Harriet Zuckerman/Jonathan R. Cole/John T. Bruer (Hg.), *The Outer Circle*, New Haven 1992, S. 235.
Ein prominenter Physiker hat einmal verkündet... Sharon Trawek, »High energy physics: a male preserve«, in: *Technology Review* 42 (1984).

338 *Als sich die Religion...* Michael J. Buckley, »The Newtonian Settlement and the Origins of Atheism«, in: Robert J. Russell/William R. Stoeger/George V. Coyne (Hg.), *Physics, Philosophy, and Theology: A Common Quest for Understanding*, Città del Vaticano und Nôtre Dame 1988, S. 99.

AUSWAHLBIBLIOGRAPHIE
REGISTER

AUSWAHLBIBLIOGRAPHIE

Agassi, Joseph, *Faraday as a Natural Philosopher*. Chicago: University of Chicago Press, 1971.

Ajzenberg-Selove, Fay, *A Matter of Choice: Memoirs of a Female Phycisist*. New Brunswick: Rutgers University Press, 1994.

Alic, Margaret, *Hypatias Töchter. Der verleugnete Anteil der Frauen an der Naturwissenschaft*. Zürich: Unionsverlag, 1991².

Aristoteles, *Über die Seele*. Übers. von W. Theiler. Berlin: Akademie-Verlag, 1959.

Bacon, Francis, *Essays* (In der überarbeiteten Fassung der Übertragung von Paul Melchers). Hg. v. Helmut Winter. Frankfurt, Leipzig: Insel, 1993.

– *Neu-Atlantis,* in: Klaus J. Heinisch (Hg.), *Der utopische Staat*. Reinbek bei Hamburg: Rowohlt, 1960.

Bamford, Christopher (Hg.), *Homage to Pythagoras. Rediscovering Sacred Science*. Hudson, NY: Lindisfarne Press, 1994.

Barad, Karen, »A Feminist Approach to Teaching Quantum Physics«, in: *Teaching the Majority*. Hg. von Sue V. Rosser, New York: Teachers College Press, 1995, S. 43–75.

Barrow, John D., *Theorien für Alles. Die philosophischen Ansätze der modernen Physik*. Heidelberg/Berlin/New York: Spektrum, 1992.

Bell, J. S., *Speakable and Unspeakable in Quantum Mechanics*. Cambridge: Cambridge University Press, 1987.

Biagioli, Mario, Galileo Courtier. *The Practice of Science in the Culture of Absolutism*. Chicago: University of Chicago Press, 1993.

Bleier, Ruth, (Hg.), *Feminist Approaches to Science*. New York: Teachers College Press, 1991.

Boas, Marie, *Die Renaissance der Naturwissenschaften, 1450–1630. Das Zeitalter des Kopernikus*. Nördlingen: Greno, 1988.

Boškovič, Rudjer, *Theoria philosophiae naturalis redacta ad unicam legem virium in natura existentium*. Venedig: Remondini, 1763.

Michael J. Buckley, »The Newtonian Settlement and the Origins of Atheism«, in: Robert J. Russell, William R. Stoeger und George V. Coyne (Hg.), *Physics, Philosophy, and Theology: A Common Quest for Understanding*. Città del Vaticano und Nôtre Dame, 1988.

Burtt, Edwin Arthur, *The Metaphysical Foundations of Modern Science. A Historical and Critical Essay*. New York: Humanities Press, 1952.

Caspar, Max, *Johannes Kepler*. Bassum: Schröder, 1995⁴.

Cassidy, David C., *Uncertainty. The Life and Science of Werner Heisenberg*. New York: Freeman, 1992.

Christine de Pizan, *Das Buch von der Stadt der Frauen*. München: dtv, 1990.

Clark, Gillian, *Iamblichus. On the Pythagorean Life*. Liverpool: Liverpool University Press, 1989.

Clark, William, »The Misogyny of Scholars«, in: *Perspectives on Science* 1, 1993, S. 342–355.

Coleman, James A., *Relativity for the Layman*. New York: Pelican, 1969.

Crombie, Alistair C., *Von Augustinus bis Galilei. Die Emanzipation der Naturwissenschaft*. München: dtv, 1977.

– *Robert Grosseteste and the Origins of Experimental Science, 1100–1700*. Oxford: Oxford University Press, 1953.

Curie, Eve, *Madame Curie: A Biography*. New York: Doubleday, Doran, 1937.

Darwin, Charles Robert, *Über die Entstehung der Arten durch natürliche Zuchtwahl oder die Erhaltung der begünstigten Rassen im Kampf ums Dasein*. Darmstadt: Wissenschaftliche Buchgesellschaft, 1988.

Davies, Paul, *Gott und die moderne Physik*. München: Bertelsmann, 1986.

– *Der Plan Gottes. Die Rätsel unserer Existenz und die Wissenschaft*. Frankfurt/Leipzig: Insel, 1995.

– *Die Urkraft. Auf der Suche nach einer einheitlichen Theorie der Natur*. Hamburg/Zürich: Rasch und Röhring, 1987.

– *Die Unsterblichkeit der Zeit. Die moderne Physik zwischen Rationalität und Gott*. Bern: Scherz, 1995.

Davies, P. C. W./Brown, J. R. (Hg.), *Superstrings. Eine Allumfassende Theorie?* Basel/Boston/Berlin: Birkhäuser, 1989.

Dear, Peter, *Mersenne and the Learning of the Schools*. Ithaca: Cornell University Press, 1988.

Descartes, René, *Briefe 1629–1650*, Max Bense (Hg.), Fritz Baumgart (Übers.). Köln und Krefeld: Staufen, 1949.

Descartes, René, *Meditationen über die Grundlagen der Philosophie mit den sämtlichen Einwänden und Erwiderungen*, Hg. u. übers. v. Artur Buchenau. Hamburg: Meiner, 1965.

Descartes, René, *Abhandlung über die Methode des richtigen Vernunftgebrauchs und der wissenschaftlichen Wahrheitsforschung*. Übers. v. Kuno Fischer. Stuttgart: Reclam, 1961.

Dick, Auguste, »Emmy Noether 1882–1935«, in: *Beihefte zur Zeitschrift ›Elemente der Mathematik‹ 13*, Basel, Birkhäuser, 1970, S. 3–45.

Dijksterhuis, Eduard J., *Die Mechanisierung des Weltbilds*. Berlin/Göttingen/Heidelberg: Springer, 1956.

Draper, John William, *Geschichte des Conflicts zwischen Religion und Wissenschaft*. Leipzig, 1875.

Edgerton, Samuel Y., Jr., *The Heritage of Giotto's Geometry. Art and Science on the Eve of the Scientific Revolution*. Ithaca: Cornell University Press, 1991.

Einstein, Albert, *Aus meinen späten Jahren*. Berlin: Ullstein, 1990.

– *Über die spezielle und die allgemeine Relativitätstheorie*. Braunschweig/Wiesbaden: Vieweg, 1992[23] (ND).

– »Einheitliche Feldtheorie und Hamiltonsches Prinzip«, in: *Sitzungsberichte der Preußischen Akademie der Wissenschaften zu Berlin*, 1929.

– *Mein Weltbild*, Hg. von Carl Seelig. Berlin: Ullstein, 1993[25].

Einstein, Albert und Hedwig und Max Born, *Briefwechsel 1916–1955*. München: Nymphenburger, 1969.

Fausto-Sterling, Anne, *Myths of Gender: Biological Theories About Women and Men*. New York: Basic Books, 1992.

Fauvel, John/Flood, Raymond/Shortland, Michael/Wilson, Robin (Hg.), *Newtons Werk. Die Begründung der modernen Naturwissenschaft*. Basel/Boston/Berlin: Birkhäuser, 1993.

Feldmann, Christian, *Hildegard von Bingen. Nonne und Genie*. Freiburg i. Br.: Herder, 1991.

Findlen, Paula, »Translating the new science. Women and the circulation of knowledge in Enlightenment Italy«, in: Clark Library Workshop, *Gender And Science in Early Modern Europe*, Los Angeles, Februar 1994.

– »Science as a career in Enlightenment Italy. The strategies of Laura Bassi.« *Isis. An International Review devoted to the History of Science and its Cultural Influences*. Chicago, Bd. 84, Nr. 3, September 1993.

Flanagan, Sabina, *Hildegard of Bingen. A Visionary Life*. London: Routledge, 1989 [ND 1991].

Fontenelle, Bernard Le Bovier,*Unterredungen über die Mehrheit der Welten, ein astronomisches Handbuch für das Schöne Geschlecht*. Halle: im Curtschen Verlag, 1794.

Fölsing, Albrecht, *Albert Einstein*. Frankfurt a. M.: Suhrkamp, 1993.

Frisch, Otto, »Lise Meitner«, in: *Biographical Memoirs of Fellows of the Royal Society 16* (1970), S. 405–416.

Galilei, Galileo, *Nachricht von neuen Sternen*. Hg. v. Hans Blumenberg. Frankfurt a. M.: Suhrkamp, 1980.

– *Dialog über die beiden hauptsächlichsten Weltsysteme, das ptolemäische und das kopernikanische*. Hg. v. Roman Sexl und Karl von Meyenn. Darmstadt: Wissenschaftliche Buchgesellschaft, 1982.

– *Unterredungen und mathematische Demonstrationen*. Hg. v. Arthur von Oettingen. Darmstadt: Wissenschaftliche Buchgesellschaft, 1985.

Gingerich, Owen, *The Eye of Heaven. Ptolemy, Copernicus, Kepler*. New York: American Institute of Physics, 1993.

Gorman, Peter, *Pythagoras. A Life*. London: Routledge and Kegan, 1979.

Gribbin, John, *Auf der Suche nach Schrödingers Katze. Quantenphysik und Wirklichkeit*. München, Zürich: Piper, 1987.

Hahn, Roger, »Laplace and the mechanistic universe«, in David C. Lindberg/Ronald L. Numbers (Hg.), *God and Nature. Historical Essays on the Encounter between Christianity and Science*. Berkeley: University of California Press, 1986.

Haldane, J. B. S., *Possible Worlds and Other Papers*. New York: Harper and Brothers, 1928.

Hallyn, Fernand, *The Poetic Structure of the World. Copernicus and Kepler*. New York: Zone Books, 1990.

Harding, Sandra, *Feministische Wissenschaftstheorie. Zum Verhältnis von Wissenschaft und sozialem Geschlecht*. Hamburg: Argument, 1990.

– *Das Geschlecht des Wissens. Frauen denken die Wissenschaft neu*. Frankfurt a. M.: Campus, 1994.

Hawking, Stephen W., *Einsteins Traum. Expeditionen an die Grenzen der Raumzeit*. Berlin: Rowohlt, 1993.

– *Eine kurze Geschichte der Zeit. Die Suche nach der Urkraft des Universums*. Reinbek b. Hamburg: Rowohlt, 1988.

Heath, Thomas, *A History of Greek Mathematics,* Bd. 1, »From Thales to Euclid«. New York: Dover, 1981.

Hesiod, *Theogonie, Werke und Tage.* [Gr./Dt], Hg. und übers. von A. v. Schirnding. Zürich/Stuttgart: Artemis, 1991.

Hermanowski, Georg, *Nikolaus Kopernikus. Zwischen Mittelalter und Neuzeit.* Graz/Wien/Köln: Styria, 1985.

Highfield, Roger und Paul Carter, *Die geheimen Leben des Albert Einstein.* Berlin: Byblos, 1994.

Hobbes, Thomas, *Leviathan oder Stoff, Form und Gewalt eines bürgerlichen und kirchlichen Staates,* Hg. v. Iring Fetscher o. O., 1966.

Hoffmann, Banesh, *Albert Einstein.* Boulder: Paladin, 1975.

Hopkins, Jasper, *Glaube und Vernunft im Denken des Nikolaus von Kues.* Trier: Paulinus, 1996.

Iamblichos, *Pythagoras. Legende – Lehre – Lebensgestaltung.* Hg., übers. und eingel. von M. v. Albrecht. Zürich/Stuttgart: Artemis, 1974.

Jeans, James, *The Mysterious Universe.* New York: MacMillan, 1930.

Jordan, Constance, *Renaissance Feminism. Literary Texts and Political Modells.* Ithaca, NY: Cornell University Press, 1990.

Kandler, Karl-Hermann, *Nikolaus von Kues. Denker zwischen Mittelalter und Neuzeit.* Göttingen: Vandenhoek und Ruprecht, 1995.

Kant, Immanuel, *Beobachtungen über das Gefühl des Schönen und Erhabenen* (Königsberg 1764); in: *Werke.* Hg. v. Wilhelm Weischedel, Wiesbaden 1956–1964, Bd. I/1960

– *Allgemeine Naturgeschichte und Theorie des Himmels,* Königsberg/Leipzig 1755; in: *Werke.* Hg. v. Wilhelm Weischedel, Wiesbaden 1956–1964, Bd. I/1960.

Keller, Evelyn Fox, *A Feeling for the Organism: The Life and Work of Barbara McClintock.* New York: Freeman, 1983.

– *Liebe, Macht und Erkenntnis: männliche oder weibliche Wissenschaft.* München: Hanser, 1986.

– *Secrets of Life, Secrets of Death: Essays on Language, Gender, and Science.* New York: Routledge, 1992.

Kepler, Johannes, *Das Weltgeheimnis [Mysterium cosmographicum].* Hg. und übers. von Max Caspar, München/Berlin, 1936.

– *Neue Astronomie [Nova Astronomia].* Übers. v. Max Caspar, München/Berlin 1929, [ND 1990].

Kirchhoff, Jochen, *Nikolaus Kopernikus.* Reinbek b. Hamburg: Rowohlt, 1985.

Kimura, Doreen, »Sex Difference in the Brain«, in: *Scientific American* 267 (September 1992), S. 118–125.

Klapisch-Zuber, Christiane (Hg.), *Mittelalter,* Bd. 2 von: G. Duby/M. Perrot (Hg.), *Geschichte der Frauen.* Frankfurt a. M./New York: Campus, 1993.

Koestler, Arthur, *Die Nachtwandler.* Bern/Wien/Stuttgart 1959.

Kopernikus, Nikolaus, *Das neue Weltbild,* darin: »De revolutionibus orbium caelestium« (lat./dt.). Hamburg: Meiner, 1990.

Kuhn, Thomas S., *Die kopernikanische Revolution.* Braunschweig/Wiesbaden: Vieweg, 1981.

– *Die Struktur wissenschaftlicher Revolutionen.* Frankfurt a. M.: Suhrkamp, 1973.

Kuper, Michael, *Roger Bacon. Der Mann der Bruder Williams Lehrer war.* Berlin: Zerling, 1996.

Landes, Joan D., *Women and the Public Sphere in the Age of the French Revolution*. Ithaca: Cornell University Press, 1988.

Lederman, Leon, »Science and the Bottom Line«, in: *The New York Times,* 16. September 1993.

Lederman, Leon/Teresi, Dick, *Das schöpferische Teilchen. Der Grundbaustein der Schöpfung*. München: Goldmann, 1995.

Lemcke, Mechthild, *Johannes Kepler*. Reinbek b. Hamburg: Rowohlt, 1995.

Lerner, Gerda, *Die Entstehung des Patriarchats*. Frankfurt a. M.: Campus, 1991.

– *Die Entstehung des feministischen Bewußtseins. Vom Mittelalter bis zur ersten Frauenbewegung*. Frankfurt a. M.: Campus, 1993.

Lindberg, David C., *Von Babylon bis Bestiarium. Die Anfänge des abendländischen Wissens*. Stuttgart: Metzler, 1994.

– »On the Applicability of Mathematics to Nature. Roger Bacon and His Predecessors«, in: *British Journal for History of Science*. 15, 1982, S. 3–25.

– (Hg.), *Science in the Middle Ages*. Chicago: University of Chicago Press, 1978.

Lindberg, David C./Numbers, Robert L. (Hg.), *God and Nature. Historical Essays on the Encounter Between Christianity and Science,* University of California Press, 1986.

– *Auge und Licht im Mittelalter*. Die Entwicklung der Optik von Alkindi bis Kepler. Frankfurt a. M.: Campus, 1987.

Lindley, David, *The End of Physics: The Myth of a Unified Theory*. New York: Basic Books, 1993.

Lowe, Marian/Hubbard, Ruth (Hg.), *Women's Nature. Rationalizations of Inequality*. New York: Pergamon Press, 1981.

McGrayne, Sharon Bertsch, *Nobel Prize Women in Science. Their Lives, Struggles, and Momentous Discoveries*. New York: Birch Lane Press, 1993.

Merchant, Carolyn. *Der Tod der Natur: Ökologie, Frauen und neuzeitliche Naturwissenschaft*. München: C. H. Beck, 1987.

Meuthen, Erich, *Nikolaus von Kues, 1401–1464. Skizze einer Biographie*. Münster: Aschendorff, 1992[7].

Midgley, Mary, *Science as Salvation. A Modern Myth and Its Meaning*. London: Routledge, 1992.

Moszkowski, Alexander, *Einstein. Einblicke in seine Gedankenwelt*. Berlin: Fonante, 1921.

Motz, Lloyd/Weaver, Jefferson Hane, *The Story of Physics*. New York: Avon, 1989.

National Science Foundation, *Women and Minorities in Science and Engineering: An Update*. Washington 1994.

Newman, Barbara, *Hildegard von Bingen,* Freiburg i. Br.: Herder, 1995.

Newton, Isaac, (Dt. Erstausg.) *Mathematische Prinzipien der Naturlehre*. Hg. v. J. Ph. Wolfers, Berlin, 1872; *Mathematische Grundlagen der Naturphilosophie*. Übers. u. hg. v. Ed Dellian. Hamburg: Meiner, 1988.

Nieuwentijt, Bernhard, *Rechter Gebrauch der Welt-Betrachtung*. Jena: Christian und Heinrich Cuno, 1747.

Nikolaus von Kues, *Der Laie über den Geist* (lat./dt.). Übersetzt von Renate Steiger mit einer Einleitung von Giovanni Santinello. Hamburg: Meiner, 1995.

Noble, David F., *A World Without Women. The Christian Clerical Culture of Western Science*. New York: Alfred A. Knopf, 1992.

O'Meara, Dominic J., *Pythagoras Revived*. Oxford: Oxford University Press, 1991.

Ornstein, Martha, *The Role of Scientific Societies in the Seventeenth Century*. Chicago: University of Chicago Press, 1928.

Osen, Lynn M., *Women in Mathematics*. Cambridge (USA): MIT Press, 1974.

Pais, Abraham, *Einstein Lived Here*. Oxford: Oxford University Press, 1994.

– *Subtle is the Lord: The Science and the Life of Albert Einstein*. Oxford: Oxford University Press, 1982.

Pagels, Heinz R., *Perfect Symmetry: The Search for the Beginning of Time*. New York: Bantam, 1986.

Pick, Georg, *Nikolaus von Kues. Vom Moseljungen zum Kardinal und Philosophen*. Frankfurt a. M.: Fischer, 1994².

Platon, *Spätdialoge II. Philebos, Parmenides, Timaios, Kritias*. Eingel v. Olaf Gigon, übers. von R. Rufener. Zürich/Stuttgart: Artemis, 1974.

Polkinghorne, John, *The Faith of a Phycisist*. Princeton: Princeton University Press, 1994.

Powell, Corey S., »Profile: Jeremiah and Alicia Ostriker«, in: *Scientific American* 271 (September 1994), S. 28–31.

Pycior, Helena M., »Marie Curie's ›Anti-Natural Path‹: Time only for Science and Family«, in Pnina G. Abir-Am, Dorinda Outram (Hg.), *Uneasy Careers and Intimate Lives. Women in Science 1789–1978*. New Brunswick (NJ): Rutgers University Press, 1987.

Rose, Hilary, *Love, Power and Knowledge: Towards a Feminist Transformation of the Sciences*. Indiana: Indiana University Press, 1994.

Rosenthal-Schneider, Ilse, *Begegnungen mit Einstein, von Laue, Planck*. Braunschweig: Vieweg, 1988.

Rossiter, Margaret Walsh, *Women Scientists in America, Struggles and Strategies to 1940*. Baltimore: John Hopkins University Press, 1982.

Rowan-Robinson, Michael, *Das Flüstern des Urknalls. Die verschlüsselten Botschaften vom Anfang des Universums*. Heidelberg, Berlin und Oxford: Spektrum, 1994.

Rozental, S., Hg., *Niels Bohr: His Life and Work as Seen by his Friends and Colleagues*. Elsevier Science Publishers, 1967.

Russell, Robert J./Stoeger, William R./Coyne, George. V. (Hg.), *Physics, Philosophy, and Theology: A Common Quest for Understanding*. Città del Vaticano und Nôtre Dame: Vatican Observatory/University of Nôtre Dame Press, 1988.

Sadker, Myra/Sadker, David, *Failing at Fairness: How America's Schools Cheat Girls*. New York: Charles Scribner & Sons, 1994.

Sambursky, Shmuel (Hg.), *Der Weg der Physik. 2500 Jahre physikalischen Denkens*. München: Deutscher Taschenbuch Verlag, 1978.

– *The Physical World of the Greeks*. Princeton University Press, 1987.

Schiebinger, Londa, *Schöne Geister. Frauen in den Anfängen der modernen Wissenschaft*. Stuttgart: Klett-Cotta, 1993².

– *Am Busen der Natur. Erkenntnis und Geschlecht in den Anfängen der Wissenschaft*. Stuttgart: Klett-Cotta, 1995.

Schilpp, Paul Arthur, Hg., *Albert Einstein als Philosoph und Naturforscher*. Braunschweig und Wiesbaden: Vieweg, 1983.

Schipperges, Heinrich, *Hildegard von Bingen*. München: Beck, 1995.

Shepherd, Linda Jean, *Lifting the Veil: The Feminine Face of Science*. Boston: Shambhala, 1993.

Stuard, Susan, »The Domination of Gender. Women's Fortunes in the High Middle Ages«, in: Bridenthal, Renate/Koonz, Claudia/Stuard, Susan (Hg.), *Becoming Visible. Women in European History*. Houghton Mifflin, 1987.

Stewart, Ian, *Spielt Gott Roulette? Chaos in der Mathematik*. Basel: Birkhäuser 1990.

Mary Terrall, »Gendered spaces, gendered audiences. Inside and outside the Paris Academy of Sciences«, in: Clark Library Workshop *Gender und Science in Early Modern Europe*. Los Angeles, Februar 1994.

Tipler, Frank J., *Die Physik der Unsterblichkeit. Moderne Kosmologie, Gott und die Auferstehung der Toten*. München: Deutscher Taschenbuch Verlag, 1994.

Traweek, Sharon, »High energy physics: a male preserve«, in: *Technology Review 42* (1984).

Wallace, Alfred Russel, *The Wonderful Century: Its Successes and its Failures*. London/New York: Dodd/Mead, 1898

Weinberg, Steven, *Der Traum von der Einheit des Universums*. München: Goldmann, 1995.

– *Die ersten drei Minuten: der Ursprung des Universums*. München und Zürich: Piper, 1992.

Wemple, Suzanne F., »Sanctity and Power. The Dual Pursuit of Early Medieval Women«, in: Bridenthal, Renate/Koonz, Claudia/Stuard, Susan (Hg.), *Becoming Visible. Women in European History*. Houghton Mifflin, 1987.

Westfall, Richard Samuel, *Never at Rest. A Biography of Isaac Newton*. Cambridge: Cambridge University Press, 1980.

Weyl, Hermann, »Obituary Emmy Noether«, in: *Beihefte zur Zeitschrift ›Elemente der Mathematik‹ 13*, Basel: Birkhäuser, 1970, S. 53–72.

White, Andrew Dickson, *Geschichte der Fehde zwischen Wissenschaft und Theologie in der Christenheit*. Leipzig, 1911.

Whitehead, Alfred North, *Science and the Modern World*. London: Macmillan, 1925.

Whyte, Lancelot Law, (Hg.) *Roger Joseph Boscovitch: Studies in His Life and Work on the 250th Anniversary of His Birth*. New York: Fordham University Press, 1961.

Wiener, Norbert, *Invention: The Care and Feeding of Ideas*. Cambridge, Mass.: MIT Press, 1993.

Wippel, John/Wolter, Allan B. (Hg.), *Medieval Philosophy. From St. Augustine to Nicholas of Cusa*. Free Press, 1969.

Yates, Frances A., *Giordano Bruno in der englischen Renaissance*, Berlin: Wagenbach, 1989.

Zuckerman, Harriet/Cole, Jonathan R./Bruer, John T. (Hg.), *The Outer Circle. Women on the Scientific Community*, New York: Norton, 1991; New Haven: Yale University Press, 1992.

REGISTER

DANKSAGUNG

Dies ist nicht das Buch, das ich eigentlich schreiben wollte. Ich hatte mir vorgenommen, eine verständliche, leicht lesbare Geschichte der Physik »von innen« zu schreiben, so wie es meinem wissenschaftlichen Hintergrund entspricht. Doch als ich mich intensiver mit der Sozialgeschichte der Naturwissenschaften beschäftigte, änderten sich meine Ansichten über die Physik radikal und damit auch dieses Buch. Die Menschen, die mir geholfen haben, die Physik in einem neuen Licht zu sehen, kann ich gar nicht alle aufzählen; die Bibliographie enthält eine vollständige Liste der Referenzen. Besonders bedanken möchte ich mich bei einer Reihe von Wissenschaftshistorikern und -philosophen, die mich besonders inspiriert haben: Edwin Burtt, Eduard Dijksterhuis, Evelyn Fox Keller, Londa Schiebinger, David Noble, David Lindberg und allen Autoren des Bandes *God and Nature,* Fernand Hallyn, Frances Yates, Arthur Koestler, Mary Midgley und Margaret Rossiter sowie bei der feministischen Historikerin Gerda Lerner.

Es gibt heute überraschend wenige leicht verständliche Werke, die einen Überblick bieten und die Physik mit ihrer Geschichte und ihren gesellschaftlichen Aspekten verbinden. Auf 400 Seiten ist es nicht möglich, allen Nuancen in der Geschichte der mathematisch ausgerichteten Naturwissenschaften seit Pythagoras gerecht zu werden, aber dennoch möchte ich versuchen, mit diesem Buch eine Lücke zu schließen. Und ich hoffe, daß Fachleute mir die Vereinfachungen verzeihen werden, die nötig sind, wenn ein Buch eine Zeitspanne von 2500 Jahren und verschiedene Teildisziplinen in zehn kurzen Kapiteln behandelt.

Ich möchte meiner Literaturagentin Beth Vesel von Sanford Greenburger Associates danken, deren Glaube an dieses Buch und deren Verständnis für mein Vorhaben immer wieder äußerst hilfreich waren. Ebenso danken möchte ich meinen Lektoren bei Times Books, Betsy Rapoport und Richard Gerber, die mich geduldig durch die gesamte Entstehungszeit des Buches begleitet haben, eine Zeit, die länger wurde, als wir alle gedacht hatten. Auch meiner Korrektorin Susan M. S. Brown, die mich in die Feinheiten der Grammatik eingeweiht hat, schulde ich Dank. Ich danke dem Literature Board des Australia Council für ein Stipendium im Jahre 1991, das mir die Recherche für dieses Buch ermöglichte, und ich danke Simon Jeffes vom Penguin Café Orchestra, Book Soup, und Karen Robson für ihre wertvollen Dienste.

Wie jedes Buch wurde auch dieses von vielen Kollegen, Freunden und sogar fremden Menschen gelesen, die ihre wertvolle Zeit opferten, sich durch verschiedene Manuskriptfassungen kämpften und Verbesserungsvorschläge machten. Dafür möche ich Evelyn Fox Keller, Paula Findlen, Sharon Traweek, Barbara Wertheim, Christine Wertheim, Denise Bigio, Edward Golub, Bruce Western, Rosie Mestel, Jennifer Steele, Ahrin Mishan und Robin Powell herzlich danken. Zu besonderem Dank verpflichtet bin ich Evelyn Fox Keller und Paula Findlen für ihre hilfreichen und klugen

Kommentare, meiner Schwester Christine dafür, daß sie mich zwang, den philosophischen Hintergrund genauer auszuleuchten, meiner Mutter Barbara für ihre Hilfe als ideale und immer geduldige, fachlich nicht vorgebildete Leserin. Ich kann nun bestätigen, daß das »eigennützige« Gen ganz offensichtlich nicht das einzige in der menschlichen Ausstattung ist.

Und schließlich möchte ich meinem Ehemann Cameron Allan danken, ohne dessen Fürsorge und Unterstützung ich dieses Buch nicht hätte schreiben können. Mit seinem Engagement für dieses Projekt wurde er Teil einer langen Reihe von Männern, die Frauen in den Naturwissenschaften immer wieder aktiv gefördert haben.

Diese Arbeit wurde unterstützt vom Australia Council, einer Institution der australischen Bundesregierung zur Förderung der Künste und Wissenschaften.

Einstein sagt

Zitate, Einfälle, Gedanken.
Herausgegeben Alice Calaprice.
Vorwort von Freeman Dyson.
Betreuung der deutschen Ausgabe
und Übersetzungen von Anita
Ehlers. 280 Seiten mit
26 Abbildungen. SP 2805

Mit Einstein ist es wie mit
Goethe: Mit einem Zitat von
ihm liegt man immer richtig!
Er formulierte glänzend und
einfallsreich, seine Worte und
Sprüche waren nicht nur wit-
zig, sondern hatten auch be-
denkenswerten Tiefgang. Die
hier versammelten fünfhundert Einstein-Zitate ordnen
zum ersten Mal seine Gedanken und Ideen nach Themen:
der Leser findet also Einsteins
Äußerungen über sich selbst,
Deutschland, Amerika, die Juden und Israel, den Tod, die
Ehre und die Familie, Krieg
und Frieden, Gott und Religion, Freunde, Wissenschaftler und die Frauen. Er selbst
würde vermutlich über die
Sammlung seiner geflügelten
Worte schallend lachen und
seinen Stoßseufzer von 1930
wiederholen: »Bei mir wird jeder Piepser zum Trompeten-
solo!«

Armin Hermann

Einstein

Der Weltweise und sein Jahrhun-
dert. Eine Biographie. 636 Seiten
mit 56 Abbildungen. SP 2303

»Es gibt keinen Naturwissenschaftler, über den mehr geschrieben wurde als über Albert Einstein … Es gehört also
eine gehörige Portion Mut
dazu, eine weitere Einstein-
Biographie zu schreiben, wo
doch sicher schon ›alles‹ über
Einstein gesagt wurde. Tatsächlich hat sich Armin Hermann dieser Herausforderung
bravourös gestellt. Im Gegensatz zu vielen anderen Biographien versucht er nicht, einmal
mehr Einsteins Physik zu
durchleuchten. Vielmehr analysiert er das ›Phänomen Einstein‹ über den Lebenslauf
dieser höchst eigenwilligen
Persönlichkeit der wissenschaftlichen und politischen
Umwelt und nicht zuletzt über
Einsteins Beziehung zu Frau-
en. Damit wird diese Biographie zur Zeitgeschichte des
unerhört kreativen, aber auch
dekadenten und selbstmörde-
rischen Europa in der ersten
Hälfte des 20. Jahrhunderts.
Neue Zürcher Zeitung

Ernst Peter Fischer

Aristoteles, Einstein & Co.

Eine kleine Geschichte der Wissenschaft in Porträts.
447 Seiten. SP 3045

Wer sind die Menschen, die in die Geschichte der Wissenschaft eingingen? Was wissen wir über ihr Leben, ihr Werk, ihre privaten Vorlieben und Gewohnheiten? Ernst Peter Fischer weckt in diesem Buch die Neugier auf die Wissenschaft und ihre »stillen Stars«. In sechsundzwanzig leicht und vergnüglich zu lesenden Porträts stellt er die Großen der Wissenschaft von der Antike über das mittelalterliche und moderne Europa bis in unser Jahrhundert vor. Er erzählt unter anderem von Bacon, Galilei, Kepler und Descartes, den vier Wissenschaftlern, die vor vierhundert Jahren die Wende zur Moderne möglich machten, und von Newton, Marie Curie und Albert Einstein. Ernst Peter Fischer zeigt, wie spannend die Geschichte der Wissenschaft und ihrer Protagonisten ist, wenn sie mit biographischer Neugier erzählt wird.

Einstein & Co.

Eine kleine Geschichte der Wissenschaft der letzten hundert Jahre in Porträts. 230 Seiten mit 13 Abbildungen. SP 2491

Wissenschaft wird zwar von Menschen gemacht, aber aus unerfindlichen Gründen weiß kaum jemand wirklich über sie Bescheid. Wir scheinen uns nicht besonders für die menschlichen, privaten Seiten der großen Naturwissenschaftler zu interessieren. Dabei kann man soviel aus ihrem Leben lernen – und Überraschungen erleben und Spaß haben! Ernst Peter Fischer porträtiert hier dreizehn große Forscher der Moderne. Von James Clerk Maxwell, dem viktorianischen Genie, über die großen Physiker Hermann von Helmholtz und Ludwig Boltzmann und die herausragenden Frauen – Lise Meitner und die Nobelpreisträgerinnen Marie Curie und Barbara McClintock – bis zu den Giganten der modernen Physik.

SERIE PIPER

Robert L. Wolke

Woher weiß die Seife, was der Schmutz ist?

Kluge Antworten auf alltägliche Fragen. Aus dem Amerikanischen von Markus P. Schupfner. 343 Seiten. SP 2952

Weshalb brennen manche Flammen blau, andere gelb? Warum wird ein Ei beim Kochen hart, eine Kartoffel dagegen weich? Warum ist die Luft durchsichtig? Warum friert man in einem Wasserbett? Warum sind Grillen so gute Wetterfrösche? Auf diese und viele andere Rätsel des Alltags gibt Robert L. Wolke kluge und oft verblüffende Antworten. Die Entdeckungsreise geht durch das ganze Haus, durch Restaurants, Supermärkte und die freie Natur. Wir beginnen über scheinbar Geheimnisloses zu staunen und verstehen scheinbar Unerklärliches. Besonders nachahmenswert: Robert L. Wolke hat achtundvierzig Versuche eingebaut, die selbst ausprobiert werden können. Viel Spaß beim Experimentieren!

Neil de Grasse Tyson

Merlins Reise durch das Universum

Alles über Kometen, Planeten, Quasare, blaue Monde und Werwölfe. Aus dem Amerikanischen von Anni Pott. 315 Seiten. SP 2820

Kennen Sie das? Da steht man in einer knackig kalten, klaren Winternacht oder an einem Sommerabend unter dem funkelnden Sternenhimmel und schaut und staunt – und da fallen einem tausend Fragen ein zu Erde, Mond, Sonne und Sternen. All diese Fragen sind dem weisen Herrn Merlin zu Ohren gekommen, dem Außerirdischen, der vor beinahe 5 Milliarden Jahren auf dem Planeten Omniscia im Andromeda-Nebel geboren wurde und der alles über den Kosmos weiß. Und wie alle wirklich Weisen gibt Merlin klare, anschauliche und freundlich gewitzte Antworten.

»Der größte Nachteil dieser Reise durch das Universum ist, daß sie viel zu schnell zu Ende ist.«
Die Zeit

Sven Ortoli
Nicolas Witkowski

Die Badewanne des Archimedes

Berühmte Legenden aus der Wissenschaft. Aus dem Französischen von Juliane Gräbener-Müller. 192 Seiten mit 25 Abbildungen. SP 2745

Wußten Sie, daß Archimedes nicht nur in der Badewanne nachdachte, sondern auch in Waffengeschäfte verwickelt war? Und stimmt die Geschichte von dem Schmetterling und dem Wirbelsturm wirklich? Die berühmtesten Legenden aus der Wissenschaft werden in diesem vergnüglichen Buch zugleich entlarvt und ernst genommen.

Wer glaubt, Archimedes habe das hydrostatische Prinzip in der Badewanne entdeckt, Newton das Gravitationsgesetz durch den berühmten Apfel erkannt und Kekulé die Benzolformel geträumt, der kann sich hier eines Besseren belehren lassen. Die beiden französischen Journalisten Sven Ortoli und Nicolas Witkowski gehen die berühmten Legenden der Wissenschaft ganz respektlos an: Sie haben eine Vielzahl von Geschichten und Mythen aus dem Poesiealbum der Forschung unter die Lupe genommen und auf ihren Wahrheitsgehalt untersucht. Ausgestattet mit feiner Ironie, totaler Skepsis gegenüber gängigen Klischees und mit viel Sinn fürs Paradoxe, zeigen sie, daß zwischen Wissenschaft und ihren Mythen kein Widerspruch bestehen muß.

»Die französischen Physiker und Journalisten Sven Ortoli und Nicolas Witkowski haben ein Schatzkästchen solcher Erzählungen zusammengetragen, ein Kompendium von Legenden, von denen die meisten auch das Menschliche im Rationalen dekuvrieren. In ihrer anekdotischen Form bewahren diese Geschichten von Sternstunden der Wissenschaft den Sinn für das Scheitern der Vernunft. Denn sie alle zeigen, daß der Mythos sein vermeintliches Gegenteil durchkreuzt. Auch heute gibt es kein Verstehen ohne Mythen.«
Frankfurter Allgemeine Zeitung

SERIE

PIPER

Harald Fritzsch

Eine Formel verändert die Welt

Newton, Einstein und die Relativitätstheorie. 346 Seiten mit 82 Abbildungen. SP 1325

Einsteins Relativitätstheorie und ihre Folgen sind das Thema dieses Buches. Harald Fritzsch beschreibt die Grundideen der Theorie so, daß ein fachlich nicht vorgebildeter Leser sie nachvollziehen kann. Nach einer Diskussion der klassischen, von Newton geprägten Ideen über Raum und Zeit und der Rolle des Lichts in der Physik führt Fritzsch die Leser behutsam an die neuen Vorstellungen Einsteins über Raum und Zeit heran. Der Hauptteil des Buches befaßt sich mit den vielfältigen Beziehungen zwischen Energie und Masse. Diese werden wichtig bei allen Naturprozessen, bei denen die Geschwindigkeiten der beteiligten Teilchen der Lichtgeschwindigkeit vergleichbar sind – zum Beispiel bei Kernreaktionen und bei den Prozessen der Elementarteilchenphysik.

Die verbogene Raum-Zeit

Newton, Einstein und die Gravitation. 416 Seiten mit 109 Abbildungen. SP 2546

QUARKS

Urstoff unserer Welt. Vorwort von Herwig Schopper. 320 Seiten mit 91 Abbildungen. SP 1655

»Dem mit physikalischen Grundprinzipien vertrauten Leser wird dieses Buch eine Fülle neuer Einsichten vermitteln.«
Süddeutsche Zeitung

Vom Urknall zum Zerfall

Die Welt zwischen Anfang und Ende. 363 Seiten mit 55 Schwarzweißabbildungen. SP 518

Was ist der Ursprung des Universums? Woher kommt die Materie? Gibt es Grenzen von Raum und Zeit? Warum leuchten die Sterne? Dem Physiker Harald Fritzsch ist es in diesem Buch gelungen, dem Leser auf verständliche, ja unterhaltsame Weise die komplizierte Welt der Kosmologie nahezubringen.

»Harald Fritzsch schreibt in einer erfrischend lebendigen, ja kraftvoll plastischen Sprache. Gemessen an der Komplexität der Phänomene versteht er es gekonnt, auch komplizierteste Zusammenhänge auf ihren wesentlichen Kern zu reduzieren und somit klar und verständlich zu machen.«
Die Zeit

Richard P. Feynman

»Sie belieben wohl zu scherzen, Mr. Feynman!«

Abenteuer eines neugierigen Physikers. Gesammelt von Ralph Leighton. Herausgegeben von Edward Hutchings. Vorwort zur deutschen Ausgabe von Harald Fritzsch. Aus dem Amerikanischen von Hans-Joachim Metzger. 463 Seiten. SP 1347

»Interessieren Sie sich für Physik? Nein? Dann sollten Sie unbedingt das Feynman-Buch lesen. Interessieren Sie sich für Physik? Ja? Dann sollten Sie unbedingt das Feynman-Buch lesen. Ein Feuerwerk von Pointen und Überraschungsgags, von spitzen Formulierungen und vielen Streichen.«
Frank Elstner, Die Welt

»Kümmert Sie, was andere Leute denken?«

Neue Abenteuer eines neugierigen Physikers. Gesammelt von Ralph Leighton. Aus dem Amerikanischen von Siglinde Summerer und Gerda Kurz. 244 Seiten mit 41 Abbildungen. SP 2166

QED – Die seltsame Theorie des Lichts und der Materie

Aus dem Amerikanischen von Siglinde Summerer und Gerda Kurz. 175 Seiten mit 93 Abbildungen. SP 1562

»Feynmans Talent, komplexe Vorgänge einfach und packend darzustellen, zeigt sich auch in diesem Buch auf anschauliche und äußerst vergnügliche Weise.«
Österreichischer Rundfunk

Vom Wesen physikalischer Gesetze

Vorwort zur deutschen Ausgabe von Rudolf Mößbauer. Aus dem Amerikanischen von Siglinde Summerer und Gerda Kurz. 212 Seiten mit 33 Abbildungen. SP 1748

Hier erfahren die Leser in sieben Kapiteln, was physikalische Gesetze sind und welche allgemeinen Wesensmerkmale diesen zugrundeliegen.

David L. Goodstein
Judith R. Goodstein

Feynmans verschollene Vorlesung

Die Bewegung der Planeten um die Sonne. Aus dem Amerikanischen von Anita Ehlers. 233 Seiten mit 180 Abbildungen. SP 2994

Eine Vorlesung des Physikers Richard P. Feynman vom März 1964 ist Wissenschaftslegende geworden. Es gelang ihm, die Bewegungen der Planeten um die Sonne zu beweisen – anders als Newton mit den einfachen Mitteln der Geometrie.

SERIE PIPER

Murray Gell-Mann

Das Quark und der Jaguar

*Vom Einfachen zum Komplexen.
Die Suche nach einer neuen
Erklärung der Welt. Aus dem
Amerikanischen von Inge Leipold
und Thorsten Schmidt. 528 Seiten
mit 23 Abbildungen. SP 2296*

Was haben Artenvielfalt, das menschliche Immunsystem, das Erlernen der Sprache oder die Weltwirtschaft mit Elementarteilchenphysik zu tun? Murray Gell-Mann, einer der bedeutendsten Physiker des 20. Jahrhunderts, zeigt, wie man das Einfache und das Komplexe zu einem Modell zusammenfügen kann, das uns hilft, die Welt besser zu verstehen und Lösungen zu finden, um unsere natürliche Umwelt zu erhalten.

Was Albert Einstein für die erste Hälfte des 20. Jahrhunderts war, ist Murray Gell-Mann für die zweite: der genialste und einflußreichste Physiker seiner Zeit. Der »Erfinder« der Quarks, der kleinsten Teilchen der Materie, befaßt sich seit Jahren mit Komplexitätsforschung. In seinem ersten Buch für ein allgemeines Publikum erklärt er, wie sich das Einfache (etwa das Quark) und das Komplexe (zum Beispiel ein Jaguar als Ergebnis einer langen Evolution) zu einem Modell zusammenfassen lassen, das uns helfen wird, die Welt besser zu verstehen. Sein Konzept der Komplexität ist keine Spezialtherorie für Physiker, sondern ein überzeugender Lösungsansatz für viele Probleme des 21. Jahrhunderts.

»Gell-Manns Denkansatz ist überaus vielschichtig: Er bringt sein Spezialgebiet, die Elementarteilchenphysik, mit anderen biologischen und anthropologischen Themen in Verbindung und erklärt, wie das Einfache, z. B. das Quark als kleinstes Teilchen, sich mit dem Komplexen – als Beispiel nennt Gell-Mann den Jaguar als Ergebnis der Evolution – und komplexen adaptiven Systemen, beispielsweise ein Kind, das sprechen lernt, zu einem Modell zusammenfügt, mit dessen Hilfe die Welt besser verstanden und zu ihrem natürlichen Gleichgewicht zurückgeführt werden kann.«

Buchreport

John Gribbin

Auf der Suche nach Schrödingers Katze

*Quantenphysik und Wirklichkeit.
Aus dem Englischen von Friedrich
Griese. 325 Seiten mit
60 Abbildungen. SP 1353*

Klar und anschaulich führt John Gribbin in die Welt der Quantenphysik und ihre Geschichte ein und erläutert unterhaltsam die »aufregendste Wissenschaft des Jahrhunderts« (Heisenberg), ohne die weder Laser noch Computer denkbar wären.

Die Quantenphysik gilt als eine der größten geistigen Leistungen unseres Jahrhunderts – und als eine der folgenreichsten. Ohne Quantenphysik gäbe es weder Atomphysik noch Molekularbiologie, blieben chemische Bindungen ohne Erklärung, wären weder Laser noch Computer denkbar – kurz: Die gesamte moderne Naturwissenschaft steht auf der Grundlage der Quantenphysik. Der englische Physiker und Publizist John Gribbin erzählt in diesem Buch ihre Geschichte von den Anfängen der Atomtheorie im 19. Jahrhundert bis zu den gegenwärtigen Forschungen. Er stellt die Physiker vor, die an der Erforschung des Atoms beteiligt waren, von Albert Einstein, der sich heftig gegen die letzte Formulierung in der Quantenmechanik sträubte (»Gott würfelt nicht«), über Werner Heisenberg und Wolfgang Pauli bis zu Erwin Schrödinger.

Die Quantenphysik, die für sich in Anspruch nehmen kann, das Innerste der Welt erklärt zu haben, verändert auch das allgemeine Weltbild. Die Suche nach Schrödingers Katze ist die Suche nach der physikalischen Realität – was ist wirklich in der uns umgebenden Welt, und was ist abhängig vom jeweiligen Beobachter?

»Gribbin vermag es, den naturwissenschaftlichen Laien mit den Ergebnissen und der Interpretation der Quantenmechanik vertraut zu machen. Es gibt kein anderes populäres Buch, das ähnlich tiefe Einblicke in die Natur der Quanten erlaubt.«

Helmut Rechenberg,
Physikalische Blätter

»Dieser Jahrhundertidee und ihrer Geschichte hat Gribbin ein Buch gewidmet, und es ist wohl das spannendste, lehrreichste und phantasieanregendste Werk aus der Populärwissenschaft, das seit langem geschrieben wurde.«

Die Welt

SERIE PIPER

Gerd Binning

Aus dem Nichts

*Über die Kreativität von
Natur und Mensch.
298 Seiten mit Zeichnungen
und Gedichten von
Rudi Gerharz. SP 1486*

Gerd Binning, der Experimentalphysiker und Physik-Nobelpreisträger des Jahres 1986, hat in den letzten Jahren eine neue Vorstellung von Evolution entwickelt. Der Physiker versteht Evolution als kreativen Prozeß. Dieses Buch ist in erster Linie ein Buch über Kreativität. Schon der außermenschlichen Natur, nicht erst dem Menschen, schreibt Binning Kreativität zu, deshalb ist sie auf zweifache Weise Thema dieses Buches: Einerseits beschreibt der Autor kreative Mechanismen in der Natur und in der Geschichte der Evolution, andererseits versteht er sein Buch selbst als einen kreativen Prozeß, an dem der Leser unmittelbar teilnimmt. Das Buch ist also ein – sehr stark durch persönliche Erfahrungen des Autors geprägtes – Nachdenken über Kreativität.

»Mir geht es in diesem Buch nicht darum, detaillierte Rezepte für kreatives Verhalten zu geben, sondern vor allem darum, ein tieferes Verständnis von Kreativität zu erreichen. Dazu muß man sich aber die gesamte Natur und nicht nur den Menschen anschauen. Die Natur war und ist in der Lage, ständig Neues hervorzubringen, ist also kreativ.«
Gerd Binning

»Kein Sachbuch im üblichen Sinn, eher ein faszinierendes Leseabenteuer. Ein schönes Buch, das eine neue Richtung des Denkens vorstellt und dabei zum Denken verleitet.«
Die Welt

Erwin Schrödinger

Was ist Leben?

Die lebende Zelle mit den Augen des Physikers betrachtet. Aus dem Englischen von L. Mazurcak. Einführung von Ernst Peter Fischer. 156 Seiten mit 12 Abbildungen und 4 Tafeln. SP 1134

Zu den Büchern, die die Welt bewegten, gehört Erwin Schrödingers Meisterstück naturwissenschaftlicher Prosa »Was ist Leben?«. Der Physiker und Nobelpreisträger hatte 1943 darüber in Dublin Vorlesungen gehalten und sie 1944 in England als Buch veröffentlicht. Damit hat er die Entwicklung der modernen Biologie nach 1945 nachhaltig beeinflußt. – In der Einführung zur Neuausgabe erklärt der Biologe und Physiker Ernst Peter Fischer, wie Schrödinger damit die Entstehung eines neuen Erkenntnisinteresses in der Physik bewirkt hat: die Erforschung der physikalischen Struktur der genetischen Information – Forschungen, die 1953 zur Entdeckung der Doppelhelix durch Francis Crick und James Watson geführt haben.

Stuart Kauffman

Der Öltropfen im Wasser

Chaos, Komplexität, Selbstorganisation in Natur und Gesellschaft. Aus dem Amerikanischen von Thorsten Schmidt. 464 Seiten mit 59 Abbildungen. SP 2654

In den Naturwissenschaften ist eine Revolution im Gange. Es zeichnet sich ein neues Paradigma ab, das in seiner Bedeutung der Theorie Darwins gleichkommt. Ausgangspunkt ist die Entdeckung der Ordnung, die tief in den komplexen Systemen verankert ist – vom Ursprung des Lebens über die Funktionsweise von großen Industriebetrieben bis zum Aufstieg und Fall von Hochkulturen. In seinem allgemeinverständlichen Buch gibt Stuart Kauffman Einblicke in die ordnungsbildenden Kräfte des Chaos. Er zeigt, daß und wie Komplexität die Selbstorganisation bewirkt. Seine Erkenntnisse überträgt er auf Wirtschaftssysteme, kulturelle Systeme und Ökosysteme. Das neue Denken in komplexen Systemen wird verständlich gemacht von einem Vordenker und Wegbereiter.

Edward O. Wilson

Der Wert der Vielfalt

Die Bedrohung des Artenreichtums und das Überleben des Menschen. Aus dem Amerikanischen von Thorsten Schmidt. 512 Seiten mit 18 Farbtafeln und 42 Abbildungen. SP 2550

Jede Stunde, so schätzt Edward O. Wilson, sterben irgendwo auf dem Globus drei Spezien aus. Dabei sind als Ursache nicht wie in früheren Zeiten Meteoreinschläge oder Vulkanausbrüche auszumachen. »Die Krone der Schöpfung«, der Mensch, droht mit seiner Intelligenz und seinem technischen Vermögen zur Naturkatastrophe zu werden. In seinem international als Meisterwerk gerühmten und mit Darwins »Die Entstehung der Arten« und Rachel Carsons »Der stumme Frühling« verglichenen Buch schildert Wilson in verständlicher Sprache und mit einer Fülle plastischer Beispiele, wie die Vielfalt der Arten entstanden ist, warum sie immer wieder von Katastrophen reduziert wurde, warum sie für den Fortbestand der Menschheit überlebenswichtig ist und was getan werden muß, die Artenvielfalt und das ökologische Gleichgewicht zu sichern. Dazu bietet Wilson konkrete Aktionsprogramme, die in einer Versöhnung von Ökologie und Ökonomie gipfeln.

»Wilsons Buch ist der Versuch, die Biologie ökologisch umzuformulieren. Das ist für den Laien aufregend, weil Wilson als großartiger Schilderer Zusammenhänge anschaulich macht, die dem gewöhnlichen Verständnis verborgen bleiben. Leben ist Vielfalt, und verminderte Vielfalt ist vermindertes, am Ende unwiderruflich verarmtes Leben.«
Frankfurter Allgemeine

Rupert Sheldrake
Terence McKenna
Ralph Abraham

Denken am Rande des Undenkbaren

Über Ordnung und Chaos, Physik und Metaphysik, Ego und Weltseele. Aus dem Englischen von Hans-Ulrich Möhring. 260 Seiten. mit 10 Abbildungen. SP 2004

Was kommt heraus, wenn sich drei hochkarätige Wissenschaftler und kreative Denker unterschiedlicher Zünfte über einen Zeitraum von sieben Jahren zusammendenken? »Dreiergespräche am Grenzland des Westens« nannten Rupert Sheldrake, Terence McKenna und Ralph Abraham die Diskussionen, auf denen dieses glänzende Buch basiert. Denn in ihren funkensprühenden Ausführungen über Gott und die Welt, über Wissenschaft und Tanszendenz, über Chaos und Kreativität loten sie die Grenzen unserer heutigen abendländischen Kultur aus. Sie fordern den Leser auf, sich aus dem Schrebergarten der Schulwissenschaften aufzumachen zu einer Gratwanderung des Denkens, die überraschende Einblicke und verblüffende Erkenntnisse bietet.

Rupert Sheldrake

Das Gedächtnis der Natur

Das Geheimnis der Entstehung der Formen in der Natur. Aus dem Englischen von Jochen Eggert. 448 Seiten mit 58 Abbildungen. SP 1539

Der Biochemiker und Zellbiologe Rupert Sheldrake stellt in diesem Buch sein revolutionäres Erklärungsmodell des bisher rätselhaften Prozesses der Formentstehung in der Natur vor.

»Sheldrake ist ein hervorragender Wissenschaftler. Er gehört zu jenen echten, visionären Entdeckern, die in früheren Zeiten neue Kontinente fanden.«
New Scienist

»So revolutionär und radikal Sheldrakes These, so selbstverständlich und logisch scheint sie angesichts der Irrungen und Wirrungen, die er in diesem Buch anhand der wissenschaftshistorischen Entwicklung aufzeigt – unangestrengt, selbstkritisch und hervorragend lesbar.«
Sender Freies Berlin

SERIE PIPER